普通高等教育"十一五"国家级规划教材

电子信息科学与工程类专业精品教材

现代交换原理

（第5版）

崔鸿雁　陈建亚　金惠文　编著

电子工业出版社

Publishing House of Electronics Industry

北京·BEIJING

内 容 简 介

　　本书为普通高等教育"十一五"国家级规划教材。全书共 14 章,介绍了各类交换系统的基本概念和工作原理。主要内容包括:交换的定义,各类交换技术的特点及其发展过程;交换网络设计的基础理论和实现方法;电路交换系统的工作原理和各种接口电路的作用;交换系统的存储程序控制,包括呼叫处理过程、交换的软件系统和数据库等内容;信令的基础知识和 No.7 信令系统;帧中继交换、ATM 交换和软交换的工作原理;路由器和 IP 交换技术的工作原理及实现技术;光交换元件,光交换技术及发展前景;IP 多媒体子系统的原理结构及相关技术机制;SIP 产生、通信机制;VoLTE 技术的基本背景和技术,包括其基本架构、基本原理、基本流程等;软件定义网络的整体架构和关键技术,以及软件定义网络中的数据平面和控制平面概况;网络功能虚拟化的框架和主要技术。

　　本书可作为普通高等学校通信工程和电子信息工程类专业高年级学生网络交换类课程的教材,也可作为通信工程技术人员的培训教材和参考用书。

图书在版编目(CIP)数据

现代交换原理/崔鸿雁,陈建亚,金惠文编著. —5 版. —北京:电子工业出版社,2018.9
ISBN 978-7-121-34399-5

Ⅰ.①现…　　Ⅱ.①崔…　②陈…　③金…　　Ⅲ.①通信交换-高等学校-教材　　Ⅳ.①TN91

中国版本图书馆 CIP 数据核字(2018)第 120715 号

策划编辑:王晓庆　　　陈晓莉
责任编辑:王晓庆　　　　　　特约编辑:陈晓莉
印　　刷:涿州市京南印刷厂
装　　订:涿州市京南印刷厂
出版发行:电子工业出版社
　　　　　北京市海淀区万寿路 173 信箱　　邮编:100036
开　　本:787×1092　1/16　印张:19.25　字数:550 千字
版　　次:2000 年 3 月第 1 版
　　　　　2018 年 9 月第 5 版
印　　次:2022 年 10 月第 8 次印刷
定　　价:45.00 元

第 5 版前言

通信技术的发展为人类文明和社会进步带来了翻天覆地的变化,当前人类已步入信息化时代,通信设施、通信网络和信息共享已成为日常必需品。在通信网络中,交换设备是一个很重要的设施,起着信息立交桥的作用。交换技术的发展总是依赖于人类的信息需求,以及网络控制技术的发展。电话机的发明引出了电路交换技术,随着元器件的进步和计算机的出现,电路交换系统从人工接续发展到程控交换。数字设备和数据分组传输技术的使用产生了分组交换机和 Internet。光传输技术的不断进步,使得人们交互宽带多媒体信息成为可能,迫使交换技术的研究者们必须解决网络传送中的电子交换瓶颈问题,从而推动了全光交换技术的研究和试验高潮。总之,交换技术是人类进入信息社会必不可少的技术,交换技术还将随着应用和技术的进步而不断发展。

本教材的第 1 版为"面向 21 世纪高等学校电子信息类规划教材"(2000 年版),使用了 5 年多,印刷了 7 次。教材第 2 版被正式列为"普通高等教育'十一五'国家级规划教材"(2006 版)。修订时增加了第 10 章软交换技术,介绍了软交换技术的工作原理、主要技术、协议和业务供给方式等内容。教材第 3 版(2011 年版),在第 2 版的基础上,第 8 章增加了"多协议标签交换技术"一节,介绍了 MPLS 的工作原理和相关协议。当前,通信网络沿着 2G、3G、软交换、IMS、4G、LTE、5G 的方向演进,现在的通信网络主要是基于 VoLTE 及 IMS 等技术运行的,未来通信网络将沿着软件定义网络(SDN)和网络功能虚拟化(NFV)技术方向发展。SDN 技术将数据平面和控制平面进行分离实现网络开放,使得网络配置和管理更加灵活。NFV 通过使用 x86 等通用性硬件及虚拟化技术,来承载很多功能的软件处理,从而降低网络昂贵的设备更新成本。以上几种技术集中体现了当前网络交换技术中发生的新变化。因此,第 4 版教材中添加了第 9 章 IP 多媒体子系统、第 10 章 SIP 协议、第 11 章相关新技术 VoLTE、第 12 章软件定义网络、第 13 章 SDN 网络的组成及第 14 章网络功能虚拟化;并根据现代交换技术的变化删减了分组交换、ATM 交换、软交换等的部分内容,对第 2 章和第 5 章内容进行了重新编写。第 5 版教材仍保持原有的风格特点,并进一步完善部分章节内容。

各种交换技术是为了适应不同业务的需求而产生和发展的,但就其交换的实质而言,就是在通信网上建立起四通八达的立交桥,以达到经济、快速,并满足服务质量要求的信息转移的目的。各种交换技术有其共性,为此我们把当前已出现的或将要出现的交换技术,按其发展先后,由浅入深,理论与技术并重,综合成一本有关现代交换原理的专门教材,加深对交换技术的理解,为读者打好电信技术的理论基础。

本教材从通信网的概念出发,介绍交换设备在现代通信网中的位置及外部工作环境,根据各种速率、各种业务的特点及多媒体业务的需求,论述不同特点的交换系统的适应范围及其发展过程。由于交换网络是构筑交换系统的核心,在教材第 2 章专门讨论了多种交换单元及交换网络的组织结构和操作过程,并从理论上分析了无阻塞交换网络的结构。各种交换技术,从本质上讲是通信与计算机结合的产物,交换系统实质上是一个以计算机为基础,在实时多任务操作系统的控制管理下,完成信息处理任务的应用系统。在第 4 章中以电路交换为例介绍了存储程序控制交换的原理。信息在交换系统中的交互是依赖于信令或通信协议来实现的。第 5 章中介绍了用户信令和局间信令系统。此外在本教材中分别设立章节来讨论电路交换、路由器、IP 交换、光交换及新兴的软件定义网络、网络功能虚拟化、VoLTE 的技术原理、组织结构和特点,同时简要介绍分组交换、帧中继、ATM 交换、软交换等技术。

本书第 1 章、第 3 章、第 4 章由金惠文编写；第 2 章、第 5 章、第 7 章、第 8 章由陈建亚编写；第 6 章由金惠文和陈建亚编写；第 9 章、第 10 章、第 11 章、第 12 章、第 13 章、第 14 章由崔鸿雁编写。

本书针对高等学校通信工程、电子信息工程类专业的学生和通信领域的技术人员编写。在此，本书作者对所有对本书做出贡献的朋友表示衷心的感谢！感谢大家对本书的默默付出！

由于编者水平有限，书中难免存在一些不妥之处，殷切希望广大读者批评指正，帮助本书不断完善。

编著者
2018 年 8 月

目　　录

第1章 概 论

交换设备是通信网的重要组成部分,交换技术的发展与通信网的发展是分不开的,即交换技术与终端业务、传输技术必须相适应。因此,本章从目前通信网的现状以及各类业务的特点,引出相应的交换技术及其发展。

1.1 交换与通信网

通信的目的是实现信息的传递。在电信系统中,信息是以电信号的形式传输的。一个电信系统至少应由终端和传输媒介组成,如图 1.1 所示。终端将含有信息的消息,如话音、图像、计算机数据等转换成可被传输媒介接收的电信号形式,同时将来自传输媒介的电信号还原成原始消息;传输媒介则把电信号从一个地点传送至另一地点,这样一种仅涉及两个终端的单向或交互通信称为点对点通信。

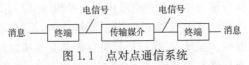

图 1.1 点对点通信系统

当存在多个终端,且希望它们中的任何两个都可以进行点对点通信时,最直接的方法是把所有终端两两相连,如图 1.2 所示。这样的一种连接方式称为全互连式。全互连式存在下列一些缺点:

(1) 当存在 N 个终端时需用线对数为 $N(N-1)/2$,即线对数量随终端数的平方增加。

(2) 当这些终端分别位于相距很远的两地时,两地间需要大量的长途线路。

(3) 每个终端都有 $N-1$ 对线与其他终端相接,因而每个终端需要 $N-1$ 个线路接口。

(4) 增加第 $N+1$ 个终端时,必须增设 N 对线路。

因此,在实际中,全互连式仅适合于终端数目较少,地理位置相对集中,且可靠性要求很高的场合。

这些问题将随着用户数量增加而增加。为解决这些问题,可以设想,在用户分布密集的中心安装一个设备,把每个用户的电话机或其他终端设备都用各自专用的线路连接在这个设备上,如图 1.3 所示。

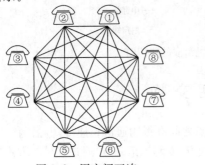

图 1.2 用户间互连   图 1.3 用户间通过交换设备连接

在图 1.3 中,在用户的密集中心区域,安装的设备用交叉节点"＊"示意,此交叉接点相当于一个开关节点,平时是打开的,当任意两个用户之间要交换信息时,该设备就把连接这两个用户的有关开关节点合上,也就是说,将这两个用户的通信线路连通。当两个用户通信完毕,才把相应的节点断开,两个用户间的连线就断开了。从这可以看出,该设备能够完成任意两个用户之间交换信息的任务,所以称其为交换设备。有了交换设备,对 N 个用户只需要 N 对线就可以满足要求,使线路的投资费用大大降低。尽管增加了交换设备的费用,但它的利用率很高,相比之下,总的投资费用将下降。

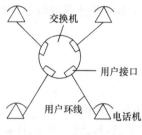

图 1.4 由一台交换机
组成的通信网

最简单的通信网仅由一台交换机组成,如图 1.4 所示。每一台电话机或通信终端通过一条专门的用户环线(或简称用户线)与交换机中的相应接口连接。实际中的用户线常是一对绞合的塑胶线,线径在 0.4～0.7mm 范围内。

根据电子和电气工程师协会(IEEE)的定义,交换机应能在任意选定的两条用户线之间建立和(而后)释放一条通信链路。换句话说,任一台电话机均可请求交换机在本用户线和所需用户线之间建立一条通信链路,并能随时令交换机释放该链路。

交换式通信网的一个重要优点是较易于组成大型网络。例如,当终端数目很多,且分散在相距很远的几处时,可用交换机组成如图 1.5 所示的通信网。网中直接连接电话机或终端的交换机称为本地交换机或市话交换机,相应的交换局称为端局或市话局;仅与各交换机连接的交换机称为汇接交换机。当距离很远时,汇接交换机也称为长途交换机。交换机之间的线路称为中继线。显然,长途交换设备仅涉及交换机之间的通信,而市内交换设备既涉及交换设备之间又涉及与终端的通信,市内的汇接交换设备,根据需要,也设有与终端通信的功能。

图 1.5 中的用户交换机(PBX)常用于一个集团的内部。PBX 与市话交换机之间的中继线数目通常远比 PBX 所连接的用户线数目少,因此当集团中的电话主要用于内部通信时,采用 PBX 要比将所有话机都连至市话交换机更经济。当 PBX 具有自动交换能力时,又称为 PABX。PBX 与普通市话交换机的主要差别在于,前者的中继线与后者的用户线相连。因此,PBX 的每条中继线对于市话交换机只相当于一个普通的电话机,仅话务量较大。由于公共电话网只负责接续到用户线,进一步从 PBX 到话机的接续常需要由人工完成,或采用特殊的"直接拨入"(DID)设备。

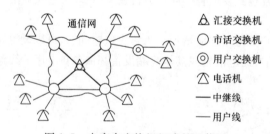

图 1.5 由多台交换机组成的通信网

1.2 电 话 交 换

电话网络中任意两点之间进行通信,需要在两点之间有传输通道相连接,电话网络提供电路交换方式建立传输通道。在双方通信开始之前,主叫方(发起通信一方)通过拨号的方式通知网络被叫方的电话号码,网络根据被叫号码在主叫方和被叫方之间建立一条电路,显然这条电路包括主叫和被叫与相应的端局相连的用户线,以及交换局之间中继线路中的某一条脉冲编码调制

(PCM)话音通道,这个过程称为呼叫建立。然后主叫和被叫就可以进行通信,通话过程中双方所占用的通道将不为其他用户使用。完成通信后,主叫或被叫挂机,通知网络可以释放通信信道,这个过程称为呼叫释放。本次通信过程所占用的相关电路释放后,可以被其他通信过程使用。这种交换方式称为电路交换方式。因此,在电话交换中使用的是电路交换方式。

世界上第一代电话交换机采用的是空分电路交换方式,利用接点等开关元件构成电路交换网络。随着数字通信与 PCM 技术的迅速发展,采用 PCM 方式的数字交换网络得到广泛的应用。有关空分接线器,时间接线器组成的交换网络将在第 2 章交换单元与交换网络中介绍。

1.3 数 据 交 换

1.3.1 数据通信和话音通信的区别

虽然话音通信使得人们之间信息交流变得非常方便,但是话音交流毕竟只是信息交流的一种方式。从 20 世纪 60 年代开始,计算机的使用日益普及,人们迫切需要共享计算机的计算能力和计算机中存储的信息,计算机的联网成为现实的需要。1969 年美国军方建立的高级研究计划局(ARPA)网络,标志以资源共享为特点的计算机网络诞生。ARPA 网络的有关民用科技研究部分进一步演化成目前的国际互联网 Internet。计算机通信可视为数据通信。尽管数据通信和话音通信都是以传送信息为通信目的,但是两者仍具有不同之处。

(1)通信对象不同

数据通信实现的是计算机和计算机之间,以及人和计算机之间的通信,而话音通信实现的是人和人之间的通信。计算机不具有人脑的思维和应变能力,计算机的智能来自人的智能,计算机完成的每件工作都需要人预先编好程序,计算机之间的通信过程需要定义严格的通信协议和标准,而话音通信则无须这么复杂。

(2)传输可靠性要求不同

数据信号使用二进制数"0"和"1"的组合编码表示,如果一个码组中的一个比特在传输中发生错误,则在接收端可能会被理解成完全不同的含义。特别对于银行、军事、医学等关键事务处理,发生的毫厘之差都会造成巨大的损失,一般而言数据通信的比特差错率必须控制在 10^{-8} 以下,而话音通信比特差错率可高到 10^{-3}。

(3)通信的平均持续时间和通信建立请求响应不同

根据美国国防部对 27000 个数据用户进行统计,大约 25% 的数据通信持续时间在 1s 以下,50% 的用户数据通信持续时间在 5s 以下,90% 的用户数据通信时间在 50s 以下。而相应话音通信的持续平均时间在 5min 左右,统计资料显示 99.5% 以上的数据通信持续时间短于电话平均通话时间。由此决定数据通信的信道建立时间要求也要短,通常应该在 1.5s 左右。而相应的话音通信过程的建立一般在 15s 左右。

(4)通信过程中信息业务量特性不同

统计资料表明,电话通信双方讲话的时间平均各占一半,即对于数字 PCM 话音信号平均速率大约在 32Kb/s,一般不会出现长时间信道中没有信息传输。而计算机通信双方处于不同的工作状态,传输数据速率是不同的。例如,系统进行远程遥测和遥控,传输速率一般只在 30b/s 以下;用户以远程终端方式登录远端主机,信道上传输的数据是用户用键盘输入的,输入速率为 20~300 b/s,而计算机对终端响应的速率则在 600~10000 b/s;如果用户希望获取大量文件,则一般传输速率在 100Kb/s~1Mb/s 是让人满意的。

由上述分析我们可以看到,为了满足数据通信的要求,必须构造数据通信网络以满足高速传输数据的要求。但是在 20 世纪 60 年代人们开始进行数据通信时利用的却是电话网络,只满足了当时对数据通信的要求。

1.3.2 利用电话网络进行数据传输

由于人们设计电话网络的目的是用于传输 0.3～3.4 kHz 模拟话音信号,所以如果使用这样的通道传输数据信息,在发送端必须有相应的设备将数字数据信号变换成为与信道相适应的信号格式(这个过程称为调制),在接收端必须将收到的模拟信号恢复成数字数据信息(这个过程称为解调)。由于通信一般是双向的,所以通常一个设备必须完成调制和解调的功能,完成上述功能的设备合称为调制解调器(MODEM)。

我们知道虽然在中继线上已经采用 PCM 数字信号传输话音信息,但是由于用户环路上仍旧是模拟信号,所以在实际中即使采用数字交换设备,允许网络中直接进行数字交换和传输,但是在发送端仍然必须将数字信号变成模拟信号(调制),经过发送端的用户线传输给发送交换机,在发送端再将模拟信号变成数字信号。网络传输可以直接使用数字方法,但是在接收局端必须将数字信号变换成模拟信号,然后通过接收端的用户线传输给调制解调器,再将模拟信号转变成数字信号交给计算机系统处理。由此可见,在电话网络中进行数字信号传输至少需经过 A/D 和 D/A 两次变换,增加了信号传输的开销。虽然网络内部对于每一路数字话音提供的是 64Kb/s 传输速率,但是因为用户环路传输的是模拟信号,从而限制了网络中可以传输的数字信息速率。

使用电话网络进行数字数据通信的低效率的原因不仅仅是用户环路上只能进行模拟话音信息的传输,而且还和电话网络采用的交换方式有关。前面已介绍,电话网络进行通信之前必须建立传输通道,在主叫用户和被叫用户之间建立一条实际的物理通道,即网络分配给用户固定的电路资源。在通信过程中无论是否有信息进行传输,电路都被用户占用。利用无处不在的电话网络进行数据传输,只需通信的双方附加调制解调设备就可以进行低速数据传输,这就是目前访问 Internet 只要求用户拥有计算机、调制解调器和电话线就可以的原因。但是因为数据通信过程中传输的数据量波动较之于话音方式要大得多,所以这种利用电路交换分配固定电路资源的方式的缺点也是显而易见的:一方面在数据量很大时信道无法满足传输要求,另一方面在数据量很小时会浪费网络传输资源。

1.3.3 电路交换

为了突破用户线上传输比特率的限制和当时空分交换的缺陷,人们在 20 世纪 70 年代提出了基于电路交换的数据网络,改造用户线允许直接进行数字信号的传输,这样整个网络数据传输为全数字化,即数字接入、数字传输和数字交换,这就是所谓的电路交换数据网络(CSDN)。其中数字传输即 PCM 传输,数字交换即程控交换,而数字接入可以提供 64Kb/s 和 128Kb/s 速率的数字信号的直接接入,不必附加相应的调制设备再进行模拟信号和数字信号的转换工作。但是电路交换数据网络由于采用了类似于电话网络的电路交换,网络无法根据链路上传输的数据量合理分配资源,同样造成网络传输效率比较低。

电路交换的主要优点:

(1) 信息的传输时延小,对一次接续而言,传输时延固定不变。

(2) 信息以数字信号形式在数据通路中"透明"传输,交换机对用户的数据信息不存储、分析和处理,交换机在处理方面的开销比较小,对用户的数据信息也不需要附加许多用于控制的信息,信息的传输效率比较高。

(3) 信息的编码方法和信息格式由通信双方协调,不受网络的限制。

电路交换的主要缺点：

（1）电路的接续时间较长。当传输较短信息时，通信通道建立的时间可能大于通信时间，网络利用率低。

（2）电路资源被通信双方独占，电路利用率低。

（3）通信双方在信息传输、编码格式、同步方式、通信协议等方面要完全兼容，这就限制了各种不同速率、不同代码格式、不同通信协议的用户终端直接的互通。

（4）有呼损，即可能出现由于对方用户终端设备忙或交换网负载过重而呼叫不通。

1.3.4　报文交换

为了克服电路交换中各种不同类型和特性的用户终端之间不能互通，通信电路利用率低，以及有呼损等方面的缺点，人们提出了报文交换的思想。它的基本原理是"存储—转发"，即如果 A 用户要向 B 用户发送信息，A 用户不需要先接通与 B 用户之间的电路，而只需与交换机接通，由交换机暂时把 A 用户要发送的报文接收和存储起来，交换机根据报文中提供的 B 用户的地址确定交换网内路由，并将报文送到输出队列上排队，等到该输出线空闲时立即将该报文送到下一个交换机，最后送到终点用户 B。图 1.6 所示为报文交换网络进行数据通信的一般过程。

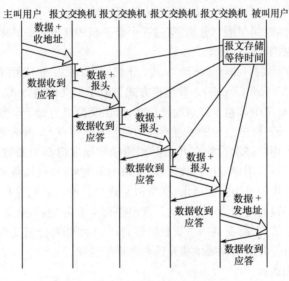

图 1.6　报文交换中数据通信过程

在报文交换中信息的格式以报文为基本单位。一份报文包括三部分：报头或标题（发信站地址、终点收信站地址及其他辅助信息组成）、正文（传输用户信息）和报尾（报文的结束标志，若报文长度有规定，则可省去此标志）。

报文交换的特征是交换机要对用户的信息进行存储和处理。

报文交换的主要优点：

（1）报文以"存储—转发"方式通过交换机，输入、输出电路的速率、电码格式等可以不同，很容易实现各种不同类型终端之间的相互通信。

（2）在报文交换（从用户 A 到用户 B）的过程中没有电路接续过程，来自不同用户的报文可以在一条线路上以报文为单位进行多路复用，线路可以它的最高传输能力工作，大大提高了线路的利用率。

（3）用户不需要叫通对方就可发送报文，无呼损，并可以节省通信终端操作人员的时间。如果需要，同一报文可以由交换机转发到许多不同的收信地点，即实现同报文通信。

报文交换的主要缺点：

（1）信息通过交换机时产生的时延大，而且时延的变化也大，不利于实时通信。

（2）交换机要有能力存储用户发送的报文，其中有的报文可能很长，要求交换机具有高速处理能力和大的存储容量，一般要配备磁盘和磁带存储器。

（3）报文交换不适用于即时交互式数据通信。

报文交换适用于公众电报和电子信箱业务。

1.3.5　分组交换

前面介绍的电路交换不利于实现不同类型的数据终端设备之间的相互通信，而报文交换信息传输时延又太长，不满足许多数据通信系统的实时性要求（注意数据通信的实时要求是指利用计算机通信的用户可以交互传输信息，相比于话音延迟要求，数据实时传输延迟要求要宽松得多），分组交换技术较好地解决了这些矛盾。

分组交换采用了报文交换的"存储—转发"方式，但不像报文交换那样以报文为单位交换，而是把报文截成许多比较短的、被规格化了的"分组"（Packet）进行交换和传输。由于分组长度较短，具有统一的格式，便于在交换机中存储和处理，"分组"进入交换机后只在主存储器中停留很短的时间，进行排队处理，一旦确定了新的路由，就很快输出到下一个交换机或用户终端。"分组"穿过交换机或网络的时间很短（"分组"穿过一个交换机的时延为毫秒级），能满足绝大多数数据通信用户对信息传输的实时性要求。

根据交换机对分组的不同的处理方式，分组交换可以分成两种工作模式：数据报（Datagram）和虚电路（Virtual Circuit）。数据报方式类似于报文传输方式，将每个分组作为一份报文来对待，每个数据分组中都包含终点地址信息，分组交换机为每一个数据分组独立地寻找路径，因此一份报文包含的不同分组可能沿着不同的路径到达终点，在网络终点需要重新排序。

虚电路方式是两个用户终端设备在开始互相传输数据之前必须通过网络建立逻辑上的连接，一旦这种连接建立以后，用户发送的数据（以分组为单位）将通过该路径顺序经网络传送到达终点。当通信完成之后用户发出拆链请求，网络清除连接。可以看到这种方式非常类似电路交换中的通信过程。只不过此时网络中建立的是虚电路而非实际电路，在数据通信过程中不像电路交换方式是透明传输的，而会受到网络负载的影响，分组可能在分组交换机中等待输出线路为空后进行信息传输。有关分组交换技术将在第6章详细说明。

分组交换的主要优点：

（1）向用户提供了不同速率、不同代码、不同同步方式、不同通信控制协议的数据终端之间能够相互通信的灵活的通信环境。

（2）在网络轻负载情况下，信息的传输时延较小，而且变化范围不大，能够较好地满足计算机交互业务的要求。

（3）实现线路动态统计复用，通信线路（包括中继线路和用户环路）的利用率很高，在一条物理线路上可以同时提供多条信息通路。

（4）可靠性高。每个分组在网络中传输时可以在中继线和用户线上分段进行差错校验，使信息在分组交换网络中传输的比特差错率大大降低，一般可以达到 10^{-10} 以下。由于"分组"在分组交换网中传输的路由是可变的，当网中的线路或设备发生故障时，"分组"可以自动地避开故障点选择一条新的路由，而通信不会中断。

（5）经济性好。信息以"分组"为单位在交换机中存储和处理，不要求交换机具有很大的存储容量，降低了网内设备的费用。对线路的动态统计时分复用也大大降低了用户的通信费用。分组交换网通过网络控制和管理中心（NMC）对网内设备实行比较集中的控制和维护管理，节省维护管理费用。

分组交换的主要缺点：

(1) 由网络附加的传输信息较多，对长报文通信的传输效率比较低。我们把一份报文划分成许多分组在交换网内传输，为了保证这些分组能够按照正确的路径安全准确地到达终点，要给每个数据分组加上控制信息(分组头)。除此之外，我们还要设计许多不包含数据信息的控制分组，用它们来实现数据通路的建立、保持和拆除，并进行差错控制以及数据流量控制等。可见，在交换网内除有用户数据传输外，还有许多辅助信息在网内流动。对于较长的报文来说，分组交换的传输效率就不如电路交换和报文交换的高。

(2) 技术实现复杂。分组交换机要对各种类型的"分组"进行分析处理，为"分组"在网中的传输提供路由，并且在必要时自动进行路由调整，为用户提供速率、代码和规程的变换，为网络的维护管理提供必要的报告信息等，这要求交换机要有较高的处理能力。

1.4 宽带交换技术

1.4.1 电信业务和媒体传输特性

前面讲述的电话交换和数据交换分别适合话音和2Mb/s以下的数据。在通信领域还存在着其他的信息，如电报信息、视频信息等。在20世纪80年代后期逐步出现了一些新的电信业务，利用现有网络的传输和交换能力，扩充了现有网络的服务范围，因此这些业务称为增值业务，具体有：

智能用户电报(Teletex)、可视图文(Videotext)、遥测(Telemetry)、监视(Surveillance)和告警(Alarm)、电子邮件(Electronic mail)、可视电话(Video Phone)和电视会议(Video Conference)、图文电视(Telex)、视频点播(Video on Demond，VOD)等。

上述只是目前网络提供的或是人们所能想到的，事实上随着技术的发展和人们需求的增加还会出现更多的新业务。分析上面的业务可以看到，信息传输的媒体方式从单一话音传输向话音、数据、文本、图形、动画和图像、视频复合的多媒体信息转化。由于信息多媒体化导致新一代业务传输具有与传统话音或文本数据所不同的传输特性。

(1)各种业务信息的传输要求具有不同的速率，具有不同的突发性。例如，对于视频信号的传输速率就有较大的跨度，在进行质量较低的慢扫描可视通信时，每3s传输一幅画面需要的传输速率为14.4Kb/s；但如果传输的是高清晰度电视(HDTV)数据信号时，需要的传输速率大约为20Mb/s。同时数据的传输过程，例如，远程登录、Internet访问，由于用户在许多时间处于键盘操作和信息阅读阶段，利用电路方式将会导致较低的信道利用率。

(2)各种业务传输具有不同的误差要求和时延要求。非压缩数字话音(PCM 64Kb/s)的传输过程中如果出现有限个错误，只要错误不是长连续性，一般不会影响用户通信过程。但是信息传输具有较大的延迟，就会使通信变得非常艰难。如果话音数据传输的不同分组时延相差比较大(延迟波动)，接收者听到的话音断断续续，导致无法进行话音通信。这就是一般话音通信采用电路方式，而不是分组方式的原因。而相应的计算机文本数据的通信允许出现一些延迟或是数据延迟波动，只要数据能够正确传输并保证顺序一致，通信过程是可以顺利进行的。所以在进行计算机数据通信时，一般倾向于采用具有较高网络利用效率和严格差错控制的分组交换方式。其他媒体如图像、图形和视频传输具有低时延和低误码率的要求。

前面介绍的电路交换、报文交换和分组交换仅能够支持上述某些业务的交换，是否能够以一种交换的方式支持上述这些业务的通信，人们提出许多改进方案，下面首先介绍电路交换和分组交换的改进方案。

1.4.2 快速电路交换

通信双方在约定的信道中可以快速进行数据传输,从而满足实时的话音传输,这是电路交换显著的优点,但是传统的基于 64Kb/s 的电路交换网络在灵活性方面和网络传输效率方面却有不足,具体地说,电路交换的机制对于波动性业务必须根据其峰值速率分配带宽。基于这一点,人们提出了改进的电路交换技术。

为了将电路交换的概念扩展到具有波动性和突发性的业务传输的应用场合,人们提出了快速电路交换的核心思想:在有信息传送时快速建立通道,如果用户没有数据传输则释放传输通道。具体过程是这样的,在呼叫建立时,用户请求一个带宽为基本速率的某个整数倍的连接。此时,网络根据用户的申请寻找一条适合用户通信的通道,但是并不建立连接和分配资源,而是将通信所需的带宽、所选的路由编号填入相关的交换机中。当用户发送信息时,网络迅速按照用户的申请分配通道完成信息的传输。这种方式的网络必须有能力快速测知信源是否发送数据,同时必须在较短的时间内完成端到端的链路的建立,这要求网络有高速的计算能力。

1.4.3 快速分组交换——帧中继

由于分组交换技术在降低通信成本、提高通信的可靠性和灵活性方面的巨大成功,促使 20 世纪 70 年代中期以后的数据通信网几乎都采用这一技术。20 世纪 80 年代以来,各国的公用和专用分组交换技术不断发展,分组交换网的性能不断提高,功能不断完善。数据分组通过交换机的传输时延从几百毫秒减小到几毫秒,分组交换机之间的中继线路的速率由 9.6Kb/s 提高到 2.048Mb/s。但是到了 90 年代,人们希望在分组网络上进行实时业务、高速业务传输时,发现采用传统的分组技术的分组交换网络的能力已经达到了极限。虽然分组网络业务适配的灵活性和网络运行的高效性较之于电路交换更适合作为将来宽带通信的交换和传输的支持,但是无法提供高速和实时的业务的传输也是它的明显不足。人们开始研究新的分组交换技术以适合新的传输和交换的要求。

在讲述快速分组交换以前,必须分析一下有关分组交换协议设计的基本出发点,即分组交换技术适合的网络运行环境。在 20 世纪 70 年代通信网络是以模拟通信为主,可以提供传输数据的信道大多数是频分制的电话信道,信道带宽为话带带宽 $0.3\sim3.4$ kHz,传输速率一般不大于 9.6Kb/s,误码率为 $10^{-4}\sim10^{-5}$。这样的误码率不能满足数据通信的要求。在这种环境下设计的数据传输协议 X.25 必须兼顾以下高效和正确性的原则:

(1)采用虚电路复用方式提高信道利用率,减少网络传输费用。

(2)在网络相邻结点的传输通路上执行差错控制协议,保证相邻网络结点之间传输的数据正确性。具体地说,只有发送结点发出一个或一组分组后,等待接收交换结点返回正确收到的应答消息,然后再发送下一个或一组数据,如果数据出错则重新发送。这时候在传输的分组上必须加上相应的校验序列,使接收端可以确认收到的数据是否正确。

(3)为了保证线路上传输的数据不超过线路可以传输的容量,一般采用类似于上面的停止等待协议的流量控制。

X.25 协议规定了较丰富的控制功能,获得了很高的可靠性,但是由此加重了分组交换机的处理负担,使分组交换机的分组吞吐量和中继线速率进一步提高受到限制,而且导致了分组通过网络的时延比较大。

20 世纪 80 年代后期,以光纤为传输媒体的通信网络促进了分组交换技术的发展。光纤通信具有容量大(高速)、质量高(低误码率)的特点,数字传输误码率小于 10^{-9},系统能提供高达

10～100 Gb/s 的速率。在这样的运行环境下的分组协议显然没有必要像原来的 X.25 协议做许多精巧和烦琐的控制。

分组交换协议的改进首先是为局域网(LAN)互连设计的,因为在 20 世纪 80 年代后期局域网之间的互连成为实际需要。局域网之间的通信具有与传统的话音通信以及分组数据通信不同的特点:

(1) 数据传输具有高速特性,通常局域网互连的数据传输速率至少为 1544Kb/s 或 2048Kb/s,这是分组交换接入所无法达到的。所以在未出现帧中继方式之前,一般 LAN 互连是采用专线满足的。

(2) 传输信息具有突发特性,信息传输过程可能存在较长时间的空闲,但是如果 LAN 之间传送图形或图像信息时,要求较高的传输速率。在这种情况下,使用昂贵的高速租用线路以满足系统快速的响应时间,会导致资源的浪费,也阻碍了 LAN 之间互连的发展。

(3) 运行不同协议局域网之间能互通采用不同的协议。例如,TCP/IP、SNA、XNS 和 IPX 协议适合不同的网络构建方式,具有独立的端到端的差错监测和纠正功能,显然互连必须能够处理多协议通信。

针对这些问题,以及传输媒体使用光纤这样的事实,帧中继技术对 X.25 协议进行改进以实现高速数据传输,完成按需分配带宽以适应突发信息的要求,处理多协议满足不同 LAN 的互连。

帧中继的设计思想非常简单,可以概括为以下几点:

(1) 帧中继中取消了 X.25 协议规定的网络结点之间、网络结点和用户设备之间每段传输链路上的数据差错控制,将本来由网络完成的数据链路上的段差错控制推到网络的边缘,由终端负责完成。网络只进行差错检查,如果发现错误将数据单元丢失。这是由于采用了光纤作为传输手段,数据传输的误码率急剧下降,链路上出现差错的概率减小,传输信道中不必每段链路都进行差错控制。

(2) 帧中继数据传输基本数据单元是帧,帧是计算机网络分层中数据链路层的概念。相比于 X.25,帧中继中帧的格式做了简化,去掉了有关进行链路差错控制的帧中的域。帧结构中的信息字段不仅可以存放原来的 X.25 分组,而且可以存放高级数据链路控制(HDLC)或同步数据链路控制(SDLC)协议数据单元,以及 LAN 中逻辑电路控制(LLC)层和媒体访问控制(MAC)层的数据,这样可以实现不同协议的数据的封装和传输。

(3) 帧中继数据传输采用数据链路连接标志符(DLCI),作为网络传输数据信道标志,类似于分组交换虚电路中的逻辑信道号的概念,因此说帧结构格式中包含路由选择的信息(这是属于计算机网络分层中第 3 层——网络层的概念)。DLCI 指明数据传输的通道,填入交换机的路由表中,指示信息传输的通道,并没有分配网络资源。只有当数据在终端用户之间传输时,才在相邻交换结点之间或端局结点和终端之间分配传输资源,这和分组交换中的虚电路方式是完全一致的。

从上面的快速分组交换中的虚电路分组交换——帧中继技术的设计考虑中可以看到,将网络内部的差错处理推向网络的边缘,由智能终端本身进行处理降低了结点处理的负担,减少了分组在网络中的延迟,从而提高了网络的响应速率。帧中继技术是传统的分组交换的一种改进方案,适合 LAN 之间数据互连,目前传输速率已达到 34Mb/s。但是,由于帧中继实际采用的是永久虚电路(PVC)的方式,同时由于在网络内部仍旧对数据进行检查,并没有准备适配不同速率的业务(如低速的音频业务和高速的视频业务)以及其他的计算机之间的通信,所以目前帧中继一般只是应用于 LAN 之间的互连,但已体现了分组技术的良好的适配性,并可以提高网络的利用率。

1.4.4 异步转移模式(ATM)

设计快速电路交换和快速分组交换技术的目的都是能以统一、简单、快捷的方法支持各种速率、各种业务特性、各种传输要求(时延和误码率)的多媒体信息的通信,但是快速电路交换和快速分组交换却并没有达到这样的目的。为了在电路交换网络的基础上,接入多种业务和根据通信业务量分配带宽,快速电路交换引入了许多复杂的控制机制,却也只能适合有限的应用情况,系统的实现和扩展变得异常困难。为了在分组交换的基础上提供高速业务通信,快速分组交换(帧中继)简化了网络对于分组的各种处理,但是由于传输的单元可变性及保留的网络结点对数据信息做校验工作,使得其可以支持的速率仅为140Mb/s,同时这种方案不能够满足有不同服务要求的各种媒体信息交换和传输,ITU-T 将帧中继定位于数据业务(如 LAN 互连)交换方式。

从上面的介绍可以看到,电路交换和分组交换具有各自的优势和缺陷,两者实际是互补的,电路交换适合实时业务但是无法适配各种速率的业务,并且网络利用率低,而分组交换可以适配各种速率业务、具有较高的复用效率但是却无法很好地支持实时业务,它们各自改进的目标和方法是克服自身的缺点,借鉴对方的处理方式。实际上两种方案处理通信过程的方法已经决定了它们各自的特点。

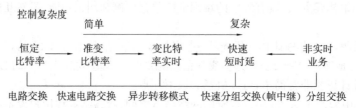

图 1.7　交换技术比较

可以适合各种不同业务的新一代多媒体通信的交换和复用技术,显然必须综合电路交换和分组交换的优势,可以支持高速和低速的实时业务,具有高效的网络运营效率。这就是 ITU-T 给出的下一代的交换和复用技术——异步转移模式(ATM)。图 1.7 给出了上述的几种交换方式的比较,从图中可以看出异步转移模式实际是电路交换和分组交换发展的产物。ATM 方式具有四项基本特点。

(1) 采用 ATM 信元复用方式。传统的电路交换中同步转移模式(STM)将来自各种信道上的数据组成帧格式,每路信号占用固定比特位组,在时间上相当于固定的时隙,任何信道都通过位置进行标志。在 ATM 中采用固定长度的分组(53 字节),称为信元(Cell)。ATM 是按信元进行统计复用的,在时间上没有固定的复用位置。由于是按需分配带宽,所以取消了 STM 方式中帧的概念。与 ATM 信元不同的是分组交换中分组长度是可变的。

(2) ATM 采用面向连接并预约传输资源的方式工作。电路交换是通过预约传输资源保证实时信息的传输,同时端到端的连接使得信息传输时,在任意的交换结点不必做复杂的路由选择(这项工作在呼叫建立时已经完成)。分组交换模式中仿照电路方式提出虚电路工作模式,目的也是为了减少传输过程中交换机为每个分组做路由选择的开销,同时可以保证分组顺序的正确性。但是分组交换取消了资源预定的策略,虽然提高了网络的传输效率,但却有可能使网络接收超过其传输能力的负载,造成所有信息都无法快速传输到目的地。

在 ATM 方式中采用的是分组交换中的虚电路形式,同时在呼叫过程向网络提出传输所希望使用的资源,网络根据当前的状态决定是否接收这个呼叫。其中资源的约定并不像电路交换中给出确定的电路或 PCM 时隙,只是用以表示将来通信过程所可能使用的通信速率。采用预约资源的方式,保证网络上的信息可以在一定允许的差错率下传输。另外,考虑到业务具有波动的特点和交换中同时存在连接的数量,根据概率论中的大数定理,网络预分配的通信资源肯定小于信源传输时的峰值速率。可以说,ATM 方式既兼顾了网络运营效率,又能够满足接入网络的连接进行快速数据传输。

（3）在 ATM 网络内部取消逐段链路的差错控制和流量控制，而将这些工作推到了网络的边缘。分组交换协议设计运行的环境是误码率很高的模拟通信线路，所以执行逐段链路的差错控制；同时由于没有预约资源机制，所以任何一段链路上的数据量都有可能超过其传输能力，所以有必要执行逐段链路的流量控制。而 ATM 协议运行在误码率很低的光纤传输网上，同时预约资源机制保证网络中传输的负载小于网络的传输能力，所以 ATM 取消了终端设备和端局结点、网络内部结点之间链路上的差错控制和流量控制。

但是通信过程中必定会出现的差错如何解决呢？ATM 将这些工作推给了网络边缘的终端设备完成。如果信元头部出现差错，会导致信元传输的目的地发生错误，即所谓的信元丢失（相对于原来的目的地）和信元误插入（信元传错目的地），如果网络发现这样的错误，就简单地丢弃信元。至于如何处理由于这些错误而导致信息丢失后的情况，则由通信的终端处理。如果信元内负载部分（用户传输的信息）出现差错，判断和处理同样由通信的终端完成。对于不同的媒体传输，可以采取不同的处理策略。例如，对于计算机数据通信（文本传输）显然必须使用请求重发技术对错误的信息要求发送端重新发送，但是对于话音和视频这类要求实时的信息如果发生错误，接收端可以采用某种掩盖措施，减少对接收用户的影响。

（4）ATM 信元头部功能降低。由于 ATM 网络中段链路的功能变得非常有限，所以信元头部变得异常简单，主要是标志虚电路，这个标志在呼叫建立阶段产生，用以表示分组经过网络中传输的路径。依靠这个标志可以很容易将不同的虚电路信息复用到一条物理通道上。

但是，如果分组头部出现错误必然会导致信元的误投，浪费网络的计算和传输资源，所以及早发现信元头部出错是非常必要的，因此，在信元的头部加上纠错和检错的机制以防止或降低误选路由的可能性。

此外，在传统分组交换中用以信息差错控制、分组流量控制及其他特定的比特都被取消。在分组头部只有有限几个关于维护的额外开销比特。

根据上面的描述可以知道，实际上 ATM 方式充分地综合了电路交换和分组交换的优点。它既具有电路交换的"处理简单"的特点，支持实时业务、数据透明传输（网络内部不对数据做复杂处理）并采用端到端的通信协议，同时也具有分组交换支持变比特率 VBR 业务的特点，并能对链路上传输的业务进行统计复用。所以异步转移模式（ATM）显然是下一代通信网的交换和复用的首选技术。ATM 和电路交换、分组交换的关系如图 1.8 所示。

有关 ATM 交换技术将在第 6 章中介绍。

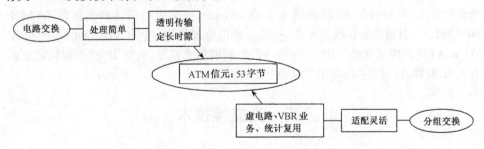

图 1.8　ATM 和电路交换、分组交换的关系

1.4.5　IP 交换和标记交换

异步转移模式（ATM）是现代通信网中比较理想的交换方式，是未来通信网发展的方向。然而，现有的计算机互联网（Internet）取得了巨大的成功，它对通信网的发展产生一定的影响，为此有必要对它进行研究。

Internet 的基本思想是对所有互连的异种通信子网系统进行高度抽象,将通信问题从网络细节中解放出来,通过提供通用网络服务,使低层网络细节向用户及应用程序透明,从而建立一个统一的、协作的、提供通用服务的通信系统。

Internet 的基本方法是在低层网络技术与高层应用程序之间采用 TCP/IP,从而抽象和屏蔽硬件细节,向用户提供通用网络服务。传输控制协议(TCP)属于传输层,用于提供端到端的通信。Internet 协议(IP)属于网络层,主要功能包括无连接数据包传送、数据包寻址以及差错处理三部分。

IP 的关键是为互连的异种物理网络提供了统一的 IP 地址,从而屏蔽了下层物理网络地址的差异性,统一了异种网络地址,保证了异种网互通。

用户数量的急剧增长,导致网上信息流量的持续增加,Internet 的带宽变得十分紧张,Internet 上经常发生拥塞,用户业务质量得不到保证。由多层路由器构成的传统网络趋向饱和,当它扩充到一定限度后,其经济性和效率随规模的进一步增大而下降,将面临下述问题:

(1) Internet 骨干网的传送容量太小,带宽资源不足,现有路由器寻址速度低,吞吐量不够,同时用户接入速率太低。

(2) 当用户数量急剧增加时,路由器网络性能将下降,这时路由器虽然可以保证优先级较高的数据传输,但由于它采用无连接的 IP,因而不能让服务质量(带宽、优先级等)与商业上的优先级对应起来。

(3) 路由器网络规模的进一步增大要求路由器支持大数量的端口,然而目前一般的路由器只支持 10 个端口,即使是大型路由器也只能支持 50 个端口,即路由器的端口数受到限制。因此大型的 Internet 结点需要配置多个路由器,它们之间通过以太网或光纤分布式数据接口(FDDI)相连,这种可堆叠式配置无论在成本上和性能上代价都很高。同时在纯路由器网络中,每一个端口即使是内部中间端口都需要占用 IP 地址。

(4) 规模较大的路由器网络大多采用分层结构,并在大的结点采用上述可堆叠式配置,以支持大量用户接入。由于 IP 包在沿途每一个路由器上都需进行排队和协议处理,因此分层路由器结构和可堆叠式配置使得 IP 包需要经过更多的路由器数,这将导致传输延迟增加,性能下降。

(5) 当前 Internet 所使用的 IPv4 协议对实时业务、灵活的路由机制、流量控制和安全性能的支持不够,地址资源也短缺。

ATM 技术的出现为解决现有 Internet 所面临的问题提供了解决方案。用 ATM 网络从多方面来进行改进,即如何在 ATM 网络上支持 Internet,实际上可归结到如何在 ATM 上支持 TCP/IP 的问题。目前主要有两类方法:一类是所谓叠加模型,包括 ATM 上的传统式 IP 规范(IPOA)及 ATM 多协议规范(MPOA);另一类是所谓集成模型,包括 IP 交换和标记交换(LS)等。有关 IP 交换、标记交换将在第 7 章中介绍。

1.5 光交换技术

光交换和 ATM 交换一样,是宽带交换的重要组成。在长途信息传输方面,光纤已经占了绝对的优势。用户环路光纤化也得到很大发展,尤其是宽带综合业务数字网(B-ISDN)中的用户线路必须要用光纤。这样,处在 ISDN 中的宽带交换系统上的输入和输出信号,实际上就都是光信号,而不是电信号了。

光技术已经在信息传输中得到广泛的应用,而目前交换设备都是采用电交换机,即光信号要先变成电信号才能送入电交换机,从电交换机送出的电信号又要先变成光信号才能送上传输线路,因此如果是用光交换机,这些光电变换过程都可以省去了,如图 1.9 所示。

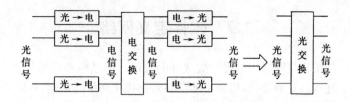

图 1.9 光变电、电变光的过程都可以省去

除减少光电变换的损伤外,采用光交换可以提高信号交换的速度,因为电交换的速率受电子器件速度的限制,为此,光交换技术是未来发展的方向。

应用光波技术的光交换机也应是由传输和控制两部分组成的;把光波技术引入交换系统的主要课题,是如何实现传输和控制的光化。从目前已进行的研制和开发的情况来看,光交换的传输路径采用空分、时分和波分的交换方式。有关光交换机具体实现将在第 8 章中介绍。

1.6 VoLTE 技术

EPC(Evolved Packet Core)是 3GPP 伴随着无线接入网 E-UTRAN 演进研究而展开的演进型分组核心网项目,目标是帮助运营商通过采用 LTE 技术来提供先进的移动宽带服务,保护客户投资、兼顾已存网络现状,以满足用户现在及未来对宽带和业务质量的需求。EPC 是 TD-LTE 的核心网络结构,定义了一个全 IP 的分组核心网,该系统有以下特点:EPC 网络只有分组域,而没有电路域;控制和承载分离,网络结构扁平化;基于全 IP 架构。EPC 网络结构采用 3GPP R8 版本架构,基本网元包括 MME(移动管理实体)、SGW(服务网关)、PGW(公共数据网关)和 HSS(归属用户服务器),其中 SGW 与 PGW 可以合设为 SAE-GW。

VoLTE 即 Voice over LTE,它是一种 IP 数据传输技术,无须 2G/3G 网,全部业务承载于 4G 网络上,可实现数据与语音业务在同一网络下的统一。换言之,4G 网络下不仅提供高速率的数据业务,同时还提供高质量的音视频通话,后者便需要 VoLTE 技术来实现。鉴于 IMS(IP Multi-media Subsystem)系统的特点和优势,业界已倾向采用选择 IMS 系统为 EPS 系统的用户提供 VoIP 语音业务控制。在 VoLTE 解决方案中,实现 VoIP 语音业务时,除由 EPS(演进的分组系统,LTE 和 EPC 合起来称为 EPS)系统提供承载、由 IMS 系统提供业务控制外,通常还要由 PCC(Policy and Charging Control)架构实现用户业务 QoS 控制以及计费策略的控制。从业务实现流程来看,一个初次签约到 EPS 系统的用户,如果要实现端到端的 VoLTE 业务,要经过 EPS 附着、IMS 注册、业务发起和会话控制过程(包括专有承载和 IMS 层信令交互)、资源释放过程等几个阶段。VoLTE 与 2G,3G 语音通话有着本质的不同,其接通等待时间更短、质量更高、更自然的语音视频通话效果等特点对于改善用户体验都很有帮助。

当 LTE 的覆盖范围尚不能达到全覆盖及室内覆盖较弱的场景下,亟需一种既经济又能够快速有效地进行覆盖补充的无线接入手段,于是基于 WiFi 接入技术的 VoWiFi(Voice over WiFi)应运而生。VoWiFi 在有了 VoIP 之后就一直在各行业有应用,如酒店、矿业、企业甚至运营商,因为 WiFi 语音终端还同时支持数据功能,可以满足行业的应用。WiFi 语音(包括传输协议和控制,如 SIP)作为一个承载在 IP 网络上的应用,与传统蜂窝网采用数字语音以及独立的信令通道不同。但是,目前 WiFi 语音在互通、覆盖和质量保证这些方面仍然有所不足。并且,VoLTE 与 VoWiFi 在无线接入网、核心网、QoS 保障、TTI(Transmission Time Interval)绑定、半静态调度 SPS、空口加密、语音延迟、语音覆盖、切换方式等方面存在区别。虽然 VoLTE 与 VoWiFi 有多种区别,但是未来 VoWiFi 与 VoLTE 融合或成为可能。

1.7　软件定义网络

传统网络的层次结构是互联网取得巨大成功的关键。但是随着网络规模的不断扩大,封闭的网络设备内置了过多的复杂协议,增加了运营商定制优化网络的难度,科研人员无法在真实环境中规模部署新协议。同时,互联网流量的快速增长,用户对流量的需求不断扩大,各种新型服务不断出现,增加了网络运维成本。在这种情况下,软件定义网络技术(Software Defined Networks,SDN)应运而生。

软件定义网络(Software Defined Network, SDN),是由美国斯坦福大学 clean slate 研究组提出的一种新型网络创新架构,其核心技术 OpenFlow 通过将网络设备控制面与数据面分离开来,从而实现了网络流量的灵活控制,为核心网络及应用的创新提供了良好的平台。SDN 代表了过去 60 多年来 IT 越来越去硬件化,以软件获得功能灵活性的一种必然趋势。SDN 能够为 IT 产业增加一个更加灵活的网络部件,提供了一个设备供应商之外的企业、运营商能够控制网络自行创新的平台,使得网络创新的周期由数年降低到数周。换句话说,企业、运营商创新是为了满足最终内外部用户的需求,缩短简化了网络创新周期,也就意味他们的竞争力得到更强的提升。

SDN 是一种新兴的、控制与转发分离并可直接可编程的网络架构,其核心思想是将传统网络设备紧耦合的网络架构解耦成应用、控制、转发 3 层分离的架构,并通过标准化实现网络的集中管控和网络应用的可编程。目前的 MAC 层和 IP 层能做到很抽象,但是对于控制接口来说并没有作用,我们以处理高复杂度(因为有太多的复杂功能加入到了体系结构当中,比如 OSPF、BGP、组播、区分服务、流量工程、NAT、防火墙、MPLS、冗余层,等等)的网络拓扑、协议、算法和控制来让网络工作,完全可以对控制层进行简单、正确的抽象。SDN 提出控制层面的抽象给网络设计规划与管理提供了极大的灵活性,我们可以选择集中式或是分布式的控制,对微量流(如校园网的流)或是聚合流(如主干网的流)进行转发时的流表项匹配,可以选择虚拟实现或是物理实现。

目前大部分知名厂商对 SDN 都有初始投入,其中包括 Cisco、IBM、Alcatel、Juniper Networks、Broadcom、Citrix、Dell、Google、HP、Intel、NEC 和 Verizon。有这么多投入进入产品开发,SDN 将会在 IT 基础设施中起到很大程度的作用。

1.8　网络功能虚拟化

网络运营商的网络通常采用的是大量的专用硬件设备,同时这些设备的类型还在不断增加。为提供不断新增的网络服务,运营商还必须增加新的专有硬件设备,并且为这些设备提供必需的存放空间以及电力供应;但随着能源成本的增加,资本投入的增长,专有硬件设备的集成和操作的复杂性增大,以及专业设计能力的缺乏,使得这种业务建设模式变得越来越困难。另外,专有的硬件设备存在生命周期限制,需要不断地经历规划—设计开发—整合—部署的过程,而这个漫长的过程并不为整个业务带来收益。更严重的是,随着技术和服务创新的需求,硬件设备的可使用生命周期变得越来越短,这影响了新的电信网络业务的运营收益,也限制了在一个越来越依靠网络连通世界的新业务格局下的技术创新。

网络功能虚拟化就是为了解决上述这些问题,由运营商主导发起的新型网络技术,旨在通过通用硬件以及虚拟化技术,来承载相关网络功能,从而降低网络成本并提升业务开发部署能力。它将 IT 领域的虚拟化技术引入 CT 领域,利用标准化的通用设备实现网络设备功能。其主要目标:降低成本,节能增效,提高网络/业务管理、维护、部署效率以及未来的开放/创新潜力。

图 1.10 是 ESTI(欧洲电信标准化协会,European Telecommunications Standards Institute)给出的 NFV 参考架构图。

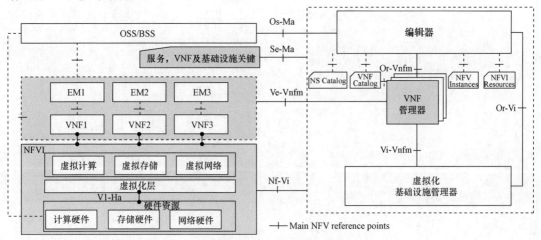

图 1-10　NFV 参考架构图

小结

信息交换从实质上讲就是信息的转移,为满足不同业务的需求,信息转移技术得到迅猛的发展,图 1.11仅对信息转移技术做简要的小结。

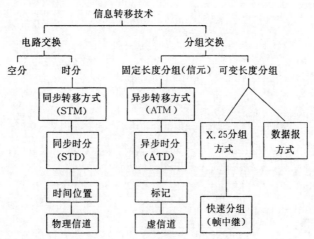

图 1.11　信息转移技术框图

习题

1.1　为什么说交换设备是通信网的重要组成部分?

1.2　电话网提供的电路交换方式的特点是什么?

1.3　简述数据通信与话音通信的主要区别。

1.4　利用电话网进行数据通信有哪些不足之处?

1.5　为什么分组交换是数据通信的较好的方式?

1.6　如何理解 ATM 交换方式综合了电路交换和分组交换的优点?

1.7 IP 交换和标记交换产生的背景有哪些?

1.8 为什么光交换技术是未来发展的方向?

1.9 简述软交换技术体系结构的组成及其功能。

1.10 通过第 1 章概论的学习,你对交换技术未来的发展有哪些新的观点和认识?

第2章　数字交换网络

在数字程控电路交换系统中,每个用户的信号都采用 8 比特为单位的数字字节流方式来表示,并且以 125μs 为一帧,每帧等分成多个时隙(E1 接口为 32 时隙)进行时分复用接入数字交换网络。数字交换网络的作用是完成用户数字信号的时隙交换,它通过交换通信双方流入数字交换网络数字信号所占用的时隙序号来实现。按照数字交换网络的功能需要,实现数字交换网络既可采用共享存储器方式,也可以采用公共时分总线方式的电路系统来完成。本章分别介绍基本交换单元电路的组织结构和工作原理,以及利用基本交换单元构成大型数字交换网络的技术和工作原理。

2.1　基本交换单元

数字时分复用方式的电路交换属于同步交换,因此构成数字交换网络的基本交换单元也必须是同步交换的,也就是说,在交换单元临时缓存的用户数据必须在一个同步时钟控制下按序存入或取出。

1. 共享存储器型时分交换单元

共享存储器型时分交换单元,顾名思义,就是将多个用户的数字话音信号按照一定规律存放在一个公共的存储器中,随后再按照交换的需要分时从存储器的指定单元读出数据,并送给接收该数据的用户。按照这种操作模式,以 125μs 的时间间隔(称作 1 帧)周期地对存储器写入和读出,便可构成数字时分的电路交换单元。

(1) 共享存储器型时分交换单元的组成

共享存储器型时分交换单元的电路组织结构如图 2.1 所示,由串/并变换、并/串变换、话音存储器、控制存储器、读写信号和时序产生电路等组成。

图 2.1 中,交换单元连接 32 条双向 PCM 链路,每个方向均采用 32 信道(时隙)、每信道 8 比特数据的时分复用方式串行传输。话音存储器(SM)和控制存储器(CM)分别由 1024 存储单元的双端口 RAM 组成,SM 作为共享存储器暂存 32 条 PCM 输入链路上所有时隙一帧的话音数据,CM 存储呼叫处理机写入的电路接续中的时隙交换号,控制对应的话音存储器单元中的数据输出到指定的 PCM 输出链路的指定时隙上传输。串/并变换和并/串变换电路完成外部 PCM 链路串行数据传送方式到内部话音存储器并行数据操作方式之间的转换,读写信号和时序产生电路为交换单元内部电路按序操作提供各种时钟信号。

图 2.1 中的共享存储器型交换单元,可以实现 1024 个信道之间任意信道的数据信息交换。也就是说,该交换单元既可以实现不同 PCM 链路之间相同时隙的数据交换,也可以完成不同 PCM 链路、不同时隙之间的数据信息交换。

(2) 共享存储器型时分交换单元工作原理

在图 2.1 所示的共享存储器型时分交换单元的电路结构中,时隙交换工作是按照顺序写入、控制读出方式进行的。这种工作模式中,各条 PCM 输入链路上时分复用的数据信号,首先通过串/并变换电路在同步时钟的控制下按时隙转成并行数据,然后按照时隙号×PCM 链路总数＋PCM 链路号的顺序写入话音存储器。这里,PCM 链路号和时隙号从零开始,各 PCM 链路上相同时隙的数据必须在一个时隙间隔内写入话音存储器。例如,各条 PCM 链路上 TS_1 中的数据将在一个时隙间隔内被顺序写入话音存储器的32～63单元中。显然,话音存储器的写信号必须与输入时隙同步,它由时序产生电路在帧同步信号和主时钟信号操作下,以循环计数方式产生。

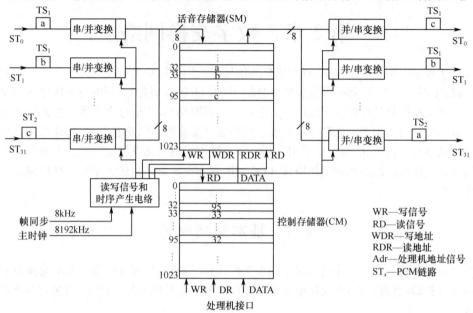

图2.1 共享存储器型时分交换单元电路组织结构

话音存储器是一个读写信号线、地址线及数据线分开的双端口随机存储器,读写操作互不干扰。为了保证数据稳定,对同一单元操作时须先写后读。

话音存储器的数据读出操作,是由控制存储器提供读出地址,由时序产生电路提供与PCM输出链路时隙同步的读信号。控制存储器输入接口直接与呼叫处理机连接,呼叫处理机将需要交换的时隙号写入对应单元。例如,图中控制存储器的32号单元写入95,表示由PCM输入链路ST_{31}的时隙TS_2上传送的用户C的数据存储在话音存储器第95号单元中,要在第32号内部时序上被读出,交换到PCM输出链路ST_0的时隙TS_1上传送给用户A。如果控制存储器的单元号和内容一样,这表示该时隙所传送的数据不进行交换,只是缓冲并循环回给发端。控制存储器也可以写入相同的内容,这表示该内容所指定时隙的数据将广播给全部输出时隙。

共享存储器型时分交换单元既可以采用顺序写入、控制读出方式进行时隙交换,也可以采用控制写入、顺序读出方式完成时隙交换功能。这两种方式的电路结构基本相同,差别是在控制写入、顺序读出方式中,话音存储器的写入地址由控制存储器输出的数据提供,读出地址由时序产生电路生成,对应单元的内容变为被交换时隙所承载的数据。控制写入、顺序读出方式的共享存储器型交换单元的内部电路组织结构如图2.2所示。

无论是顺序写入、控制读出方式,还是控制写入、顺序读出方式,共享存储器型时分交换单元在整个交换过程中,控制存储器CM始终是存放时隙交换控制信息,就像一张转移数据的转发表。这个转发表由处理机构造,处理机按照电路接续要求为输入时隙上的数据选定一个输出时隙并写入控制存储器。从图2.1和图2.2中可以看出,两种时隙交换方式只是数据信号在话音存储器中的位置不同,交换单元的外部特性没有本质差别,控制存储器的写入内容和方式不变。当没有新的交换信息写入控制存储器时,其构成的转发表内容将不会改变。于是,时分交换单元将在帧同步和主时钟信号的控制下,每一帧都按序重复以上的读写过程,周而复始地执行数据的时隙交换操作。

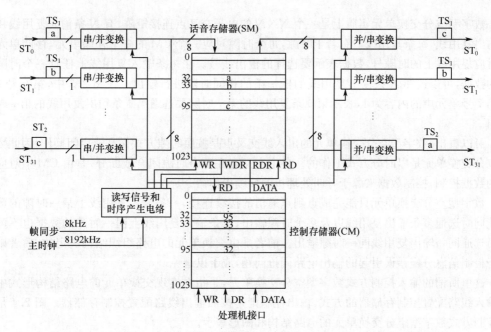

图 2.2　控制写入、顺序读出方式共享存储器型时分交换单元电路组织结构

2. 空分型交换单元

空分型交换单元,是一种利用门开关和空间线路组成的空分阵列,在时分复用的数字线路之间完成线间交换功能的设备。这里的空分型交换单元属于数字型交换方式,它只在线路之间建立瞬时连接,不改变数据的时间位置。

(1) 交换单元的组成

数字型空分交换单元的基本元素是一个可选择的门开关电路,在控制数据操作下,可选择指定的输入线路上的数字信号输出,或输入的数字信号选择指定的输出线路上输出。将多个门开关电路和控制存储器 CM 组合在一起,便可构成不同容量要求和不同控制方式的空分数字型交换单元。图 2.3 所示为一个输入控制方式的 $N \times N$ 交换单元,图 2.3(a)为交换单元的电路组织结构,图 2.3(b)是图形表示。

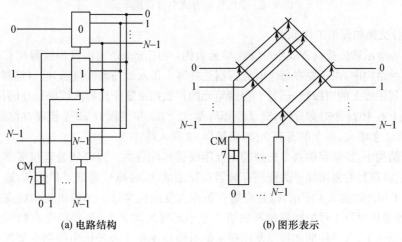

(a) 电路结构　　　　　　　　　(b) 图形表示

图 2.3　输入控制方式空分交换单元

数字型空分交换单元实质上是一个 $N \times N$ 的电子交叉点连接矩阵,有 N 条输入复用线和 N 条输出复用线,每条复用线上有若干时隙,每个时隙对应一个 CM 的一个存储单元,存储单元序号对应复用线上的时隙号,数据表示要选择的输出线号。在每条输入复用线上任意一个时隙传送的数据,可以选择 N 条输出复用线的任一条的相同时隙进行输出。在图 2.3 中,第 0 号 CM 的第 7 号单元中的内容为 1,表示第 0 条复用线的第 7 时隙要选通第 1 条输出复用线的第 7 时隙输出。

可以看出,数字型空分交换单元的出入线交叉点是按照时隙方式做高速启闭操作,因此数字型空分交换单元是以时分方式工作的。各个交叉点在哪个时隙闭合或断开,是由 CM 中对应单元的数据控制,控制数据来源于呼叫处理机的接续操作命令。

数字型空分交换单元只能完成点到点通信的接续连接,一条输入复用线上某一时隙的数据不能同时选通多条输出复用线以及多个时隙输出,多条输入复用线上同一时隙的数据也不可以同时选通同一输出复用线同一时隙输出。前者是由交换单元的电路组织结构决定的,后者则是由于控制信息分配错误引起的输出电路同抢问题,应予以避免。

这里所谓的输入控制方式数字型空分交换单元,是指在实现交换单元的电路结构形式中按照输入线路配置控制存储器的方式,输出控制则是按照输出线路配置控制存储器。图 2.4 是输出控制方式数字型空分交换单元的电路结构和图形表示。

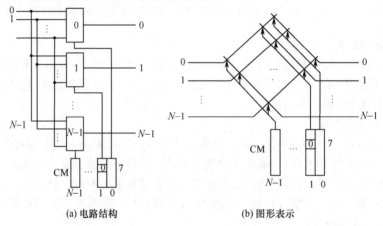

(a) 电路结构　　　　　　　　　(b) 图形表示

图 2.4　输出控制方式空分交换单元

(2) 空分交换单元的工作原理

以图 2.4 所示输出控制方式空分交换单元为例,对应于每条输出复用线都配有一个控制存储器。在这种结构中,由于要在每个时隙控制选择哪一条入线与出线接通,所以控制存储器的容量等于每条复用线上的时隙数,而每个存储单元的位则决定于选择入线的地址码位数。例如,每条复用线上有 1024 个时隙复用,交叉点矩阵是 32×32,则要配有 32 个控制存储器,每个控制存储器有 1024 个单元,每个单元有 5 位,可选择 32 条入线。

在这个结构中,控制存储器是按照输出复用线进行配置的。当呼叫处理机需要操作一个接续连接时,它将以目的复用线号为控制存储器选择地址,以时隙号为选择单元,以输入复用线号为内容写入 CM。如图 2.4 所示,需要将第 0 条输入复用线与第 1 条输出复用线在第 7 时隙接通,则呼叫处理机对第 1 号控制存储器的第 7 号单元写入数字 2。交换单元在帧同步和主时钟信号的循环操作下,每一帧期间按照复用线上的时隙速率依次同步读出控制存储器中各单元的内容,周而复始地控制着矩阵中指定交叉点的按时启闭,从而实现时分复用线之间的同时隙数据交换。

在交换系统中,数字空分型交换单元,由于只能完成不同线路之间同时隙数据交换,所以不能单独使用,必须和数字时分交换单元配合,才能实现大容量数字交换网络中任何线路、任何时隙之间的数据交换。

3. 共享总线型时分交换单元

共享总线型时分交换单元,通常是将输入/输出数据缓存在容量较小的存储单元中进行排队,各缓存单元共享时分传送总线,利用数据的选路信息在时分总线上转发和接收数据。这种交换数据的方式常用于计算机通信中,电路交换模式中采用这种方式进行时隙交换的典型系统有s-1240交换机。在s-1240交换系统中,称这种交换单元为数字交换单元(DSE)。

(1) DSE 交换单元的组织结构

DSE 交换单元的组织结构如图 2.5 所示。每个 DSE 器件由 8 个"双交换端口"构成,共有 16个双向交换端口,分为发送侧(TX)和接收侧(RX)两个部分。每个交换端口连接一条速率为4096Kb/s 的双向 PCM 链路,125μs 为一帧,每帧分为 32 个信道,每个信道占 16 比特。

图 2.5 中,在交换单元内部每个交换端口通过 39 条信号线组成的并行时分复用总线进行互连,其中:数据总线 D 16 条;端口地址总线 P 4 条;信道地址总线 A 5 条;控制总线 C 5 条;证实总线 ACK 1 条;返回信道总线 ABC 5 条;时钟线 CK 3 条。

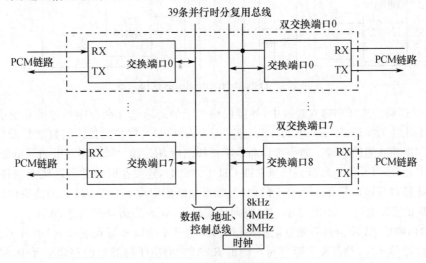

图 2.5　DSE 的结构框图

PCM 链路既传送话音数据信号,也传送交换控制信号。控制信号在时钟的配合下,可以自行选择输出端口,完成 16 个交换端口之间 512 个信道(16×32)的数据信息交换,具有实现时空交换的能力。

(2) DSE 的交换工作原理

DSE 的内部电路结构如图 2.6 所示,接收侧由串/并变换、端口 RAM 和信道 RAM 组成,发送侧由并/串变换器、数据 RAM 和接收选择器组成。串/并变换器和并/串变换器完成 DSE 外部 PCM 串行传输到内部并行传送之间的转换,端口 RAM 负责缓存和按时序转发接收本时隙数据的端口地址,信道 RAM 负责缓存和按时序转发对应端口的信道地址。接收选择器执行本端口地址和端口地址总线上的数据比较操作,当两者匹配时产生写信号,按照信道地址将数据总线上的数据打入数据 RAM 的对应单元。数据 RAM 为 32 单元的话音数据存储器,缓存接收的数据,并在读出时序操作下输出数据。

DSE 完成用户信息的交换过程包括两个阶段:首先将外围模块按照呼叫接续要求产生的通

路选择命令字存入端口 RAM 和信道 RAM 中,依照同步时钟在 DSE 内部建立一条时分通路;然后在已经建立的时分通路上传送用户的话音、数据信息。进入 DSE 的通路选择命令和话音数据,都是通过 PCM 链路按照每信道 16 比特数据的方式混合进行传送,没有设置专门传送控制命令的传输线路。在这种模式下,为了区分数据和控制命令,则在 PCM 链路上每个时隙所传送数据采用不同的格式进行区别。将 16 比特数据的最高 2 比特置为"00"表示该信道置为闲;"01"表示通路选择命令;"10"为换码操作,处理机间通信用;"11"为话音或数据,有效数据位 8 比特或 14 比特。

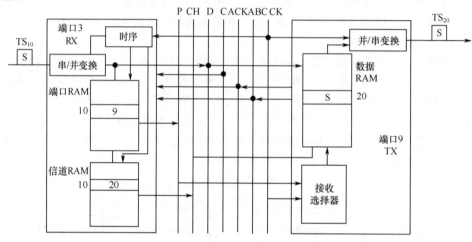

图 2.6　DSE 端口的内部电路结构示意

在 DSE 通路的选择和建立过程中,外围模块送来的通路选择命令字经过串并变换后,由于其最高两个比特为"01",则 RX 中的分拣电路(图中未画出)可以检出传入的数据是命令字,并结合时序控制来建立通路连接。通路选择命令字被检出后,RX 端口随后将其中的 TX 端口号送到端口总线 P 上,将 TX 信道号送到信道总线 CH 上。此时,连接在时分并行总线上的各个 TX 端口将自动比较自身端口号和总线 P 上的内容,如果相匹配则收下总线 CH 上的信道地址等内容,并占用相应的 TX 信道。如果占用成功,则向证实总线 ACK 回送证实信息 ACK。

RX 端口收到 ACK 信息后则登记相关信息,并将 TX 端口号写入端口 RAM 中对应于当前时隙号的存储单元中,将 TX 信道号写入信道 RAM 中对应于时隙号的存储单元中,同时将 RX 内状态 RAM 的对应单元状态由空闲修改为占用。例如,在图 2.6 中,端口 RAM 和信道 RAM 的 10 号单元分别被写入了 9 和 20,这表示命令字由时隙 10 传入,后续通过 PCM 链路 3 的 TS_{10} 传入的数据信息将要被交换到连接在端口 9 上的 PCM 链路的 20 号时隙上进行输出。

通路选择命令字被存放在端口 RAM 和信道 RAM 中后,如果没有新的命令写入,则它们将一直不变,并且在来自控制总线 C 的分配时序操作下读出到端口总线 P 和信道总线 CH 上,提供给接收数据的 TX 端口,用来完成数据的交换转移操作。

在 DSE 中的通路连接建立好后,就可以在已经建立的通路上传送信息。数据信息的交换传送过程以图 2.6 的情形进行说明。当接收端口 RX5 在 TS_{10} 上收到"话音/数据"信道字时,即在该时隙收到数据的最高两比特为"11",随后以当前时隙号 10 作为地址,分别读出在端口 RAM 和信道 RAM 对应地址中的内容(TX 端口号 9 和 TX 信道号 20),并送到端口总线 P 和信道总线 CH 上,同时将话音数据信息送到数据总线 D 上。

在控制时钟的操作下,各个 TX 端口将端口总线 P 上内容与自身的端口号进行比较,相同者(端口 9)则接收总线上的有关信息,并将数据写入 TX 端口内部的数据 RAM 的第 20 号单元内。随后,端口 9 的 TX 回送一 ACK 信号到证实总线 ACK 上。在帧同步信号的控制下,按照时隙顺序计数从数据 RAM 中读出数据,并/串变换后经 PCM 链路输出。至此,就完成了在 PCM 链路 3 的 TS_{10} 到 PCM 链路 9 的 TS_{20} 之间已建立的时隙通路上交换信息的过程。

2.2　CLOS 交换网络模型

在大型电路交换系统中,交换机构要为几万至几十万个用户端口提供两两互通的接续通路。基本交换单元电路,由于电子器件性能的限制,不能任意扩充其交换容量,因此只能在较小容量的交换系统中使用。大型交换系统所使用的电路交换机构必须按照一定的拓扑结构和控制方式,将多个基本交换单元互连组成大型数字交换网络,以满足众多用户端口互连的需要。

在构建大型交换网络中,我们首要考虑的问题是:必须保证连接在网络上的所有终端都能两两互通;避免因网络拓扑结构安排不合理而引入的网络内部阻塞,即出线口空闲却不能接通的问题;最后是网络代价,即用最少的交换单元构建最大容量的交换网络。

电路交换模式中的数字交换网络,在操作模型上可看作是在某一瞬间为用户信息转移提供物理连接通路,类似于开关电路的组合操作。为了解决大型交换网络设计中的网络可靠性、可用性、低内部阻塞率和低成本等问题,通常将这些问题归纳为数学方法中的组合问题、概率问题和变分问题,利用数学方法推导分析和计算机仿真的方式来验证设计的合理性和有效性。在这里,我们将避开复杂的数学方法和计算机仿真,直接介绍 CLOS 网络基本概念和内部阻塞分析方法。需要深入研究交换网络体系结构的设计理论和仿真方法的读者,可以参考有关的资料和书籍。

1. 多级交换网络

按照开关理论,一个电路交换单元可视为一个具有多条入线和多条出线的开关阵列电路,交换单元的作用就是为一条入线选择一个合适的出口。在一个交换单元上连接的所有入线和出线之间,可以实现任意入/出线路的互通连接。单独的交换单元,其连接容量将受到电子器件工作参数的限制,并且内部控制复杂度将随着容量的扩大而急剧增长。为了解决网络容量问题,通常将多个交换单元按照一定的拓扑结构互连起来,便可形成更大容量的多级互通的交换网络。

在一个多级交换网络结构中,为了便于理解和理顺各交换单元之间的关系,通常按照交换单元在网络中的位置和连接关系进行定义。例如,在一个 K 级的交换网络中,每个交换单元顺序命名为第 $1,2,\cdots,K$ 级第 $0,1,\cdots,m-1$ 单元,并且满足:

① 所有入线都与第 1 级的不同交换单元连接;

② 所有的第 1 级交换单元都只与入线和第 2 级的不同交换单元连接;

③ 所有的第 2 级交换单元都只与第 1 级交换单元和第 3 级交换单元连接;

④ 以此类推,所有的第 K 级交换单元都只与第 $K-1$ 级交换单元和出线连接。

则称这样的交换网络为多级交换网络,或 K 级交换网络。

多级交换网络的拓扑结构可以用三个参量来说明,即每个交换单元的容量、交换网络的级数和交换单元之间的连接通路(链路)。一个交换网络的组织结构,可以用拓扑图来表示,也可以用连接函数进行表示。拓扑图可以直观地了解网络的连接情况,连接函数则表达了交换网络的入线和出线之间的映射关系,不同的应用场合可采用不同的表示方式。

2. 多级网络的内部阻塞

(1) 基本概念

内部阻塞是指由于交换网络的内部连接方式而引起的入/出线之间不能建立连接的情形,也就是说,某一出线为空闲状态却不能被连接。在多级交换网络中,由于拓扑结构的不同安排,将会出现内部阻塞问题。

如图 2.7 所示,一个 $mn \times nm$ 的两级交换网络,其第 1 级由 m 个 $n \times n$ 的交换单元构成,第 2 级由 n 个 $m \times m$ 的交换单元组成,第 1 级同一交换单元的不同编号的出线分别接到第 2 级不同交换单元的相同编号的入线上。该两级交换网络的 mn 条入线中的任何一条均可与 nm 条出线接通,因而它相当于一个 $mn \times nm$ 的单级交换网络。

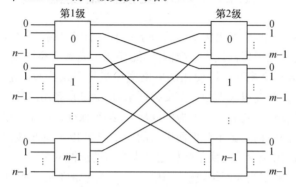

图 2.7 $mn \times nm$ 两级交换网络

与单级交换网络相比,多级交换网络有两点重要不同。首先,在两级交换网络中每一对出、入线的连接需要通过两个交换单元和一条级间链路联合操作,增加了连接控制和搜寻空闲链路等计算复杂度,但对于构成同样的网络连接容量来说,多级网络将会降低对实现单个交换单元的电子器件参数的要求。其次,单级交换网络通常是一个全通网络,当一条出线空闲时任何入线都可与其建立连接,而多级网络就有可能产生内部阻塞。

如图 2.7 的结构中,当第 1 级第 0 号交换单元中的第 0 号入线已与第 2 级第 0 号交换单元的第 1 号出线建立连接时,即使第 2 级第 0 号交换单元的其他出线均空闲,由于只存在一条级间链路,则使得第 1 级第 0 号交换单元其他的入线不能与第 2 级第 0 号交换单元其他的出线建立连接。我们把这种在多级网络中入/出线空闲情况下,由于网络内部的级间连接链路被占用而无法建立连接的现象,称为多级交换网络的内部阻塞。

(2)无阻塞交换网络

研究无阻塞交换网络的目的,是在相同的交换单元技术条件下,通过变换网络的拓扑结构,尽量减少以至于消除交换网络的内部阻塞。下面给出三种无阻塞交换网络的概念。

① 严格无阻塞网络。不管网络处于何种状态,只要连接的起点和终点是空闲的,任何时刻都可以在交换网络中建立一个连接,并且不会影响网络中已建立起来的其他连接。

② 可重排无阻塞网络。不管网络处于何种状态,只要这个连接的起点和终点是空闲的,任何时刻都可以在交换网络中直接或者对已有的连接重新选择路由来建立一个连接。

③ 广义无阻塞网络。指一个给定的网络存在着固有阻塞的可能,但也有可能存在着一种精巧的选路方法,使得所有的阻塞均可避免,而不必重新安排网络中已建立起来的连接。

3. CLOS 网络

(1)基本概念

为了降低多级交换网络的成本,长期以来人们一直在寻求一种交叉点数(交换单元数)随入、出线数较慢增长的交换网络结构,其基本思想都是通过变换较小容量交换单元之间的连接方式,在满足阻塞要求条件下,利用多级结构组成更大容量的交换网络。CLOS 通过多年研究和探索,于 1953 年首次在美国贝尔实验室构造了一类如图 2.8 所示的 $N \times N$ 的无阻塞交换网络。他指出:采用足够多的级数,对于较大的 N,能够设计出一种无阻塞网络,其交叉点数增长的速度小于 $N^{1+\varepsilon}(0 < \varepsilon < 1)$。也就是说,CLOS 网络,既可以减少交叉点数,又可做到无阻塞。

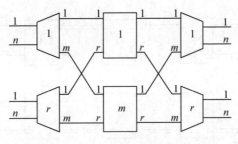

图 2.8　三级 CLOS 网络

由图 2.8 可以看出,在三级 CLOS 网络结构中,网络的两边各有 r 个对称的 $m \times n$ 矩形交换单元,中间为 m 个 $r \times r$ 的方形交换单元。每一个交换单元都和下一级的各交换单元有连接且只有一条连接链路,因此,任意一条入线都与任意一条出线之间存在着一条经过中间级交换单元的路径。在这里,m、n、r 为正整数,通常 $r = n$,决定了交换网络的容量,称为网络参数,并且被记为 $C(m, n, r)$。

CLOS 曾实际地构造了一个 $N = 36$ 的三级 CLOS 网络。其中,第 1 级有 6 个 6×11 的矩形交换单元,中间级有 11 个 6×6 的方形交换单元,第 3 级有 6 个 11×6 的矩形交换单元。该网络共有 1188 个交叉点,小于 $N^2 = 36^2 = 1296$。

(2) 三级 CLOS 网络无阻塞条件

参照图 2.8 的网络结构和 CLOS 网络定义,CLOS 利用数学归纳法从 $n = 2$ 开始进行了推理验证,在最坏情形下,中间级将会有 $(n-1) \times 2$ 个交换单元被占用,因此中间级至少要有 $(n-1) \times 2 + 1$ 个交换单元,即 $m \geqslant (2n-1)$ 时可确保交换网络无阻塞。对于 $C(m, n, r)$ 的 CLOS 网络,如果 $m \geqslant (2n-1)$,则认为该网络是严格无阻塞的。

对于三级 CLOS 网络 $C(m, n, r)$,当 $(2n-1) > m \geqslant n$ 时,则称作可重排无阻塞网络。也就是说,该网络不是严格无阻塞的,但可以通过重新排序连接路径解决阻塞问题。图 2.9 所示为一个 $m = n = r$ 的三级可重排无阻塞的 CLOS 网络。

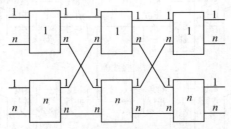

图 2.9　三级可重排无阻塞 CLOS 网络

为了进一步说明三级可重排无阻塞的 CLOS 网络的工作原理,我们假设有一个 4×4 的 CLOS 网络,其中 $m = n = r = 2$,如图 2.10 所示。这里,欲做如下交换连接,连接函数的排列表示为:

$$\begin{pmatrix} 1 & 2 & 3 & 4 \\ 4 & 2 & 1 & 3 \end{pmatrix}$$

我们用入线顺序号标记来连接,假定先前已建立了 C_1、C_3 两个连接,占用中间级交换单元的连接路径如图中虚线所示。现在要建立 C_2 连接,出线端 2 为空闲,但由于第 2 级交换单元 1 的出线端 1 到第 3 级交换单元 1 的入线端 1 间的链路已被 C_3 占用,C_2 连接请求遇到内部阻塞,同理 C_4 的连接请求也不能实现。

我们对图中已建立的连接 C_1 所历经的路径重排,如图 2.11 中的点画线所示,则 C_2 连接便

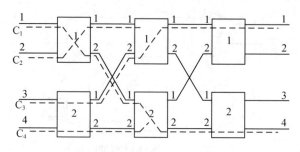

图 2.10　三级可重排无阻塞 CLOS 网络内部阻塞情形

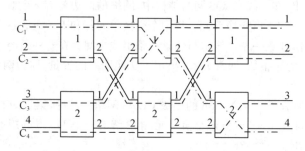

图 2.11　三级可重排无阻塞 CLOS 网络重排过程

没有了内部阻塞,如图中虚线所示。同时,C_4 也将没有内部阻塞。

2.3　TST 交换网络

在大型电路交换系统中,TST 网络模型是构建大容量数字交换网络经常采用的技术,TST 网络的模型结构如图 2.12 所示。

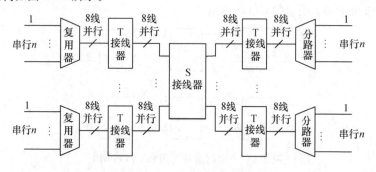

图 2.12　TST 交换网络模型结构

在交换网络外部,数据信息以 32 路 PCM 串行时分复用方式按照 2048Kb/s 速率接入网络,交换网络内部则以每时隙的 8 比特码为单位按照并行方式进行高速传送和交换。因此,图中所示的复用器首先要将多个 2048Kb/s 速率的串行码转换成 8 比特并行,然后采用 8 线并行的方式对多条输入链路的并行码进行时分复用。分路器则执行相反的操作。图中 T 接线器完成并行数据的时间交换,S 接线器实现各个 8 线组成的并行总线之间同时隙的数据转移。下面以应用于 F-150 交换系统的 TST 交换网络为例,说明网络的电路组成和工作原理。

1. TST 交换网络的电路结构

如图 2.13 所示,TST 交换网络是一个三级结构的网络,它的两侧为时分接线器 T,中间一级为空分接线器 S,图中没有画出复用器和分路器电路。这里,交换网络每侧有 32 个 T 接线器,T 接线器的容量为 512,输入侧的话音存储器用 SMA0～SMA31 表示,控制存储器用 CMA0～CMA31 表示;输出侧话音存储器用 SMB0～SMB31 表示,控制存储器用 CMB0～CMB31 表示。

S 接线器为 8 线并行的 32×32 开关矩阵,对应连接到两侧的 T 接线器,接线器采用输出控制方式,配置 32 个 512 单元的控制存储器,用 CMC0～CMC31 表示。输入侧 T 接线器采用顺序写入、控制读出方式,输出侧 T 接线器采用控制写入、顺序读出方式。

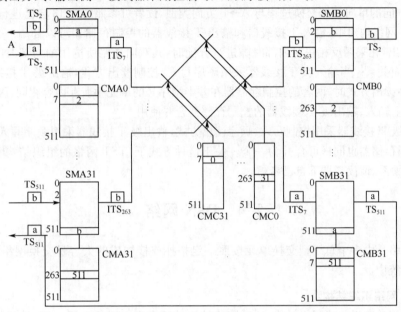

图 2.13　TST 交换网络电路结构

2. 工作原理

这里以第 0 号 T 接线器的第 2 时隙为用户 A 的双向传送数据信息时隙,第 31 号 T 接线器的第 511 时隙为用户 B 的双向传送数据信息时隙,并通过 TST 交换网络完成双向数据交换的过程为例来说明 TST 交换网络的工作原理。

在 TST 交换网络完成时隙交换的工作中,各个用户接入交换网络的时隙是由其所在的用户模块决定,在交换网络内部使用的时隙(称作内部时隙,ITS)则由处理机按照占用状态进行选择。当从用户 A 到用户 B 方向选择了内部时隙,则从用户 B 到用户 A 方向的内部时隙通常采用反相法进行安排,即两个方向相差半帧。在本例中,在一条总线上一帧的总时隙数为 512,半帧为 256 个时隙,A→B 方向内部时隙选为 ITS_7,则 B→A 方向的内部时隙应为 $(7+512/2)=263$,即 ITS_{263}。在计算时,应以 512 为模。这种做法的好处是,呼叫处理机可以一次选择两个方向的路由,避免二次路由选择,减轻了处理机负担。

内部时隙选定后,呼叫处理机便将时隙分配数据写入到相关控制存储器的对应单元。在本例中,控制存储器 CMA0 的 7 号单元被写入 2,CMA31 的 263 号单元被写入 511,CMB0 的 263 号单元被写入 2,CMB31 的 7 号单元被写入 511。到此,TST 交换网络中的双向连接通路就构建完成了。

交换网络中第 1 级 T 接线器均采用顺序写入、控制读出方式,第 3 级 T 接线器采用控制写入、顺序读出方式,中间级 S 接线器采用输出控制方式。

A→B 方向的单向数据交换过程是,在一个复用帧中,用户 A 的数据信息通过接线器 0 的第

2 号时隙接入交换网络,将按照时钟顺序被写入到话音存储器 SMA0 的 2 号单元中,然后在 CMA0 的控制下读出并放在内部总线 0 的 ITS_7 上。中间级 S 接线器的控制存储器在时隙计数器产生的顺序读出地址控制下,在 ITS_7 时刻读出 CMC31 第 7 号单元的内容 0,完成数据在内部总线 0 到总线 31 的转移操作。时隙不变,用户 A 的数据接着被转送至第 3 级的 31 号话音存储器,并在 CMB31 控制下写入到 511 号单元。然后由时钟控制进行顺序读出,通过接线器 31 的 TS_{511} 时隙传送给用户 B。在同步时钟控制下,周而复始地执行上述操作,便可完成 A→B 方向的数据交换。

B→A 方向的单向数据交换过程与 A→B 方向类似,读者可参照图 2.13 自己进行分析。

在 TST 网络构建中,输入 T 接线器和输出 T 接线器的控制存储器可以合用一个。观察图 2.13 可以看出,在采用反相法对内部时隙进行分配时,其双向通路所选用的内部时隙之间存在着一定的对应关系。当输入级 T 接线器采用顺序写入、控制读出方式,输出级 T 接线器采用控制写入、顺序读出方式时,两者的控制存储器在差半帧序号的单元中所存内容相同,因此,可以将各复用总线上输入、输出级 T 接线器的控制存储器合并使用。

当输入级 T 接线器采用控制写入、顺序读出方式,输出级 T 接线器采用顺序写入、控制读出方式时,控制存储器也同样可合并为一个。关于这种方式下,TST 网络的组织结构和各控制存储器的内容关系,请读者课下自己考虑。

2.4 DSN 网络

DSN 网络是由多个总线型交换单元按照一定拓扑连接构成的大容量交换网络,应用在 S-1024 交换系统中。

1. DSN 网络组织结构

DSN 采用单侧折叠式网络结构,这种网络结构的所有出入线位于同一侧,并且使任何一个终端具有唯一的地址。通路选择时,通过比较出、入线端子的地址号来决定接续路由的折回点,而且折回点可处于 DSN 网络的任何一级,也就是说,接续路由不一定要经过 DSN 中的所有各级。这种构造方式,使得 DSN 可以平滑地进行扩充,并且在容量扩充时不必改动原有的网络结构。

(1) DSN 的组成

DSN 是一个多级交换网络,它由入口级和选组级两部分组成,结构如图 2.14 所示。入口级是 DSN 的第 1 级,由多个成对的入口接线器组成,每个入口接线器出一个如图 2.5 所示的 DSE 构成,可连接 16 条 PCM 链路。在入口级的 DSE 上,编号为 0～7 和 12～15 的端口连接各种外围模块,编号为 8～11 的端口连接选组级的 DSE。

选组级最多可有四个平面,入口级 DSE 的 8～11 号端口分别连接在四个平面的相应端口上,构成与四个平面的不同连接通道。选组级配置的平面数,取决于 DSN 所连终端的话务量和对网络可靠性的要求,平面越多可承担的话务负荷能力越强,并且网络可靠性也越高。

每个 DSN 平面的电路结构完全相同,最大由三个选组级(第 2 级、第 3 级和第 4 级)组成,级数的多少由所连接的外围模块数来决定。DSN 的第 2 级和第 3 级最大各有 16 组,每组各有 8 个 DSE,它们都是用编号为 0～7 的端口连接前一级的 PCM 链路,8～15 号端口连接后一级的 PCM 链路。第 4 级最多只有 8 组,每组 8 个 DSE,每个 DSE 的 16 个端口全部与第 3 级的 PCM 链路连接,这就构成了所谓的单侧折叠式网络结构。

(2) DSN 的连线规律

组成 DSN 的各级 DSE 之间的连接链路的连线规律如下:

① 第1级的连线规律

第1级（入口级）	→	第2级
端口号－8	→	平面号
DSE号或DSE号＋4	→	端口号

② 第2级的连线规律

第2级		第3级
组号	→	组号
DSE号	→	入端口号
出端口号－8	→	DSE号

即在同一组号内的DSE连线相互交叉。

③ 第3级的连线规律

第3级		第4级
组号	→	端口号
DSE号	→	DSE号
出端口号－8	→	组号

即在不同组号之间，DSE的连线交叉连接。

（3）DSN的网络地址

连接在DSN入口级上的每一个终端都有唯一的地址码，其地址码用A、B、C、D这4个数字来表示。其中，A为终端模块连接到第1级DSE的入端口号码，共有12种，占4比特。B为第1级连接到第2级DSE的入端口号码，由于第1级DSE是成对出现，两个成对的DSE连接到第2级DSE入端口的号码位置相差4，所以第2级DSE的8个入端口只需4种编址，占2比特。C为第3级DSE的入端口编址，8个端口，占3比特。D为第4级DSE的入端口号，占4比特。

结合图2.14中的DSE连线规律可以看出，地址码ABCD的含义还表明，D为第2级和第3级的组号，C为第2级DSE的编号，B为第1级DSE的编号，A代表终端的编号。

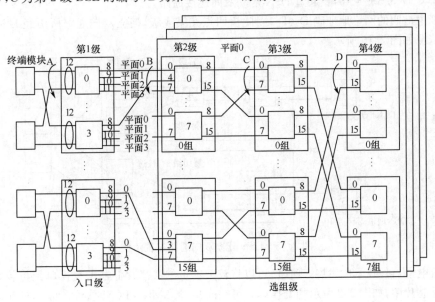

图2.14　DSN网络结构

2. 工作原理

当两个终端模块通过 DSN 建立连接时，首先由主叫所在的终端模块的处理机产生选择命令字，选择命令字中包含主叫和被叫所在终端模块的网络地址 ABCD 和 A′B′C′D′，同时传送给 DSN。选择命令字由主叫模块所连接的入口级相应端口进入 DSN，经 DSN 中相关级到达折回点，再从折回点下传给被叫所在的终端模块。选择命令字每经过一个 DSE，由 DSE 按照命令字要求自动建立内部通路。从主叫到折回点所经过的 DSE，其内部通路由任选一个出端口方式形成；而从折回点到被叫模块所经过的 DSE，则采用指定端口的方式建立内部通路。级间连接，由 DSN 的连线和网络地址确定。

在这种 DSN 通路建立模式中，折回点不一定要抵达第 4 级，这是通过网络地址比较来确定的。当一个主叫模块的网络地址为 ABCD，被叫模块的网络地址为 A′B′C′D′时，选择命令字从入口经过每一 DSE 都将进行地址比较，如果发现本级所代表的地址位之后的地址码主叫和被叫相同，则折回点在本级。地址码比较结果，可能有下列几种情况：

① D=D′，C=C′，B=B′，A≠A′，B 为第 1 级的 DSE 编号，表示主叫和被叫终端模块连接在同一个第 1 级 DSE 的不同入口上，折回点在第 1 级，只需在入口级同一 DSE 内部为主被叫建立通路。

② D=D′，C=C′，B≠B′，主被叫地址码的 DC 位相同，其他不同，表示主叫和被叫终端模块通过不同的第 1 级 DSE 连接到同一第 2 级 DSE 上，折回点在第 2 级，只需在第 2 级以下的 DSE 内部为主被叫建立通路。

③ D=D′，C≠C′，地址码只有 D 位相同，其他均不同，表示主叫和被叫终端模块通过不同的第 1 级、第 2 级 DSE 连接到同一第 3 级 DSE 的不同入口上，折回点在第 3 级。

④ D≠D′，主被叫地址码的 D 位不同，不管其他位如何，均表示主叫和被叫终端模块既不连接在某级同一 DSE 上，也不在同一组，折回点在第 4 级，需在全网内建立通路。

例如，一个主叫所在终端模块的网络地址 ABCD 为 2 3 4 5，所呼被叫所在的终端模块网络地址 A′B′C′D′为 3 6 4 10，要通过 DSN 建立双向连接通路。

由于主被叫的网络地址码 D≠D′，因此折回点在第 4 级，建立双向通路所历经 DSN 各交换单元的情况如图 2.15 所示。

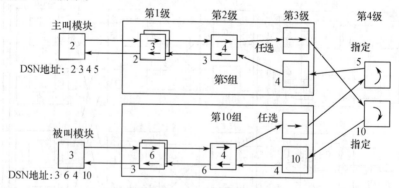

图 2.15　DSN 建立双向通路过程示例

随着电子器件技术的发展，现在已可以将较大容量的共享存储器型交换单元封装在一个单独的电路芯片中，如图 2.2 所示的交换单元可完成 32 条 2Mb/s PCM 总线之间 1024 个时隙的数据交换，更大容量的器件可实现 4096 时隙的交换。因此，构建更大容量的数字交换网络，除上面介绍的 TST 和 DSN 方式外，也可以结合 CLOS 网络理论和上述两种网络的结构模型，利用共享存储器型的较大容量交换单元或其他技术，设计新的更大容量的数字交换网络。具体方案留给读者思考,这里不再赘述。

小结

数字交换网络是构成数字程控电路交换系统的核心,交换单元是构成数字交换网络的基础部件。本章介绍了有关交换单元和数字交换网络的基本结构及信息交换过程,主要有常用的开关阵列空间接线器(S接线器)、共享存储器型的时间接线器(T接线器)、总线型数字交换单元(DSE)。

由于电子器件运行速度的限制,单个交换单元难以胜任大容量交换系统的需要,因此必须将若干交换单元按照一定的拓扑结构和控制方式构成交换网络,从而引入了多级交换网络、内部阻塞的基本概念,研究了构成无阻塞交换网络的条件,并利用 CLOS 网络分别构成了严格无阻塞交换网。基于应用实例,分别讨论了 TST 网络和 DSN 网络的构成和工作原理。

习题

2.1　简要说明共享存储器型、空分型、总线型数字交换单元的工作原理和各自的基本特点。

2.2　有一个可实现 2048 个时隙交换的共享存储器数字交换单元,设其按照顺序写入、控制读出方式工作。假定甲、乙两个用户终端的来去话音数字信号分别占用 1 号 PCM 链路的时隙 TS_8 和 15 号 PCM 链路的时隙 TS_{20},现需完成这两个用户的电路交换连接。请按照要求画出该数字交换单元的逻辑电路结构图,并在所画图中填写出各个用户在 PCM 链路上的时隙位置、在话音存储器中的位置和控制存储器中相关单元的控制数据。

2.3　说明共享总线型时分数字交换单元 DSE 的结构和工作原理。控制 DSE 交换单元完成交换控制的转发表在什么地方?

2.4　什么是严格无阻塞网络? 什么是可重排无阻塞网络? 什么是广义无阻塞网络?

2.5　三级 CLOS 网络无阻塞的条件是什么?

2.6　参照图 2.13 所示的 TST 型交换网络结构,当输入侧 T 接线器采用控制写入、顺序读出方式,输出侧 T 接线器采用顺序写入、控制读出方式,S 接线器仍采用输出控制方式,试画出该 TST 型交换网络的逻辑电路结构图,在完成图 2.13 所示的 a、b 两个用户话音数据双向交换的情形下填写相应存储器单元的数据。

2.7　参照图 2.14 所示的 DSN 交换网络,若两个终端模块的网络地址 ABCD 分别为 6370 和 4370,问它们之间的接续路由最多需要经过几级? 反射点在第几级? 说明为什么。

第3章 电路交换技术及接口电路

3.1 电路交换技术的发展与分类

在第1章中已经指出,电路交换技术的特点是:当任意两个终端用户需要通信时,可在两用户之间建立一条临时通路,该通路在整个通信期间不论在中间停顿与否,一直连通,直至通信结束时方可释放。由于20世纪八九十年代电话通信采用的是电路交换技术,因此,下面以电话交换的发展过程来介绍电路交换技术的发展和分类。

3.1.1 电路交换技术的发展

自1876年美国贝尔发明电话以来,随着社会需求的日益增长和科技水平的不断提高,电路交换技术处于迅速的变革与发展之中,其历程大致可以分成三个阶段:人工交换、机电交换与电子交换。早在1878年就出现了人工交换机,它是借助话务员进行电话接续,显然其效率是很低的。15年后步进制(Step-by-Step)交换机问世,它标志着交换技术从人工时代迈入机电自动交换时代。这种机电式交换机属于"直接控制"方式,即用户可以通过话机拨号脉冲直接控制步进接线器做升降与旋转动作,从而自动地完成用户间的接续。这种交换机虽然实现了自动接续,但存在着速度慢、效率低、杂音大与机械磨损严重等缺点。直到1938年发明了纵横制(Cross Bar)交换机才部分地解决了上述问题,相对于步进制交换机,它有两方面重要改进:一是利用由继电器控制的压接触接线阵列代替大幅度动作的步进接线器,从而减小了磨损与杂音,提高了可靠性和接续速度;二是由直接控制过渡到间接控制方式,这样,用户的拨号脉冲不再直接控制接线器动作,而先由记发器接收、存储,然后通过标志器驱动接线器,以完成用户间接续。这种间接控制方式将控制部分与话路分开,提高了灵活性与控制效率,加快了速度。由于纵横制交换机具有一系列优点,因而它在电话交换发展史上占有重要的地位,得到了广泛的应用,直到现在,世界上相当多国家和我国不少地区的公用电话通信网仍使用纵横制交换机。

随着电子技术,尤其是半导体技术的迅速发展,人们打算在交换机内引入电子技术,称为电子交换机,最初引入电子技术的是在交换机的控制部分。而在对落差系数要求较高的话路部分则在较长一段时期未能达到人们的目的——引入电子技术。因此出现了"半电子交换机""准电子交换机"。它们都是用机械接点作为话路部分,而控制部分则是采用电子器件,差别是后者采用了速度较快的"笛簧接线器"。

1946年第一台存储程序控制的电子计算机的诞生,对交换技术的发展起了巨大的影响。当初,由于计算机的可靠性还不十分高,而交换机对其控制部件要求却很高,要求几十年内连续不断工作,这对专用于交换机的计算机提出了很高要求,从而提高了成本,由于控制机的昂贵,当时采用的是集中控制方式,使得控制系统较为脆弱。只有在大规模集成电路,尤其是微处理器和半导体存储器大量问世以后才得到彻底改变。

早期的程控交换是"空分"的,它的话路部分往往采用机械接点。例如,1965年美国投产的第一台程控交换机——ESS No.1系统,就是一台空分交换机。

随着数字通信与脉冲编码调制(PCM)技术的迅速发展和广泛应用,世界各先进国家自20世纪60年代开始以极大的热情竞相研制程控数字交换机。经过艰苦努力,法国首先于1970

年在拉尼翁(Lanion)成功地开通了世界上第一个程控交换系统 E10,它标志着交换技术从传统的模拟交换进入数字交换时代。由于程控数字交换技术的先进性和设备的经济性,电话交换跨上一个新的台阶。随着微处理机技术和专用集成电路的飞跃发展,程控数字交换的优越性愈加明显地展现出来。目前所生产和使用的中、大容量程控交换机全部为数字式的。

3.1.2 电路交换技术的分类

近百年来由于技术的不断发展,交换系统的设计有很大的进展,由人工交换台发展到自动交换设备;由机电制交换设备发展到电子制交换设备。在控制方式上由直接控制向间接控制发展的同时,交换系统在向用户提供新业务,减少设备的费用和体积方面有了很大的进展,特别是近几十年来由于数字技术的发展,给交换技术和传输技术的统一提供了条件。

电路交换的分类大致如下:

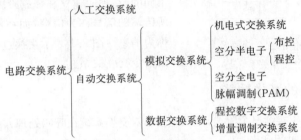

自动交换系统从信息传递方式上可以分为如下两种。

(1) 模拟交换系统:这是对模拟信号进行交换的交换设备。通过电话机发出的话音信号就是模拟信号。如步进制、纵横制等都属于模拟交换设备。对于电子交换设备来说,属于模拟交换系统的有空分式电子交换和脉幅调制(PAM)的时分式交换设备。

(2) 数字交换系统:这是对数字信号进行交换的交换设备。目前最常用的数字信号为脉冲编码调制(PCM)的信号和对 PCM 信号进行交换的数字交换设备。

自动电话交换系统从控制方式上来讲可以分为如下两种。

(1) 布线逻辑控制交换系统(简称布控交换系统):这种交换系统的控制部分是用机电元件(如继电器等)或电子元件做在一定的印制板上,通过机架布线做成。这种交换系统的控制件做成后便不好更改,灵活性小。

(2) 存储程序控制交换系统(简称程控交换系统):这是用数字电子计算机控制的交换系统。采用的是电子计算机中常用的“存储程序控制”方式。即把各种控制功能、步骤、方法编成程序,放入存储器,利用存储器内所存储的程序来控制整个交换工作。要改变交换系统功能,增加交换的新业务,往往只要通过修改程序或数据就能实现,这样就提高了灵活性。

3.2 电路交换系统的基本功能

3.2.1 电路交换呼叫接续过程

两个用户终端间的每一次成功的通信都包括以下三个阶段。

1. 呼叫建立

用户摘机表示向交换机发出通信请求信令,交换机向用户送拨号音,用户拨号告知所需被叫号码,如果被叫用户与主叫用户不属于同一台交换机,则还应由主叫方交换机通过中继线向被叫方交换机或中转汇接机发电话号码信号,测试被叫忙闲,如被叫空闲,向被叫振铃,向主叫送回铃音,各交换机在相应的主、被叫用户线之间建立(接续)起一条贯通的通信链路。

2. 消息传输

主、被叫终端间通过用户线及交换机内部建立的链路和中继线进行通信。

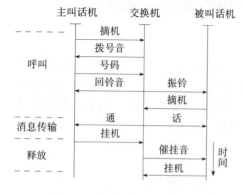

图 3.1　交换过程的三个阶段及
相应的信令交互关系

3. 话终释放

任何一方挂机表示向本地交换机发出终止通信的信令,使链路涉及的各交换机释放其内部链路和占用的中继线,供其他呼叫使用。

当然,如果因网络中无空闲路由或被叫站占线而造成呼叫失败时,将不存在后两个阶段。在不同的阶段,用户线或中继线中所传输的信号的性质是不同的,在呼叫建立和释放阶段,用户线和中继线中所传输的信号称为信令,而在消息传输阶段的信号称为消息。图 3.1 表示交换过程的三个阶段及相应的信令交互关系。

3.2.2　电路交换的基本功能

对应于上述的呼叫接续三个阶段,可以概括出对交换系统在呼叫处理方面的 5 项基本要求:

- 能随时发现呼叫的到来;
- 能接收并保存主叫发送的被叫号码;
- 能检测被叫的忙闲及是否存在空闲通路;
- 能向空闲的被叫用户振铃,并在被叫应答时与主叫建立通话电路;
- 能随时发现任何一方用户的挂机。

从交换系统的功能结构来分析,交换系统的基本功能应包含连接、信令、终端接口和控制功能,如图 3.2 所示。

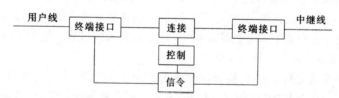

图 3.2　信令与终端接口、控制设备、连接设备间关系

1. 连接功能

对于电路交换而言,呼叫处理的目的是在需要通话的用户之间建立一条通路,这就是连接功能。连接功能由交换机中的交换网络实现。交换网络可在处理机控制下,建立任意两个终端之间的连接。有关交换网络的类型和工作原理在第 2 章中已经详细介绍。下面介绍数字交换系统的交换过程,如图 3.3 所示。

数字交换系统应采用数字交换网络,直接对数字化的话音信号进行交换。交换是在各时隙间进行的。在数字交换机中,每个用户都占用一个固定的时隙,用户的话音信息就装载在各个时隙之中。例如,有甲、乙两个用户,甲用户的发话音信息 a 或收话音信息都是固定使用时隙 TS_1。而乙用户的发话音信息 b 或收话音信息都是固定使用时隙 TS_{30}。如果这两个用户要互相通话,则甲用户的话音信息 a 要在 TS_1 时隙中送至数字交换网络,而在 TS_{30} 时隙中将其取出送至乙用

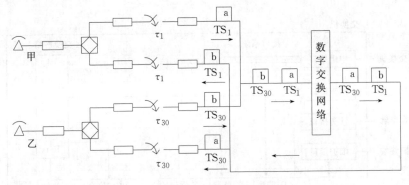

图 3.3　时隙交换概念

户。乙用户的话音信息 b 也必须在 TS_{30} 时隙中送至数字交换网络,而在 TS_1 时隙中,从数字交换网络中取出送至甲用户,这就是时隙交换。即完成了两个用户间的连接功能。数字交换网络的详细工作原理可参阅 2.3 节。

顺便指出,交换网络除提供通话用户间的连接通路外,还应提供必要的传送信令的通路,如音频信号发送、控制接续的信令的接收等。

2. 信令功能

在呼叫建立的过程中,离不开各种信令的传送和监视,可以简单地概括如下。

监视:呼出监视;应答与接收监视。

号码:脉冲接收;音频信号接收。

音信号:拨号音;铃流与回铃音;忙音。

用户终端和本地交换机之间的信令称为终端信令或用户-网络信令,交换机之间通过中继线传递的信令称为局间信令,详细内容见第 6 章。

3. 终端接口功能

用户线和中继线均通过终端接口而接至交换网,终端接口是交换设备与外界连接的部分。又称为接口设备或接口电路,终端接口功能与外界连接的设备密切相关,因而,终端接口的种类也很多。主要划分为中继侧接口和用户侧接口两大类。关于它们的功能将在下节介绍。终端接口还有一个主要功能就是与信令的配合,因此,终端接口与信令也有密切的关系。

4. 控制功能

连接功能和信令功能都是按接收控制功能的指令而工作。人工交换机由话务员控制,程控交换机由处理机控制。实际上,自动交换机有两种控制方式:布控与程控。布控是布线控制的简称,控制设备由完成预定功能的数字逻辑电路组成,也就是由硬件控制。程控是存储程序控制(SPC)的简称,用计算机作为控制设备,也就是由软件控制。程控交换具有很多优越性,灵活性大,适应性强,能提供很多新服务功能,易于实现维护自动化,因此发展很快。

控制功能可分为低层控制和高层控制。低层控制主要是指对连接功能和信令功能的控制。连接功能和信令功能都是由一些硬设备实现。因此低层控制实际上是指与硬设备直接相关的控制功能,概括起来有两种:扫描与驱动。扫描用来发现外部事件的发生或信令的到来。驱动用来控制通路的连接、信令的发送或终端接口的状态变化。高层控制则是指与硬设备隔离的高一层呼叫控制,如对所接收的号码进行数字分析,在交换网络中选择一条空闲的通路等。

程控交换的控制系统如同一般的计算系统,包括中央处理器(CPU)、存储器和输入/输出(I/O)接口三部分,但它接口的种类和数量大于一般计算机系统。图 3.4 给出了一个典型的程控交换机控制系统的电路结构框图。有关存储程序控制的内容将在第 4 章中讨论。这里对处理机的配置做进一步介绍。

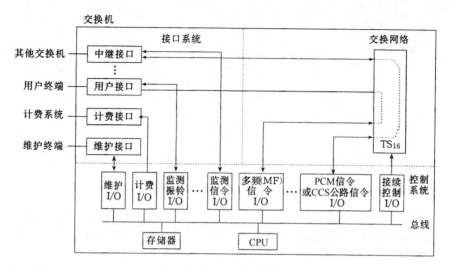

图 3.4 程控交换机控制系统的电路结构

3.2.3 控制系统的结构

现代的程控交换机的控制系统日趋复杂,但归结起来可以分为两种基本的配置方式:集中控制和分散控制。这里讨论的控制方式是控制系统中处理机的配置方式。

1. 集中控制方式

早期的空分程控交换机都采用这种控制方式。其框图如图 3.5 所示。

这种控制方式的交换机只配备一对处理机(称中央处理机),交换机的全部控制工作都由中央处理机来承担。

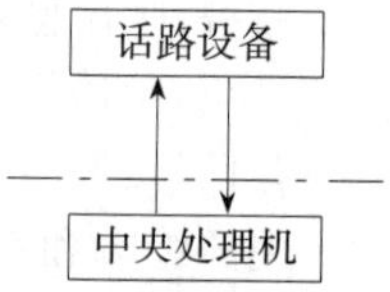

图 3.5 集中控制方式

集中控制的主要优点是处理机能掌握整个系统的状态,可以到达所有资源,功能的改变一般都在软件上进行,比较方便。但是,这种集中控制的最大缺点是软件包要包括各种不同特性的功能,规模庞大,不便于管理,而且易于受到破坏。

早期的程控交换机通常采用双机集中控制方式,称为双机系统。双机集中控制又可分话务分担和主备用方式。

(1) 负荷分担:负荷分担方式的基本结构如图 3.6 所示。

负荷分担也叫话务分担,两台处理机独立进行工作,在正常情况下各承担一半话务负荷。当一机产生故障,可由另一机承担全部负荷。为了能接替故障处理机的工作,必须互相了解呼叫处理的情况,故双机应具有互通信息的链路。为避免双机同抢资源,必须有互斥措施。

负荷分担的主要优点如下:

① 过负荷能力强。由于每机都能单独处理整个交换系统的正常话务负荷,故在双机负荷分担时,可具有较高的过负荷能力,能适应较大的话务波动。

② 可以防止软件差错引起的系统阻断。由于程控交换软件系统的复杂性,不可能没有残留差错。这种程序差错往往要在特定的动态环境中才显示出来。由于双机独立工作,故程序差错不会在双机上同时出现,加强了软件故障的防护性。

③ 在扩充新设备、调试新程序时,可使一机承担全部话务,另一机进行脱机测试,从而提供了有力的测试工具。

负荷分担方式由于双机独立工作,在程序设计中要避免双机同抢资源,双机互通信息也较频繁,这都使得软件比较复杂,而且对于处理机硬件故障则不如微同步方式那样较易发现。

(2) 主备用方式:主备用方式如图 3.7 所示,一台处理机联机运行,另一台处理机与话路设备完全分离而作为备用。当主用机发生故障时，进行主备用转换。

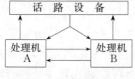
图 3.6　负荷分担方式

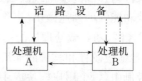
图 3.7　主备用方式

主备用有冷备用与热备用两种方式。冷备用时，备用机中没有呼叫数据的保存，在接替时要根据原主用机来更新存储器内容，或者进行数据初始化。

2. 分散控制方式

所谓分散控制，就是在系统的给定状态下，每台处理机只能达到一部分资源和只能执行一部分功能。

（1）单级多机系统：图 3.8 为单级多机系统示意图，各台处理机并行工作，每一台处理机有专用的存储器，也可设置公用存储器，为各处理机公用，作为机间通信之用。

多机之间的工作划分有容量分担与功能分担两种方式。

① 容量分担：每台处理机只承担一部分容量的呼叫处理任务，例如，800 门的用户交换机中，每台处理机控制 200 门。容量分担实际上也相当于负荷分担，但面向固定的一群用户。

容量分担的优点是处理机数量可随着容量的增加而逐步增加，缺点是每台处理机要具有所有的功能。

② 功能分担：每台处理机只承担一部分功能，只要装入一部分程序，分工明确，缺点是容量较小时，也必须配置全部处理机。

在大型程控交换机中，通常将容量分担与功能分担结合使用。还应注意的是，不论是容量分担还是功能分担，为了安全可靠，每台处理机一般均有其备用机，按主备用方式工作，也可采用 N＋1 备用方式。对于控制很小容量的处理机，也可以不设备用机。

（2）多级处理机系统：图 3.9 所示为三级多机系统的示意图。

在交换处理中，有一些工作执行频繁而处理简单，如用户扫描等。另一些工作处理较复杂但执行次数要少一些，如数字接收与数字分析，至于故障诊断等维护测试则执行次数更少而处理很复杂。所以说，处理复杂性与执行次数成反比。

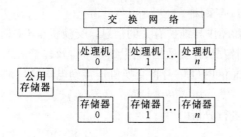
图 3.8　单级多机系统

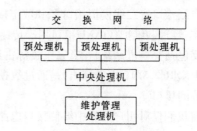
图 3.9　三级多机系统

多级系统可以很好地适应以上特点。用预处理机执行频繁而简单的功能，可以减少中央处理机的负荷，用中央处理机执行分析处理等较复杂的功能，也就是与硬件无直接关系的较高层的呼叫处理功能；用维护管理处理机专门执行维护管理的各种功能。这样，就形成了三级系统。

在图 3.9 所示的三级系统中，实际上也是功能分担与容量分担的结合，三级之间体现了功能有分担，而在预处理机这一级采用容量分担，即每个预处理机控制一定容量的用户线或中继线。

中央处理机也可以采用容量分担,而维护管理处理机一般只有一个。

预处理机又称为外围处理机或区域处理机,通常采用微机。中央处理机和维护管理处理机可采用小型机或功能强的高速微机。

(3) 分布式控制:随着微处理机的迅速发展,分散控制程度提高,而采用全微机的分布式控制方式,可更好地适应硬件和软件的模块化,比较灵活,适合未来的发展,出故障时影响小。

在分布式控制中,每个用户模块或中继模块基本上可以独立自主地进行呼叫处理。S-1240数字程控交换机采用的是典型分布式控制方式。

3.3　电路交换系统的接口电路

接口是交换机中唯一与外界发生物理连接的部分。为了保证交换机内部信号的传递与处理的一致性,任何外界系统原则上都必须通过接口与交换机内部发生关系。交换机接口的设计不仅与它所直接连接的传输系统有关,还与传输系统另一端所连接的通信设备的特性有关。为了统一接口类型与标准,国际电报电话咨询委员会(CCITT)对交换系统应具备的接口种类提出了建议,规定了中继侧接口、用户侧接口、操作管理和维护接口的电气特性和应用范围,如图3.10所示。

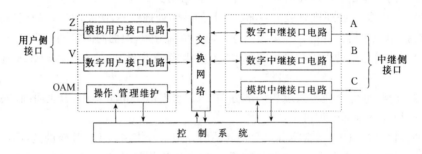

图 3.10　程控交换系统接口类型的示意图

中继侧接口即至其他交换机的接口,Q.511规定了连接到其他交换机的接口有三种。接口A和接口B都是数字接口,前者通过PCM一次群线路连接至其他交换机,而后者却通过PCM二次群线路连接至其他交换机,它们的电气特性及帧结构分别在建议G.703、G.704和G.705中规定;接口C是模拟中继接口,有二线和四线之分,其电气特性分别在Q.552和Q.553中规定。

用户侧接口有二线模拟接口Z和数字接口V两种。

操作、管理和维护(OAM)接口用于传递和操作与维护有关的信息。交换机至OAM设备的消息主要包括交换机系统状态、系统资源占用情况、计费数据、测量结果报告及告警信息等,在维护管理中Q3(图3.10中未标出)是通过数据通信网(DCN)将交换机连接到电信管理网(TMN)操作系统的接口。

下面我们仅对用户侧和中继侧接口电路进行分析。

3.3.1　模拟用户接口电路

模拟用户接口是程控交换设备连接模拟话机的接口电路,也常称为用户电路(LC)。

在程控数字交换系统中,由于交换网络的数字化和集成化,直流和电压较高的交流信号都不能通过,许多功能都由用户电路来实现,所以对电路性能的要求大为增加。而在市话交换机中,用户电路的成本约占交换机的60%,因此各国都很重视用户电路的设计和高度集成化,这对于整机的成本降低和体积减小,都起着很大的影响。

程控数据交换机中的用户电路功能可归纳为 BORSCHT 七项功能,随着 VLSI 技术的发展和制造成本的下降,目前已出现了许多用户专用集成电路。BORSCHT 功能仅需使用用户线接口电路(SLIC)和编解码电路(CODEC)两片专用集成电路及少量的外围辅助电路便可实现。SLIC 是用户线接口电路的缩写,它一般完成 BORSHT 功能,C 功能则需由独立的 CODEC 提供。为了便于理解这七项功能,将分别说明。

(1) 馈电 B(Battery Feeding):所有连在交换机上的电话分机用户,都由交换机向其馈电。数字交换机的馈电电压一般为 −48V,在通话时的馈电电流为 20～50mA。

馈电方式有电压馈电和电流馈电两种。

电压馈电一般要使用电感线圈,如图 3.11 所示。为减小话音的传输衰耗,要求电感线圈有较大的感抗,但感抗过大又会增大线圈的体积及直流衰耗,因此,电感线圈的感抗一般取 600mH 左右。此外,为减小 a、b 线对地不平衡所产生的串话,两个馈电线圈的感抗要尽可能一致。

电流馈电方式如图 3.12 所示。这种馈电方式通过由电子元器件组成的恒流源向用户恒流馈电。它可以不使用电感线圈,减小了用户电路体积,易于集成化,且传输性能受线路距离的影响小。

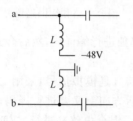

图 3.11　电压馈电方式

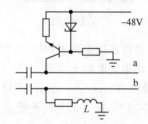

图 3.12　电流馈电方式

(2) 过压保护 O(Over Voltage Protection):这是二次过压保护,因为在配线架上的气体放电管(保安器)在雷击时已短路接地,但其残余的端电压仍在 100V 以上,这对交换机仍有很大威胁,故采取二次过压保护措施。在用户电路中的过压保护装置多采用二极管桥式钳位电路,如图 3.13 所示。通过二极管的导通,使 A 点、B 点电位被钳制在 −48V 或地电位。

在 a、b 线上的热敏电阻 R 也起限流作用,其电阻值随着电流的增大而增大。

(3) 振铃 R(Ringing):振铃电压较高,国内规定为 90V±15V。因此,一些程控交换机多采用振铃继电器,控制铃流接点,如图 3.14 所示。

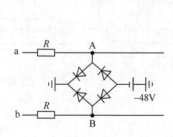

图 3.13　过压保护电路

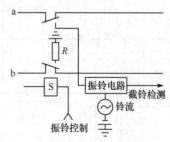

图 3.14　振铃控制

振铃是由用户处理机的软件控制,当需要向用户振铃时,就发出控制信号,使继电器 S 动作,控制接点闭合,振铃电路发出铃流送至用户。当用户摘机时,摘机信号可由环路监视电路检测或由振铃回路监视电路检测,立即切断铃流回路,停止振铃。有些交换机已将这部分功能由高压电子器件实现,取消了振铃断电器。

（4）监视 S（Supervision）：监视功能主要是监视用户线回路的通/断状态。这一功能一般都通过馈电线路中的测试电阻来实现，如图 3.15 所示。通过对用户线回路的通/断状态的检测可以确定下列各种用户状态：① 用户话机摘/挂机状态；② 号盘话机发出的拨号脉冲；③ 对用户话终挂机的监视；④ 投币话机的输入信号。

（5）编译码和滤波器 C（CODEC & Filters）：用户电路实际上是模拟电路和数字电路间的接口。所以，模拟信号变为数字信号是由编码器来完成的，而接收来的数字信号要变成模拟信号，则是由译码器来完成的。它们合称为 CODEC，其电路框图如图 3.16 所示。

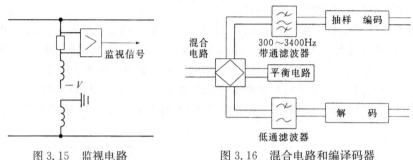

图 3.15　监视电路　　　　　　　图 3.16　混合电路和编译码器

目前编译码器都采用单路编译码器，即对每个用户单独进行编译码，然后合并成 PCM 的数字流。现在已采用集成电路来实现。

（6）混合电路 H（Hybrid Circuit）：用户话机送出的信号是模拟信号，采用二线进行双向传输。而 PCM 数字信号，在去话方向上要进行编码，在来话方向上又要进行译码，这样就不能采用二线双向传输，必须采用四线制的单向传输，所以要采用混合电路来进行二/四线转换。混合电路都采用集成电路，图 3.16 所示为混合电路与编/译码器的连接情况。

（7）测试 T（Test）：测试功能主要用来将各继电器的接点或电子开关闭合，使用户线与测试设备接通，并与交换机分开，以便对用户线进行测试。

这七项功能归纳起来就是 BORSCHT 功能。在 F-150 交换机中，用户电路如图 3.17 所示。

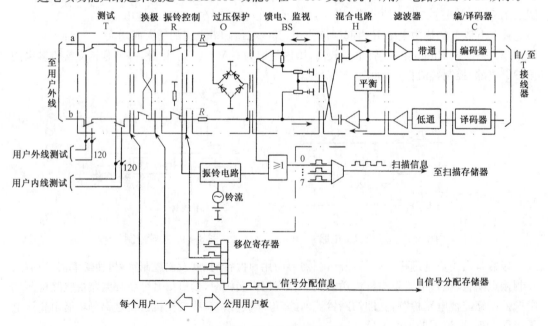

图 3.17　用户电路功能框图

除上述七项基本功能外,还有极性倒换、衰减控制、收费脉冲发送、投币话机硬币集中控制等功能。

3.3.2　数字用户线接口电路

数字用户线接口是数字程控交换系统和数字用户终端设备之间的接口电路。

所谓数字用户终端设备,即是能直接在传输线路上发送和接收数字信号的终端用户设备,例如,数字话机、数字传真机、数字图像设备和个人计算机等。这些数字用户终端设备,通过用户线路接到交换机的数字用户线接口,就可实现用户到用户的数字连接。为此开发了本地交换机用户侧的数字接口,它们称为"V"接口。1988 年 CCITT 建议 Q. 512 中已规定 4 种数字接口 $V_1 \sim V_4$,其中,V_1 为综合业务数字网(ISDN),并以基本速率($2B+D$)接入的数字用户接口,B 为 64Kb/s,D 为 16Kb/s,在建议 G. 960 和 G. 961 中规定了这种接口的有关特性。接口 V_2、V_3 和 V_4 的传输要求实质上是相同的,均符合建议 G. 703、G. 704 和 G. 705 的有关规定,它们之间的区别主要在复用方式与信令要求方面。V_2 主要用于通过一次群或二次群数字段去连接远端或本端的数字网络设备,该网络设备可以支持任何模拟、数字或 ISDN 用户接入的组合。V_3 接口主要用于通过一般的数字用户段,以 $30B+D$ 或者 $23B+D$(其中 D 为 64Kb/s)的信道分配方式去连接数字用户设备,例如,PABX。V_4 接口用于连接一个数字接入链路,该链路包括一个可支持几个基本速率接入的静态复用器,实质上是 ISDN 基本接入的复用。

随着电信业务的不断发展,原来已定义的 4 种接口的应用受到一定的限制,希望有一个标准化的 V 接口能同时支持多种类型的用户接入,为此国际电信联盟电信标准分局(ITU-T)最近提出了 V_5 接口建议。V_5 接口是交换机与接入网络(AN)之间的数字接口。这里的接入网络是指交换机到用户之间的网络设备。因此 V_5 接口能支持各种不同的接入类型。目前我国生产的大容量的程控数字交换机都配有 V_5 接口设备。

数字用户终端与交换机数字用户线之间传输数字信号的线路,一般称为数字用户环路(DSL),采用二线传输方式。为了能在二线的数字环路,即普通电话线路上,可靠地传送数字信息,必须解决诸如码型选择、回波抵消、扰码与去扰码等技术问题。这些问题,均包含在综合业务数字网(ISDN)技术之中,是 ISDN 技术的一部分。需要了解这部分内容的读者可参考 ISDN 有关内容及 V_5 接口的建议(G. 964、G. 965),在此不做介绍。

3.3.3　模拟中继接口电路

模拟中继接口又称 C 接口,用于连接模拟中继线,可用于长途交换和市内交换中继线连接。

数字交换机中,模拟中继器和模拟用户电路的功能有许多相同的地方,因为它们都是和模拟线路连接。模拟中继接口电路要完成的功能是 BOSCHT,如图 3.18 所示。

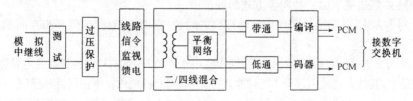

图 3.18　模拟中继接口方框图

从图 3.18 可看出,比用户电路少了振铃控制,对用户状态监视变为对线路信令的监视。模拟中继接口要接收线路信令和记发器信令按照测检结果,以提供扫描信号输出。通过驱动也可使中继电路送出所需的信号。

模拟中继接口中的混合功能是完成双向平衡的二线和单向不平衡的四线之间的转换。也就是二/四线转换。为了防止干扰,在混合电路中还提供了平衡网络。

此外,还有对音信号电平的调节功能,在发送和接收两个支路中都有独立调节的增益电路。而滤波和编/译码是将模拟的音信号转换成 PCM 数字码。编码若按 A 律压扩,即用 2048kHz 和 8kHz 取样。

模拟中继线有两种:一种是传送音频信号的实线中继线,和用户线一样,在中继接口中可直接进行数字编码;另一种是接频分复用(FDM)的模拟载波中继线,这种接口通常要先恢复话音信号,然后再进行数字编码。

目前使用较多的是 FDM-TDM 直接变换方法,即由频分复用模拟的高频信号直接转换为时分复用的 PCM 数字脉码。这种方法是利用数字信号处理的基本理论,通过快速傅里叶变换来实现,采用这种方法可以做到 60 路 FDM 的超群信号经变换后能在两个 PCM30/32 路系统中传输,实现了话路数相等的变换。

3.3.4 数字中继接口电路

1. 概述

数字中继(DT)接口又称为 A 接口或 B 接口,是数字中继线(PCM)与交换机之间的接口。它常用于长途、市内交换机,用户小交换机和其他数字传输系统。它的出入端都是数字信号,因此无模/数和数/模转换问题。但中继线连接交换机时有复用度、码型变换、帧码定位、时钟恢复等同步问题,还有局间信令提取和插入等配合的问题。所以数字中继接口概括来说是解决信号传输、同步和信令配合三方面的连接问题。目前,大多数中继线接口所连接的码率为 2048Kb/s,这里介绍的是 A 接口数字中继接口电路,如图 3.19 所示。

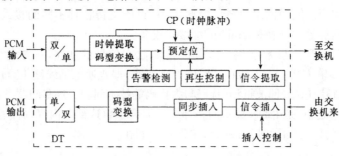

图 3.19 数字中继接口框图

从图中可看出,它分成两个方向:从 PCM 输入全交换机侧和从交换机侧至 PCM 输出。

输入方向首先是双单变换,然后是码型变换,时钟提取,帧、复帧同步,定位和信令提取。

输出方向是信令插入,连零抑制,帧、复帧同步插入,码型变换,最后单双变换输出。此外,数字中继接口还要能适应下面三种同步方式的通信网。

(1) 准同步方式:各交换机采用稳定性很高的时钟,它们互相独立,但其相互间偏差很小,所以又称异步方式。

(2) 主从同步方式:在这种方式的电信网中有一个中心局,备有稳定性很高的主时钟,向其他各局发出时钟信息,其他各局采用这个主时钟来进行同步,因而各机比特率相同,相位可有一些差异。

(3) 互同步方式:这种网络没有主时钟,各交换局都有自己的时钟,但它们相互连接、相互影响,最后被调节到同一频率(平均值)上。

数字中继接口还要能适应不同的信令方式,如随路信令和共路信令。

2. 数字中继接口的功能

前已述及,数字中继接口主要是三方面的功能:信号传输、同步、信令变换。下面分别做进一步说明。

（1）码型变换：根据再生中继传输的特点，PCM 传输线上传输的数字码采用高密度双极性 HDB$_3$ 码或双极性 AMI 码。为了适应终端电路的特点，在终端通常采用二进码型和单极性满占空（即不归零）的 NRZ 码。这种码型变换是两个方向都要进行的，输

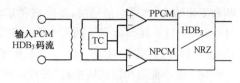

图 3.20　码型变换

入为双变单，而输出为单变双，如图 3.20 所示。输入 PCM 双极性码（如 HDB$_3$）先通过运放比较器变换为单极性码；输出分为正极 PCM（PPCM）码和负极性 PCM（NPCM），再经 HDB$_3$/NRZ 变换，还原为单极性码。

除了码型变换，有些交换机还要进行码率变换，如 S-1240 交换机中传输码率为 4Mb/s，而 PCM30/32 为 2Mb/s，因此要变换码率。

（2）时钟提取：从 PCM 传输线上输入的 PCM 码流中，提取对端局的时钟频率，作为输入基准时钟，使收端定时和发端定时绝对同步，以便接口电路在正确时刻判决数据。这实际上就是位同步过程。例如，输入 PCM 码流为 30/32 一次群，则提取时钟频率为 2048kHz。时钟提取方法很多，可利用锁相环、谐振回路或晶体滤波等方法实现。

（3）帧同步：在收端从输入 PCM 传输线上获得输入的帧定位信号的基础上产生收端各路时隙脉冲，使与发端的帧时隙脉冲自 TS$_0$ 起的各路对齐，以便发端发送的各路信码能正确地被收端各路接收，这就是帧同步。

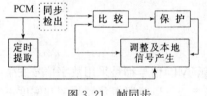

图 3.21　帧同步

在 PCM 数字通信帧结构中，每帧的 TS$_0$ 是供传输同步码组和系统告警码组用的。为了实现帧同步，发端固定在偶帧的 TS$_0$ 的 bit$_2$～bit$_8$ 发一特定码组"0011011"，经过比较、保护和调整，控制收定时的位脉冲发生器和时隙脉冲发生器产生时隙脉冲的顺序，达到帧同步，如图 3.21 所示。

同步检出的脉冲还需识别其真伪。如果发生失步，为了避免对偶发性误码或干扰错判，又为了确定经过调整后是否真的进入同步状态，要采取同步保护，规定连续四次检测不到同步码组才判定系统失步，这叫前向保护。前向保护时间为 $3 \times 250 \mu s = 750 \mu s$。而在失步状态下，规定连续检测两次帧同步码组，且中间奇帧 TS$_0$ bit$_2$ 为"1"才判定同步恢复，这叫后向保护，后向保护时间为 $250 \mu s$。

（4）复帧同步：复帧同步是为了解决各路标志信令的错路问题，随路信令中各路标志信令在一个复帧的 TS$_{16}$ 上都各有自己确定的位置，如果复帧不同步，标志信令就会错路，通信也无法进行。又由于帧同步以后，复帧不一定同步，因此在获得帧同步以后还必须获得复帧同步，以使收端自 F0（第零帧）开始的各帧与发端对齐。

帧同步和复帧同步的结果是使收端的帧和复帧的时序按发端的时序一一对准。它们都是依靠发送端在特定的时隙或码位上，发送特定的码组或码型，然后在接收端，从收到的 PCM 码流中对同步码组或码型进行识别、确认和调整，以获得同步。

（5）检测和传送告警信息：检出故障后产生故障告警信号，向对端发送告警信息，也检测来自对方交换机送来的告警信号，当连续 6 个 50ms 内都发生一次以上误码时，就产生误码告警信号，表示误码率不得超过 10^{-3}。

（6）帧定位：帧定位是利用弹性存储器作为缓冲器，使输入 PCM 码流的相位与网络内部局时钟相位同步。具体地说，就是从 PCM 输入码流中将提取的时钟控制输入码流存入弹性存储器，然后用局时钟控制读出，这样输入 PCM 信号经过弹性存储器后，读出的相位就统一在本局时钟相位上，达到与网络时钟同步。

（7）帧和复帧同步信号插入：网络输出的信号中不含有帧和复帧同步信号，为了形成完整的帧和复帧结构，在送出信号前，要将帧和复帧信号插入，也就是在第 0 帧的 TS_{16} 插入复帧同步信号 00001×11。在偶帧 TS_0 插入 10011011，奇帧 TS_0 插入 11×11111 的帧同步信号。完成这些功能后，再经过 NRZ/HDB$_3$ 和单/双变换将输出信号送到 PCM 线路上去。

（8）信令提取和格式转换：信号控制电路将 PCM 传输线上的信令传输格式转换成适合于网络的传输格式。如在 TS_{16} 中传输时，TS_{16} 提取电路首先从经过码型变换的 PCM 码流中提取 TS_{16} 信令信息，将其变换为连续的 64Kb/s 信号，在输入时钟产生的写地址控制下，写入控制电路的存储器，然后在网络时钟产生的读地址控制下，按送往网络的信令格式逐位读出。

与用户电路的 BORSCHT 功能相对应，对上述数字中继接口的功能也可概括为 GAZPACHO 功能，它们的含义是：

G——Generation of frame code　帧码发生

A——Alignment of frames　帧定位

Z——Zero string suppression　连零抑制

P——Polar conversion　码型变换

A——Alarm processing　告警处理

C——Clock recovery　时钟提取恢复

H——Hunt during reframe　帧同步

O——Office signaling　信令插入和提取

3.3.5　数字多频信号的发送和接收

在程控数字交换机中，除了铃流信号，其他音信号和多频（MF）信号都是采用数字信号发生器直接产生数字信号，使其能直接进入数字交换网。用这种方法可以克服振荡器频率和幅度不稳定的缺点，还节省了模数转换设备。

对于数字多频信号的接收，采用了数字滤波器原理进行检测。下面分别说明它们的工作过程。

1. 数字音信号和多频信号发生器

数字音信号发生器的基本原理是把模拟音信号经抽样和量化，按照一定的规律存入只读存储器（ROM）中，再配合控制电路，在使用时按所需要的要求读出即可。

2. 数字音频信号的发送

在数字交换机中，各种数字信号可以通过数字交换网络送出，与普通话音信号一样处理。也可以通过指定时隙（如时隙 0，时隙 16）传送。

F-150 交换机的数字音频信号通过 2 条上行信道送到数字交换模块。其中一条传送 30 种双频信号，另一条传送 26 种信号音。这两条上行信道把上述的 56 种数字信号，经过复用器，初级 T、S 级，最后存储在次级 T 的话音存储器中。当需要某种信号时，可直接从次级 T 读出，送至相应的用户电路或中继电路。上述连接路由如图 3.22 所示。在数字交换网络里，预先指定好一些内部时隙，固定作为信号音存储到次级 T 话音存储器的通道，这种连接方法称为"链路半永久性"连接法。

在信号音采用"链路半永久性"连接时，不管有无用户听信号音的要求，在数字交换网络的次级 T 的话音存储器中，总是有数字信号音存在着。一旦有某用户需要听某种信号音时，只要将这个信号音的 PCM 数码在该用户所在的时隙读出即可。

一个 TST 模块内可多个用户同时听一种信号音，因为次级 T 的话音存储器是随机存储器，读出时并不破坏其所存的内容，故可多次读出。由此可见，在一个特定话路上的信号音能够同时送往许多用户，克服了模拟交换机中音频信号发生器有一个最大负荷限制的缺陷。

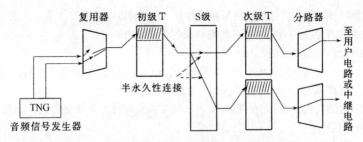

图 3.22　音频信号半永久性连接示意图

3. 数字音频信号的接收

各种信号音是由用户话机接收的,因此在用户电路中进行译码以后就变成了模拟信号自动接收。

数字信号接收器用于接收 MF 或双音多频(DTMF)信号,尽管模拟信号的选频技术已非常成熟,但在数字程控交换系统中,多用数字滤波器和数字逻辑电路来实现。这是因为在数字程控交换机中,信号接收器通常通过下行信道上的一个时隙接于数字交换网络。从对端来的 MF 信号或来自用户话机的 DTMF 信号,自数字(模拟)中继接口或用户电路送入,经交换网络到信号接收器的输入端。在这里 MF 信号或 DTMF 信号都是以数字编码形式出现的,所以信号接收的滤波和识别功能都是由数字滤波器和数字逻辑电路构成的。图 3.23 所示为接收器的结构框图。

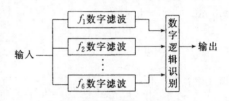

图 3.23　数字信号接收器

小结

电路交换技术的发展是与电话交换机的发展过程相一致的。电话交换技术由人工交换台发展到自动交换设备,由机电制发展到电子制,由直接控制发展到间接控制。在控制方式实现上有布线逻辑控制和存储程序控制,从传输信号上又分为模拟交换和数字交换。总之,从电路交换技术的发展过程可以得出,程控数字电话交换在交换电话业务上具有明显的优越性。

从电话通信过程的要求考虑,电话交换系统必须具有连接、信令、接口和控制功能。连接功能由交换网络实现,构成一条通话的通路。信令是在呼叫建立过程中必须发送的信令信号,以便实现监视与控制。控制功能在程控交换机中是采用存储程序控制来实现的,它不仅具有处理机硬件设备,还必须配有程序控制软件系统,是交换机中的核心部分。处理机有集中控制和分布控制两种基本配置方式,前者又分为负荷分担和主备用方式,后者又分为单级多机系统、多级处理机系统和全分布控制系统。

接口电路的任务是将接入数字交换系统的各种各样的信号,为了在数字交换网中进行交换,就必须在进入交换网络之前进行某些变换,将各种信号(包括信息信号和各种控制接续的信令信号)变为符合数字交换网络要求的形式,而数字交换网络输出时的数字信号,也需要变为符合各种线路要求的信号形式。上述的变换任务由各种接口电路(或称接口设备,终端设备)来实现。

接口电路种类很多,但符合 CCITT 接口电路的有模拟用户接口(或称 Z 接口)、数字用户接口(又称 V 接口)、模拟中继接口(又称为 C 接口)和数字中继接口(又称为 A 接口,B 接口)。

习题

3.1　说明空分交换、时分交换、模拟交换、数字交换、布控交换和程控交换的基本概念。

3.2　对交换系统在呼叫处理方面应有哪些基本要求?

3.3　程控数字交换机基本结构包含哪几部分? 并简述它们的作用。

3.4 简述程控交换机控制设备的处理机的两种配置方式及其特点。

3.5 CCITT 在电路交换系统中规定了哪几类接口及各类接口的作用？

3.6 模拟用户接口电路有哪些功能？

3.7 数字用户接口连接的用户传输线是否一定要四线传输？若采用二线传输需要解决哪些问题？

3.8 模拟中继接口与模拟用户接口有什么区别？完成哪些功能？

3.9 数字中继接口电路完成哪些功能？提取信令送到交换机何处？又从交换机何处取得信令插入汇接电路的 PCM 码流中？

3.10 数字多频信号如何通过数字交换网实现发送和接收？

第4章 存储程序控制原理

现代通信系统发展的基点是传输方式的数字化和控制方式的计算机化。交换机中采用的存储序控制(SPC)方式是通信网络计算机化的集中表现。采用 SPC 的最大优点是系统可只通过变动或增加软件,就能达到改变交换系统的组态和功能的目的,从而大大提高了系统硬件结构的模块化或标准化的水平,十分便于系统的升级和更新。与传统的控制方式相比,SPC 不仅大大增加了呼叫处理的能力,增添了许多方便用户的业务,而且显著地提高了网络运行、管理和维护(OAM)的自动化程度,因而大大提高了系统的灵活性、可操作性和可靠性,提高了网络连续运行的能力。

程控交换是泛指存储程序控制信息交换,如程控电话交换,数据分组交换等。本章介绍的程控交换以程控电话交换系统为主。

4.1 呼叫处理过程

在说明存储程序控制(SPC)原理以前,有必要先概括地了解呼叫处理过程,从而掌握 SPC 交换机应具有的呼叫处理基本功能。

4.1.1 一个呼叫的处理过程

在开始时,用户处于空闲状态,交换机进行扫描,监视用户线状态,用户摘机后开始了处理机的呼叫处理。处理过程如下。

(1) 主叫用户 A 摘机呼叫

① 交换机检测到用户 A 摘机状态;

② 交换机调查用户 A 的类别,以区分是同线电话、一般电话、投币电话机还是小交换机等;

③ 调查话机类别,弄清是按钮话机还是号盘话机,以便接上相应收号器。

(2) 送拨号音,准备收号

① 交换机寻找一个空闲收号器及它和主叫用户间的空闲路由;

② 寻找主叫用户和信号音间的一个空闲路由,向主叫用户送拨号音;

③ 监视收号器的输入信号,准备收号。

(3) 收号

① 由收号器接收用户所拨号码;

② 收到第一位号后,停拨号音;

③ 对收到的号码按位存储;

④ 对"应收位""已收位"进行计数;

⑤ 将号首送向分析程序进行分析(称为预译处理)。

(4) 号码分析

① 在预译处理中分析号首,以决定呼叫类别(本局、出局、长途、特服等),并决定该收几位号;

② 检查这个呼叫是否允许接通(是否限制用户等);

③ 检查被叫用户是否空闲,若空闲,则予以示忙。

（5）接至被叫用户

测试并预占空闲路由,其包括:

① 向主叫用户送回铃音路由(这一条可能已经占用,尚未复原);

② 向被叫送铃流回路(可能直接控制用户电路振铃,而不用另找路由);

③ 主、被叫用户通话路由(预占)。

（6）向被叫用户振铃

① 向用户 B 送铃流;

② 向用户 A 送回铃音;

③ 监视主、被叫用户状态。

（7）被叫应答通话

① 被叫摘机应答,交换机检测到以后,停振铃和停回铃音;

② 建立 A、B 用户间通话路由,开始通话;

③ 启动计费设备,开始计费;

④ 监视主、被叫用户状态。

（8）话终、主叫先挂机

① 主叫先挂机,交换机检测到以后,路由复原;

② 停止计费;

③ 向被叫用户送忙音。

（9）被叫先挂机

① 被叫挂机,交换机检测到后,路由复原;

② 停止计费;

③ 向主叫用户送忙音。

4.1.2 用 SDL 图来描述呼叫处理过程

从前一节我们可以看出,整个呼叫处理过程就是处理机监视、识别输入信号(如用户线状态,拨号号码等),然后进行分析、执行任务和输出命令(如振铃、送信号等),接着再进行监视、识别输入信号、再分析、执行……循环下去。

但是,由于在不同情况下,出现的请求及处理的方法各不相同,一个呼叫处理过程是相当复杂的。例如,识别到挂机信号,但这挂机是在用户听拨号音时中途挂机、收号阶段中途挂机、振铃阶段中途挂机还是通话完毕挂机,处理方法也各不相同。为了对这些复杂功能用简单的方法来说明,采用了规范描述语言(SDL)图来表示呼叫处理过程。

1. 稳定状态和状态转移

首先,我们可以把整个接续过程分为若干阶段,每一阶段用一个稳定状态来标志。各个稳定状态之间由要执行的各种处理来连接,如图 4.1 所示。图 4.1 是一个局内接续过程的图解示意图,我们把接续过程分为空闲、等待收号、收号、振铃、通话和听忙音 6 种稳定状态。

例如,用户摘机,从"空闲"状态转移到"等待收号"状态。它们之间由主叫摘机识别、收号器接续、拨号音接续等各种处理来连接。又如"振铃"状态和"通话"状态间可由被叫摘机检测、停振铃、停回铃音、路由驱动等处理来连接。

在一个稳定状态下,如果没有输入信号,即如果没有处理要求,则处理机是不会去理睬的。如在空闲状态时,只有当处理机检测到摘机信号以后,才开始处理,并进行状态转移。

同样输入信号在不同状态时会进行不同处理,并会转移至不同的新状态。如同样检测到摘机信号,在空闲状态下,则认为是主叫摘机呼叫,要找寻空闲收号器和送拨号音,转向"等待

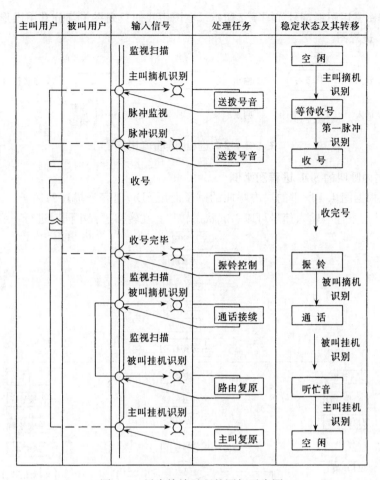

图 4.1　局内接续过程的图解示意图

收号"状态；如在振铃状态，则被认为是被叫摘机应答，要进行通话接续处理，并转向"通话"状态。

在同一状态下，不同输入信号处理也不同，如在"振铃"状态下，收到主叫挂机信号，则要做中途挂机处理；收到被叫摘机信号，则要做通话接续处理。前者转向"空闲"状态，后者转向"通话"状态。

在同一状态下，输入同样信号，也可能因不同情况得出不同结果。如在空闲状态下主叫用户摘机，要进行收号器接续处理。如果遇到无空闲收号器，或者无空闲路由（收号路由或送拨号音路由），则就要进行"送忙音"处理，转向"听忙音"状态。如能找到，则就要转向"等待收号"状态。

因此，用这种稳定状态转移的办法可以比较简明地反映交换系统呼叫处理中各种可能的状态、各种处理要求及各种可能结果等一系列复杂过程。

2. SDL 图简介

SDL 图是 SDL 语言中的一种图形表示法。SDL 语言是以有限状态机（FSM）为基础扩展起来的一种表示方法。它的动态特征是一个激励-响应过程，即机器平时处于某一个稳定状态，等待输入；当接收到输入信号（激励）以后立即进行一系列处理动作，输出一个信号作为响应，并转移至一个新的稳定状态，等待下一个输入；如此不断转移。我们可以看出，SDL 的动态特征和前面所讲的状态转移过程是一致的。因此，可以用 SDL 语言来描述呼叫处理过程是十分合适的。在这里我们只介绍 SDL 进程图有关内容，以后的呼叫处理描述也只限于一个进程范围之内。

SDL进程图常用图形符号如图4.2所示。在图中我们只列举了部分常用图形符号,以便大家能够读 SDL 进程图。

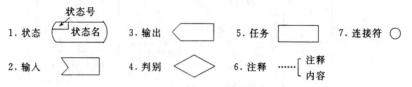

图 4.2　SDL 进程图部分常用符号

3. 描述局内呼叫的 SDL 进程图举例

图 4.3 是根据图 4.1 所举的局内呼叫的例子而用 SDL 语言来描述的例子。图中共有 6 种状态,在每个状态下任一输入信号可以引起状态转移。在转移过程中同时进行一系列动作,并输

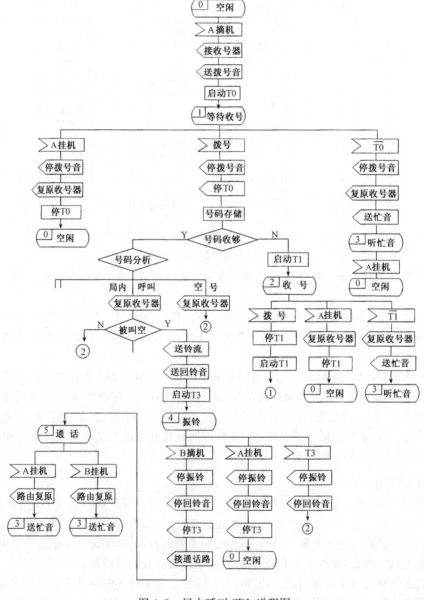

图 4.3　局内呼叫 SDL 进程图

出相应命令。根据这个描述我们可以设计所需要的程序和数据。

4. 呼叫处理过程

根据图 4.3 的描述,我们能得到一个局内呼叫(也包括其他呼叫)过程包括以下三部分处理。

(1) 输入处理:这是数据采集部分。它识别并接受从外部输入的处理请求和其他有关信号。

(2) 内部处理:这是内部数据处理部分。它根据输入信号和现有状态进行分析、判别,然后决定下一步任务。

(3) 输出处理:这是输出命令部分。根据分析结果,发布一系列控制命令。命令对象可能是内部某一些任务,也可能是外部硬件。

4.2 呼叫处理软件

SPC 交换系统为实现呼叫建立过程而执行的处理任务可分为三种类型:输入处理、内部处理和输出处理。

1. 输入处理

收集话路设备的状态变化和有关信息称为输入处理。各种扫描程序都属于输入处理,例如,用户状态扫描、拨号脉冲扫描、双音信号和局间多频信号的接收扫描、中继占用扫描等。通过扫描来发现外部事件,所采集的信息是接续的依据。

应根据 SPC 系统的结构和性能划分各种扫描程序,并按照外部信息的变化速度、处理机的负荷能力和服务指标,从而确定各种扫描程序的执行周期。输入处理一般在中断中执行,主要任务是发现事件而不是处理事件,因此扫描程序执行的时间应尽量缩短。为提高效率,通常用汇编语言编写。还广泛采用群处理方式,即每次输入一群用户或设备的信息数量相当于处理机的字长,从而可对一群用户同时进行逻辑运算。输入处理程序的执行级别较高,仅次于故障中断。

扫描与硬件有关,从软件的层次而言,扫描程序是接近硬件的低层软件,必须能有效地读取硬件状态信息。在数字交换机中,有待处理机读取的外部信息,通常由硬件以一定周期不断地送往特定的扫描存储区,再由软件周期地读取。硬件写入的周期短于软件的读取周期。如 F-150 系统中的用户状态信息,硬件写入周期为 4ms,软件读取周期为 100ms。这样可使软件读取的信息反映硬件的最新状态。

2. 内部处理

内部处理是与硬件无直接关系的高一层软件,如数字分析、路由选择、通路选择等,预选阶段中有一部分任务也属于内部处理。实际上,为实现呼叫建立过程的主要处理任务都在内部处理中完成。内部处理程序的级别低于输入处理,可以允许执行稍有延迟。

内部处理程序的一个共同特点是要通过查表进行一系列的分析和判断,也可称为分析处理。例如,预选阶段要通过查表得到主叫类别,以确定不同的处理任务。数字分析也要通过查表确定呼叫去向,以区分不同的接续任务。相关数据组织成表格,将数据和程序分开,可使程序结构简明而富有灵活性。内部处理可用高级语言编写。

内部处理程序的结果可以是启动另一个内部处理程序或者启动输出处理。

3. 输出处理

输出处理完成话路设备的驱动,如接通或释放交换网中的通路,启动或释放某话路设备中的继电器或改变控制电位,以执行振铃、发码等功能。

输出处理与输入处理一样,也是与硬件有关的低层软件。输出处理与输入处理都要针对一定的硬件设备,可合称为设备处理。扫描是处理机的输入信息,驱动是处理机的输出信息。因此,扫描和驱动是处理机在呼叫处理中与硬件联系的两种基本方式。

着眼于一个呼叫的处理过程,是输入处理、内部处理和输出处理的不断循环。例如,从用户摘机到听拨号音,输入处理是用户状态扫描;内部处理是查明主叫类别,选择空闲的地址信号接收器和相应通路;输出处理是驱动通路接通并送出拨号音。从用户拨号到听到回铃音,输入处理是收号扫描,内部处理是数字分析、路由选择和通路选择,输出处理是驱动振铃和送出回铃音。输入处理发现呼叫要求,通过内部处理由输出处理完成对要求的回答。回答应尽可能迅速,这是实时处理的要求。

硬件执行了输出处理的驱动命令后,改变了硬件的状态,使得硬件设备从原有稳定状态转移到另一种稳定状态。例如,空闲状态时用户电路不经过交换网络接通其他话路设备,在听拨号音状态时则接通收号器。因此,呼叫处理过程实际上是不断的状态转移过程。根据系统结构和性能,区分出各种不同状态和状态转移条件,是设计呼叫处理程序的重要和有效方法。图 4.4 仅说明状态转移的基本要领及与软件的关系。

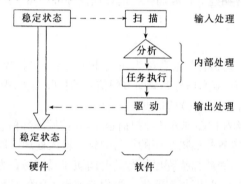

图 4.4 状态转移的基本原理与软件的关系

4.2.1 扫描与输入

由于在当前的程控交换机中模拟用户接口的数量仍占多数,因此对模拟用户和中继接口监测信令的扫描和输入仍是呼叫处理的一项主要负担。根据 3.3.1 节,接口输出的监测信号是一个二进制的高、低电平信号。因此,每路接口的输入与输出仅需要 1 位存储器。由于控制系统的数据总线常是 8 位、16 位甚至 32 位,接口监测信号的读入通常需要并行进行。图 4.5 给出了控制系统以 8 路并行的方式读入接口数据的原理。控制系统周期地扫描接口监测信号的输出电平,扫描周期为 8ms,每次读入 8 位作为本次扫描结果存于存储器 PR 中。将该数据与存储在 LR 中的上一次扫描结果相比较,可得到每个接口监测信号的变化,该变化存储在状态变化指示存储

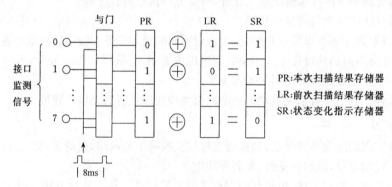

图 4.5 扫描与输入

器 SR 中,供处理系统读取。监测信令电平的变化引起 SR 中相应位由 0 变为 1,从而引起相应处理子进程的启动与运行。因此,每次扫描操作包括两步:

PR⊕LR→SR 和 PR→LR

图 4.6 给出了当某接口的监测信号电平变化时,扫描电路各存储器内容的相应变化。设初始 LR 值为 1,在前三次扫描抽样中,输入电平为高,PR 内容为 1,与 LR 异或后得 0,表示状态未发生变化。当第 4 次抽样时刻到来时,输入信号已变为低电平,PR=0,但由于在上一次扫描中所得到的结果是高电平,LR=1,因而 PR⊕LR=SR=1。此后,每当输入电平变化时,SR 将相应地置 1。利用状态变化存储器 SR 的内容和 LR 存储的内容相"与",即 SR∧LR=1,就可进行挂机识别,同理,SR∧$\overline{LR}$=1,可进行摘机识别。用类似的方法也可进行脉冲数字识别。

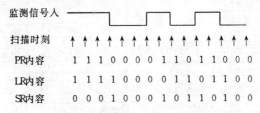

图 4.6　扫描过程中各存储器内容的变化举例

通常 PR 由硬件实现,LR 和 SR 可由软件提供,以此降低硬件成本,并减轻 CPU 读取接口的负担。当进程处于脉冲收号状态时,CPU 读 PR 的周期一般不大于 10ms,在其他状态,读周期可放宽到 100ms。

图 4.7 给出了接收线路信号的处理子进程 SDL 图。它的作用是,将线路监测扫描获得的电平信号(0 或 1)结合时间关系产生便于上层软件处理的"摘机"、"挂机"、"拍簧"、"1"、"2"……等代码或符号。

子进程启动后一直处于状态 0,直至收到扫描输出 PR=1,进入状态 1。如 PR=1 的持续时间小于 100ms,便被认为是突发干扰,忽略其出现,返回状态 0。如 PR=1 持续 100ms 以上,子进程将向上层软件输出一个"摘机"信号,并进入状态 2。PR=0 使进程退出状态 2,进入状态 3。如 PR=0 持续时间大于 2s,进程输出"挂机",如在 2s 内收到 PR=1,则认为接收到一个环流"断"脉冲。"断"脉冲窄于 50ms 被认作干扰,不予处理;宽度在 100ms 至 2s 之间被判作"拍簧",50ms 至 100ms 之间被认为是一个数字脉冲,并转入状态 4。此后如 PR=1 维持不变达 200ms 以上,便认为数字(D)接收完毕。即此时为位间隔(分隔两个数字之间的间隔)。进程输出 D 后返回状态 2;如在 200ms 以内再次扫描到 PR=0,则认为数字尚未收全,应继续收号。图 4.7(b)给出了线路信号与流程状态的对应关系。

4.2.2　扫描周期的确定

1. 用户呼出扫描周期

用户呼出扫描周期应取适当的数值,太长会增加拨号音时延,影响服务质量,太短则不必要地增加了处理机的时间开销,影响到处理机的处理能力,一般可为 100ms 左右。当采用专门的外围处理机,所控制的用户数不多或处理机的任务较轻时,也可以再小一些,只有几十毫秒。

2. 脉冲收号扫描周期

为了正确地采集用户拨号脉冲信息,脉冲收号扫描周期的取定使得在任何一个脉冲的断、续时间内,至少进入一次脉冲扫描。

显然,这就与程控交换机所允许的脉冲时间参数有关。脉冲时间参数包含脉冲速度(或者为

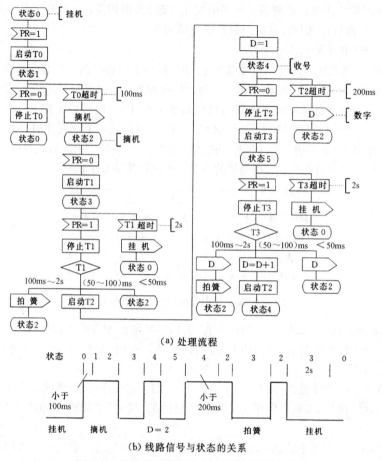

(a) 处理流程

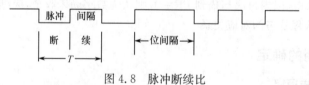

(b) 线路信号与状态的关系

图 4.7　接收线路信号的处理子进程 SDL 图

脉冲重复频率)和断续比,应该选取最不利的情况来确定扫描周期。

我国规定的号盘脉冲的参数有脉冲速度和脉冲断续比。

(1) 脉冲速度:即每秒钟送的脉冲个数。规定脉冲速度为每秒 8~20 个脉冲。

(2) 脉冲断续比:即脉冲宽度(断)和间隔宽度(续)之比,如图 4.8 所示。规定的脉冲断续比范围为 1:1~3:1。

图 4.8　脉冲断续比

我们来算一算在最坏情况下,即最短的变化间隔(脉冲或间隔宽度)是多少,由此来决定扫描间隔时间。

规定的号盘最快速度是每秒 20 个脉冲,也就是说脉冲周期 $T=1000/20=50\text{ms}$。断续比为 3:1 时续的时间最短。它占周期的 1/4,即 12.5ms。这样要求扫描的最长间隔不能大于这个时间,否则要丢失脉冲。我们假定取扫描间隔为 8ms。

3. 位间隔识别

位间隔的基本功能是判别一位数字的结束。一位数字中的各脉冲间隔较短而数字间的位间隔则有几百毫秒。因此,位间隔识别周期的确定与号盘最小间隔时间和脉冲参数有关,用 $T_{位}$ 表示位间隔识别周期。

(1) $T_{位}$ 的上限：图 4.9 表明，如果相当于一位数字的一串脉冲恰巧结束在位间隔识别点刚过去以后，因为识别的原理是上次识别时有脉冲变化而本次识别时无脉冲变化，因此就要花接近于两个 $T_{位}$ 的时间才能识别出位间隔。

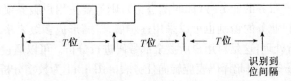

图 4.9　一串脉冲结束在位间隔识别点刚过去

(2) $T_{位}$ 的下限：$T_{位}$ 的下限应大于最大的脉冲之间的闭合时间，考虑到位间隔识别的同时也识别中途挂机，区别这两者很容易，只要区别现在用户处于挂机状态还是摘机状态即可，前者为中途挂机，后者为位间隔。$T_{位}$ 还应大于最大的脉冲的断开时间 $t_{断最大}$，这样才可以防止将脉冲间的闭合时间误判成位间隔，以及将脉冲断开时间误判成中途挂机。

综上所述，可有

$$t_{断最大} < T_{位} < \frac{1}{2} \times \text{最小间隔时间}$$

号盘最小间隔时间一般在 300ms 以上，最大 $T_{位}$ 应小于 150ms。在最低的脉冲速度和最大的断续比的条件下，可得到 $t_{断最大}$ 为

$$t_{断最大} = \frac{1000}{8} \times \frac{3}{3+1} = 93.75\text{ms}$$

$T_{位}$ 应大于 $t_{断最大}$，可按时钟中断周期的整倍数取定为 96ms 或 100ms。

4. 双音多频(DTMF)脉冲数字的扫描周期

双音多频脉冲数字的接收多用数字滤波器和数字逻辑电路实现，在第 3 章已经介绍。在这种情况下每个数字用一组双频信号来表示。在交换机中专门有几套收号器用来检测这种信号，并把它翻译成一个十六进制的数字。软件扫描的任务就是定期地从收号器上读得这些数字。每个数字脉冲的持续时间约 40ms，每个数字之间的间隔最小可达 100ms 左右。在收号器上专门有一个"信号出现"位 SP，在一次新的数字脉冲来临时 SP 变为高电平，脉冲过后 SP 恢复为低电平。数字扫描程序按 10ms 左右的周期扫描 SP 位，如两次连续扫描发现 SP 由低电平变为高电平，则说明新的数字已到，读出收号器中的这个数字即可，如图 4.10 所示。

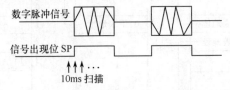

图 4.10　DTMF 脉冲数字的扫描周期

如果(前次 SP$\oplus$本次 SP)$\wedge$前次$\overline{\text{SP}}$ $=1$，则数字到。若连续扫描次数超过一定值，且没有检测到数字，则为检测线路状态，如为低电平(因为低电平为挂机状态)则为中途挂机。

4.2.3　数字分析

1. 用程序判断分析

可用程序的判断进行数字分析。数字的来源可能直接从用户话机接收下来，也可能通过局间信令传送过来，然后根据所拨号码查找译码表进行分析。分析步骤可分为两部分。

(1) 预译处理:在收到用户所拨的"号首"以后,首先进行预译处理,分析用户提出什么样的要求。

预译处理所需用的号首一般为1～3位号。例如,用户第一位拨"0",表明为长途全自动接续;用户第一位拨"1"表明为特服接续。如果第一位号为其他号码,则根据不同局号可能是本局接续,也可能是出局接续。

如果"号首"为用户服务的业务号(如叫醒登记),则就要按用户服务项目处理。

号位的确定和用户业务的识别也可以采用逐步展开法,形成多级表格来实现。

(2) 拨号号码分析处理:这是对用户所拨全部号码进行分析。可以通过译码表进行,分析结果决定下一步要执行的任务。因此译码表应转向任务表。图4.11为数字分析程序流程图概况。

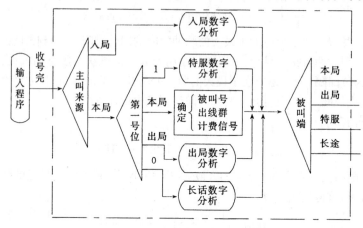

图4.11 数字分析程序流程图概况

2. 用查表分析

通常采用查表方法可适应编号制度的变化而具有灵活性。数字分析的过程就是不断查表的过程,有塔形结构和线性结构两种表格的组织方式。

(1) 塔形结构:塔形结构由多级表组成,图4.12表示了三级表格。用所收到的逐位号码依次检索各级表格,即第1位查第1级表,第2位查第2级表,等等。表中各单元用1比特作为指示位,0表示继续查表。此时所得为下级表的首地址。1表示查表结束,得到对应于一定的接续任务的代码。第1级只有1张表,第2级最多有10张表,第3级最多有100张表,形成"金字塔"式的结构。

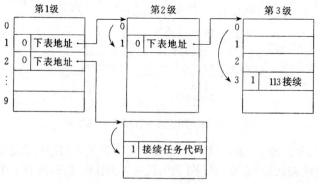

图4.12 塔形结构的表格

(2) 线性结构:线性结构的表格见图4.13。要收到足够的位数后才开始查表,例如收到前3位后查表。在大多数情况下可以得到分析结果——接续任务代码。对应于未使用的号码则用特殊代码,例如用"0"表示。少数情况可能要继续查表,为此可加一个扩展表。查扩展表可用搜索法,将收到的号码与表中的号码组合比较,如一致即搜索成功,从而得到相应的接续任务代码。搜索有两种方法:一种是线性方法,从表首开始依次搜索到表尾;另一种是两分搜索法,即先搜索表的中部,然后再搜索上半部或下半部的中部,以此类推,用两分法时,表中的号码组合应按其数值依次排列。

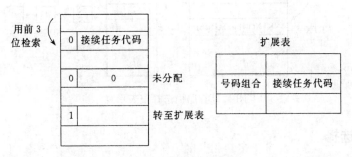

图 4.13　线性结构的表格

4.2.4　路由选择

1. 路由选择的任务

路由选择要用到数字分析的结果。数字分析结果可能包含多种数据,如路由索引、计费索引、还需接收的号码位数等。计费索引用来检索与计费有关的表格,以确定呼叫的计费方式和费率。路由索引则用于路由选择。不同的路由索引表示不同的呼叫去向。

路由选择的任务是在相应路由中选择一条空闲的中继线。如该路由全忙而有迂回路由,就转向迂回路由,可能迂回多次。程控交换软件应提供迂回选择的灵活性,并能适应迂回方案的变化。图 4.14 表示迂回路由的示例,①、②、③表明选择顺序。

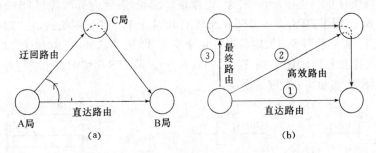

图 4.14　迂回路由示例

2. 迂回路由的选择

为具有灵活性,应采用查表方法。图 4.15 所示为一种简便的方法。根据数字分析程序所得到的路由索引(RTX)查路由索引表,并得到两个输出数据,一个是中继群号(TGN);另一个是下一(迂回)路由索引(NRTX)。每个 RTX 对应一个 TGN,有了 TGN,就可以在该中继群中选择空闲中继线。如果全忙,就用 NRTX 再检索路由索引表,又得到与 NRTX 对应的 TGN 及下一个路由索引。

图 4.15 表明,从数字分析得到 RTX＝6,用 6 检索路由索引表,得到 NRTX＝8,TGN＝4。用 4 检索空闲链路指示表,其内容为“0”,表示对应于 TGN＝4 的路由全忙。为此,再用 NRTX＝8 查路由索引表,得到 NRTX＝14,TGN＝6,用 6 检索下一张表,得到的不是“0”而是“1”,表示第 1 条中继线空闲并可选用。当然不必再迂回,NRTX＝14 就不需要使用了。

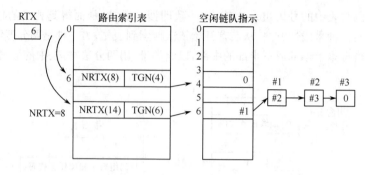

图 4.15　路由选择查表示意

4.2.5　通路选择

1. 通路选择的任务

通路选择的任务,是根据已定的入端和出端在交换网络上的位置(地址码),选择一条空闲的通路。一条通路常常由多级链路串接而成,当串接的各级链路都空闲时才是空闲通路。通常采用条件选试,即要全盘考虑所有的通路,从中选择所涉及的各级链路都空闲的通路。

为进行通路选择,在内存中必须有各级链路的忙闲表,也就是所谓的"网络映像"。

数字交换机如采用一级 T 无阻塞网络,在选到一个空闲出端后,实际上就不存在通路选择问题了。下面介绍 TST 网络通路选择。

以 FETEX-150 系统为例,其 TST 网络结构如图 4.16 所示。每个 T 级的出入时隙数为 1024,最多可有 64 个输入 T 级和输出 T 级,故 S 级最大为 64×64。输入 T 级称为初级 T 接线器(PTSW),输出 T 级称为次级 T 接线器(STSW),对应的 PTSW、STSW 和 S 级组成一个网络模块。

每个网络模块有 64 个字的网络映像,也就是忙闲表,表示内部时隙(ITS)的忙闲状态,如图 4.17 所示。32 字用于 PTS,存入 PTSW 出线上 1024 个 ITS 的忙闲状态,另 32 字用于 STS,存入 STSW 入线上 1024 个 ITS 的忙闲状态。每个字有 32 比特,32×32 对应于 1024 个 ITS。用 $T_9 \sim T_0$ 共 10 比特表示 ITS 编号,则 $T_9 \sim T_5$(高 5 位)表示 ITS 在忙闲表中的行号,$T_4 \sim T_0$(低 5 位)表示位号。NW_i 表示第 i 个网络模块。

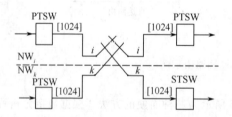

图 4.16　FETEX-150 系统的 TST 网络结构

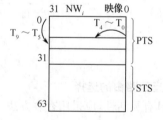

图 4.17　内部时隙忙闲状态

2. TST 网络的通路选择

通路选择时,出入端位置已定。例如,入线在第 i 个网络模块,出线在第 k 个网络模块,由此可决定要用哪个模块的忙闲表(也可能出入端属于同一模块)。

32 行 ITS 可任意选用,为均匀负荷,可设置行计数器 WC 的初值为 31,每选一次减 1。根据 WC 的值,取 NW_i 和 NW_k 的忙闲表中相应一行进行逻辑乘。如第 2 章中所述空闲通路的概念,TST 网络相当于两级链路,只有对应的两级链路都空闲,才是空闲通路。

由于通话是双方向的,应选择两个方向的通路。为了描述方便,假设 A、B 两用户需选择通

路,涉及 NW_i 的 PTS 忙闲表和 STS 忙闲表应为

$$（NW_i 忙闲表第 WC 行）\wedge（NW_i 忙闲表第 WC＋32 行）$$

显然 WC＋32 跳过了 NW_k 的 PTS 忙闲表的 32 行,而进入 STS 忙闲表的第 WC 行。以上逻辑乘的两项内容相当于图 4.18(a)与(b)。如逻辑乘的结果不等于 0,可用寻 1 指令从最右端开始寻找第 1 个"1",所找到的"1"的所在位加上行号(WC)即为所选中的 ITS 的号码。

对于 B→A 的通路,涉及 NW_k 的 PTS 忙闲和 NW_i 的 STS 忙闲表应为

$$（NW_k 第 WC＋16 行）\wedge（NW_i 第 WC＋48 行）$$

由于 B→A 通路与 A→B 通路相差半帧,即 1024/2＝512,故 NW_i 的 PTS 忙闲表一定要取 WC＋16 行,相当于 16×32＝512 个 ITS。WC＋48 则表示跳过 NW_i 的 PTS 的 32 行,而用的 NW_i 的 STS 的 WC＋16 行。

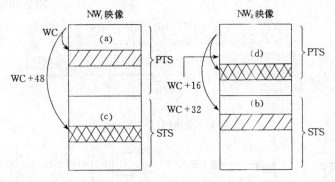

图 4.18　忙闲状态表运算

实际上,如果 ITS 都是差半帧而成对地被使用于双向通路,则 A→B 有空闲通路,B→A 也必然有对应的空闲通路。但选中某一通路后,应在有关的忙闲表中将各个 ITS 改为忙。

如果逻辑乘结果为 0,表示这一行全忙,可换一行测试,最多可换 32 行。以上选择过程可用图 4.19 说明。

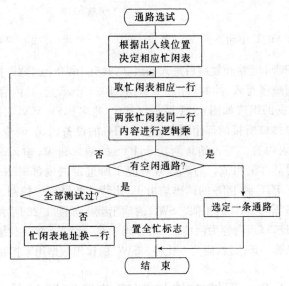

图 4.19　通路选试程序框图

4.2.6　输出驱动

对数字交换网络的驱动是根据所选定的通路输出驱动信息的,这些驱动信息应写入相关的

控制存储器中。因此,输出驱动的主要任务是编制要输出的控制信息并在适当时刻输出。对于硬件而言,通常在处理机与交换网络之间设置接口电路。

以图 4.20 为例,呼叫处理机(CPR)与 TST 网络间有接口电路信号接收分配器(SRD),PTC、SWC、STC 分别为初级 T 控制存储器、空分级控制存储器、次级 T 控制存储器。这些控制存储器有不同的设备码,这在驱动信息中应明示。设 CPR 最多可控制 8 个数字交换模块,则还应区分哪个模块,即区分哪个 SRD。这表示 CPR 输出的驱动信息中,除要包含写入到控制存储器的信息外,还应包含驱动何种设备的信息,如图 4.21 和图 4.22 所示。

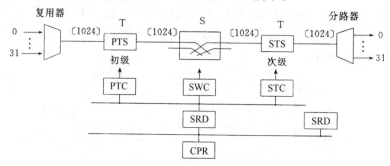

图 4.20 交换网络的驱动接口

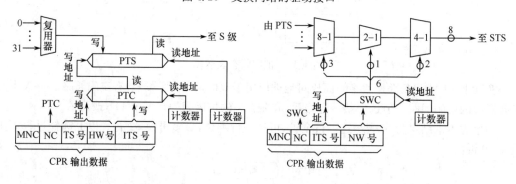

图 4.21 PTC 驱动　　　　　　　图 4.22 SWC 驱动

设有 32 条 32 路 PCM 链路经复用后进入初级 T,共有 1024 个时隙。初级 T 采用控制写入,顺序读出;次级 T 采用顺序写入,控制读出。PTC 有 1024 个单元,其内容应控制 PTS 的写入。对 PTC 的驱动输出数据的组成如图 4.21 所示。其中,主名称码(MNC)用来区分 SRD,名称码(NC)用来表示该 SRD 接口所接的那个设备,应为 PTC 的设备码,另两个重要的输出数据作为 PTC 的写入地址和写入内容。写入地址对应于 PTS 的输入时隙,输入时隙编号由输入 PCM 链路号码(W 和时隙号码 TS)组成。写入内容对应于所选定的内部时隙号码(ITS)输出,即对应于 PTC 的单元序号,PTC 和 PTS 的读出均由 10 比特计数器顺序控制。

STC 输出的控制数据与 PTC 的相似。SWC 的输出数据如图 4.22 所示,除 MNC、NC 外,ITS 号作为 SWC 的写入地址,写入内容为网络(NW)号码。空分级为 64×64,每条出线设一个 SWC,网络号用来判别具体是哪一条入线,应为 6 比特。SWC 的读出数据用来控制空分级的接通。

4.3　程控交换控制系统的电路结构

1. 控制系统的一般逻辑结构

从前述的呼叫处理过程可得出,程控交换控制系统的工作过程常具有下述模式。

① 接收外界信息,如外部设备的状态变化、请求服务的命令等。

② 分析并处理信息。

③ 输出处理结果,如指导外设运行的状态信息或控制信号。

与一般控制系统相比,计算机控制系统的主要特点是外部设备输入的信号并不直接送入处理器,而暂时存在存储器中,由处理器在某一适当的时刻读出和处理。同理可解释输出过程。图 4.23 给出了计算机控制系统的逻辑结构。接口的作用是将外来信息(通常表现为电信号形式)转变成适合处理器处理的数据形式,或反之。接口数据写入存储器的过程常需要借助处理器,这既可以由接口中独立的处理器完成,又可以由控制系统的主处理器完成。当采用主处理器时,接口数据的转储过程与其他处理进程分时进行,因而在逻辑上仍可将接口与存储器之间的传输视为一个独立的过程。

当接口数据转储与信息处理公用一个处理器时,转储将在相应程序(通常称为接口驱动程序)的引导下进行。接口驱动程序可由操作系统周期地调用(查询方式),或者在接口的请求下强迫启动(中断方式)。

2. 控制系统的电路结构形式

控制系统的处理器应由 CPU、程序和工作数据组成。CPU 在程序的引导下从指定的输入存储器读出外界输入的数据,结合当前的过程状态、变量值等工作数据对之进行处理,然后将结果写入输出存储器或改变当前的工作数据。因此,控制过程的执行细节及复杂性可完全反映在程序和数据(软件)的设计中。与之相比,计算机控制系统的硬件常有固定的组成:接口(I/O)、存储器(MEM)和中央处理器(CPU)。

计算机控制系统的最大优点是信息的输入、输出与信息处理的相对分离。接口数据的存储速度应足以跟随外部信号的变化速度,而信息处理的速度只要求能及时地输出外设期待的状态或控制信号即可。由于对信息处理实时性要求的相对下降及微处理器速度的不断提高,计算机控制系统的功能可变得十分强大。

应当注意,图 4.23 中给出的仅是控制系统的逻辑结构。控制系统也常以电路结构的形式给出,图 4.24 是与图 4.23 等价的电路结构框图。尽管图中所有电路都跨接在同一总线上,但由于 CPU 的控制作用,在任何时刻总线上只可能有一个信号传输,即系统中各器件间(如接口与存储器之间或存储器各单元之间)的信号传递是分时独立进行的。因此,通过适当的软件设计,系统可在逻辑上实现任意电路之间的独立传输。

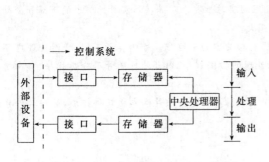

图 4.23 计算机控制系统的逻辑结构

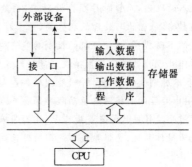

图 4.24 控制系统的电路结构框图

尽管控制系统的逻辑组成是简单的,但它的具体实现却是多样的,这就带来了问题的复杂性。实际控制系统的种种差别主要来自它们所使用的 CPU 不同。由图 4.24 可见,接口电路应能将各种外设输入的信号转换成适合 CPU 总线传输的信号,从而使 CPU 能如同读/写存储器那样读/写接口电路。但这要求接口电路的设计除与外设的特性有关外,还必须与它所连接的总线有关。总线是 CPU 设计的一部分,而目前各半导体制造商所生产的 CPU,其总线结构及控制方式、传输时序等没有统一标准,因而不同的 CPU 常要求使用不同的外设接口电路。另外,为了增强适用性,许多接口电路也常设计成可连接多种总线,在具体应用中使用哪种总线连接方式可通过编程进行选择,这进一步增大了接口电路使用时的困难。此外,实际程控交换机的控制系统可由多个 CPU 组成,它们使用不同的总线。于是各 CPU 总线之间,以及外设与各 CPU 总线之间存在大量的接口。如何设计或选择这些接口电路,构成了控制系统硬件设计的一个重要内容。

在第 3 章的图 3.4 中,给出了程控交换机控制系统的电路结构。用户接口提取的带外信令被直接送入控制系统,带内信令则通过交换网络接续。带外信令及振铃控制均是 0/1 开关信号,可用 1 比特表示,因此控制系统中的相应接口应能将来自多个用户接口的监测信令合并为适合总线传输的 8 位或 16 位并行数据。当带内信令采用 PCM 编码时,控制系统的相应接口(PCM 信令 I/O)必须具有适当的传输速率,即当 PCM 信令为 TS_{16} 单路信令时,I/O 应工作于 64Kb/s 速率。当带内信令采用多频(MF)编码时,控制系统接口(MF 信令 I/O)应能将相应的双音多频(DTMF)信号或多频互控(MFC)信号转换成若干位(通常是 4 位)的二进制码字,并行输出。接续控制 I/O 提供了 CPU 访问、控制交换网络的接口。大多数集成电路交换器本身提供了微机接口,当这些接口与控制系统总线相兼容(例如,交换器选用 MT8980,而控制系统 CPU 为 6802),且两者空间距离较近时,交换器可直接跨接到 CPU 总线上。

维护接口提供给操作、维护人员访问系统软件的入口。大多数维护和计费接口除具有 RS-232 至 TTL 电平的转换能力外,还能实现串并变换及速率适配。当适配器与控制总线兼容时,同样可免去维护和计费 I/O,使接口直接与总线相连。

小结

整个呼叫处理过程就是处理机监视、识别输入信号、执行任务和输出命令不断循环的过程。在不同情况下,出现的请求及处理的方法各不相同。对于这一复杂过程,常采用 SDL 语言来描述。该过程的特点是在一个稳定状态下,任一输入信号可引起状态转移;在转移过程中进行一系列处理动作,输出一个信号作为响应,并转移至一个新的稳定状态,如此不断转移。任一个呼叫过程可包括三部分处理,即输入处理、内部处理和输出处理。

计算机控制系统的主要特点是信息的输入、输出与信息处理相对分离,外部被控设备送来的信息并不直接送入处理器,而暂时存在存储器中,由处理器根据程序安排在适当时刻读出和处理。输出过程也如此。这种输入、输出与处理的相分离,等于对信息处理的实时性要求下降。而实时性要求的下降和微处理器速度的不断提高,使处理机的控制功能变得十分强大。

呼叫处理指的是从用户摘机到通话结束处理器参与处理的全过程。呼叫类型不同,呼叫处理也不一样,但基本原则是一致的。呼叫处理软件包括输入处理的扫描程序、内部处理的号码分析程序、路由选择程序、输出处理的交换网络驱动程序等。

程控交换软件的特点是规模大、实时性和可靠性要求高,由运行软件和支援软件组成,运行软件系统又可分为操作系统、数据系统和应用软件系统。

习题

4.1 简述程控交换建立本局通话时的呼叫处理过程,并用 SDL 图给出振铃状态以后的各种可能情况的进程图。

4.2 呼叫处理过程中从一种状态转移至另一种状态包括哪三种处理及其处理内容?

4.3 程控交换机软件的基本特点是什么? 由哪几部分组成?

第5章 信令系统

信令,是面向连接工作模式的通信网络为实现通信源点和目的点之间能够准确而有效地互通信息的目标,协调网络设备为此建立适宜的传输通路所必需的协议命令序列。信令消息通常由通信源端和目的端地址、信令类别、设备状态和所要完成的连接控制任务等信息组成。信令系统是实现信令消息收集、转发和分配的一系列处理设备与相关协议实体,是通信网的重要组成部分。不同的网络组织结构和不同的应用场合有不同的信令模式,本章主要介绍应用于电路交换网的模拟用户线信令、交换局之间中继线路采用的中国 No.1 随路信令和 No.7 共路信令系统的组成和工作原理。

5.1 概 述

5.1.1 信令的概念

在面向连接工作模式的通信网中,任何一个用户要想和其他用户进行信息交互,都必须告诉网络目的用户的地址、业务类型及所要求的服务质量等,然后由网络设备验证其服务请求的合法性并为其建立相关的信息传送通路。为了保证在一次通信服务中相关的终端设备、交换设备、传输设备等能够协调一致地完成必需的连接动作和信息传送,通信网必须提供一套控制相关设备的标准控制信息格式和流程,以协调各设备完成相应的控制动作。将这些控制信息的语法、语义、信息传递的时序,以及产生、发送和接收这些控制信息的软、硬件所构成的综合体,称为信令系统。

所谓信令,是指在通信网上为完成某一项通信服务而建立一条信息传送通道,通信网中相关节点之间要相互交换和传送的控制信息。信令系统的主要功能就是指导终端、交换系统、传输系统协同运行,在指定的终端之间建立和拆除临时的通信连接,并维护通信网络的正常运行,包括监视功能、选择功能和管理功能。

监视功能主要完成网络设备忙闲状态和通信业务的呼叫进展情况的监视。

选择功能在通信开始时,通过在节点设备之间传递包含目的地址的连接请求消息,使得相关交换节点根据该消息进行路由选择,进行入线到出线的时隙交换接续,并占用相关的局间中继线路。通信结束时,通过传递连接释放消息通知相关的交换节点,释放本次通信服务中所占用的相关资源和中继线路、拆除交换节点的内部连接等。

管理功能主要完成网络设施的管理和维护,如检测和传送网络上的拥塞信息、提供呼叫计费信息和远端维护信令等。

这里以最简单的局间电话通信为例,如图 5.1 所示,说明信令在一次电话通信过程中所起的作用。从图中可以看出,在一次电话通信过程中,信令在通话链路的连接建立、通信和释放阶段均起着重要的指导作用。如果没有这些信令协调操作,人和机器都将不知所措。若没有摘机信令,交换机将不知道要为哪个用户提供服务;若没有拨号音,则用户将不知道交换机是否能为其服务,更不知道是否可以开始拨被叫号码。交换机之间的连接过程也是如此,可以通过信令告诉对端设备自己的状态、接续进程和服务要求等。即使在用户通信阶段,信令系统也是在持续地对用户终端的通信状态进行监视,一旦发现某方要结束本次通信,就会马上通知另一方及相关设备释放连接和相关资源。由于在通信网中,信令系统对实现一个通信业务的操作过程起着相当重要的指导作用,所以人们也常将其比喻成通信网的神经系统。

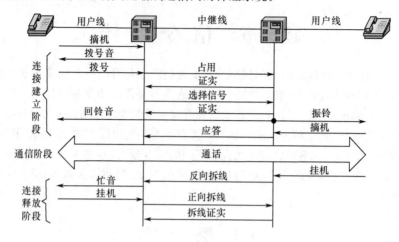

图 5.1　电话业务的基本信令流程

5.1.2　信令的分类

1. 按信令的工作区域划分

按信令的工作区域,可分为用户线信令和局间信令。

(1) 用户线信令:是指在用户终端和交换机之间的用户线上传送的信令。其中在模拟用户线上传送的信令称为模拟用户线信令,包括终端向交换机发送的状态信令和地址信令,如摘/挂机状态信令和被叫电话号码等;交换机向用户终端发送的通知信令,主要用于提示来话的铃流和表征交换机服务进展情况的若干音信号。

(2) 局间信令:是指交换机之间,以及交换机与业务控制点、网管中心、数据库等之间传送的信令。局间信令主要完成网络的节点设备之间连接链路的建立、监视和释放控制,以及网络服务性能的监控、测试等功能,比用户线信令要复杂得多。

2. 按所完成的功能划分

信令按其所完成的功能,可分为监视信令、地址信令和维护管理信令。

(1) 监视信令:监视用户线和中继线的应用状态变化。

(2) 地址信令:主叫终端发出的被叫号码和交换机之间传送的路由选择信息。

(3) 维护管理信令:网络拥塞、资源调配、故障告警及计费信息等。

3. 按信令的传送方向划分

按照传送方向,可分为前向信令和后向信令。前向信令是指沿着主叫到被叫方向在相关网络设备之间传送的信令,相反方向回传的信令称为后向信令。

4. 按信令信道与话音信道的关系划分

按信令传送信道与用户信息传送信道之间的关系,可分为随路信令和公共信道信令。

在随路信令系统中,信令的传送通常是和用户信息在同一条信道上传送的,或者传送信令的信道与对应的用户信息信道之间在时间上或物理上存在着一一对应的固定关系。以传统电话网为例,当有一个呼叫到来时,交换机先为该呼叫选择一条到下一交换机的空闲话路,然后在这条空闲的话路上传递信令。端到端的连接建立成功后,再在该话路上传递用户的话音信号。

・64・

公共信道信令系统的主要特点是,信令在一条与用户信息信道相互分离的信令信道上传送,并且该信令信道不是为某一个用户专用的,而是为一群用户信息信道所共享的公共信令信道。在这种方式中,两端交换节点的信令设备之间直接用一条数据链路相连,信令的传送与话音话路相互隔离,在物理上和逻辑上都彼此无关。仍以电话呼叫为例,当一个呼叫到来时,交换节点先在专门的信令信道上传递信令,端到端的连接建立成功后,再在选好的话路上传递话音信号。

与随路信令相比,公共信道信令具有以下优点:

(1) 信令系统独立于业务网,具有改变和增加信令而不影响现有业务网服务的灵活性;

(2) 信令信道与用户业务信道分离,使得在通信的任意阶段均可传输和处理信令,可以方便地支持各类信息交互、智能新业务等;

(3) 便于实现信令系统的集中维护管理,降低信令系统的成本和维护开销。

公共信道信令具有这些优越性,因此在目前的数字电话通信网、智能网、移动通信网、帧中继网、ATM 网上均采用公共信道信令方式。目前用在面向连接网络上的标准化公共信道信令系统称为七号信令系统,或者 No.7 信令系统。

5.1.3 信令方式

在通信网上,不同厂商的设备需要相互配合工作,这就要求网络设备之间传递的信令遵守一定的规则和约定,这就是信令方式,包含信令的编码方式、信令在多段链路上的传送方式及控制方式等。信令方式的选择对通信服务质量及业务实现的影响很大。

1. 编码方式

信令的编码方式有未编码方式和已编码方式两种。

未编码方式的信令可根据脉冲幅度、脉冲持续时间、脉冲数量等的不同进行区分,用在模拟电话网的随路信令系统中。由于其编码容量小、传输速度慢,目前已不再使用。

已编码方式有以下几种形式。

(1) 模拟编码方式:有起止式单频编码、双频二进制编码和多频编码方式,其中使用最多的是多频编码方式。如中国 1 号记发器信令的前向信令就设置了 6 种频率,每次取出两个并同时发出表示一种信令,共有 15 种编码。多频编码方式的特点是编码较多、有自检能力、可靠性较好,被广泛用于随路信令系统中。

(2) 二进制编码方式:典型代表是数字型线路信令,它使用 4 比特二进制编码来表示线路的状态信息。

(3) 信令单元方式:采用不定长分组形式,用经过二进制编码的若干字节构成的信令单元来表示各种信令。这种方式编码容量大、传输速度快、可靠性高、可扩充性强,是目前各类公共信道信令系统广泛采用的方式,如 No.7 信令系统。

2. 传送方式

信令在多段链路上的传送方式有三种,下面以电话通信为例说明其工作过程。

(1) 端到端方式(见图 5.2):发端局收号器收到用户发来的全部号码后,由发端局发号器发送第一转接局所需的长途区号(图中用 ABC 表示),并完成到第一转接局的接续;第一转接局根据收到的长途区号,完成到第二转接局的接续,再由发端局发号器向第二转接局发送 ABC,第二转接局根据 ABC 找到收端局,完成到收端局的接续;此时发端局向收端局发送用户号码(图中用 ××××表示),建立发端到收端的接续。端到端方式的特点是:发码速度快,拨号后等待时间短,但要求全程采用同样的信令系统,并且发端信令设备在连接建立期间占用周期长。

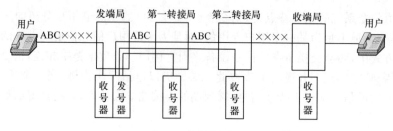

图 5.2　端到端方式

（2）逐段转发方式（见图 5.3）：信令逐段进行接收和转发，全部被叫号码由每一个转接局全部接收，并依次逐段转发出去。逐段转发的特点是：对链路质量要求不高，在每一段链路上的信令类型可以不一样，但其信令的传输速度慢，连接建立的时间比端到端方式的长。

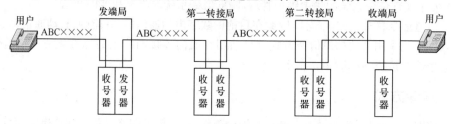

图 5.3　逐段转发方式

（3）混合方式：实际应用中，常将上面两种方式结合使用。如在中国 1 号信令系统中，可根据链路的质量，在劣质链路部分采用逐段转发方式，在优质链路部分采用端到端方式。目前的 No.7 信令系统主要采用逐段转发方式，但也支持端到端方式。

3. 控制方式

控制方式指控制信令发送过程的方法，主要有三种方式。

（1）非互控方式：即发送端连续向接收端发送信令，而不必等待接收端的证实信号。该方法控制机制简单，发码速度快，适用于误码率很低的数字信道。

（2）半互控方式：发送端向接收端发送一个或一组信令后，必须等收到接收端回送的证实信号后，才能发送下一个信号。在半互控方式中，前向信令的发送受后向证实信令的控制。

（3）全互控方式：该方式发送端连续发送一个前向信令，且不能自动中断，直到收到接收端回送的后向证实信令后，才停止发送前向信令，接收端发送的后向证实信令是连续的且不能自动中断，直到收到发送端停发前向信令后，才能停发该证实信令。这种不间断的连续互控方式的抗干扰能力强、可靠性好，但设备复杂、发码速度慢，主要用于传输质量差的模拟电路上。目前在公共信道方式中已不再使用这种方式，主要采用非互控方式，但为了保证可靠性，并没有取消后向证实信令。

5.2　模拟用户线信令

模拟用户线信令是用户话机和交换机之间交互使用状态的信令，由用户话机到交换机信令和交换机到用户话机信令两部分组成。

1. 用户话机到交换机信令

（1）监视信令

监视信令，利用用户话机到交换机之间的二线直流环路上的直流通/断来反映用户话机的摘、挂机状态。有直流流过表示用户摘机状态，没有直流流过表示挂机状态。

（2）选择信号

选择信号是用户话机向交换机送出的被叫号码,选择信号有直流脉冲(DP)信号和双音多频(DTMF)信号两种传送方式。DP 信号方式是利用二线直流环路上的直流通断次数来代表 1 位拨号数字,DTMF 信号方式是用高、低两个不同的正弦频率信号联合代表 1 位拨号数字。

2. 交换机到用户话机信令

（1）铃流

铃流信号是交换机发送给用户话机的信号,用来提醒用户有呼叫到达。

铃流信号为(25±3)Hz 正弦波,输出电压的有效值为(75±15)V,振铃采用 5s 断续,即 1s 送、4s 断。

（2）信号音

信号音是交换机发送给用户话机的信号,用来说明有关的接续状态,如拨号音、忙音、回铃音等。信号音常采用(450±25)Hz 和(950±50)Hz 单频或双频信号,通过控制信号音的断续时间来获得不同的通知类型,也可以采用相关语言或音乐等通知信号。

5.3　中国 No. 1 信令

我国国标规定的随路信令方式称为中国 No. 1 信令,它由线路信令和记发器信令两部分组成。

5.3.1　线路信令

线路信令,是用来表示对于线路的占用请求和线路忙/闲状态的监视信号。数字型线路信令是在两交换局之间采用 PCM 时分复用方式传输时使用的。

30/32 路 PCM 时分复用系统的帧结构及数字线路信令分配如图 5.4 所示。一个复帧由 16 个 125μs 的帧组成,每帧分为 32 时隙,每个时隙包含 8bit 数字,分别记为 TS_0～TS_{31}。时隙 TS_0 用于传送帧同步信号,TS_1～TS_{15} 和 TS_{17}～TS_{31} 用来传送 30 个话路信号,TS_{16} 用来传送复帧同步信号及 30 个话路的数字线路信令。

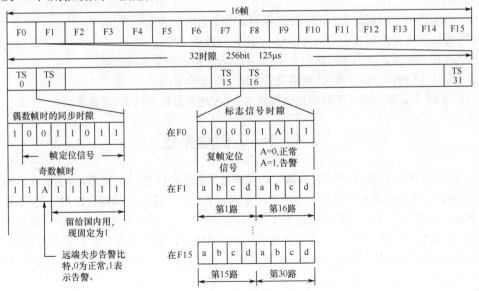

图 5.4　30/32 路 PCM 时分复用系统的帧结构及数字线路信令分配

第 0 帧(F_0)的 TS_{16} 用来传送复帧同步和复帧失步告警信号,其他帧的 TS_{16} 分成前 4bit 和后 4bit 分别传送相关话路的线路信令,$F_1 \sim F_{15}$ 每帧的 TS_{16} 的前 4bit 对应话路 $1 \sim 15$,后 4bit 对应话路 $16 \sim 30$。

5.3.2　记发器信令

记发器信令属于选择信令,在电话自动交换系统中用来选择路由或用户。在 No.1 信令方式中,记发器信令采用多频互控(MFC)信号方式。

1. 信号编码

MFC 记发器信令分为前向和后向两种,前向信令采用 $1380 \sim 1980$ Hz 高频群,含有 6 个等差 120Hz 的频率信号,按照"6 中取 2"的方式组合编码成 15 种信号。后向信令采用 $780 \sim 1140$ Hz 低频群,按"4 中取 2"的组合编码成 6 种信号。

2. 互控传送方式

我国国标规定,MFC 信令采用连续互控、端到端传送的方式,但为了提高传送的可靠性,必要时也可采用由转接局全部转发的方式。MFC 信令的互控过程如下:

(1) 去话局发送前向信令;

(2) 来话局识别前向信令后,发送后向信令;

(3) 去话局识别后向信令后,停发前向信令;

(4) 来话局识别前向信令停发后,停发后向信令;

(5) 去话局后向信令停发后,根据收到的后向信令确定发送相应的前向信令,开始下一互控过程。

随路信令在交换技术发展过程中曾发挥了重要作用,但由于其存在下列不足,使其在现代通信网中的地位逐步下降,目前只有较小容量的交换系统还在沿用该信令方式。随路信令的不足包括以下几个方面。

(1) 记发器信令采用模拟多频互控信号方式,由于模拟频率信号的最小识别时间是 40ms,发送一位号码的一个完整周期至少要 100ms,因此信令传送速度缓慢,不能匹配数字交换设备高速处理的需要。

(2) 有限的信令编码组合,容量较小,限制了信令系统功能。

(3) 无法传送与呼叫无关的信令信息,如维护管理信令等。

(4) 在用户通话期间不能传送信令信息,不能满足扩展新业务的需要。

(5) 多达 13 种信令标志方式,网络设备之间信令配合复杂。

(6) 每 30 个话路占用一个时隙传送线路信令,占用大量话路设备,成本较高。

5.4　No.7 信令系统

20 世纪 70 年代后期,数字交换和数字传输在电话通信网中被广泛使用,网络的交换和传输速度大大提高,交换设备的控制技术也由布线逻辑方式转向计算机存储程序控制方式,这导致了大量新业务的涌现。No.7 号信令系统是 ITU-T 在 20 世纪 80 年代初为数字电话网设计的一种局间公共信道信令方式。No.7 信令系统主要为数字电话网、基于电路交换方式的数据网、智能网、移动通信网的呼叫连接控制、网络维护管理和处理机之间事务处理信息的传送与管理,提供了可靠的方法。

5.4.1 No.7 信令系统的特点

No.7 信令系统是以 PCM 传送和电路交换技术为基础而发展起来的信令系统,信令消息采用分组打包方式在 64Kb/s 的信道中传送,最适合在数字通信网络中应用。与传统的随路信令系统相比,No.7 信令系统采用分组方式传送信令消息,与信息交换网在逻辑上相互独立,自己组成专用的信令传送网。通常在两个信令终端之间,采用一条与业务传送信道分离的双向 64Kb/s 数据链路传送信令消息,可被多达 4095 条话路所共享。主要特点归纳如下。

(1) 信令系统更加灵活。在 No.7 信令中,一群话路以时分方式共享一条公共信道信令链路,两个交换局之间的信令均通过一条与话音通道分开的信令链路传送。信令系统的发展和改变不受业务系统的约束,可随时改变或增删信令内容。

(2) 信令在信令链路上以信号单元方式传送,传送速度快,缩短了呼叫建立时间,提高了网络设备的使用效率和服务质量。

(3) 采用不等长信令单元编码方式,信令编码容量大,便于增加新的网络管理和维护信号,可满足新业务发展的需要。

(4) 信令以统一格式的信号单元传送,简化了多厂商不同交换系统的信令接口之间和信令方式的配合。

(5) 信令消息的传送和交换与话路完全分离,因此在通话期间可以随意处理信令,便于支持复杂的交互式业务。

(6) 数千条话路公用一条 64Kb/s 数据链路传送信令消息,节省了信令设备总投资。

5.4.2 我国 No.7 信令网的组织结构

1. 信令网的组成

No.7 信令网由信令点(SP)、信令转接点(STP)和信令链路组成。

(1) 信令点,是信令消息的起源点和目的点,它们可以是具有 No.7 信令功能的各种交换局、运营管理和维护中心、移动交换局、智能网的业务控制点(SCP)和业务交换点(SSP)等。在物理上可以附属于交换机,但在逻辑功能上是独立的,也可以独立设置。通常把产生信令消息的信令点称为源信令点,把信令消息最终到达的信令点称为目的信令点。

(2) 信令转接点,是具有信令转发功能的节点,它可将信令消息从一条信令链路转发到另一条信令链路。在信令网中,信令转接点分为两种:一种是专用信令转接点,只具有信令消息的转接功能,也称为独立式信令转接点;另一种是综合式信令转接点,与交换局合并在一起,是具有用户部分功能的信令转接点。

(3) 信令链路,是信令网中连接信令点的基本部件,由 No.7 信令功能中的第一、第二功能级组成。目前常用的信令链路主要是 64Kb/s 的数字信令链路,当业务量较大时,可采用 2Mb/s 的信令链路。

2. 工作方式

按照其与话音通路之间的关系,可将 No.7 信令网的工作方式分为三类:直连工作方式、准直连工作方式和全分离的工作方式。

(1) 直连工作方式,也称为对应工作方式,是指两相邻交换局之间的信令消息通过直接连接的公共信令链路来传送,而且该信令链路是专为这两个交换局的话路群服务的。

(2) 准直连工作方式,也称为准对应工作方式,是指两相邻交换局间的信令消息通过两段或两段以上串联信令链路来传送,并且只允许通过事先预定的路由和 STP 转接。

（3）全分离的工作方式，又称为非对应工作方式，这种方式与准直连工作方式基本一致，所不同的是它可以按照自由选路的方式来选择信令链路，非常灵活，但信令网的寻址和管理比较复杂。

信令网采用哪种工作方式，要依据信令网和话路网的实际情况来确定。当局间的话路群足够大且从经济上考虑合理时，可以采用直连工作方式，并设置直达的信令链路。当两个交换局之间的话路群较小且设置直达信令链路不经济时，可采用准直连工作方式。由于全分离的工作方式的路由选择和寻址比较复杂，因此较少采用。

3. 我国 No. 7 信令网的结构

我国 No. 7 信令网由高级信令转接点（HSTP）、低级信令转接点（LSTP）和信令点（SP）三级组成，组织结构如图 5.5 所示。其中，第一级 HSTP 采用 A、B 两个平面，两个平面内各个 HSTP 之间采用网状互连，A 平面和 B 平面间的 HSTP 成对相连；第二级 LSTP 至少要连至 A、B 平面内成对的 HSTP，每个 SP 至少要连至两个 LSTP。

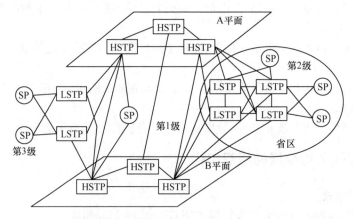

图 5.5　我国 No. 7 信令网的组织结构

HSTP 负责转接它所汇接的 LSTP 和 SP 的信令消息。HSTP 应采用独立式 STP 设备，且必须具有 No. 7 信令系统中消息传送部分（MTP）的功能，以完成电话网和 ISDN 中与电路接续有关的信令消息传送。同时，如果在电话网、ISDN 中开放智能网业务、移动通信业务，并传送各种信令网管理消息，则信令转接点 STP 还应具有信令连接控制部分（SCCP）的功能，以传送各种与电路无关的信令信息。若该信令点要执行信令网运行、维护和管理程序，则还应具有事务处理能力部分（TCAP）和运行管理应用部分（OMAP）的功能。

LSTP 负责转接它所汇接的 SP 的信令消息。LSTP 可以采用独立式信令转接设备，也可采用与交换局合并在一起的综合式信令转接设备。采用独立式信令转接设备时的要求与 HSTP 相同，采用综合式信令转接设备时，除必须满足独立式信令转接点设备的功能要求外，还应满足用户部分的相关功能。

第三级是信令点 SP，是信令消息的源和目的点，应满足部分 MTP 功能及相应的用户部分功能。

对于分级信令网来说，为了保证信令网的可靠性和可用性，通常在一级 STP 之间采用网状连接和 AB 平面连接两种方式。网状连接方式的特点是：各 STP 间均设置直达信令链路，正常情况下 STP 间的信令传送不再经过转接，而且信令路由都包括一个正常路由和两个迂回路由。AB 平面连接方式是网状连接的一种简化形式，适合于规模较大信令网。在这种方式中，将一级 STP 分为 A、B 两个平面，分别组成网状网，两个平面间属于同一信令区的 STP 成对相连。在正常情况下,同一平面的 STP 间的信令消息传递不经过 STP 转接,只是在故障情形下需要经由不同平面间的 STP 连接时才经过 STP 转接。

SP 与 STP 间的连接方式分为固定连接方式和自由连接方式。

固定连接方式的特点是当本信令区内的 SP 采用准直联方式时,它必须连接至本信令区的两个 STP。这样到其他信令区的信令点至少需经过两个 STP 转接,工作中如果本信令区内的一个 STP 发生故障,其信令业务负荷将全部倒换至本信令区内的另一个 STP。如果两个 STP 同时发生故障,则全部中断该信令区的业务。

自由连接方式的特点是本信令区内的 SP 可以根据它至各个信令点的业务量大小自由连至两个 STP,其中一个为本信令区的 STP,另一个可以是其他信令区的 STP。在这种连接方式中,两个信令区之间的 SP 可以只经过一个 STP 转接。另外,当信令区内的一个 STP 发生故障时,它的信令业务负荷可以均匀地分配到多个 STP 上,即使两个 STP 同时发生故障,也不会全部中断该信令区的信令业务。

4. 信令区的划分和信令网编号规划

虽然信令网是一个与电话网独立的网络,但由于信令网是电话业务网运营的支撑网络,所以两者之间存在着密切的对应关系,即控制与被控制的关系。它们在物理实体上是一个网络,但在逻辑上是两个不同功能的网络。

在分级信令网中,由于存在多级 STP,因而需要对整个信令网进行分区和划定相应级别 STP 的服务区间,并确定各级 STP、SP 之间的连接方式。我国由于地域广阔,且电话网目前采用三级结构,因此信令网也采用三级结构,即 HSTP、LSTP 和 SP 三级,其中大中城市本地信令网为两级,相当于全国三级网中的第二级(LSTP)和第三级(SP)。

我国于 1993 年制定的《中国 No. 7 信令网体制》中规定,全国 7 号信令网的信令点统一采用 24bit 编码方案。与三级信令结构相对应,将编码方案在结构上分为三级,如图 5.6 所示。

主信令区编码	分信令区编码	信令点编码
8bit	8bit	8bit

图 5.6　中国 No. 7 信令网的信令点编码结构

这种编码结构,以我国省、直辖市、自治区为单位(个别大城市也列入其内),将全国划分成若干主信令区,每个主信令区再划分成若干分信令区,每个分信令区含有若干信令点。在这种编码结构中,信令点编码的第一个 8bit 组用来识别主信令区,第二个 8bit 组用来识别分信令区,最后一个 8bit 组用来识别各分信令区的信令点。

ITU-T 在 Q. 708 建议中规定国际信令网的编码为 14bit,编码结构采用三级方案:第一级大区识别占 3bit,第二级区域网识别占 8bit,第三级信令点识别占 3bit。例如,我国被分配在第四大区的 120 区域,所以信令网在国际信令网编码中分配为 4-120。由于国际、国内信令网采用独立的编号方案,所以在国际接口局应分配两个信令点编码,其中一个是由国际网分配的国际信令点编码,另一个是国内信令点编码。在国际长途接续中,国际接口局负责这两种编码的转换,其方法是根据业务指示语 SIO 字段中的网络指示码 NI 来识别是哪一种信令点编码,并进行相应的转换。

5.4.3　No. 7 信令的功能结构

No. 7 信令系统采用分组方式的消息单元来传送基于电路交换的通信网设备之间建立链路连接的监控和管理命令,现代网络设备的监控和管理都是采用计算机编程来实现的,因此,No. 7 信令消息的交互和传送可视为计算机之间的分组数据通信。在计算机数据通信过程中,为了满足多厂商异构设备间的正常通信,国际标准化组织(ISO)制定了开放系统互连参考模型(OSI 七层模型),而 No.7 信令系统参照 OSI 七层模型采用四级结构。

1. 四级结构

最初的 No.7 信令技术规范主要是为了支持基于电路交换的基本电话业务而制定的,其基本功能结构分为两部分:消息传递部分(MTP)和适合不同业务的独立的用户部分(UP)。用户部分可以是电话用户部分(TUP)、数据用户部分(DUP)、ISDN 用户部分(ISUP)等。No.7 信令的基本功能结构如图 5.7 所示。

图 5.7　No.7 信令的基本功能结构

消息传递部分作为一个公共消息传送系统,其功能是在对应的两个用户部分之间可靠地传递信令消息。按照具体功能的不同,它又分为三级,并和用户部分一起构成 No.7 信令的基本四级结构。用户部分是使用消息传递部分的传送能力的信令功能实体,图 5.8 所示为 No.7 信令网中信令点和信令转接点四级信令功能的协议栈结构。

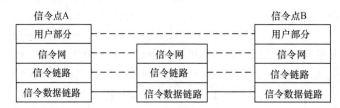

图 5.8　No.7 信令网中信令点和信令转接点四级信令功能的协议栈结构

由图 5.7 可以看到,在 No.7 信令系统中,MTP 是所有信令节点的公共部分。MTP 负责实现 No.7 信令系统的通信子网功能,它只根据信号单元所携带的目的地址将其通过信令网可靠地传递到目的地,而不关心具体的信令语义,具体的信令语义由相应的用户部分处理。在信令网中,信令转接点可以只有 MTP 部分,而没有任何用户部分。而对于一个信令点来说,MTP 部分是必备的,用户部分可以根据实际的业务需要具体选择,没有必要在一个信令点配置所有的用户部分。

四级结构中各级的主要功能如下。

(1) MTP-1:信令数据链路功能级。该级定义了 No.7 信令网上使用的信令链路的物理、电气特性及链路的接入方法等,相当于 OSI 参考模型的物理层。

(2) MTP-2:信令链路功能级。该级负责确保在一条信令链路直连的两点之间可靠地交换信号单元,包含差错控制、流量控制、顺序控制、信元定界等功能,相当于 OSI 参考模型的数据链路层。

(3) MTP-3:信令网功能级。该级在 MTP-2 的基础上,为信令网上任意两点之间提供可靠的信令传送能力,而不管它们是否直接相连。该级的主要功能包括信令路由、转发、网络故障时的路由倒换、拥塞控制等。

(4) UP:由不同的用户部分组成,每个用户部分定义与某一类用户业务相关的信令功能和过程。

2. 四级结构与 OSI 七层协议并存的结构

四级结构是 No.7 信令系统最基本的结构,它广泛地用于数字电话网、电路交换方式的数据网、N-ISDN 网(不包括部分补充业务)。但随着技术的进步和各种新业务的不断涌现,基本的四级结构越来越多地暴露出它的局限性。为了使 No. 7 信令系统的功能更完善、更强大、更灵活,以适应通信网的要求,1990 年后 ITU-T 在四级结构的基础上新增了两个功能模块,即信令连接控制部分(SCCP)和事务处理能力部分(TCAP),这使得 No. 7 信令系统的结构与 OSI 参考模型渐趋一致。

如图 5.9 所示,SCCP、TCAP 和原来的 MTP、TUP、ISUP、DUP 一起构成了一个四级结构与 OSI 七层协议并存的功能结构,同时为支持智能网应用、移动应用和信令网络的运营维护管理,在 TCAP 之上又分别引入了三种 TC 用户:智能网应用部分(INAP)、移动应用部分(MAP)和运行维护管理应用部分(OMAP)。下面简要介绍各部分的功能。

(1) 消息传递部分

消息传递部分(MTP)的功能是在信令网中提供可靠的信令消息传递,将用户发送的信令消息传送到目的信令点的指定用户部分,当信令系统或网络出现故障时,采取必要的措施以恢复信令消息的正确传送。

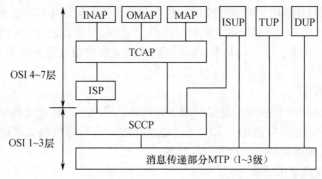

图 5.9　四级结构与 OSI 七层协议并存的功能结构

(2) 信令连接控制部分

为了满足新的用户应用部分对消息传递的进一步要求,信令连接控制部分(SCCP)弥补了MTP 在网络层功能的不足。SCCP 叠加在 MTP 之上,与 MTP 第三级共同完成 OSI 的网络层功能,提供了较强的路由和寻址能力。若某些用户部分已满足原 MTP 所提供的功能,则可以不经过 SCCP,直接与 MTP 第三级联络。SCCP 通过提供全局译码来增强 MTP 的寻址选路能力,从而使 No. 7 信令系统能在全球范围传送与电路无关的端到端消息,同时 SCCP 还使 No. 7 信令增加了面向连接的消息传送方式。

(3) 事务处理能力应用部分

事务处理能力应用部分(TCAP)定义了位于不同信令点的应用之间通过 SCCP 服务进行通信所需的信令消息和协议。目前,TCAP 主要用于与网络数据库紧密相关的业务,例如,智能网中记账卡业务、800 号业务及运行维护管理应用、移动通信应用等,这些业务的特点是要求信令网支持在信令点之间交换与电路无关的消息。这里的中间服务部分(ISP)用来完成面向连接应用时的 4~6 层功能,目前还在研究之中,基于无连接应用时可不涉及。

TCAP 包括执行远端操作的规约和服务。TCAP 本身又分为两个子层:成分子层和事务处理子层。成分子层完成 TC 用户之间对远端操作的请求及响应数据的传送,事务处理子层处理包括成分在内的消息交换,为事务处理子层用户之间提供端到端的连接。

(4) 电话用户部分

电话用户部分(TUP)是 No. 7 信令方式的第四功能级中最先得到应用的用户部分。TUP主要规定了有关电话呼叫的连接建立和释放的信令顺序及执行这些顺序的消息与消息编码,并能支持部分用户补充业务。

（5）综合业务数字网用户部分

综合业务数字网（ISDN）用户部分（ISUP）是在 TUP 的基础上扩展而成的，ISUP 提供综合业务数字网中的信令功能，以支持基本承载业务和附加承载业务。

对于基本承载业务，ISUP 的功能是建立、监视和拆除 ISDN 中各交换机之间 64Kb/s 电路的连接。由于 ISDN 的承载业务包括话音、不受限的数字信息、3.1kHz 音频、7kHz 音频交替等不同的信息模式传送，而且不同的信息模式传送对通路的要求不同，因此，ISUP 必须根据终端用户对承载业务的不同要求选择电路，在业务类型交替时更换电路并提供信令支持。

ISUP 还必须为诸如主叫线号码识别、呼叫前转、闭合用户群、直接拨入、用户到用户信令等附加承载业务的实现提供信令支持。

当 ISUP 传送与电路相关的消息时，只需得到 MTP 的支持；而在传送端到端的信令消息时可依靠 SCCP 支持，这种传送可采用面向连接的协议，也可采用无连接协议。

（6）智能网应用部分

智能网应用部分（INAP）用来在智能网的各个功能实体间传送相关消息流，以便各功能实体协同完成智能业务。INAP 主要规定了业务交换点（SSP）和业务控制点（SCP）之间、SCP 和智能外设（IP）之间的接口规范。在 INAP 中，各功能实体间交换的信息流被抽象为操作或对操作的响应。

（7）移动应用部分

移动应用部分（MAP）的主要功能是在数字移动通信系统中的移动交换中心（MSC）、归属位置登记器（HLR）、拜访位置登记器（VLR）等功能实体之间交换与电路无关的数据和指令，从而支持移动用户漫游、频道切换和用户鉴权等网络功能。

（8）运行维护管理应用部分

运行维护管理应用部分（OMAP）是通信网络的维护管理信令应用部分，用来传送网络管理系统之间的管理消息和命令。

3. 信令单元的格式

在 No.7 信令系统中，所有信令消息都是以可变长度的信令单元的形式在信令网中传送和交换的。No.7 信令协议定义了三种信令单元类型：消息信号单元（Message Signal Units，MSU）、链路状态信号单元（Link Status Signal Units，LSSU）和填充信号单元（Fill-In Signal Units，FISU），其格式如图 5.10 所示。

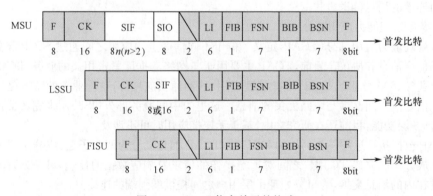

图 5.10　No.7 信令单元的格式

从图 5.10 可以看出,不同类型信令单元的长度不同,格式也不完全一样,但是它们都有一个由 MTP-2 来处理的公共字段集合(图中用灰色表示的区段),这些字段的含义如下。

(1) 标志码(F),也称分界符。在数字信令链路上,规定用 8bit 固定码型"01111110"来标识一个 SU 的开头和结尾。由于在 SU 内的数据字段也可能出现同样的码型,为防止将数据识别成标志码,通常在 MTP-2 发送之前先对数据字段进行插"0"操作,即数据比特串中出现连续 5 个"1"时自动插入一个"0",然后加上标志码进行发送。接收端的 MTP-2 则执行相反的删"0"操作,恢复成标准的信号单元。

(2) FSN/FIB 和 BSN/BIB。FSN 占用 7bit,表示正在发送的前向信令单元的序号;FIB 占用 1bit,为前向指示比特,当其翻转(0→1 或 1→0)时表示正在开始重发。BSN 为后向顺序号,占用 7bit,表示已正确接收对端发来的信令单元的序号,BIB 为后向指示比特,占用 1bit,当其翻转时表示要求对端重发。这 4 个字段的作用是:

① 对接收到的 SU 进行确认(正确还是错误);

② 保证发送的 SU 在接收端按顺序接收;

③ 流量控制。

在发送端,每个 SU 会被分配一个 FSN,然后经 MTP-2 发送出去,同时 MTP-2 将该 SU 在发端中进行缓存,直至收到对端发来的 BSN/BIB 确认信号后才彻底将该 SU 清除。假如接收端通过 BSN/BIB 字段告知发送端该 SU 在传输中出错,则发端取出该 SU 进行重发。

由于 FSN 占用 7bit,其值域范围为 0~127,因此在发送端已发出而未被证实的 SU 在缓冲区中最多可存 127 个。也就是说,当发送端已连续发出 127 个 SU 而未收到证实消息时,发端将停止发送,直到收到对端的证实消息为止。因此,FSN 隐含着对 MTP-2 进行流量控制的最大窗口为 127。

(3) 长度指示码(LI),长度为 6bit,用来表示 LI 与 CK 之间的字段的 8bit 字节数。由于不同类型的信令单元有不同的长度,LI 也可视为信令单元类型指示码,当 LI=0 时为 FISU 信令单元类型,当 LI=1 或 2 时为 LSSU,当 LI=3~63 时为 MSU。

(4) 校验码(CK),长度为 16bit,采用 CRC 方法检测 SU 在信令链路上传输时是否发生了错误。接收端利用该字段进行 CRC 校验,一旦发现 SU 在传输中出错,就要求发端对该 SU 进行重发。

以上 4 个字段部分都是 No.7 信令系统第二功能级的控制信息,由发端的 MTP-2 生成,由接收端的 MTP-2 处理。

(5) 业务类型指示码(SIO),占用 8bit,主要用来指明 MSU 的类型,以帮助 MTP-3 功能级进行消息分配。

(6) 信令信息字段(SIF),包含用户需要由 MTP 传送的信令消息。由于 MTP 采用数据报方式传送消息,消息在信令网中传送时全靠自身所携带的地址来寻找路由,因此在信令信息字段中带有一个路由标记。路由标记由目的信令点编码(DPC)、源信令点编码(OPC)和链路选择码(SLS)组成。

5.4.4　No.7 信令的消息传递部分

消息传递部分(MTP)的主要功能是在信令网中提供可靠的信令消息传递,将源信令点用户发出的信令单元准确无误地传递到目的信令点的指定用户,并在信令网发生故障时采取必要的措施,以恢复信令消息的正确传递。

1. 信令数据链路功能级

信令数据链路提供传送信令消息的物理通道,它由一对传送速率相同、工作方向相反的数据链路组成,完成二进制比特流的透明传输。信令数据链路有数字和模拟两种信令数据链路传输通道,数字信令数据链路指传输通道的传输速率为 64Kb/s 和 2048Kb/s 的高速信令链路,模拟信令数据链路指传输速率为 4.8Kb/s 的低速信令链路。

2. 信令链路功能级

信令链路功能级处于 No.7 信令系统功能结构的第二级,它与信令链路相配合,从而在信令点之间提供一条可靠的传送通道。信令链路功能级包括:信令单元定界和定位、差错检测、差错校正、初始定位、信令链路差错率监视、MTP-2 的流量控制、处理机故障控制等。

(1) 信令单元定界和定位

信令单元定界的主要功能是将在 MTP-1 上连续传送的比特流划分为信令单元。由图 5.10 所示的信令单元的格式可见,信令单元的开始和结束都是用标志码(F)来标识的,信令单元定界功能就是依靠标志码来将在 MTP-1 上连续传送的比特流划分为信令单元的。标志码为"01111110",为了防止在消息内容中出现伪标志码,发送端要在传送的消息内容中出现 5 个连续"1"时插入一个"0",以保证消息内容中不出现伪标志码。接收端则将消息内容中 5 个连续"1"后面的一个"0"删除,从而使消息内容恢复原样。

信令单元定位功能主要是检测失步及失步后如何处理。当检测到以下异常情况时,就认为失步了:①收到了不许出现的码型(6 个以上连续"1");②信令单元内容少于 5 个 8bit 字节;③信令单元内容长于 278 个 8bit 字节;④两个 F 之间的比特数不是 8 的整倍数。在失去定位的情况下进入 8bit 字节计数状态,每收到 16 字节就报告一次出错,直至收到一个正确的信令单元,结束 8bit 字节计数状态。

(2) 差错检测

No.7 信令系统利用循环冗余校验(CRC)序列进行差错检测。其算法如下:

$$\frac{X^{16}M(X)+X^k(X^{15}+X^{14}+\cdots+X+1)}{G(X)}=Q(X)+\frac{R(X)}{G(X)}$$

式中,$M(X)$ 是发送端发送的数据;K 是 $M(X)$ 的长度(比特数);$G(X)=X^{16}+X^{12}+X^5+1$,是生成的多项式;$R(X)$ 是左式分子被 $G(X)$ 除的余数。

发送端按上述算法对发送内容进行计算,得到的余数 $R(X)$ 的长度为 16bit,将其逐位取反后作为校验码 CK 与数据一起送到接收端。接收端对收到的数据和 CK 值按同样的方法进行计算。如果计算结果为 0001 1101 0000 1111,则说明没有传输错误;如果计算结果为其他值,则表示存在传输错误,接收端丢弃所接收的信令单元,并在适当时刻请求对端重发。

(3) 差错校正

No.7 信令系统提供两种差错校正方法:基本差错校正方法和预防循环重发校正方法。基本差错校正方法用于传输时延小于 15ms 的陆上信令链路,预防循环重发校正方法用于传输时延较大的卫星信令链路。

基本差错校正方法是一种非互控的、正/负证实的重发纠错方法。正证实指示信令单元已正确接收,负证实指示接收的信令单元发生错误并要求重发。信令单元的正、负证实及重发请求消息是通过 FSN/FIB 及 BSN/BIB 字段的相互配合来完成的。

预防循环重发校正方法是一种非互控的前向纠错方法,它只采用肯定证实,不采用否定证实,FIB 和 BIB 不再使用。在这种校正方法中,每个信令终端都配置重发缓冲器,所有已经发出的未得到肯定证实的信令单元都暂存在重发缓冲器中,直至收到肯定证实后才清除相应存储单元。预防循环重发纠错过程由发端自动控制,当无新的 MSU 等待发送时,将自动取出缓冲器中未得到证实的 MSU 依次重发;重发过程中若有新的 MSU 请求发送,则中断重发过程,优先发送新的 MSU。

（4）初始定位

初始定位是信令链路从不工作状态（包括空闲状态和故障后退出服务状态）进入工作状态时执行的信令过程，只有在信令链路初始定位成功后，才能进入工作状态并传送信令消息单元。初始定位过程的作用是在两信令点之间交换信令链路状态的握手信号，检测信令链路的传输质量，协调链路投入运行的动作参数。只有当链路两端按照协议规定步骤正确发送和应答相关消息，并且链路的信令单元传输差错率低于规定值时，才认为握手成功，该链路才可以投入使用。

（5）信令链路差错率监视

为了保证信令链路的传输性能以满足信令业务的要求，必须对信令链路的传输差错率进行监视。当信令链路的差错率超过门限值时，应判定信令链路为故障状态。

信令链路差错率监视过程有两种：信令单元差错率监视和定位差错率监视，分别用来监视信令链路在工作状态下的信令单元传送情况和处于初始化状态下的出错情况。

确定信令链路故障的主要参数有两个：连续收到错误信令单元数和信令链路长期差错率。在采用64Kb/s数字信令链路时，当连续错误信令单元数等于64或长期差错率大于256时，信令链路差错率监视判定信令链路故障并向第三功能级（MTP-3）报告。

（6）MTP-2的流量控制

流量控制用来处理第二功能级的拥塞情况，当信令链路的接收端检测到拥塞时，便启动流量控制过程。检出链路拥塞的接收端停止对流入的信令消息单元进行肯定/否定证实，并周期地向对端发送链路状态信号（SIB）为忙的指示。

对端信令点收到SIB后，立即停止发送新的信令消息单元，并启动远端拥塞定时器（T_6）。如果定时器超时，则判定信令链路故障，并向MTP-3报告。当拥塞撤销时，恢复对流入的信令单元的证实操作。发端收到对端的信令单元证实后，撤销远端拥塞定时器，恢复发送新的信令单元。

（7）处理机故障控制

当发生由于MTP-2功能级以上的原因而使信令链路不能使用时，认为是处理机故障。处理机故障是指信令消息单元不能传送到第三级或第四级。故障原因有很多，可能是处理机故障，也可能是人工阻断一条信令链路。

当第二级收到了第三级发来的指示或识别到第三级故障时，判定为本地处理机故障并开始向对端发送状态指示（SIPO）的链路状态信令单元，并将其后收到的信令单元丢弃。如果对端的第二级工作状态正常，则收到SIPO后便通知第三级停发信令单元，并连续发送插入信令单元（FISU）。

当处理机故障恢复后，将停发SIPO，改发FISU或MSU，信令链路进入正常工作状态。

3. 信令网功能级

信令网功能是No.7信令系统的第三功能级（MTP-3），它定义了信令单元在信令网中传送时的信令消息处理功能和信令网管理功能。

（1）信令消息处理功能

信令消息处理功能是保证源信令点发出的信令消息单元能够准确地传送到所指定的目的信令点的相关用户，它由消息识别、消息分配和消息选路三个子功能组成。

① 消息识别功能。它通过对收到的MSU中的目的信令点编码（DPC）与本节点编码比较来确定该信令消息单元的下一步去向。如果该消息的DPC与本节点编码相同，说明该消息的目的信令点是本节点，则将该信令消息单元送给消息分配功能；如果与本节点编码不同，则将该消息送给消息选路功能。

② 消息分配功能。该功能检查信令消息的业务类型指示码（SIO）中的业务表示语（SI），按其类型对应关系将该消息递交给相关的用户处理部分。

③ 消息选路功能。消息选路功能是为需要发送到其他节点的信令消息单元选择发送路由的

功能,这些消息可能是从消息识别功能递交来的,也可能是本节点的第四功能级某用户部分或第三功能级的信令网管理功能送来的。消息选路功能根据 MSU 路由标记中的目的信令点编码(DPC)、链路选择码(SLS)和业务类型指示码(SIO)联合检索路由表,选择合适的信令链路来传递信令消息。对于到达同一目的信令点且 SLS 相同的多条信令消息,消息选路功能总是将其安排在同一条信令链路上发送,以确保这些消息能按照源信令点的信令消息发送顺序到达目的信令点。

(2)信令网管理功能

信令网管理功能的主要任务是在信令链路或信令点发生故障时采取适当的措施和操作,以维持和恢复正常的信令业务。信令网管理功能监视每一条信令链路及每一个信令路由的状态,当某一条信令链路或信令路由发生故障时,由该功能确定替换的信令链路或信令路由,并将出故障的信令链路或信令路由所承载的信令业务转移到新选的替换链路或路由上传送,从而恢复正常的信令消息传递,并通知受到影响的其他节点。

5.4.5 信令连接控制部分

No. 7 信令系统 MTP 部分的寻址是根据目的信令点编码(DPC)将信令消息传送到指定的目的信令点,然后按照 4bit 的业务表示语(SI)将消息分配给相关用户部分。当需要在信令网上传送与呼叫连接电路无关的控制信息时,例如,智能网中的业务交换点(SSP)和业务控制点(SCP)之间的控制信息、数字移动通信网的移动台漫游的各种控制信息、网管中心之间的管理信息等,MTP 的寻址选路功能已不能满足要求。信令连接控制部分(SCCP)弥补了 MTP 在网络层功能的不足,SCCP 叠加在 MTP 之上,与 MTP 第三级共同完成 OSI 的网络层功能,提供了较强的路由和寻址能力。

1. SCCP 的消息格式

SCCP 消息是在消息信令单元(MSU)的 SIF 字段中传送的,SCCP 作为 MTP 的一个用户,在 MSU 的业务表示语(SI)编码为 0011。SCCP 消息格式如图 5.11 所示,由路由标记、消息类型、定长必备参数项、变长必备参数项和任选参数 5 部分组成。

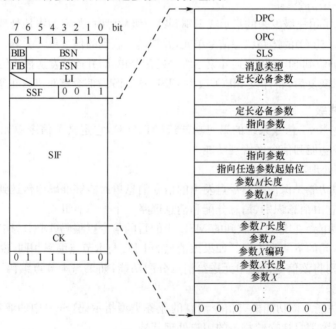

图 5.11 SCCP 消息格式

（1）路由标记由目的信令点编码（DPC）、源信令点编码（OPC）和信令链路选择码（SLS）三部分组成，国际标准规定 DPC 和 OPC 各用 14bit 进行编码，我国标准规定各用 24bit 编码，SLS 占用 4bit。路由标记供 MTP-3 在选择信令路由和信令链路时使用，对于无连接服务，发往同一目的信令点的一组消息的 SLS，SCCP 按照负荷分担的原则选择链路，不保证消息的按序传送。对于有序的无连接服务，发往同一目的信令点的一组消息，SCCP 将为这一组消息分配相同的 SLS 码。对于面向连接服务中属于某一信令连接的多条消息，SCCP 也将分配相同的链路选择码，以确保这些消息在同一信令路由中传送，使得接收端接收消息的顺序尽可能与发送端一致。

（2）消息类型码由一个 8bit 字节组成，用来表示不同的消息类型。例如，连接请求 CR 消息的类型二进制编码为 0000 0001，连接确认为 0000 0010，等等。

（3）定长必备参数是指某个特定的消息其参数的名称、长度和出现次序都是固定的，因此这部分参数不必包含参数的名称和长度指示，只需按预定规则给出参数内容即可。

（4）变长必备参数，即参数的名称和次序可以事先确定，但参数长度可变。因此，消息中不必出现消息名称，只需由一组指针指明各参数的起始位置，并采用每个参数的第一字节来说明该参数的长度（字节数）即可。

（5）任选参数是否出现及出现次序都与应用的情况有关，其长度可以是固定的，也可以是可变的。任选参数部分必须包含参数名和参数内容，可变长参数还需要有参数长度。整个任选参数部分的起始位置由变长必备参数部分的最后一个指针来指明，任选参数最后由一个全"0"字节的结束符表示。

2. SCCP 的基本功能

SCCP 的基本功能是为基于 TCAP 的业务提供传输层服务，解决高层应用需求与 MTP-3 提供的服务之间的不匹配问题。

在四级结构的 No. 7 信令系统中，MTP-3 只能根据目的信令点编码来进行信令消息的寻址转发，但信令点编码有两个缺陷：第一，信令点编码并非全局有效，它只在一个信令网内部有效，不能直接用它进行跨网寻址；第二，信令点编码是一个节点地址，它标识整个节点，因而无法用它来寻址节点内部的一个具体应用。对于 MTP-3 的网管消息和基本呼叫相关型消息，一般将其发送到指定节点就足够了，因而使用信令点编码即可。但对于另外一些应用，例如，移动通信中对来自国外的漫游用户进行位置更新时，需向该用户注册的归属位置登记器（HLR）询问该用户的用户数据，漫游所在地的来访位置登记器（VLR）无法标识该 HLR 的信令点码，不可能通过 MTP 传送端到端的信息。为了解决这类问题，SCCP 引入了附加的 8bit 子系统号码（SSN），以便在一个信令点内标识更多的用户。目前已定义的子系统有：SCCP 管理、ISDN 用户部分、运行操作维护应用部分（OMAP）、移动应用部分（MAP）、归属位置登记器（HLR）、来访位置登记器（VLR）、移动交换中心（MSC）、设备识别中心（EIR）、认证中心（AUC）和智能网应用部分（INAP）等。

SCCP 的地址是一个全局码（GT），GT 隐含了最终目的信令点编码的地址，GT 可以是 800 号码、记账卡号码，或者一个移动用户的多业务 ISDN 号码，用户使用 GT 可以访问电信网中的任何用户，甚至越界访问。SCCP 能将 GT 翻译为 DPC＋SSN、新的 GT 组合等，以便 MTP 能利用这个地址准确传递消息。这种地址翻译功能可在每个节点提供，也可分布在整个信令网中，还可在一些特设的翻译中心提供。

SCCP 的 GT 翻译功能大大增强了 No. 7 信令网的寻址能力，使得一个信令点不再需要知道所有可能的目的信令点地址,仍可以照常完成消息准确传递。当一个源信令点要发起一个呼叫,但又不知道目的信令点地址时,源信令点就将携带 GT 的信令消息发给默认的 STP(SCCP 的中继节点),STP 利用 GT 进行地址翻译,根据翻译结果将消息进行转发,该过程可以在多个 STP 间进行,直至找到最终的目的信令点。

SCCP 的另一个基本功能是提供无连接和面向连接的消息传送服务。

3. SCCP 提供的服务

SCCP 提供 4 类服务:两类无连接服务和两类面向连接服务。无连接服务类似于分组交换网中的数据报业务,面向连接服务类似于分组交换网中的虚电路业务。

(1)无连接服务

SCCP 能使业务用户在事先不建立信令连接的情况下通过信令网传送数据。在传送数据时除利用 MTP 的功能外,SCCP 还提供地址翻译功能,能将用户用全局码表示的被叫地址翻译成信令点编码及子系统编码的组合,以便通过 MTP 在信令网中传送用户数据。

无连接业务又可分为基本无连接类和有序无连接类。

① 基本无连接类(协议类别 0):用户不需要将消息按顺序传递,SCCP 采用负荷分担方式产生 SLS 码。

② 有序无连接类(协议类别 1):当用户要求消息按顺序传递时,可通过发送到 SCCP 的原语中的分配顺序控制参数来要求这种业务,SCCP 对使用这种业务的消息序列分配相同的 SLS,MTP 以很高的概率保证这些消息在相同的路由上传送到目的信令点,从而使消息按顺序到达。

(2)面向连接服务

面向连接业务可分为永久信令连接和暂时信令连接。

永久信令连接是由本地或远端的 OA&M 功能或节点的管理功能进行建立和控制的。

暂时信令连接是向用户提供的业务,对于暂时信令连接来说,用户在传递数据之前,SCCP 必须向被叫端发送连接请求消息(CR),确定这个连接所经路由、传送业务的类别(协议类别 2 或类别 3)等,一旦被叫用户同意,主叫端接收到被叫端发来的连接确认消息(CC)后,就表明连接已经建立成功。用户在传递数据时不必再由 SCCP 的路由功能选取路由,而通过建立的信令连接传递数据,在数据传送完毕时释放信令连接。

① 基本的面向连接类(协议类别 2),通过信令连接来保证在源节点 SCCP 的用户和目的节点 SCCP 的用户之间的双向数据传递,同一信令关系可复用多个信令连接,属于某信令连接的消息包含相同的 SLS 值,保证消息按顺序传递。

② 流量控制面向连接类(协议类别 3),除具有协议类别 2 的特性外,还可以进行流量控制和加速数据传送,并具有检测消息丢失和序号错误的能力。

5.4.6 事务处理能力应用部分

事务处理能力应用部分(TCAP),是指在各种应用(TC-用户)和网络层业务之间提供的一系列通信能力,它为大量分散在电信网中的交换机和专用中心(业务控制点、网管中心等)的应用提供功能和规程。

TCAP 的核心思想是采用远端操作的概念,为所有应用业务提供统一的支持。TCAP 将不同节点之间的信息交互过程抽象为一个关于"操作"的过程,即始发节点的用户调用一个远端操作,远端节点执行该操作,并将操作结果回送始发节点。操作的调用者为了完成某项业务过程,两个节点的对等实体之间可能涉及许多操作,这些相关操作的执行组合就构成一个对话

（事务）。

　　TCAP 提供的服务就是将始发节点用户所要进行的远端操作和携带的参数传送给位于目的节点的另一个用户，并将远端的用户执行操作结果返回给始发节点的调用者。TCAP 是在TC-用户之间建立端到端连接并对操作和对话（事务）进行管理的协议。

　　事务处理能力由成分子层和事务处理子层组成，如图 5.12所示。成分子层的基本元素是处理成分，即传送远端操作及响应的协议数据单元，以及作为任选部分的对话信息单元。事务处理子层完成 TC 用户之间包含成分及任选的对话信息部分的

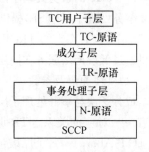

图 5.12　TCAP 的基本结构

消息交换。各层之间通信采用原语方式，TC 用户子层与成分子层之间的接口采用 TC-原语，成分子层与事务处理子层之间的接口采用 TR-原语，事务处理子层与 SCCP 之间的接口采用 N-原语。

1. **TCAP 的成分子层**

　　成分是用来传送一个操作请求或应答的基本单元，一个成分从属于一个操作。它可以是关于执行某一操作的请求，也可以是某一操作的执行结果，每个成分利用操作调用识别号进行标识，用来说明操作请求与应答的对应关系。

　　从操作过程来看，无论是什么应用系统，成分都可以归纳为下面 5 种类型。

　　① 操作调用成分（Invoke，INV），作用是要求远端用户执行某一动作，每个 INV 成分中都包含一个调用识别号和由 TC 用户定义的操作码及相关参数。

　　② 回送非最终结果成分（Return Result Not-Last，RR-NL），说明远端操作已被成功执行，但由于要回送的结果信息太长，超出了网络层的最大长度限制，需采用分段方式传送，当前 RR-NL成分所传送的不是结果的最后分段。

　　③ 回送最终结果成分（Return Result-Last，RR-L），远端操作已成功执行，RR-L 成分所传送的是结果分段中的最后一段，或者只需一条消息传送执行结果。

　　④ 回送差错成分（Return Error，RE），远端操作失败，并说明失败原因。

　　⑤ 拒绝成分（Reject，RJ），当远端的 TC 用户或 TC 成分子层发现传来的成分信息有错或无法理解时可拒绝执行该操作，用 RJ 成分表示拒绝执行操作，并说明拒绝原因。

　　根据对操作执行结果应答的不同要求，将操作分为 4 种类型：1 类，无论操作成功与否，均需向调用端报告；2 类，仅报告失败；3 类，仅报告成功；4 类，成功与否都不报告。

　　为了执行一个应用，两个 TC 用户之间的连续进行成分交换就构成了一次对话。对话处理也允许 TC 用户传送和协商应用的上下文名称并透明地传送非成分数据。对话分为结构化对话和非结构化对话两种。结构化对话包括对话开始、保持和对话结束三个阶段，并且由一个特定的对话 ID 进行标识。非结构化对话没有对话开始、保持或对话结束阶段，TC 用户发送一条消息后不期待任何回答成分。

　　成分子层与事务处理子层间有一一对应的关系，在结构化对话情形下，一个对话对应一个事务处理，非结构化对话则隐含存在。成分子层的对话处理原语和事务处理子层中的事务处理原语采用相同的名称，并且以"TC-"和"TR-"作为头，分别进行标识。例如，成分子层的对话处理开始原语为 TC-Begin，对应事务处理子层的事务处理开始原语为 TR-Begin。成分子层的成分处理原语在事务处理子层中没有对应部分。

2. TCAP 的事务处理子层

事务处理子层(TSL)提供事务处理用户(TR-用户)之间关于成分的交换能力。在结构化对话情形下,TSL 在它的 TR-用户之间提供端到端连接,这个端到端连接称为事务处理。TSL 也提供通过低层网络服务在同层(TR 层)实体间传送事务处理消息的能力。

(1) TR-原语及参数

成分子层与事务处理子层之间的接口是 TR-原语,TR-原语与成分子层的对话处理原语之间有一一对应的关系。TR-原语包括 TC-UNI、TR-Begin、TR-Continue、TR-END、TR-U-Abort 和 TC-P-Abort 等,每个原语包含相关参数。TR-原语的参数定义如下。

- 服务质量:TR-用户指示可接受的服务质量,用来规定在无连接网络中 SCCP 的"返回选择"及"顺序控制"参数。
- 目的地址和源地址:标识目的 TR-用户和源 TR-用户,采用 SCCP 的全局码 GT 或信令点编码与子系统码的组合来表示。
- 事务处理 ID:事务处理在每一端都有一个单独的事务处理 ID。
- 终结:标识事务处理终结的方式(预先安排的或基本的)。
- 用户数据:包括在 TR-用户间所传送的信息,成分部分在事务处理子层被视为用户数据。
- P-Abort:指明由事务处理子层中止处理的原因。
- 报告原因:指明 SCCP 返回消息时的原因,这个参数仅用于 TR-NOTICE 指示原语。

(2) 消息类型

为了完成一个应用业务,两个 TC-用户需双向交换一系列 TC 消息。消息交换的开始、继续、结束及消息内容均由 TR-用户控制和解释,事务处理子层只对事务的启动、保持和终结进行管理,并对事务处理过程中的异常情况进行检测和处理。

虽然 TC 消息中包含的对话内容取决于具体应用,但事务处理子层从事务处理的角度出发要对消息进行分类,这种分类与应用完全无关。

① 非结构化对话类,用来传送不期待回答的成分,它没有对话开始、保持和结束的过程。传送非结构化对话的是单向消息 UNI,在单向消息中没有事务处理 ID,这类消息之间没有联系。

② 结构化对话类,包含开始、保持、结束三个阶段,传送结构化对话的消息有以下 4 种。

- 起始消息(Begin),指示与远端节点的一个事务(对话)开始,该消息必须带有一个本地分配的源端事务标识号,用于标识这一事务。
- 继续消息(Continue),用来双向传送对话消息,指示对话处于保持(信息交换)状态。为了使接收端能够判定该消息属于哪一个对话,每个消息必须带有两个事务标识号:源端事务标识号和目的端事务标识号。对端收到继续消息后,则根据目的端事务标识号确定该消息所属的对话。
- 结束消息(End),用来指示对话正常结束。可由任意一端发出,在该消息中必须带有目的端事务标识号,用以指明要结束哪个对话。
- 中止消息(Abort),用来指示对话非正常结束。它是当检测到对话过程中出现差错时发出的消息,中止一个对话可由 TC-用户或事务处理子层发起。

结构化对话中的每个对话都对应一对事务标识号,分别由对话两端分配。每个标识号只在分配的节点中有意义。对于每个消息而言,其发送端分配的标识号为源端事务标识号,接收端分配的标识号为目的端事务标识号,前者供接收端回送消息时作为目的标识号使用,后者供接收端确定消息所属的那个对话使用。

3. **TCAP 的消息格式**

事务处理能力(TC)消息是封装在 SCCP 消息中的用户部分,TC 消息与消息信令单元(MSU)、SCCP 消息的关系如图 5.13 所示。

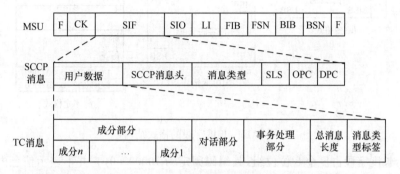

图 5.13　TC 消息与 MSU、SCCP 消息的关系

TC 消息包括事务处理部分、对话部分和成分部分。无论是哪部分,都采用一种标准的统一信息单元结构,并且 TC 消息内容由若干标准信息单元构成。

每一信息单元由标签(Tag)、长度(Length)和内容(Contents)组成,组织结构如图 5.14(a)所示。在 TC 消息内容的组织结构中,总是按照标签/长度/内容为一个单元顺序出现的。标签用来区分类型和解释内容;长度说明占用的字节数;内容是信息单元的实体,包含信息单元要传送的信息。每个信息单元可以是一个值(基本式),也可以嵌套一个或多个信息单元(构成式),如图 5.14(b)所示。

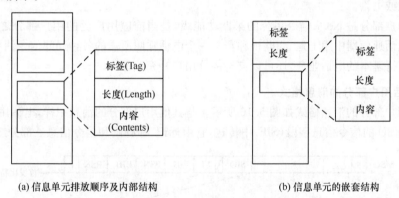

(a) 信息单元排放顺序及内部结构　　　　　(b) 信息单元的嵌套结构

图 5.14　TC 消息内容的组织结构

在一个信息单元中,标签可以是一个 8bit 的单字节格式,也可以是多字节的扩充格式。标签的最高两个有效比特用来指明标签的类别,可分为通用类、全应用类、上下文专有类和专有类4 种。

长度字段用来指明信息单元中不包括标签字段和长度字段的字节数。长度字段采用短、长或不定的三种格式,格式结构如图 5.15 所示。

若内容的长度小于或等于 127 字节,则采用短格式。短格式只占 1 字节,H 比特编码为 0,G～A 比特为长度的二进制编码值。

如果内容的长度大于 127 字节,长度字段采用长格式。长格式的长度为 2～127 字节。第一字节的 H 比特编码为 1,H～A 比特的二进制编码值等于长度字段的长度减 1。

当信息单元是一个构成式时,可以(但不一定必须)用不定格式来代替短格式或长格式。在

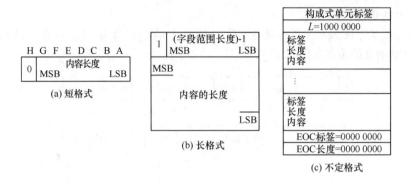

图 5.15 长度字段的格式结构

不定格式中,长度字段占一个 8 位位组,其编码固定为 10000000,它并不表示信息内容的长度,只是采用不定格式的标志。应用该格式时,用一个特定的内容结束指示码(EOC)来终止信息单元。内容结束指示用一个信息单元来表示,其类别是通用类,格式是基本式,标签码是 0 值,其内容不用且不存在,即 EOC 单元(标签=00000000,长度=00000000)。

5.4.7 电话用户部分

No.7 信令系统的用户部分包括电话用户部分(TUP)、数据用户部分(DUP)、综合业务用户部分(ISUP)、智能网应用部分(INAP)、移动通信应用部分(MAP)和运行维护管理应用部分(OMAP)等。这里只介绍电话用户部分的消息格式和信令过程,如果读者想了解其他部分,可参考相关标准或书籍。

电话用户部分是 No.7 信令系统的第四功能级,是当前应用广泛的用户部分之一。它定义了在数字电话通信网中用于建立、监视和释放一个电话呼叫所需的各种局间信令消息与协议,它不仅可以支持基本的电话业务,还可以支持部分用户补充业务。

1. 电话用户部分的消息格式

电话用户部分的消息格式如图 5.16 所示。与其他用户部分的消息一样,电话用户的信令消息内容在 MSU 的信令信息字段(SIF)中传送,它由标记、标题码和信令信息三部分组成。

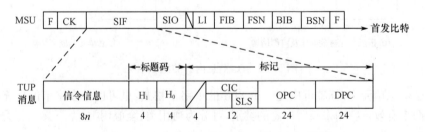

图 5.16 No.7 信令电话用户部分的消息格式

(1) 标记

标记是一个信息术语,每一个信令消息都含有标记部分,MTP 部分根据标记选择信令路由,TUP 部分根据标记识别该信令消息与哪条中继电路有关。这里以我国 No.7 信令系统消息信令单元的 TUP 为例,一个标记由三部分组成:目的信令点编码 DPC,占用 24bit;源信令点编码 OPC,占用 24bit;电路识别码 CIC,占用 12bit。标记部分总计占用 64bit,其中 4bit 备用。

在 TMP 的 MSU 中,CIC 用于标识该 MSU 传送的是哪一条话路的信令,即属于交换局间哪一条 PCM 中继线上的哪一个时隙。若采用 2.048Mb/s 数字通路,则 CIC 的低 5bit 表示 PCM 时隙号,高 7bit 表示 OPC 与 DPC 信令点之间的 PCM 系统编码。若采用 8.448Mb/s 的数字通路,则 CIC 的低 7bit 表示 PCM 时隙号,高 5bit 表示 PCM 系统号;若采用 34.368Mb/s 的数字通路,则低 9bit 表示 PCM 时隙号,其余 3bit 表示 PCM 系统号。同时,CIC 的最低 4bit 也作为信令链路选择字段 SLS,实现信令消息在多条链路之间进行负荷分担的功能。12bit 的 CIC 编码理论上允许一条信令链路被 4096 条话路共享。

（2）标题码

标题码用来指明消息的类型,占用 8bit,由 4bit 消息组编码 H_0 和 4bit 消息编码 H_1 组成。目前已定义了 13 个消息组。例如,负责传送前向建立电话连接的前向地址消息 FAM、前向建立成功消息 FSM;负责传送后向建立电话连接的后向建立消息 BSM、后向建立成功消息 SBM、后向建立不成功消息 UBM;负责传送表示呼叫接续状态信令的呼叫监视消息 CSM(如挂机消息);负责传送电路和电路群闭塞、解除闭塞及复原信令的电路监视消息 CCM、电路群监视消息 GRM;负责传送电路网自动拥塞控制信息的电路网管理信令 CNM,以保证交换局在拥塞时减少去往超载局的业务量。有关消息组与消息的编制结构和详细说明可以查阅《中国国内电话网 No.7 信令方式技术规范》。

（3）信令信息

SIF 中的信令信息部分是可变长度的,它能提供比随路信令多得多的控制信息。不同类型的 TUP 消息的信令信息部分的内容和格式也各不相同,TUP 需要根据 MSU 携带的标题码来确定其格式和内容。这里仅以前向地址消息 FAM 中的 IAM/IAI 为例,介绍信令信息部分的内容格式和作用。

前向地址消息 FAM 共包含 4 种消息:

① 初始地址消息 IAM;

② 带有附加信息的初始地址消息 IAI;

③ 带有多个地址的后续地址消息 SAM;

④ 带有一个地址的后续地址消息 SAO。

其中,IAM/IAI 消息是为建立一个呼叫连接而发出的第一个消息,它包含下一个交换局为建立呼叫连接、确定路由所需要的全部信息。IAM/IAI 中可能包含全部地址信息,也可能只包含部分地址信息,包含全部地址还是部分地址信息,与交换局间采用的地址传送方式有关。图 5.17 所示为 IAM/IAI 消息的基本格式。

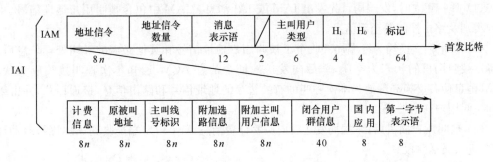

图 5.17　IAM/IAI 消息的基本格式

主叫用户类型用于传送国际或国内呼叫性质信息。例如,在国际半自动接续中指明话务员的工作语言,在全自动接续中指明呼叫的优先级、呼叫业务类型、计费方式等。

消息表示语则反映了本次呼叫的被叫性质、所要求的电路性质和信令类型等信息。

地址信令数量是用二进制表示的 IAM 所包含的地址信令数量,地址信令采用 BCD 码表示,若地址信令数量为奇数,则最后要补 4 个"0",以凑足 8bit 的整数倍。

IAI 消息除包含字段外,还增加了一个 8bit 的第一字节表示语。在表示语中的低 7bit,每比特对应指示该字节之后的 IAI 消息中携带的附加信息情况。比特值为"1",表示对应的域存在附加信息,比特值为"0",表示不存在。表示语的最高比特作为表示语的扩展比特,该比特为"1",表示还有第二字节表示语,为"0",表示不存在。

在我国 No.7 信令网上,国标规定市话—长途、市话—国际发端局间,包括所经过的汇接局,必须使用携带附加信息的初始地址消息,以便传送主叫用户号码等相关信息。其他应用,如追查恶意呼叫、主叫号码显示等,可直接使用 IAI 消息。

2. 信令过程

信令过程,是指在各种类型的呼叫接续中,为完成用户之间的电路连接,在各交换局间的信令传送顺序。在面向连接的电话网中,一个正常的呼叫处理信令过程通常包含三个阶段:呼叫建立阶段、通话阶段和释放阶段。如图 5.18 所示,下面以一个在市话网中经过汇接局转接的正常呼叫处理信令过程为例,说明 No.7 信令一般的信令过程。

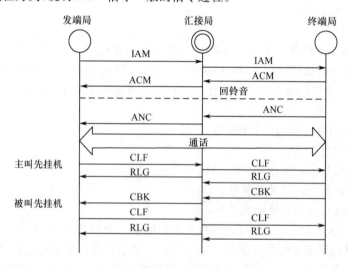

图 5.18　正常呼叫处理信令过程

(1) 呼叫建立时,发端局首先发出 IAM 或 IAI 消息。IAM 中包含被叫用户地址信号、主叫用户类别及路由控制等全部信息。

(2) 在来话交换局为终端局并收全了被叫用户地址信号和其他必需的呼叫处理信息后,一旦确定被叫用户的状态为空闲,就后向发送地址全消息 ACM,通知本次呼叫接续成功状态。ACM 消息使各交换局释放为本次呼叫的有关暂存的地址信号和路由信息,接通话路,并由终端局向主叫用户送回铃音。

(3) 被叫用户摘机后,终端局发送后向应答计费消息 ANC。发端局收到 ANC 后,启动计费程序,进入通话阶段。

(4) 通话完毕,如果主叫先挂机,则发端局发送前向拆线消息 CLF,收到 CLF 的交换局应立即释放电路,并回送释放监护消息 RLG。如果交换局是汇接局,则它还负责向下一交换局转发 CLF 消息。假如,被叫先挂机,终端局应发送后向挂机消息 CBK。在 TUP 规定中,当采用主叫控制复原方式时,发送 CBK 消息的交换局并不立即释放电路,而是启动相应的定时设备,若在规定的时限内主叫用户未挂机,则发端市话局自动产生和发送前向拆线信号 CLF,随后的电路释放过程与主叫先挂机时一致。

上面所述的信令过程只是一个成功呼叫的例子,在实际的呼叫处理过程中,常常要处理一些不能成功建立接续的异常情况,如被叫用户忙、中继电路忙、用户早释、非法拨号等情况,均应立即释放电路,以提高电路的利用率。关于这些情形的信令过程,感兴趣的读者可阅读 No.7 信令系统的相关规范。

小结

信令系统是通信网络的神经系统,是通信网为了完成某一项通信服务需要,相关节点设备之间相互动作所传送的控制信息。信令系统的主要功能是指导终端、交换系统、传输系统协同运行,在指定的终端之间建立和拆除临时的通信连接,并维护通信网络的正常运行,包括监视功能、选择功能和管理功能。

用户线信令是用户终端和交换机之间交互使用状态的信令,用户终端通过其连接到交换机的二线直流环路上的直流通/断来表示其当前的工作状态,通过 DP 或 DTMF 信号向交换机发送所希望连接的被叫用户终端或服务的标识号码。交换机利用多种音信号向用户表达其执行呼叫连接建立进程中的服务进展状况,用振铃信号通知用户有一个来话呼叫。

中国 No.1 信令是电话通信网中交换机之间为建立话路连接的随路信令方式,信令传送通道与对应的话路之间存在着物理上或时间上的一一对应关系,它利用交换局间线路的直流状态或数字组合表示接续状态,利用 MFC 记发器信号选择路由和用户。特点是信令容量小,信令消息传送速度慢,各设备之间信令配合复杂,且不能传送与话路无关的消息。

No.7 信令是最适合在数字通信网中的交换局间使用的公共信道信令技术,它采用分组数据方式的信令单元在 64Kb/s 的信道中传送具体的信令消息,具有信令消息传递速度快、信令容量大、信令系统更加灵活等优点,被广泛应用于数字电话网、基于电路交换方式的数据网、N-ISDN 和 B-ISDN、智能网、移动通信网的呼叫连接控制、网络维护管理和处理机之间事务处理信息的传送与管理。基于 OSI 参考模型,No.7 信令系统采用四级结构。MTP1 定义了信令网使用的信令链路的物理、电气特性及链路接入方法;MTP2 负责确保信令链路连接两点之间可靠交换信号单元;MTP3 负责在信令网上任意两点之间提供可靠的信令传送能力;UP 由不同的信令应用组成,每个应用部分定义了与某一类用户业务相关的信令功能和过程。新应用的发展要求信令系统具有更完善、更强大、更灵活的功能,No.7 信令系统增加了 TCAP、ISP 和 SCCP 功能部分,使得其具备多种寻址、消息处理和支持新业务应用开发的能力。

习题

5.1 简要说明信令的基本概念。

5.2 信令的分类方法有哪几种?

5.3 简要说明公共信道信令的概念。

5.4 与随路信令相比,公共信道信令有哪些优点?

5.5 什么是用户线信令?用户线信令由哪些信令类型组成?

5.6 什么是记发器信令?在中国 No.1 信令标准规范中,记发器信令采用什么样的方式?

5.7 简要说明 No.7 信令系统的特点。

5.8 简要说明 No.7 信令网的工作方式和组织结构。

5.9 简要说明我国三级信令网的双备份可靠性措施。

5.10 画出消息信令单元(MSU)的结构,简要说明各字段的作用,并说明由第二功能级处理的字段有哪些。

5.11 简要说明信令链路功能级包括哪些功能,并说明各功能的基本作用。

5.12 信令网功能级包括哪些功能?各个功能的作用是什么?

5.13 SCCP 在哪几方面增强了 MTP 的寻址选路功能?

5.14 SCCP 提供了哪几类服务?请对这几类服务简要说明。

5.15　简要说明 TCAP 提供的基本服务。

5.16　简要说明 TCAP 的基本结构及各部分的基本功能。

5.17　简要说明 TUP 消息单元的基本组成格式及各部分的作用。

5.18　在电话用户消息中,电话标记的作用是什么?

5.19　初始地址消息(IAM)中主要包括哪些信息? 请简要说明。

第6章 分组交换与软交换技术

计算机的出现及广泛应用使得异地的计算机与计算机之间或终端与计算机之间要进行数据的传送和交换,而针对不同的业务、不同的需求,人们研究出了许多交换技术。由于通信技术的不断发展,人们对新业务需求的增加给通信事业的发展带来了新的挑战,许多原来应用广泛的交换技术已经没有当时那么大的作用了,其中包括分组交换与技术、ATM 交换技术及软交换技术。在本章中,首先介绍分组交换技术的产生及分组的形成;接着对 ATM 交换技术进行简要介绍,包括 ATM 技术的产生、传送模式和信元结构、基本原理;最后对软交换技术进行介绍,包括其产生背景、基本概念、体系结构与功能结构。

6.1 分组交换技术

6.1.1 分组交换技术的产生

在第 1 章中介绍了数据通信和电话通信有许多不同的特点,可以利用电话通信网传送数据,但是不能根据数据通信的要求去改造现存的电话通信网。因此需要研究适合数据通信的交换方式。从数据交换发展的历史来看,它经历了电路交换、报文交换、分组交换三个发展过程,它们具有各自的优点和缺点,表 6.1 所示为三种交换方式特点的比较。

表 6.1 三种交换方式特点的比较

分　类	电　路　交　换	报　文　交　换	分　组　交　换
接续时间	较长,平均 15s	较短,只需接通交换机,即可发报文	较短,虚电路连接一般小于 1s
信息传送时延	短,偏差也小,通常在 ms 级	长,偏差很大,标准为 1min	短,偏差较大,一般低于 200ms
数据传送可靠性	一般	较高	高
对业务过载的反应	拒绝接收呼叫(呼损)	信息存储在交换机,传送时延增大	减小用户输入的信息流量(流量控制),延时增大
信号传送的"透明"性	有	无	无
异种终端之间的相互通信	不可	可	可
电路利用率	低	高	高
交换机费用	一般较便宜	较高	较高
实时会话业务	适用	不适用	轻负载下适用

通过以上三种交换方式的比较,可得出分组交换技术是数据交换方式中一种比较理想的方式。下面仅对分组交换原理做进一步说明。

图 6.1 所示为分组交换的工作原理。图中有 4 个终端 A、B、C、D,分别为非分组终端和分组终端。分组终端是指终端可以将数据信息分成若干分组,并能执行分组通信协议,可以直接和分组网络相接进行通信,图中 B 和 C 是分组终端。非分组终端是指没有能力将数据信息分组的一般终端,为了允许这些终端利用分组交换网络进行通信,通常在分组交换机中设置分组装拆(PAD)模块来完成用户报文信息和分组之间的转换,图中 A、D 是非分组终端。图中存在两个通

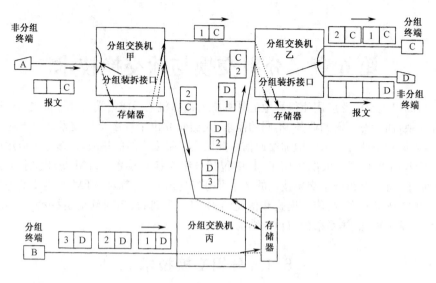

图 6.1　分组交换的工作原理

信过程,分别是终端 A 和终端 C,以及终端 B 和终端 D 之间的通信。非分组终端 A 发出带有接收终端 C 地址标号的报文,分组交换机甲将此报文分成两个分组,存入存储器并进行路由选择,决定将分组 1 直接传送给分组交换机乙,将分组 2 通过分组交换机丙传送给分组交换机乙,路由选择完毕,同时相应路由有空闲,分组交换机将两个分组从存储器中取出送往相应的路由。在其他相应的交换机中也进行同样的操作。如果接收终端接收的分组是经由不同的路径传送而来的,则分组之间的顺序会被打乱,接收终端必须有能力将接收的分组重新排序,然后递交给相应的处理器。另外一个通信过程是在分组终端 B 和非分组终端 D 之间进行的。分组传送经过相同的路由,在接收端局通过装拆设备将分组装成报文传送给非分组终端。

图 6.1 中终端 A 和终端 C 之间的通信采用的是数据报方式,这里分组头部装载有关目的地址的完整信息,以便分组交换机寻径。用这种方法在用户之间的通信不需要经历呼叫建立和呼叫清除阶段,对短报文通信传送效率比较高,这一点类似数据的报文交换方式。这种方式的特点是:数据分组传送时延较大,分组的传送时延和传送路径有关,所以分组时延差别较大;对网络故障的适应性强,一旦某个经由的分组交换机出现故障,就可以另外选择传送路径。数据报交换网络中的通信过程类似第 1 章中介绍的报文交换过程,只不过一个发送终端发出的是若干数据报,而不只是一个报文。

图 6.1 中终端 B 和终端 D 之间的通信采用的是虚电路方式,两个用户终端设备在开始互相传送数据之前必须通过网络建立逻辑上的连接,每个分组头部指明的只是虚电路标志号,而不必直接是目的地址的信息;数据分组按已建立的路径顺序通过网络,在网络终点不需要对数据重新排序,分组传送时延小,但是虚电路分组交换方式中电路的建立是逻辑上的,只是为收发终端之间建立逻辑通道,具体地说,在分组交换机中设置相应的路由对照表,指明分组传送的路径,并不像电路交换中确定具体电路或 PCM 具体时隙,当发送端有数据发送时,只要输出线上有空闲,数据就沿该路径传送给下一个交换结点,否则在交换机中等待。如果收发两端在通信过程中的一段时间内没有数据发送,网络仍旧保持这种连接,但并不占用网络的传送资源。虚电路方式的特点是:一次通信具有呼叫建立、数据传送和呼叫释放三个阶段。数据分组中不需要包含终点的地址,对于数据量较大通信的传送效率高,虚电路分组交换网络中的通信过程类似电路交换过程。

6.1.2 分组的形成

在分组交换方式中,分组是交换和传送处理的对象,因此,按照分组格式收发信息的分组式终端是分组交换网中的基本终端。由于每个分组都带有控制信息和地址信息,所以分组可以在网内独立地传送,并且可以以分组为单位在网内进行流量控制、路由选择和差错控制等通信处理。按照传统电文格式收发数据的普通终端(或称非分组终端)不能直接接收分组,它可以通过分组网内配置的具有分组装拆设备功能的 PAD 与网络连接。分组装拆设备的功能如图 6.2 所示,即将用户通信电文分成分组 1、分组 2 和分组 3。每个分组长度通常为 128 个 8 位组(OCTET或称为字节),也可根据通信线路的质量选用 32 个、64 个、256 个或 1024 个 8 位组。

为了可靠地传送分组数据块,在每个块上加上高级数据链路控制(HDLC)的规程标志、字头、帧校验、序列以帧的形式在信道上传送。

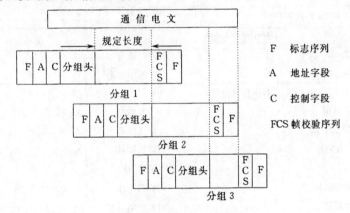

图 6.2 分组装拆设备的功能

1. 分组头格式

为了区分分组的类型,每个分组都有一个分组头,它由 3 字节构成,如图 6.3 所示。分组头可分为四部分:通用格式识别符、逻辑信道组号、逻辑信道号、分组类型识别符。

通用格式识别符由分组头第 1 字节的第 8~5 位组成,如图 6.4 所示。其中,Q 比特(第 8 比特)称为限定符比特,用来区分传送的分组是用户数据还是控制信息,Q 比特是任选的,如不需要,则 Q 比特总是置 0。D 比特(第 7 比特)为传送确认比特,D=0 表示数据组由本地确认(DTE-DCE之间确认),D=1 表示数据分组进行端到端(DTE 与 DTE)确认。SS 比特(第 6、第 5 比特)为模式比特,SS=01 表示分组的顺序编号按模 8 方式工作,SS=10 表示按模 128 方式工作。

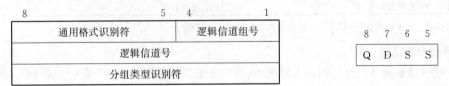

图 6.3 分组头格式　　　　　　　　　　图 6.4 通用格式识别符

逻辑信道组号和逻辑信道号共 12 比特,用以表示在 DTE 与交换机之间的时分复用信道上以分组为单位的时隙号,理论上可以同时支持 4096 个呼叫,实际上支持的逻辑信道数取决于接口的传送速率、与应用有关的信息流的大小和时间分布。逻辑信道号在分组头的第 2 字节中,当编号大于 256 时,用逻辑信道组号扩充,扩充后的编号可达 4096。

分组类型识别符为 8 比特,区分各种不同的分组,共分 4 类。

① 呼叫建立分组用于在两个 DTE 之间建立交换虚电路。这类分组包括：呼叫请求分组、入呼叫分组、呼叫接收分组和呼叫连接分组。

② 数据传送分组用于两个 DTE 之间实现数据传送。这类分组包括：数据分组、流量控制分组、中断分组和在线登记分组。

③ 恢复分组实现分组层的差错恢复，包括复位分组、再启动分组和诊断分组。

④ 呼叫释放分组用在两个 DTE 之间断开虚电路，包括释放请求分组、释放指示分组和释放证实分组。

分组类型识别符的编码格式如表 6.2 所示。从表中可见，分组类型识别符的第 1 比特为"0"的分组是数据分组，其余分组都是各种控制用分组。

表 6.2　分组类型(模 8)识别符的编码格式

分组类型		分组类型识别符编码							
从 DCE 到 DTE	从 DTE 到 DCE	8	7	6	5	4	3	2	1
呼叫建立分组									
入呼叫	呼叫请求	0	0	0	0	1	0	1	1
呼叫连接	呼叫接收	0	0	0	0	1	1	1	1
数据传送分组									
DCE 数据	DTE 数据	×	×	×	×	×	×	×	0
DCE RR	DTE RR	×	×	×	0	0	0	0	1
DCE RNR	DTE RNR	×	×	×	0	0	1	0	1
	DTE REJ	×	×	×	0	1	0	0	1
DCE 中断	DTE 中断	0	0	1	0	0	0	1	1
DCE 中断证实	DTE 中断证实	0	0	1	0	0	1	1	1
	登记请求	1	1	1	1	0	0	1	1
登记证实		1	1	1	1	0	1	1	1
恢复分组									
复位指示	复位请求	0	0	0	1	1	0	1	1
DCE 复位证实	DTE 复位证实	0	0	0	1	1	1	1	1
再启动指示	再启动请求	1	1	1	1	1	0	1	1
DCE 再启动证实	DTE 再启动证实	1	1	1	1	1	1	1	1
诊断		1	1	1	1	0	0	0	1
呼叫释放分组									
释放指示	释放请求	0	0	0	1	0	0	1	1
DCE 释放证实	DTE 释放证实	0	0	0	1	0	1	1	1

注：RR——接收准备好；RNR——接收未准备好；REJ——拒绝。

2. 各类分组格式

用于呼叫建立的分组有呼叫请求分组、入呼叫分组、呼叫接收分组和呼叫连接分组。格式相同，但内容有些不同，这里介绍两种分组，即呼叫请求分组和呼叫接收分组。

（1）呼叫请求分组格式：其格式如图 6.5 所示。该分组的前三字节为组头，第一字节的 5～6 比特为 01，表示分组的顺序号按模 8 的工作方式，1～4 比特表示逻辑信道组号；第二字节为逻辑信道号；第三字节的比特序列为 00001011，表示该分组是呼叫请求/呼入分组。第四字节的左边 4 比特表示主叫 DTE 地址长度，右边 4 比特表示被叫 DTE 地址长度。第五字节开始是被叫 DTE 的地址，该地址容量占用几字节是由被叫 DTE 地址长度来确定的，在其下面是主叫 DTE

地址,其占用的字节数由主叫 DTE 地址长度来确定,再下面是业务字段长度,业务字段[①]及呼叫用户数据分别用以向交换说明用户所选的补充业务及在呼叫过程中要传送的用户数据。

逻辑信道组号及逻辑信道号有时统称逻辑信道,用以表示在数据终端至交换机之间或交换机之间的时分复用信道上以分组为单位的时隙号,由于分组交换采用动态复用方法,所以该逻辑信道号每次呼叫是根据当时实际情况进行分配的,各段链路中的逻辑信道号是相互独立的,可以分配不同的逻辑信道号。

(2) 呼叫接收分组格式:呼叫接收分组的格式如图 6.6 所示,由于发送呼叫接收分组时,发送端至接收端的路由已经确定,所以呼叫接收分组只有逻辑信道号,而无主叫和被叫 DTE 的地址。

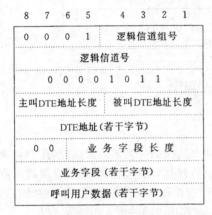

8	7	6	5	4	3	2	1
0	0	0	1	逻辑信道组号			
逻辑信道号							
0	0	0	0	0	1	0	1	1
主叫DTE地址长度				被叫DTE地址长度			
DTE地址(若干字节)							
0	0	业 务 字 段 长 度					
业务字段(若干字节)							
呼叫用户数据(若干字节)							

图 6.5　呼叫请求分组格式

8	7	6	5	4	3	2	1
0	0	0	1	逻辑信道信号			
逻辑信道号							
0	0	0	0	1	1	1	1

图 6.6　呼叫接收分组格式

(3) 数据分组格式。在数据传送阶段传送的是数据分组,该分组的格式如图 6.7 所示。

8	7	6	5	4	3	2	1
Q	D	0	1	逻辑信道组号			
逻辑信道号							
P(R)		M	P(S)			0	
用 户 数 据							

模8

8	7	6	5	4	3	2	1
Q	D	0	1	逻辑信道组号			
逻辑信道号							
P(S)						0	
P(R)						M	
用 户 数 据							

模128

图 6.7　数据分组格式

由图 6.7 可见,数据分组只有逻辑信道号而无被叫与主叫终端地址号。终端地址号至少要用 8 个十进制数表示,如果每一个十进制数用 4 位二进制数来表示,那么被叫地址就要占用 32 比特,现每一数据分组只用 12 比特的逻辑号来表示去向,便可大大减少数据分组的开销,提高传送效率。

图 6.7 所示为按照模 8 和模 128 编号的两种数据分组格式。两种格式包含的内容基本相同,只有分组的编号 P(S) 的长度不同,模 8 情况下占用 3 比特,模 128 情况下占用 7 比特,P(R) 用于对数据分组的证实,它的长度与 P(S) 的相同。

数据分组前三字节为分组类型识别符,其中第 1 比特为 0 是数据分组唯一标志,M 称为后续比特,M=0 表示该数据分组是一份用户报文的最后一个分组,M=1 表示该数据分组之后还属

---

① 分组交换传送的业务有两类:一类是基本业务;另一类是用户任选的补充业务。

于同一份报文的数据分组。

P(S)称为分组发送顺序号,只有数据分组才包含P(S)。P(R)为分组接收顺序号,它表示期望接收的下一个分组编号,它表明对方发来的P(R)-1以前的数据分组已正确接收。数据分组和流量控制分组都有P(R)。

(4) 呼叫释放分组格式:释放请求及释放确认分组的格式相同,前者如图6.8(a)所示,后者如图6.8(b)所示。

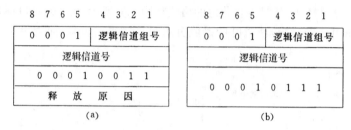

图6.8 呼叫释放分组格式

6.1.3 交换虚电路的建立和释放

虚电路可以是永久连接,也可以是临时连接。永久连接的称为永久虚电路,用户如果向网络预约了该项服务之后,就在两个用户之间建立永久的虚连接,用户之间的通信直接进入数据传送阶段,就好像有一条专线一样,可随时传送数据。临时连接称为交换虚电路,用户终端在通信之前必须建立虚电路,通信结束后拆除虚电路。下面介绍交换虚电路的建立和释放过程。

1. 交换虚电路的建立

交换虚电路的建立过程如图6.9所示。如果数据终端DTEA与数据终端DTEB要进行数据通信,则DTEA发出呼叫请求分组,该分组格式如图6.5所示。交换机A在收到呼叫请求分组后,根据被叫DTE地址,选择通往交换机B的路由,并由交换机A发送呼叫请求分组,其格式与图6.5相似。但由于交换机A至交换机B之间的逻辑信道号与DTEA至交换机A之间的逻辑信道号可能不同,为此,交换机A应建立一张如图6.9(b)所示的逻辑信道对应表,D_A表示DTEA进入交换机A,逻辑信道号为10,S_B表示交换机A出去的下一个站是交换机B,逻辑信道号为50,通过交换机A把上述逻辑信道号10与50连接起来。同理,交换机B根据从交换机A发来的呼叫请求分组再发送呼叫请求分组至DTEB,并在该交换机内也建立一张逻辑信道对应表,如图6.9(c)所示,S_A表示进入交换机B的是交换机A,逻辑信道号为50,D_B表示交换机B出去的下一站是DTEB,逻辑信道号为6,交换机B将逻辑信道号50与逻辑信道号6连接起来。对于DTEB来讲,它是被叫终端,所以从交换机B发出的呼叫请求分组应称呼入分组,其格式不变。当DTEB可以接入呼叫时,它便发出呼叫接收分组,其格式如图6.6所示。由于DTEA至DTEB的路由已经确定,所以呼叫接收分组只有逻辑信道号,无主叫和被叫DTE地址,呼叫接收分组的逻辑信道号与呼入分组的逻辑信道号相同。该呼叫接收分组经交换机B接收后,再向交换机A发送另一呼叫接收分组,交换机A接收该分组后,再向DTEA发送呼叫连接分组,其格式与呼叫接收分组相同。呼叫连接分组的逻辑信道号必须与呼叫请求分组的逻辑信道号相同。DTEA一经收到该呼叫连接分组,DTEA至DTEB之间的虚呼叫就算完成或虚电路已建立。

虚电路通过分组交换机内的入端、端对应表,如图6.9(b)、(c)所示,把两个不同的链路及两个不同的逻辑信道号连接起来。由图6.9(b)可见,DTEA至交换机A所用的逻辑信道号为10,与交换机A至交换机B的逻辑信道号50联系起来;由图6.9(c)可见,交换机A至交换机B的逻辑信道号50与交换机B至DTEB的逻辑信道号6联系起来,由此构成一条自

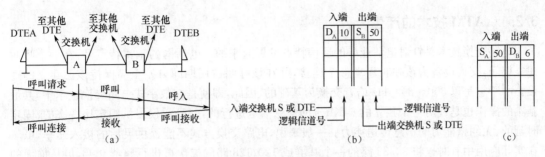

图 6.9　交换虚电路的建立过程

DTEA 至 DTEB的虚电路。由于 DTEA、DTEB 在交换机 A、交换机 B 的入端号 D_A、D_B 是固定的,所以虚电路一旦建立,数据分组就只需用逻辑信道号表示去向,无须再用 DTE 地址来表示去向。

需要指出的是,当 DTE 和 DCE 同时发送指定同一逻辑信道的呼叫,即 DTE 要呼出而 DCE 要呼入并且指定同一条逻辑信道时,便发生呼叫冲突。解决的办法是尽可能不让它们同时指定同一条逻辑信道。为此,X.25 规定呼出从逻辑信道的高序号开始选用,而呼入从逻辑信道的低序号开始选用;当遇到冲突时,DCE 应继续发送呼叫请求而取消呼入。

2. 数据传送

虚电路建立后,进入数据传送阶段,DTEA 与 DTEB 之间传送一个数据分组,该分组的格式如图 6.7 所示。

在分组交换方式中普遍采用逐段转发、出错重发的控制措施,必须保证数据传送的正确无误。所谓逐段转发、出错重发,是指数据分组经过各段线路并抵达每个转送结点时都需对数据分组进行检错,并在发现错误后要求对方重新发送并进行确认,因此在数据分组中设有 P(S) 和 P(R) 分组编号。

3. 交换虚电路的释放

交换虚电路的释放过程与建立过程相似,只是主动要求释放方必须首先发出释放请求分组,并获得交换机发来的确认信号,便算释放了,虚呼叫所占用的所有逻辑信道都成为"准备好"状态。虚电路释放过程如图 6.10 所示,虚电路方式的特点如下。

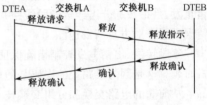

图 6.10　虚电路释放过程

(1)一次通信具有呼叫建立、数据传送和呼叫释放三个阶段。数据分组中不需要包含终点地址,对于数据量较大通信的传送效率高。

(2)数据分组按建立的路径顺序通过网络,在网络终点不需要对数据重新排序,分组传送时延小,而且不容易产生数据分组的丢失。

(3)当网络中有线路或设备故障时,可能导致虚电路的中断,需要重新呼叫,建立新的连接。但是,现在许多采用虚电路方式的网络已能提供呼叫重新连接的功能。当网络出现故障时,将由网络自动选择并建立新的虚电路,不需要用户重新呼叫,并且不会丢失用户数据。

6.2　ATM 交换技术

前面介绍了电路交换、分组交换技术,本节将介绍异步转移模式(ATM)交换技术。首先介绍产生 ATM 的原因和基础知识,包括 ATM 信元复用方式、信元结构。

6.2.1 ATM 技术的产生

电路交换技术是针对电话业务的通信特点发展起来的。电话网的基本特点是:在一个呼叫建立期间,交换设备为该呼叫建立一个连接,并在该呼叫占用期间自始至终保持该已建立的连接。由于它是以 $300\sim3400\text{Hz}$ 语音交换为基础的,因此,即使是在数字式电路交换技术中,其最基本的操作也是针对一个独立的 64Kb/s 的信息信道进行的,并且它仅提供固定比特率的、固定时延的、无纠错能力的信息传送能力。一般来说,电路交换方式不能提供灵活的接入速率,虽然在实际应用中有时也将 30/32 路的一个基群或 120/128 路的二次群进行整群交换,但从前面的电路交换原理中可以看出,其具体操作还是针对单个的 64Kb/s 的信道进行交换操作的。从而可以看出,由于用户的独占性,电路交换模式的最大特点是信息传递实时响应性很强,但也由于用户独占性而大大影响了设备资源的利用效率,尤其在用户业务速率较低的情况下更是如此;另外,若信息速率高于信道速率,则会引起实现上的困难,所以电路交换模式不适合于比特速率变化范围很大的数据通信业务。

分组交换技术是针对数据通信和计算机通信的特点发展起来的。在分组通信网络中,其基本特点是其信息的传递都是以分组为单位进行传送、复接和交换的。所谓分组,指的是定长的或不定长的数据段。由前面所讲的分组交换技术可以看出,分组传送模式是把用户数据文件划分成一定长度的数据段,在这些数据段的头尾附加标志和控制字符,构成一个分组包,以"存储转发"方式在分组交换网中进行传送。

(1) 在分组交换模式中普遍采用统计复用方法。

分组交换模式是把多个低速的数据信号复接成一个高速数据信号,然后在通信网络上进行传送。这样,多个低速数据信号复接之后的速率往往要大于传送通道的传送容量,因此所传送信息分组必须进行存储和排队转发。统计复用在这里的含义是指在传送通道上某个用户的数据分组在时间上没有固定的复用位置,而是按照先来先服务的模式进行复用传送的。

(2) 在分组交换模式中,普遍采用逐段转发、出错重发的控制措施,以保证分组数据传送的可靠性。

分组交换模式主要用于数据通信的传送,必须保证数据传送的正确无误。所谓逐段转发、出错重发,是指数据分组经过各段线路并抵达每个转送结点时都须对数据分组进行检错,并在发现错误后要求对方重新发送。

逐段转发、出错重发控制措施保证了数据的正确传送,但同时也导致传送数据产生附加的随机时延。这是因为线路上的误码是随机的,各个不同的数据分组可能需要不同的重发次数。

从前面的电路交换和分组交换技术讨论可以看出,它们各有其独特的交换和传送控制方法,并且建立各不相同的通信网络。若位于各个不同网络中的用户要实现业务互通,则必须通过网间的互通网关来实现。这样不仅不能充分利用网络资源,而且给网络设备的运营管理方面也带来了大量的管理困难。另外,通信技术和通信业务需求的发展迫使电信网络必须向宽带综合业务数字网(B-ISDN)方向发展。这要求通信网络和交换设备既要容纳非实时的数据业务,又要容纳实时性的电话和电视信号业务,还要考虑满足突发性强、瞬时业务量大的要求,提高通信效率和经济性。在这样的通信业务条件下,传统的电路交换和分组交换都不能够胜任。就电路交换来说,其主要缺点是信道带宽(速率)分配缺乏灵活性,以及在处理突发业务情况下效率低。而分组交换则由于处理操作带来的时延而不适宜于实时通信。因此,在研究新的传送模式时需要找出两全的办法,既能达到网络资源的充分利用,又能使各种通信业务获得高质量的传送水平。这种新的传送模式就是后来出现的"异步转移模式"(ATM)。

ATM 是在光纤大容量传送媒体的环境中分组交换技术的新发展。在大量使用光缆之前，数字通信网中的中继线路是最紧张也是质量最差的资源，提高线路利用率和减少误码是最着重考虑的事情。分组传送模式有效地提高了信道利用率，并保证了传送质量。但是这在相当大的程度上是依赖增加结点的处理负担换来的。例如，逐段反馈重发机制的信道利用率要明显高于端到端反馈重发机制，但结点的处理负担加重。光缆的大量使用不仅大大增加了通信能力，而且也大大提高了传送质量。这使得人们逐渐倾向于宁可牺牲部分线路的利用率，来减少结点的处理负担。显然，使用端到端反馈重发机制，可以取消所有的中间环节上的与反馈重发机制有关的处理部件，从而大大简化了设备，并且也减轻了处理机的负担。这和早期用增加设备复杂性的方法来提高线路利用率、挖掘通信线路潜力已大不相同。同时，由于光缆的线路误码率大大低于铜线，端到端的反馈重发机制已经可以很好地满足绝大部分业务的需要。

与此同时，人们对于通信带宽的需求日益增加，特别是传送图像信息和海量数据，已经使人们对于数据通信的速率由过去的几千比特/秒增加到几兆比特/秒。这样，结点的处理能力成了通信网中新的"瓶颈"。ATM 对于结点处理能力的要求远低于分组传送方式，更能适应现代的这种环境。

6.2.2　ATM 的传送模式和信元结构

1. ATM 传送模式

ATM 技术是实现 B-ISDN 的核心技术，它是以分组传送模式为基础并融合了电路传送模式高速化的优点发展而成的，可以满足各种通信业务的需求。现行的电路交换采用同步转移模式（STM）。由图 6.11(a) 可以看出，在 STM 中存在着以 $125\mu s$ 为周期的帧，它靠帧内的时隙位置来识别信道，一条信道所占用的时隙位置是固定的。

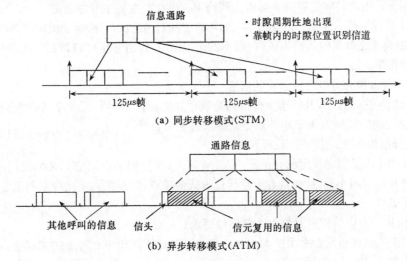

图 6.11　STM 与 ATM 的比较

ATM 的传送模式如图 6.11(b) 所示，它本质上是一种高速分组传送模式。它将话音、数据及图像等所有的数字信息分解成长度固定（48 字节）的数据块，并在各数据块前装配由地址、丢失优先级、流量控制、差错控制（HEC）信息等构成的信元头（5 字节），形成 53 字节的完整信元。它采用异步时分复用的方式将来自不同信息源的信元汇集到一起，在一个缓冲器内排队，然后按照先进先出的原则将队列中的信元逐个输出到传送线路，从而在传送线路上形成首尾相接的信元流。每个信元的信头中含有虚通路标志符/虚信道标志符（VPI/VCI）作为地址标志，网络根据信头中的地址标志来选择信元的输出端口转移信元。

由于信息源产生信息的过程是随机的,所以信元抵达队列也是随机的。速率高的业务信元到来的频次高;速率低的业务信元到来的频次低。这些信元都按到达的先后顺序在队列中排队,队列中的信元按输出次序复用在传送线路上。这样,具有同样标志的信元在传送线路上并不对应某个固定的时隙,也不是按周期出现的,也就是说信息传送标志和它在时域的位置之间没有任何关系,信息识别只是按信头的标志来区分的。由于 ATM 具有这个复用特性,因此 ATM 模式也被称为标志复用或统计复用模式。这样的传送复用方式使得任何业务都能按实际需要来占用资源,对某个业务,传送速率会随信息到达的速率而变化,因此网络资源得到最大限度的利用。此外,ATM 网络可以适用于任何业务,不论其特性(速率高低、突发性大小、质量和实时性要求)如何,网络都按同样的模式来处理,真正做到了完全的业务综合。

由图 6.11 可见,STM 存在 $125\mu s$ 的帧,它靠帧内的时隙位置来识别信道,ATM 则靠信元中的信头标志来识别。虽然在前面所讲的 X. 25 协议的分组转发也采用了标记复用,但其分组长度在上限范围内可变,因而插入到通信线路的位置是任意变化的,而 ATM 是采用固定长度的信元,可使信元像 STM 的时隙一样定时出现。因此,ATM 可以采用硬件方式高速地对信头进行识别和交换处理。由此可见,ATM 传送技术融合了电路传送模式与分组传送模式的特点。可以从以下两个角度来理解 ATM 的这个特征。

(1) ATM 可以视为电路传送方式的演进

在电路传送方式中,时间被划分为时隙,每个时隙用于传送一个用户的数据,各个用户的数据在线路上等时间间隔地出现。同时,不同用户的数据按照它们占用的时间位置的不同予以区分。

如果在上述的每个时隙中放入 48 字节的用户数据和 5 字节的信头,即一个 ATM 信元,则上述的电路传送方式就演变为 ATM。这样一来,由于可依据信头标志来区分不同用户的数据,所以用户数据所占用的时间位置就不必再受到约束。由此产生的主要好处是:

① 线路上的数据传送速率可以在使用它的用户之间自由分配,不必再受固定速率的限制;

② 对于断续发送数据的用户来说,在他不发送数据时,信道容量可以被其他用户使用,从而提高了信道利用率。

(2) ATM 可以视为分组传送方式的演进

由于在分组传送方式中,其信道上传送的是数据分组,而 ATM 信元完全可以视为一种特殊的数据分组,所以把 ATM 视为分组传送方式的演进更为自然。

ATM 与分组传送方式主要有下列不同:

① ATM 中使用了固定长度的分组——ATM 信元,并使用了空闲信元来填充信道,这使得信道被分成等长的时间小段,从而具有电路传送方式的特点,为提供固定比特率和固定时延的电信业务创造了条件;

② 可以由用户在申请信道时提出业务质量要求;

③ 不使用逐段反馈重发方法,用户可以在必要时使用端到端(用户之间)的差错纠正措施。

这些改进使得 ATM 在提供分组交换数据业务的同时,也能满足提供固定比特率和固定时延的电信业务(如电话业务)的要求。

综合以上两方面的叙述可以看出,ATM 是属于电路传送方式和分组传送方式的某种结合。事实上,20 世纪 80 年代提出 ATM 时,就从两个不同的起点出发,达到了相同的归宿。一些人从改进同步时分复用方法出发,提出异步时分复用(ATD)。另一些人从改进分组交换出发,提出了快速分组交换(FPS)。这两者的进一步演进和标准化,就是当前的 ATM。

2. ATM 信元结构

ATM 信元结构和信元编码是在 I. 361 建议中规定的,由 53 字节的固定长度数据块组成。其中前 5 字节是信头,后 48 字节是与用户数据相关的信息段。信元的组成结构如图 6.12所示。

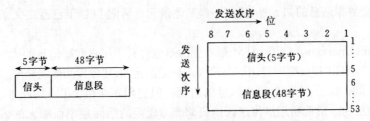

图 6.12　信元的组成结构

信元从第 1 字节开始顺序向下发送,在同一字节中从第 8 位开始发送。信元内所有的信息段都以首先发送的比特为最高比特(MSB)。

图 6.13 所示为简化的 B-ISDN 组织结构示意和 ATM 信元的信头格式。在使用 ATM 技术的通信网上,用户线路接口称为用户-网络接口,简称 UNI;中继线路接口称为网络结点接口,简称 NNI。ATM 信头的结构在用户-网络接口和网络结点接口上稍有不同,下面分别说明在这两种接口上的 ATM 信头格式和编码。

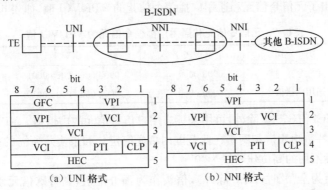

图 6.13　简化的 B-ISDN 组织结构示意和 ATM 信元的信头格式

(1) UNI 的信头格式和编码

按照发送顺序,信头开始的 4 比特是一般流量控制(GFC),ITU-T 在 1994 年 11 月确定了 GFC 算法,即采用基于循环的排队算法。

跟在 GFC 后面的是路由信息,包括 8 比特 VPI 和 16 比特 VCI;然后是 3 比特净荷类型 (PTI),可以指示 8 种净荷类型,其中 4 种为用户数据信息类型,3 种为网络管理信息,还有 1 种目前尚未定义(详见表 6.3)。PTI 之后是信元丢弃优先权(CLP),当传送网络发生拥塞时,首先丢弃 CLP=1 的信元。信头的最后一字节是信头差错控制码 HEC,HEC 是一个多项式码,用来检验信头的错误。

表 6.3　PTI 标志值及净荷类型说明

PTI 编码比特 4 3 2	类 型 说 明
0 0 0	用户数据信元,无拥塞,SDU 类型=0
0 0 1	用户数据信元,无拥塞,SDU 类型=1
0 1 0	用户数据信元,无拥塞,SDU 类型=0
0 1 1	用户数据信元,无拥塞,SDU 类型=1
1 0 0	分段 OAM F5 流信元
1 0 1	端到端 OAM F5 流信元
1 1 0	保留给今后的业务流控制和资源管理
1 1 1	保留给未来的功能应用

除传送用户数据信息的信元外,还有一些其他信元。目前 ITU-T 已经定义了下列几种特殊信元。

未分配信元(Unassigned Cell):ATM 层产生的不包含有用户数据信息的信元。当发送侧没有信息要发送时,ATM 层就要向复用线上填入未分配信元,以使收发两侧能异步工作。

空闲信元(Idle Cell):不包含用户信息的信元。但它们不是由 ATM 层产生,而是由物理层产生的,是物理层为了适配所用的传送媒体载荷能力规定的信元速率而插入的信元。空闲信元由物理层插入和提取,因而在 ATM 层看不到空闲信元。未分配信元则不同,在物理层和 ATM 层都能见到未分配信元。

元信令信元(Meta-Signalling Cell):含有元信令的信元,用来供用户与网络协商信令的 VCI 和信令所需的资源。

通用广播信令信元(General Broadcast Signalling Cell):这类信元包含需要向用户-网络接口上的所有终端广播的信令信息。

物理层 OAM 信元(Physical Layer OAM Cell):这类信元包含与物理层的操作维护有关的信息。

I. 361 建议给出了元信令信元和通用广播信令信元的 VPI/VCI 值,如表 6.4 所示。

表6.4　元信令信元和通用广播信令信元的 VPI/VCI 值

类　　别	VPI	VCI
元信令	0000 0000	0000 0000 0000 0001
通用广播信令	0000 0000	0000 0000 0000 0010

其他的 VPI/VCI 值(全"0"除外)可用来标志用户信息信元的虚信道。VPI/VCI 共 24 比特,实用中所需要的比特数由用户和网络在此范围内事先商定。如果实际所需的比特数不足 24,则需将 VPI 和 VCI 段不用的高位比特置为"0"。

当 VPI/VCI 值为全"0"时(HEC 除外),信头作为预分配值,供特殊信元使用。表 6.5 给出了 UNI 信头的预分配值。表中的前三类都是物理层的信元,这些信元不送往 ATM 层,只在物理层处理。

表6.5　UNI 信头的预分配值

字　　节	第 1 字节	第 2 字节	第 3 字节	第 4 字节
空闲信元标志	0000 0000	0000 0000	0000 0000	0000 0001
物理层 OAM 信元标志	0000 0000	0000 0000	0000 0000	0000 1001
留给物理层使用的信元	PPPP 0000	0000 0000	0000 0000	0000 PPP1
未分配信元	0000 0000	0000 0000	0000 0000	0000 BBB0

P——表示可供物理层使用的比特,这种比特不具有信头格式中对应位置(GFC、PTI、CLP)相应的含义。

B——任意比特。

(2) NNI 的信头格式和编码

网络结点接口(NNI)上信元的信头结构如图 6.13(b)所示。如果与图 6.13(a)相比较,会发现 NNI 的信头结构和 UNI 的十分相似,唯一的不同之处是 NNI 的信头中没有了 GFC,它的位置被 VPI 所占据。因此,在网络结点之间可以使用 12 比特 VPI,这样可以识别更多的 VP 链路。

NNI 信头的预分配值如表 6.6 所示。这些信头预分配的规律和 UNI 上的信头预分配规律基本相同,只是在 NNI 上,信头的前 4 比特(第 1 字节的高 4 比特)不能用来作为 P 比特用。这是因为这 4 比特位置已被 VPI 所占据,因此所有预分配信头值在 VPI/VCI 位置上的比特必须全为"0"。

表 6.6　NNI 信头的预分配值

字　节	第 1 字节	第 2 字节	第 3 字节	第 4 字节
空闲信元标志	0000 0000	0000 0000	0000 0000	0000 0001
物理层 OAM 信元标志	0000 0000	0000 0000	0000 0000	0000 1001
留给物理层使用的信元	0000 0000	0000 0000	0000 0000	0000 PPP1
未分配信元	0000 0000	0000 0000	0000 0000	0000 BBB0

P——表示可供物理层使用的比特。

B——任意值。

6.2.3　ATM 交换的基本原理

ATM 网从概念上讲是分组交换网,每一个 ATM 信元在网中独立传送。ATM 网又是面向连接的通信网,端到端接续是在网络通信开始以前建立的,因此,ATM 交换机是基于存储的路由选择表,利用信头中的路由选择标志号(VPI 和 VCI)把 ATM 信元从输入线路传送到指定的输出线路。建立在交换结点上的接续主要执行两个功能:对于每一个接续,它指配唯一的用于输入和输出线路的接续识别符,即 VPI/VCI 交换;它在交换结点上建立路由选择表,以为每一接续提供其输入和输出接续识别符间的联系。

所谓交换,在 ATM 网中是指 ATM 信元从输入端逻辑信道到输出端逻辑信道的消息传递。输出信道的确定是根据连接建立信令的要求,在众多的输出信道中进行选择来完成的。ATM 逻辑信道具有两个特征,即它具有物理端口(线路)编号、虚路径识别符和虚通路识别符。为了提供交换功能,输入端口必须与输出端口相关联;输入 VPI/VCI 与输出的识别符相关。

ATM 交换的基本原理如图 6.14 所示。图中的交换结点有 N 条入线($I_1 \sim I_N$),n 条出线($O_1 \sim O_n$),每条入线和出线上传送的都是 ATM 信元,并且每个信元的信头值(VPI 和 VCI)都表明该信元所在的逻辑信道。不同的入线(或出线)上可以采用相同的逻辑信道值。ATM 交换的基本任务是将任一入线上任一逻辑信道中的信元交换到所需的任一出线上的任一逻辑信道上。例如,图中入线 I_1 的逻辑信道 x 被交换到出线 O_1 的逻辑信道 k 上,入线 I_N 的逻辑信道 y 被交换到出线 O_n 的逻辑信道 m 上,等等。这里的交换包含两方面的功能:一是空间交换,即将信元从一条传送线传送到另一条编号不同的传送线上,这个功能又称为路由选择;另一个功能是时间交换,即将信元从一个时隙交换到另一个时隙。请注意,在 ATM 交换中,逻辑信道和时隙之间并没有固定的关系,逻辑信道是靠信头的 VPI/VCI 值来标志的,因此实现时间交换要靠信头翻译表来完成,例如,I_1 的信头值 x 被翻译成 O_1 上的 k 值。在图 6.14 中,空间交换和时间交换功能可以用一张信头、线路翻译表来实现。

由于 ATM 是一种异步传送方式,在逻辑信道上信元的出现是随机的,而在时隙和逻辑信道之间没有固定的对应关系,因此很有可能存在竞争(或称碰撞)。也就是说,在某一时刻,可能会发生两条或多条入线上的信元都要求转到同一输出线上去。如 I_1 的逻辑信道 x 和 I_N 的逻辑信道 x(假定它们的时隙序号相同)都要求交换到 O_1,前者使用 O_1 的逻辑信道 k,后者使用 O_1 的逻辑信道 n,虽然它们占用不同的 O_1 逻辑信道,但由于这两个信元将同时到达 O_1,在 O_1 上的当前时隙只能满足其中一个的需求,另一个必须被丢弃。为了使在发生碰撞时不引起信元丢失,交换结点中必须提供一系列缓冲区,以供信元排队用。

综上所述,可以得出这样的结论,ATM 交换系统执行三种基本功能:路由选择、排队和信头翻译。对这三种基本功能的不同处理,产生了不同的 ATM 结构和产品。

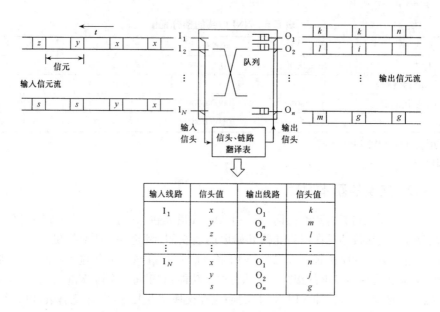

图 6.14　ATM 交换的基本原理

6.3　软交换技术

下一代网络(NGN)的"诞生"在电信发展史上具有里程碑式的意义,它标志着新一代电信网络时代的到来。软交换是当前运营商广泛应用的 NGN 核心技术,在 NGN 分层结构中位于控制层,是多种逻辑功能实体的集合,它独立于传送网络,为下一代电信网提供综合业务的呼叫控制、资源分配、路由、认证和计费等主要功能,是电路交换网向分组网演进的关键设备之一。

软交换的产生有着深厚的历史背景和技术背景,是电信网向 NGN 演进过程中出现的概念,它汲取了 IP、ATM、TDM 等技术的优点,采用开放的分层体系结构,使电信运营商可以根据需要利用合适的功能组件,基于软交换形成适合的网络解决方案。软交换不但实现了网络的融合,更重要的是实现了业务的融合,具有充分的优越性。

6.3.1　软交换技术的产生背景

软交换这一概念的提出是网络交换技术不断发展的结果,它发源于传统交换技术,并吸收了互联网语音技术的发展成果,将传统交换机的体系结构进行分解,并加入了接口开放、结构分层等新内容,进而引申到分组交换网中。如何建设一个可持续发展的网络,在保证运营商现有语音收入的同时,又能在未来的数据多媒体业务中占据竞争优势,这是提出并建设 NGN 的根本出发点。本节将分别介绍 NGN 的产生、NGN 的定义和特点、NGN 的体系结构、NGN 的关键技术、软交换在 NGN 中的位置和作用,以及 NGN 的演进策略,从而引出软交换技术。

1. NGN 的产生

曾经飞速发展的固定电话网逐渐失去往日的辉煌,虽然电信业务的收入仍在增长,但是ARPU(Average Revenue Per User,每用户平均收入)呈下降趋势。而互联网用户数量的爆炸式增长、网络规模的迅速发展,使得网络中数据业务流量快速增长,用户对业务的需求结构发生了重大的变化,越来越多的用户已不再满足单一的业务体系,提出了业务多媒体化、综合化及个性化的要求。传统电路交换机将信息传送、交换、呼叫控制、业务和应用等功能综合在单一的交换机设备中实现,造成新业务生成代价高、周期长、技术演进困难,从而导致无法适应快速变化的市场环境和多样化的用户需求,因此传统的 PSTN 网络无法满足人们对新业务需求的不断提高,必须向 NGN 演进。

NGN 的概念诞生于 1996 年,美国政府与大学分别牵头提出下一代 Internet(NGI)和 Internet2,而且国际上许多由政府部门、标准化组织等机构所组织的 NGN 行动计划纷纷出现,比如,国际互联网工程任务组(IETF)提出的下一代 IP、第三代移动通信伙伴组织(3GPP)与通用移动通信系统(UMTS)论坛联合发布的下一代移动通信等。1997 年,朗讯的贝尔实验室首次提出软交换的概念,从而引发各个主流的设备厂商也开始研发各自的基于软交换的下一代网络解决方案,如华为的 iNET、西门子的 Surpass 等。

自 NGN 概念提出以来,由于其涉及技术之广、影响之大,国际上各标准化组织和论坛都非常重视 NGN 的研究,期望在下一代网络技术发展过程中占得先机,如全球性的标准化组织 ITU-T 的 SG11、SG13、SG15、SG15 和 SG19 研究组,IETF 的 IP Telephone 工作组、信令传送(Sigtran)工作等。2002 年 1 月,ITU-T 决定启动 NGN 的标准化工作,并在第 13 研究组内建立一个新的项目"NGN 2004 Project",计划在 2004 年全面定义有关 NGN 的内涵、相关的网络体系模型和实施原则,该项目与 ITU-T 已有的 GII(Global Information Infrastructure,全球信息基础设施)项目相对应;2004 年初,NGN 课题报告人联合会议和研究组全会推出了 12 个 NGN 标准草案,在研究方向、框架体系、网络功能、互通等方面提出了总体要求。在区域性的组织中,欧洲电信标准协会(ETSI)表现最为活跃,在 2001 年设立了 NGN 启动组 NGN-SG 和实现组 NGN-IG,进展也比较快,许多研究成果和规范得到了 ITU-T 的采纳。IETF 认为进一步增强 IP 网的功能和性能,IP 网便能担当起 NGN 的重任,其对 NGN 的研究主要集中在 IP 网络和光网络的融合方面,以解决高带宽、大容量和足够的地址资源等问题,面向的业务从数据扩展到语音和视频,即围绕 IP 传送实时业务而展开。

在 NGN 领域,"中国力量"的表现也尤为引人注目。我国相当重视 NGN 的研究,制定了 NGN 的总体发展战略,加快了对 NGN 演进策略的研究,启动和加强了对 NGN 体系架构、标准与关键技术的研究。自 2001 年起,国内各大运营商也陆续开始了 NGN 的试验工程,如中国电信在北京、上海、广州、深圳 4 个城市部署了 NGN 实验工程,分别安装软交换、多媒体应用器、媒体网关、综合接入等设备,计划提供分组语音接入及多媒体业务。中国联通采用 ATM+IP 的技术方案,建设了一个统一的网络平台(UNINET),可为用户提供语音、数据、视频会议等综合业务,并计划将固定、移动传统语音网也融合进来。随着我国电信产业的不断发展,我国运营商和设备商对于国际标准的影响力越来越强。在 ITU-T NGN 研究领域,我国参会人数及提交的文稿数越来越多,参加 ITU-T 会议也从先前的跟踪研究转为直接参与和推进。我国已在国际上提出技术建议的 NGN 研究方向包括以下部分:固定/移动网络融合架构、软交换演进方向、IMS 在固定网中的应用等。2006 年,由我国主导的 5 项 NGN 标准在 ITU-T 会议上获得通过,有力地表明我国在 NGN 国际标准方面取得了突破性进展。

NGN 得到广泛而迅速的发展,主要因素在于有技术、业务需求、网络开放等多方面的驱动。

(1) 技术的驱动

20 世纪 90 年代以来,通信技术取得的最大进步之一就是以互联网为标志的分组交换技术的迅速发展。与传统的电话网相比,分组网具有带宽利用率高、传送成本低、开放性优越、适合承载多媒体业务等众多优势。数字技术的迅速发展和全面采用,使话音、数据和图像信号都可以通过统一的编码进行传送和交换;光传送容量、无线容量的发展超过摩尔定律,高性能路由器技术使带宽和服务质量大大提高,为传送综合业务提供了一个理想平台。

(2) 业务需求的驱动

曾经飞速发展的固定电话网渐失往日辉煌,电信业务增速下降,ARPU(每用户平均收入)值呈日益下降趋势。造成这种局面的关键原因是缺少适合人们需要的、能进一步刺激电信业发展的新业务和新应用。如何能够有效、快速地提供符合人们需求的电信增值业务,成为困扰电信运营商的一大难题。基于 IP 的数据型业务的不断涌现为运营商带来了新的希望。用户对业务综合性的要求日益增加,希望灵活、方便地获取综合化、交互化和多样化的业务;服务供应商也希望能够提供一个快速、开放的业务开发平台,向用户提供各种满足 QoS 和安全性要求的业务。

（3）网络开放的驱动

从封闭、单一的国营电信体系管理模式发展到开放、多方竞争的电信市场管理模式,要求电信网向第三方业务提供商提供开放的接口。传统电信网络是一个封闭式的结构,一直处于网络运营商排他性的控制之下,这种结构保证了通信网络的稳定性、可用性及可靠性,但也造成了新业务的开发、升级和维护的不便。

随着全球范围内对电信管制的解除,原来由网络运营商包揽产业链的格局被打破,出现了网络提供商、业务提供商及内容提供商分离的局面。新的商业模式离不开网络技术的支持,以软交换为核心并采用 IP 网传送的 NGN 网络结构开放、运营成本低,能够满足未来业务发展的需求,这就促使传统电信公司纷纷进行网络改造,积极向 NGN 逐步演进和融合。

2. NGN 的定义和特点

关于 NGN 的定义在业界有过许多争论。直观来看,NGN 泛指一个不同于当前或前一代的网络体系结构,涵盖了从交换、接入、数据承载、传送、移动到业务和应用等电信网络的所有领域。如对传送网而言,这一代网络是以 TDM 为基础,以 SDH 及 WDM 为代表的传送网,NGN 则是指以自动交换光网络（ASON）为核心的光网络;对计算机网络而言,这一代网络是以 IPv4 为基础的互联网,NGN 则是指以高带宽及 IPv6、内容中心网络、SDN 为重点的下一代互联网 NGI;对移动网而言,前一代网络以 GSM、3G 为代表,NGN 则是指下一代移动网,采用技术包括第四代移动通信（4G）、第五代移动通信（5G）;对交换网而言,前一代网络是由以 TDM 时隙交换为基础的程控交换机组成的电话网络,NGN 则是指下一代交换网,采用技术包括软交换、IMS（IP Multimedia Subsystem,IP 多媒体子系统）,以及当前研究热点 SDN（Software Defined Networking,软件定义网络）。

ITU-T 认为 NGN 是全球信息基础设施（GII）的具体体现,2004 年 2 月,其颁布的《Y. NGN-over-view》建议草案中给出了下一代网络的初步定义:“NGN 是一个分组网络,它提供包括电信业务在内的多种业务,能够利用多种带宽和具有 QoS 能力的传送技术,实现业务功能与底层传送技术的分离;它提供用户对不同业务提供商网络的自由接入,并支持通用移动性,实现用户对业务使用的一致性和统一性。”欧洲电信标准协会（ETSI）认为 NGN 是一种规范网络的概念,通过采用分层、分面和接口的方式提供平台,使业务提供者和运营者能够借助这一平台逐步演进,以生成、部署和管理新的业务。

总体来看,NGN 是一种基于分组的传送模式,可以提供包括电信业务在内的多种业务的综合开放的网络架构。它是一种目标网络,具有基于分组传送、呼叫控制与承载、业务与呼叫控制双分离、宽带化、通用移动性等特征。从理想技术特征来看,应具有传统电话网的普遍性和可靠性、以太网的简单性、互联网的灵活性、光网络的高带宽、ATM 的低时延、蜂窝网的移动性等。从网络层面来看,垂直方向应包括接入层、媒体传送层、控制层和业务应用层,水平方向应包括用户驻地网、接入网、城域传送网和核心骨干网。

对比现有网络,NGN 具有以下特点。

（1）采用分层的开放体系架构

下一代网络实现了呼叫控制与承载、业务与呼叫控制的双分离,网络结构层次化及各层次之间的协议接口逐渐标准化,并对外开放,从而使网络从目前的封闭结构转向开放结构。将传统交换机的功能模块分离为独立的网络部件,各个部件可以按相应的功能划分,独立发展,各部件间的接口基于标准协议,可以实现异构网络的互通。这种开放性也体现为电信运营商可以根据自己的需求来选择市场上的优势网络设备,而不必担心设备间的互通,从而实现平滑的演进。

（2）基于分组交换技术

下一代网络将采用高速分组交换网络,支持在统一的传送网上承载综合业务,实现电信网、计算机网和有线电视网的三网融合,对现有电信网络结构进行整体变革,简化了现有网络平台,节约了网络资源,同时也为国家信息基础设施（NII）的实现奠定坚实的基础。

（3）融合异构网络

下一代网络是一个高度融合的网络,综合了固定电话网、移动电话网和 IP 网络的优势,使得模拟用户、数字用户、移动用户、IP 窄带网络用户、IP 宽带网络用户甚至通过卫星接入的用户都能作为 NGN 中的成员互通。这种融合既包括传送网络的融合,又包括业务能力的融合。它不是现有电信网和分组网的简单延伸和叠加,也不仅仅是某些技术的进步,而是整个网络框架的优化,是一次电信网体系的飞跃。

（4）业务驱动型网络

下一代网络业务的发展真正独立于网络,可以快速、灵活地实现新业务的提供,从而满足人们多样的、不断发展的业务需求,并且使用户能够自行配置和定义自己的业务特征,而不必关心承载网络的网络形式和终端类型。

（5）建设和运营成本低

下一代网络采用 IP 网元进行分组交换,从而大大节省设备成本、维护成本、业务提供成本及通信费用。同时电信运营商只需对单一的网络进行维护,易于科学管理,实现网络的可持续发展。

3. NGN 的体系结构

按功能来分,NGN 一般可分为三层或四层。根据业务与呼叫控制相分离、呼叫控制与承载相分离的分层架构思想,ETSI、3GPP 提出的 NGN 分层体系结构包括传送层、会话控制层和应用层,如图 6.15 所示。

ITU-T 以 ETSI、3GPP 提出的 NGN 三层体系结构作为参考依据研究功能模型,并详细定义了各个层次的功能及相互关系,提出了各层的功能细化模型,如图 6.16 所示。其中各层细化功能如下。

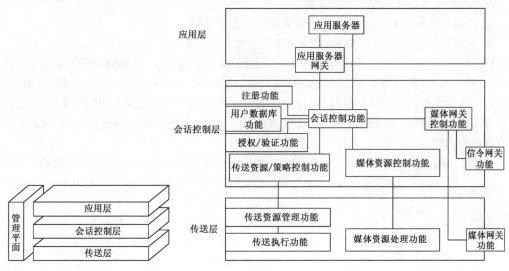

图 6.15　ETSI 和 3GPP 提出的　　　　图 6.16　ITU-T 提出的 NGN 各层的功能细化模型
　　　　NGN 分层体系结构

（1）传送层

包括各种分组交换节点，是网络信令和媒体流从源端到目的端传送的通道。下一代网络高速化的分组核心承载网是以光网络为介质的分组交换网，可以基于 IP 承载方式，也可以基于 ATM 方式，它必须是一个具有高可靠性、能够提供端到端的 QoS 保证的综合传送平台，其各功能如下。

① 传送资源管理功能：负责传送层的管理与控制。

② 传送执行功能：执行网络资源请求，包括防火墙、网络地址转换（NAT）等功能。

③ 媒体资源处理功能：通过具体的物理端口与会话控制层和应用层的相应部分通信，完成控制传送层、提供媒体资源的功能。

（2）会话控制层

将信息格式转换为能够在网络上传递的形式。此层决定用户收到的业务，并能控制底层网络元素对业务流的处理，各项功能如下。

① 传送资源/策略控制功能：负责控制实体和传送层之间资源请求的传递。

② 媒体资源控制功能：分配媒体资源，为位于应用层的内容服务器和位于传送层的资源处理器分配接口。

③ 会话控制功能：负责与会话状态有关的功能，包括业务触发、连接控制、计费记录的产生等，并与注册及认证功能相互作用。

④ 注册功能：负责用户有效性注册，并与传送的有效性进行捆绑。

⑤ 用户数据库功能：存储用户信息和用户轮廓。

⑥ 授权/验证功能：完成用户的鉴权和认证。

⑦ 媒体网关控制功能：控制连接到其他网络（包括 PSTN）的各种媒体网关和协议（如 SS7）的互操作。

⑧ 媒体网关功能：包括接入网关、中继网关等。

⑨ 信令网关功能：负责控制网络内部信令传送。

（3）应用层

该层是下一代网络的服务支撑环境，在呼叫建立的基础上为用户提供增强服务，同时还向运营支撑系统和业务提供者提供服务支撑。

① 应用服务器网关：负责为第三方业务提供者提供接口。

② 应用服务器：负责业务提供，可以为第三方业务提供者所有。

ISC（International Softswitch Consortium，国际软交换联盟）是一个非赢利的工业组织，成立于 1999 年 5 月，后更名为 IPCC（International Packet Communications Consortium，国际分组通信联盟）。IPCC 提出的基于软交换的 NGN 网络结构分为 4 层，分别是接入层、媒体传送层、控制层和业务应用层，如图 6.17 所示。在 NGN 发展的初级阶段，考虑细化媒体传送和呼叫控制这两个层面是可取的。

（1）接入层：提供将各种现存网络及终端设备灵活接入到分组交换网络的方式和手段，同时，负责综合运用各种不同接入手段集中用户业务并将它们传送到目的地。

（2）媒体传送层：为业务应用层提供媒体处理服务。负责将信息格式转换为能在传送网传递的格式，例如，将话音信号转换为 ATM 信元或 IP 包，并实现信息媒体流的选路和传送。它是一个具有高可靠性、能够提供端到端 QoS 保证的综合传送平台。

图 6.17　NGN 的功能分层

(3) 控制层:主要完成各种呼叫控制和连接管理功能,控制底层网络元素对接入和传送层的语音、数据及多媒体业务流的处理,是 NGN 的控制核心,实现了网络端到端的连接。

(4) 业务应用层:是下一代网络的服务支撑环境,业务应用层设备通过与媒体传送层、控制层的通信,按照业务执行逻辑的要求来控制呼叫流程,同时在呼叫建立的基础上提供各种增值业务,如业务逻辑定义、业务生成和业务编程接口等,提供开放的第三方可编程接口,易于引入新业务。此外也负责业务的管理功能,如业务计费和认证等。业务应用层由一系列业务应用服务器组成,包括业务控制点、策略服务器、应用服务器等。

4. NGN 的关键技术

下一代网络需要许多技术支持。在 NGN 体系结构的每一层中都能找到它所对应的关键技术。例如,采用软交换、IMS 及 SDN 实现端到端的业务控制;采用 OTN 和光交换网解决传送及高带宽交换的问题;采用策略管理技术实现动态网络管理;采用网关技术实现异构网络的互通等。下面将对 NGN 涉及的几种技术做简单介绍。

(1) 软交换技术

软交换是当前运营商广泛应用的 NGN 核心技术,其思想是硬件软件化,用分组网代替传统交换机中的交换矩阵,通过软件实现下一代电信网的呼叫与控制、接续和业务处理,是电路交换网向分组网演进的关键技术之一。软交换是多种逻辑功能实体的集合,各实体之间通过标准接口和协议进行互通,便于在下一代电信网中灵活、快速地提供各种新业务。

(2) IMS 技术

IMS(IP Multimedia Subsystem, IP 多媒体子系统)是一个基于 SIP 的会话控制系统。IMS 的概念最早由 3GPP 提出,后来得到 ITU-T 和 TISPAN 等国际标准化组织的广泛认可。IMS 和软交换都采用了业务、控制和承载相互分离的分层架构思想,但又各具特色。同样作为控制层技术,IMS 在基本原理上与软交换是一种继承和发展的关系,但是 IMS 在体系设计上比软交换系统要清晰高明,其业务能力更加强大,可以开发基于会话的下一代多媒体业务网。总体来说,可以把软交换视为 NGN 发展的初级阶段,而 IMS 则是构造固定和移动融合网络架构的目标技术,可以视为 NGN 发展的中级阶段。

(3) SDN 与 NFV 技术

SDN(Software Defined Networking,软件定义网络)技术是未来网络领域极受关注的方向之一,SDN 是一种数据转发与控制解耦、软件可编程的新兴开放式网络架构,其核心思想是将传统网络设备紧耦合的网络架构拆分成应用、控制、转发三层分离的架构,并通过标准化实现网络的集中管控和网络应用的可编程。SDN 起源于 2006 年斯坦福大学的“Clean Slate”计划,其核心技术 OpenFlow 通过将网络设备控制面与数据面分离,从而实现了网络流量的灵活控制,为核心网络及应用的创新提供了良好的平台。SDN 代表了过去 60 多年来 IT 越来越去硬件化,以软件获得功能灵活性的一种必然趋势。SDN 能够为 IT 产业增加一个更加灵活的网络部件,提供了一个设备供应商之外的企业、运营商能够控制网络自主创新的平台,使得网络创新的周期由数年降低到数周。目前大部分知名厂商都对 SDN 进行了投入,其中包括 Cisco、HW、ZTE、IBM、Juniper Networks、Broadcom、Citrix、Dell、HP、Google、Intel、NEC 和 Verizon。有这么多的投入进入到产品开发,SDN 将会对 IT 基础设施产生很大的影响。

NFV(Network Function Virtualization,网络功能虚拟化)技术是由运营商主导发起的新型网络技术,旨在通过通用硬件及虚拟化技术来承载相关网络功能,从而降低网络成本并提升业务开发部署能力,它将 IT 领域的虚拟化技术引入 CT 领域,利用标准化的通用设备实现网络设备功能。其主要目标包括降低成本、节能增效、提高网络/业务管理、维护、部署效率及开放与创新潜力。

SDN 和 NFV 常被混为一谈,也都有被泛化的趋势。从技术实质来看,SDN 与 NFV 并不同。SDN 负责网络连接的调度,NFV 负责网络功能的实现。此外,SDN 和 NFV 的推动力量不同,其诞生和推动发展的国际组织是不一样的。网络由网元和网络连接共同组成,二者缺一不可,都是网络的重要组成部分。因此,NFV 实现的软件化网络功能和 SDN 实现的灵活调度的网络连接是互相依存、互相补充的,二者共同构成了下一代网络的基础。

网络发展是不断借鉴、引入创新技术的过程。SDN/NFV 是下一代网络的基础性技术,也是发展未来网络的起点。但要注意的是,SDN/NFV 并不是下一代网络发展的终点,目前电信软件开源、白牌硬件、网络分片等新的技术方向已经初露端倪。

（4）基于策略的动态网络管理技术

策略是指一组规则,每条规则由一组条件和动作组成。在策略管理系统中,网络管理人员通过制定策略,并使这些策略自动转换成设备指令,从而对网络进行控制和管理。基于策略的管理把传统的以网络和设备为中心的管理模式转化为以业务为中心的管理模式,使网络管理人员能够更多地关注业务需求,而不是设备配置的细节,提高对时刻变化的业务量的控制能力,提高网络管理效能。

（5）网关技术

下一代网络要提供综合的业务,现在的固定电话网、移动电话网和分组交换网等电信网都会作为边缘网络接入高速分组化的核心承载网络,NGN 要能与这些电信网进行互通。网关技术是解决异构网络互通的一种关键技术。不同的边缘网络通过网关接入到高速分组化的核心承载网,由网关完成媒体信息和信令信息的转换。

（6）基于 API 模式的业务开发技术

在 NGN 的业务体系中,主要采用 API（Application Programming Interface,应用编程接口）技术为高层应用业务提供访问网络资源和信息的能力。根据与具体协议的耦合关系,可以把 API 分为与具体协议无关和基于具体协议两类。与具体协议无关的 API 使得业务的开发独立于底层具体的网络协议,从而方便地实现跨网业务,典型代表是 Parlay API 和 IAIN。基于具体协议的 API 可以充分利用协议的特性开发创新性业务,典型代表是基于 SIP 的 SIP Servlet API。

根据抽象层次的不同,NGN 的业务开发技术大致可以分为 API 级、脚本级和构建/框架级三类。API 级的业务开发是指基于相应的 API 直接开发业务,该方法可以获得最大的灵活性。脚本级的业务开发比 API 级的业务开发的抽象层次更高,它屏蔽了底层软件的 API 调用、资源提供等复杂编程问题,更适合编程能力不强的业务开发人员。构件/框架级的业务开发的主要思路是把 API 封装成具有一定功能的构件,基于这些构件来搭建更高抽象层次的业务框架,使业务得以基于构件和框架进行快速开发。

5. 软交换在 NGN 中的位置和作用

软交换在 NGN 分层结构中位于控制层,图 6.18 清楚地显示了软交换的呼叫控制与承载、业务与呼叫控制双分离的特征。位于控制层面的软交换设备向下与媒体网关（MG）交互,接收呼叫处理请求,包括识别用户摘机、拨号、挂机等事件,控制 MG 完成呼叫处理流程,如控制 MG 发送 IVR、向用户发送信号音、控制 MG 采用回波抵消技术、向 MG 提供语音包缓存区的大小,从而减少抖动带来的语音质量损失等。位于控制层面的软交换设备向上通过开放的应用编程接口（API）或标准协议完成与业务应用层的应用服务器之间的通信,为第三方提供业务开发和接入平台。

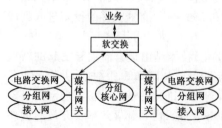

图 6.18　软交换在 NGN 网络中的位置

NGN 的目标之一是基于分组提供语音、数据、视频等多媒体业务。而软交换在继承的基础上突破了仅在单一业务网络(如 PSTN/ISDN、PLMN 与 Internet)之间进行互通的局限。它通过优化结构实现了网络结构的融合,同时支持了业务层的融合,使得分组交换网络不仅能够继承原有电路交换网中丰富的业务功能,还能在全网范围内快速提供原有网络难以提供的新业务。软交换作为 NGN 的核心技术,最基本的应用就是作为连接语音和数据业务的桥梁,其已被业界定义为下一代通信网的发展方向,并对我国电信网的演进产生一系列深远影响。

6. NGN 的演进策略

在 ITU-T 2004 年的 NGN 会议上,Y. MIG 建议草案对现有网络演进到 NGN 网络的指导方针做了详细描述,主要内容为固定电话网 PSTN 向 NGN 的演进。NGN 的演进不应是革命式地推倒现有网络去新建一个理想的网络模型,而是应该努力实现网络的平滑过渡。因此,下一代网络建设的初期必须为现有的电信网络和电信业务提供良好的支持。从网络总体结构来看,现在有两种演进策略:一种是以软交换为核心的重叠网演进策略;另一种是以综合交换机为核心的混合网演进策略。

(1) 重叠网演进策略

重叠网方案通过在 PSTN 与 ATM 或 IP 之间设置网关来实现,尽量不影响现有的 PSTN 网络,如图 6.19 和图 6.20 所示。重叠网方案以软交换为核心,采用高速分组交换网络,所设置的网关主要完成 PSTN 与 ATM 或 IP 之间的互连互通功能,控制 PSTN 与 ATM 或 IP 之间呼叫的建立。从图中可以看出,软交换可以旁路 IP 拨号业务,减轻电路交换网的压力,取代传统电路交换网的端局和汇接局。

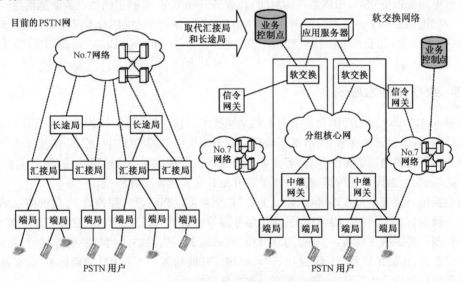

图 6.19　重叠网演进策略(汇接局和长途局)

这种网络演进思路综合了电路网的严谨性和分组网的灵活性,符合电路交换向分组交换演进的大趋势,允许不同的网络按照各自的最佳方向独立演进,不受限于节点结构,是一种整体的解决方案。

(2) 混合网演进策略

混合网演进策略也被称为综合节点方案,采用新一代交换机,即综合交换机,提供以语音业务为主、以数据业务为辅的综合接入和综合平台。这种综合交换机以传统电路交换为基础,通过提高交换节点的效率,扩大交换节点的容量,减少连接的复杂性,并扩展 ATM 中继、IP 网关和宽

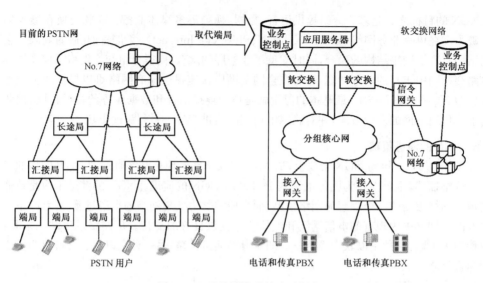

图 6.20　重叠网演进策略(端局)

窄带接入能力,改良综合业务承载能力。

综合考量网络现状、业务预测、经济性价比等因素,两种策略相比,业界更倾向于重叠网演进策略。因为重叠网演进策略是以软交换为核心,基于平台思想设计的开放的分层网络体系结构,而混合网演进策略则是以综合交换机为核心的。这种综合交换机基于电路交换的设计思想,仍具有许多电路交换的缺陷,如体系结构封闭、新业务开发困难、受制于网络设备制造商等。

下一代网络是一个高度融合的网络,在网络向 NGN 演进的过程中,不仅需要考虑 PSTN 网络向 NGN 的演进,还要考虑各种现有网络向 NGN 的演进和互通,如 3G 网络、H.323 IP 电话网等。

6.3.2　软交换基本概念

通过 6.3.1 节介绍的产生背景引出了软交换技术。软交换是 NGN 的当前运营商广泛应用的一代技术,其思想是硬件软件化,基于软件实现下一代电信网的呼叫与控制、接续和业务处理。软交换是多种逻辑功能实体的集合,各实体之间通过标准接口和协议进行互通,便于在下一代电信网中灵活、快速地提供各种新业务。本节将介绍软交换的定义和特点。

软交换可以从多个角度理解,从广义上看,软交换可以理解为一种开放、分层的体系结构,主要由软交换设备、信令网关、媒体网关、应用服务器等组成。从狭义上看,软交换可以理解为下一代网络控制层面的物理设备,一般称为软交换设备,是下一代网络呼叫与控制的核心,除提供呼叫控制功能外,还提供计费、认证、路由、协议处理等其他功能。本书中软交换体系、软交换系统、软交换网络均指整个体系结构,软交换则一般指软交换设备。

1. 软交换的定义

软交换思想的提出与智能网(IN)和 VoIP 网络的发展息息相关。

"软交换"源于 1997 年朗讯的贝尔实验室首次提出的"Softswitch"这一术语。"Softswitch"本身借用了传统电信领域 PSTN 网中的"硬"交换机的概念,所不同的是,强调其基于分组网上呼叫控制与媒体传送相分离的含义。在传统电路交换网中,呼叫控制、交换矩阵都封闭集成在程控交换机中,提供新业务需要对网络中所有交换机都进行改造,新业务开发周期长,为了灵活、快速地提供新业务,引入了智能网(IN)。IN 的核心思想是业务提供与呼叫控制功能分离,交换机完成基本呼叫控制功能,而业务提供由叠加在 PSTN 上的 IN 完成,大大增强了网络提供业务的能力。参考 IN 的思想,软交换采用开放的模块化结构,实现了业务提供与呼叫控制分离,图 6.21 所示为传统的电路交换模式与软交换模式的对应关系。

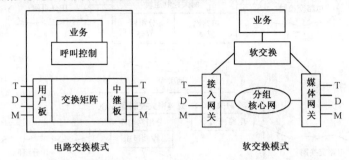

图 6.21　传统的电路交换模式与软交换模式的对应关系

从图中可以看出,在传统电路交换机中,软、硬件与应用集成在一个封闭的交换系统中,在其内部使用私有协议,维护升级困难,需要专业的维护人员,业务开发方式不灵活,需要修改交换机软件,所需时间很长,新业务生成代价高,技术演进困难。而在软交换系统中,采用开放的模块化网络体系结构,将传统电路交换机的功能模块分离为独立的网络部件,不同功能部件之间通过标准协议互通,如用户板演变为接入网关,中继板演变为中继网关,交换矩阵演变为分组网,呼叫控制演变为软交换,业务提供独立于底层网络,各功能部件可以独立地扩展、扩容和升级,业务开发方式灵活,可以方便地集成新业务,所需时间很短,同时支持语音、数据、视频的多媒体综合应用。

软交换同时也参考 VoIP 网络中 IP 网关控制功能与媒体转换功能相分离的思想,它的组成结构如图 6.22 所示。

图 6.22　传统 VoIP 网络的组成结构

其中的 IP 电话网关用于连接固定电话网 PSTN 与 Internet,完成两个异构网络间信息的转换,包括两个网络的信令信息的转换,并完成呼叫控制功能,同时控制网络资源,为呼叫建立内部话音通路。IP 电话网守则完成用户认证、鉴权、管理等功能。这种集成式的 IP 电话网关不仅要完成媒体格式转换,还要完成信令格式的转换,同时还需要执行呼叫控制与接续。过于复杂的网关功能不利于 IP 电话网的扩展性,而且阻碍了 IP 电话系统的大规模部署。因此,人们致力于网关功能的分解,实现功能模块化。IETE 在 RFC2719 中描述了网关模型,将网关功能分解为信令网关(SG)、媒体网关(MG)、媒体网关控制器(MGC)三个功能实体,分别完成信令格式转换、媒体格式转换和呼叫控制功能。三个功能实体在逻辑上分离,可以部署在不同的设备中,如图 6.23所示。

媒体网关控制器控制媒体网关,处理各种用户和网络的接入 IP 分组网络需求。软交换最基本、最重要的功能就是呼叫控制功能,将媒体网关控制功能进一步扩展,除呼叫控制外,还提供认证、计费、资源分配、路由、协议处理等功能,即之前提到的 IP 电话网守的功能,就形成软交换的基本概念。因此,软交换设备也被称为媒体网关控制器(MGC)、呼叫代理(CA)或呼叫控制器(CS)。我国信息产业部电信传送研究所对软交换做了完整的定义:"软交换是网络演进及下一代分组网络的核心设备之一,它独立于传送网络,主要完成呼叫控制、资源分配、协议处理、路由、

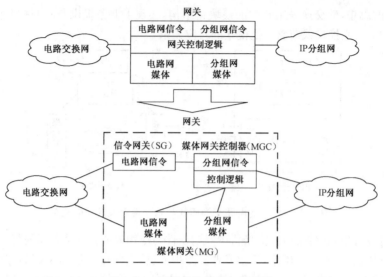

图 6.23 网关功能的分解模块化

认证、计费等主要功能,同时可以向用户提供现有电路交换机所能提供的所有业务,并向第三方提供可编程能力。"

2. 软交换系统的特点

(1)软交换系统的最大优势是将应用层和控制层与核心网络完全分开,有利于快速方便地引进新业务。采用软交换体系的网络不仅可提供原 PSTN/ISDN 交换机所提供的基本业务,还可以与 IN 配合,提供现有 IN 的业务。更重要的是,软交换可以提供开放的可编程接口,由第三方提供商向用户提供各种增值业务。

(2)软交换系统中,部件间的协议接口基于相应的标准,部件化使得电信网络逐步走向开放,支持通过连接各种网关,提供多种网络建设的解决方案。运营商可以根据业务需要,选择适合的功能产品进行灵活组网,以达到最佳的资源利用率,而且部件间协议接口的标准化方便了各种异构网络间的互通。

(3)软交换可以为模拟用户、数字用户、移动用户、IP 网络用户、ISDN 用户等多种网络用户提供业务。软交换通过各种媒体网关连接现有的各种网络、终端,同时还能直接连接各种分组终端,如 H.323 终端、SIP 终端和 H.248 终端,提供相应业务并实现各种终端之间的互通。

(4)采用高速分组交换网络,支持在统一的传送网上承载综合业务,提高了网络资源利用率,实现了多个业务网的融合,简化了现有网络平台,避免建设和维护多个分离的业务网,提高了经济性。

(5)采用策略管理机制实现实时的、统一的话务负荷控制和业务质量控制,同时基于策略的管理方式,方便实现集中化的网络管理,有利于整个网络的统一协议管理。

(6)软交换系统的模块化结构,使得各组成部分可以在物理位置上分散设置,软交换设备、各种网关设备及 AS 等设备完全可以放在不同的地方,从而节省网络建设和运输成本,提高机房利用率。

6.3.3 软交换的体系结构与功能结构

与 6.3.1 节介绍的 NGN 网络功能分层结构相对应,软交换的体系结构也包括 4 层,分别是边缘接入层、核心传送层、控制层和业务应用层,如图 6.24 所示。

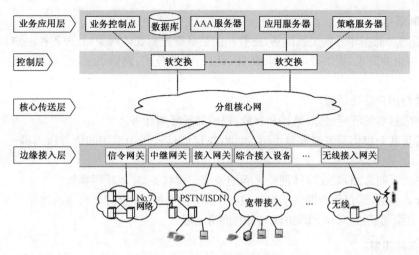

图 6.24 软交换体系结构

1. 边缘接入层

下一代网络要提供综合的业务,现有的 PSTN、PLMN、ISDN 等电信网都将作为边缘网络接入核心 IP 网络。边缘接入层的主要功能是利用网关设备将各种不同的边缘网络和终端设备接入软交换网中,通过统一的高速分组传送平台集中传送业务量。接入层设备包括各种终端设备、各种网关设备等。其中网关设备包括信令网关(SG)、中继网关(TG)、接入网关(AG)、综合接入设备(IAD)、无线接入网关(WAG)等。终端设备既包括支持 SIP/H. 248/MGCP 的标准软交换终端,又包括现有的各种网络的传统终端设备。标准软交换终端不需要经过媒体网关即可直接接入 IP 分组核心网。下面介绍几种主要的网关设备。

(1) 信令网关(SG):信令网关的主要功能是完成信令格式的转换,主要使用信令传送协议(SIGTRAN)来实现信令的交互。根据处理的信令内容不同,信令网关可以分为两种类型:No. 7 信令网关主要提供 No. 7 信令网和分组网之间信令的转换功能,可以完成 No. 7 信令网络层和 IP 网的信令传送的互通;用户信令网关主要负责完成 ISDN 接入 IP 网的用户信令的互通。

(2) 中继网关(TG):主要功能是负责 PSTN/ISDN 中 C4 或 C5 交换局的汇接接入,完成媒体格式的转换,并将其媒体流接入到 ATM 或 IP 网络中,以实现 VoATM 或 VoIP 的功能。

(3) 接入网关(AG)和综合接入设备(IAD):主要功能是负责各种用户或边缘网络的综合接入,提供如模拟用户、ADSL 用户、LAN 等多种不同类型的业务接入。提供模拟用户线接口的接入设备,用于将普通电话用户接入到软交换网中;提供 LAN 接口的接入设备,用于计算机设备的接入;此外也有同时具备多种接口的接入设备,如同时提供模拟用户线及 LAN 接口的接入设备。

(4) 无线接入网关(WAG):用于将无线接入用户连接到软交换网中。

另外还有其他一些网关,如 H. 323 网关、网络接入服务器(NAG)等。通过 AG、TG 和 SG 可以实现普通用户语音业务的接入,同时通过 IAD、WAG、H. 323 等网关可以实现软交换对业务接入功能的扩展。

2. 核心传送层

核心传送层采用基于分组的方式为包括电信业务在内的各种综合业务和媒体流提供统一的传送平台,目前核心传送层主要是 IP 网和 ATM 网。其主要功能是负责将边缘接入层的各种网关设备、软交换设备、应用服务器等连接起来。

3. 控制层

控制层的功能实体是软交换设备,主要功能是负责控制媒体网关,处理各种用户和网络的接入 IP 分组网络的需求,提供呼叫控制、认证、计费、资源分配、路由、协议处理等功能,具体功能如下。

(1) 进行用户身份认证。

(2) 完成基本的呼叫建立、维持和释放,同时完成呼叫计费。

(3) 管理各个媒体网关的资源使用,例如,决定通信过程中采用的语音压缩编码方式,控制是否采用回波抵消技术等。

(4) 进行呼叫选路,监视媒体网关之间的通信连接状态,完成呼叫释放。

(5) 互连互通,通过信令网关实现与现有 No.7 信令网、智能网等网络的连接。采用 H.323 协议与 IP 电话网互通,采用 SIP 协议与 SIP 网络互通。

4. 业务应用层

软交换体系中向最终用户提供各种丰富的、高质量的增值业务的是业务应用层。除此之外,其主要功能还包括完成业务提供和网络管理等。例如,完成用户身份认证和鉴权、利用 AS 灵活地为用户提供增值业务和特色业务,同时还具有相应的业务生成和维护环境功能。

为用户提供各种业务的主要设备如下。

(1) 应用服务器:负责各种增值业务和特色业务的逻辑执行和管理,并且提供开放的 API,为第三方业务的开发提供创作平台。应用服务器是一组独立于控制层的软交换设备的组件,从而实现了业务与呼叫控制的分离,方便新业务的引入。

(2) AAA 服务器:与软交换设备交互完成用户的认证、鉴权、计费等功能。

(3) 策略服务器:定义各种业务接入和资源使用的策略规则,可以对网络特性进行实时、集中式的调整,进而保证整个网络的稳定性和可靠性。

(4) 特征服务器:负责提供与呼叫流程相关的一些特征,如呼叫、等待等。

此外,还有网关服务器、业务控制点、数据库服务器等。

5. 软交换的功能结构

我国工业和信息化部电信传送研究院制定的《软交换设备技术规范》中描述了软交换的功能结构,主要包括以下功能:媒体接入功能、呼叫控制功能、业务提供功能、业务交换功能、协议功能、互连互通功能、认证与鉴权功能、语音处理功能、计费功能、网关功能等,如图 6.25 所示。

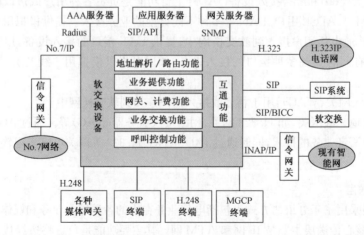

图 6.25　软交换的功能结构图

（1）媒体接入功能

该功能也可被认为是一种适配功能，它主要是利用各种媒体网关将不同的边缘网络和终端设备接入软交换网中。可采用 H.248 协议连接各种媒体网关，也可以直接与 H.248 终端、MGCP 终端和 SIP 终端连接，提供相应的业务。

（2）呼叫控制功能

呼叫控制功能是软交换的重要功能之一，它主要负责控制基本呼叫的建立、维持和释放，完成呼叫处理、连接控制、智能呼叫的触发和检出、资源控制等，如识别用户摘机、挂机等事件；控制 MG 完成呼叫处理流程，如控制 MG 发送 IVR、向用户发送信号音、控制 MG 采用回波抵消技术等多种业务。

（3）业务提供功能

根据网络平滑演进的要求，软交换应能提供 PSTN/ISDN 交换机提供的全部业务，包括各种基础业务和补充业务；同时能够与智能网 IN 配合，提供 IN 现有的业务；还能够提供开放的 API，支持第三方业务平台，提供各种增值业务和特色业务。

（4）业务交换功能

管理呼叫控制功能与业务控制功能之间的信令，完成呼叫控制功能与业务控制功能之间的通信，按照业务执行逻辑来处理 IN 业务请求、进行业务交互作用管理。

（5）协议功能

软交换作为一个开放、多协议的实体，必须通过标准协议与各种媒体网关、终端设备和边缘网络进行通信，例如，采用 MGCP 或 H.248/Megaco 协议与媒体网关通信，采用 SIGTRAN 与信令网关通信，采用 SIP-T 或 BICC 协议实现不同软交换间的交互。除此之外，还有 SCTP、M3UA、RADIUS、SNMP、SIP、H.323 等协议。

（6）互连互通功能

软交换的互连互通功能可以通过不同的接口、协议、设备，实现与不同网络、终端设备的互通，例如，可以通过信令网关（SG）实现分组网与 No.7 信令网的互通；可以通过媒体网关（MG）实现软交换系统与现有 PSTN/ISDN、PLMN 等传统网络的互通；可以通过 SG 与智能网互通；可以采用 H.323 协议实现与现有 H.323 体系的 IP 电话网的互通；可以采用 SIP 协议实现与 SIP 网络的互通；可以采用 SIP 或 BICC 协议实现与其他软交换设备间的互通。

（7）认证与鉴权功能

与认证中心连接，主要负责将用户、MG 信息传送给认证中心进行认证和鉴权，阻止非法用户、设备的接入。

（8）语音处理功能

主要负责控制 MG 向用户发送信号音、控制 MG 采用语音压缩和回波抵消技术，提供可以选择的语音压缩算法和回波抵消算法，包括 G.723、G.729 等，向 MG 提供语音包缓存区的大小，从而减少抖动带来的语音质量损失等。

（9）计费功能

在软交换系统中，用户的媒体信息流不经过软交换设备，因此软交换设备一般按接续时长计费，而无法实现按信息量计费。如果要实现按信息量计费功能，可以通过媒体网关 MG 对用户每次通信的信息量进行统计，并将统计信息送往软交换设备。

对固定电话网用户，采集话单信息并传送到计费中心；对智能业务计费，由 SCP 决定是否计费，而计费信息由软交换生成。呼叫结束后，软交换将计费信息传送给计费中心，同时将话费分摊信息传送给 SCP，由 SCP 送往业务管理点（SMP），再送往结算中心进行处理。

（10）网关功能

跟传统电信设备一样,软交换也具有网关功能,可通过内部 SNMP 代理模块与支持 SNMP 的网关中心通信,主要功能包括配置管理、故障管理、业务统计和测量、话务控制、安全管理等。其中配置管理负责支持 SNMP 配置和提供数据备份等;故障管理负责定期检测及告警、发生故障时执行相应处理等;业务统计和测量负责进行来话业务量、去话业务量、接通次数等的测量和统计,反映设备的业务负荷;话务控制负责疏通正常话务,遏制超量话务对网络的冲击;安全管理负责规定网关人员的访问权限。

小结

对电信行业而言,交换是一个非常重要的概念,电话通信发明不久就产生了交换技术。它是现代通信网的核心技术,其发展走过了漫长的历程。随着新技术的发展,交换概念的内涵开始不断扩展,不仅涉及对时延敏感的电话交换,而且包括数据交换、综合业务数字交换,其外延一直延伸至广义的信息交换。交换技术经历了人工交换到自动交换的过程。人们对可视电话、可视图文、图像通信和多媒体宽带业务的需求,也大大推动了各种交换技术的不断迭代更新。许多原有的技术如今已经被逐渐替代或不再发展。不过,这其中的一部分仍然应用在现网中,本章介绍的分组交换、ATM 交换及软交换就是这样的技术。

分组交换技术产生于 20 世纪 60 年代,并迅速发展起来,成为数据和计算机通信的重要手段。它是数据交换方式中一种比较理想的方式,以报文分组为存储转发单元,采用统计时分复用的传送方式,提高了线路利用率。分组交换提供数据报和虚电路两种交换方式。在分组交换中,逻辑信道作为线路的一种资源总是存在的,并分配给终端做"标记";而虚电路是由多个不同链路的逻辑信道连接起来的,因此虚电路是链接两个 DTE 的通道。

ATM 交换技术是 B-ISDN 用于传送、复用和交换的技术,是 B-ISDN 网络的核心技术,是以分组交换为基础并融合了高速化的电路交换技术的优点发展而来的。每一个 ATM 信元在网中独立传送。ATM 是面向连接的,端到端的接续是在网络通信开始以前就建立的。ATM 采用定长分组传送模式,使用空闲信元来填充信道,并采用异步时分复用的方式将来自不同信息源的信元汇聚在一起。ATM 系统在传送和交换过程中,都是按照信元头的标志来进行统计复用和传送的。ATM 的特点是将话音、数据及图像等所有的数字信息分解成固定长度的数据块。

软交换可以从多个角度去理解。从广义上看,软交换可以理解为一种开放的、分布式的、多协议的分层网络体系架构,主要由软交换设备、信令网关、媒体网关、应用服务器等组成。从狭义上看,软交换可以理解为下一代网络控制层面的物理设备,一般称为软交换设备,是下一代网络呼叫与控制的核心,除提供呼叫控制功能外,还提供计费、认证、路由、协议处理等部分业务功能。软交换通过标准协议和接口实现与不同网络的互通。

习题

6.1 为什么说分组交换技术是数据交换式中一种比较理想的方式?

6.2 试从多方面比较虚电路方式和数据报方式的优缺点。

6.3 说明虚电路和逻辑信道的区别。

6.4 请画出 ATM 信元结构。

6.5 为什么说 ATM 技术融合了分组传送模式和电路传送模式的优点?

6.6 请简述 ATM 参考模型中物理层的内容和作用。

6.7 请简述软交换的体系结构和特点。

6.8 请简述软交换设备完成的主要功能。

6.9 软交换包括哪几种网关? 主要功能是什么?

第7章 路由器及 IP 交换技术

在当今通信领域中,发展最为迅猛的通信技术莫过于互联网(Internet),在短短 20 多年中,它便把世界各大洲众多国家几千万个计算机用户互连在一起。在互联网中完成信息交互和网络互连的技术是通过路由器来实现的。每个计算机用户终端在发起一个呼叫前,首先把要进行交互的数据信息按照互联网协议(IP)的要求加入自己的地址和目的地址及其他控制信息并打成一个信息包交给路由器,由路由器完成下一步转移路线的选择并转发数据包到下一站,达到了信息转移的目的。在路由器中,数据报文的转发是面向无连接的信息交互方式。随着在互联网上的多媒体和实时应用的大量增加,路由器的跳到跳(Hop-by-Hop)分组报文传送方式使得网络在支持更高带宽需求和提供业务质量保证方面显得力不从心,并且这种传统的路由器正在变为网络的瓶颈。因此,近年来国际上工业界和学术界都在致力于修改路由器/选路技术,以适应新的选路功能,并提供充分的网络保障以支持业务的质量要求。在这一章中,为了使读者能更好地理解,我们将首先介绍计算机通信的演进发展和 TCP/IP 的基本原理,随后介绍路由器技术,最后将讨论 IP 交换技术的进一步发展,诸如 IP 交换、标记交换等内容。

7.1 计算机通信的演进和发展

在当代,计算机技术的应用已成为人们日常生活中的一个重要部分,从管理和控制机器设备到处理文档及管理日常事务,可谓无处不有计算机技术应用的身影。大家知道,利用计算机协助人们做任何一件事情都离不开对计算机进行编程和输入相关数据,编程是一个繁杂且枯燥的过程,并且单台计算机处理事务的能力也是极其有限的。为了解决人力和技术资源的共享,进一步提高计算机应用的效率,自计算机问世以来,人们便开始了计算机之间通信问题的研究。

早期的计算机之间通信只是点到点的通信方式。例如,利用 RS-232 技术把两个较近距离的计算机互连起来,或者利用调制解调技术通过电话线把两个远程的计算机互连起来,实现计算机之间的信息和资源共享。点到点的计算机通信结构如图 7.1 所示。

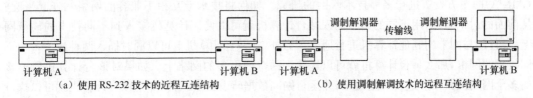

计算机 A   计算机 B   计算机 A   计算机 B

(a) 使用 RS-232 技术的近程互连结构　　　　　(b) 使用调制解调技术的远程互连结构

图 7.1　早期的计算机点到点通信结构

从上面的点到点互连方式中可以看出,当一个办公室或较近的区域内有多台计算机希望共享计算资源时,可将所有计算机两两之间建立互连,这样将会随着互连计算机台数的增加而使得互连设施的代价及互连技术变得无法忍受,并且所有的计算机都必须加电运行才能保证通信成为可能。共享介质的局域网(LAN)技术以一种方便、廉价和可靠的方法解决了短距离计算机间互连通信的问题。局域网技术不是将一台计算机与另一台计算机直接互连,而是使用硬件来互连多台计算机。"网络"是不依赖于计算机本身而独立存在的,即使连接到局域网上的某台计算机不在运行,其他计算机之间照样可以进行通信。计算机局域网互连通信结构如图 7.2 所示。

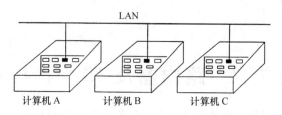

图 7.2　计算机局域网互连通信结构示意

　　在局域网互连方案中,计算机中的处理器利用网络接口访问 LAN,它可以请求网络接口通过 LAN 向另一台计算机发送信息,或者读取下一次到来的信息。在 LAN 上传送数据的格式及其传送的速率与相连的计算机无关。在每台计算机内部,网络接口卡将数据组装成 LAN 所需的形式,并利用高速缓存来存放发送和接收的信息,以便能够按网络的速率将数据传送到 LAN 上,及按计算机的速率将数据传送到计算机,补偿计算机和网络之间的速率差异。

　　早在 20 世纪 70 年代,IEEE 就制定了三个局域网标准:IEEE 802.3(CSMA/CD,载波侦听多路访问/冲突检测)、IEEE 802.4(令牌总线)、IEEE 802.5(令牌环)。值得注意的是,这三个标准只描述了分层结构中下面一层半(物理层和介质访问子层)的内容,数据链路层的上半层逻辑链路子层(LLC)由 IEEE 802.2 描述。著名的以太网(Ethernet)就是 IEEE 802.3 的一个典型产品。这三个局域网标准都是广播型网络,网上的所有站点共享传送信道,一个站点发送数据,其他站点均能接收到。在广播型网络上同时只能有一个站点处于发送数据状态,因此必须解决谁使用信道发送数据的信道竞争问题。以太网采用了载波侦听多路访问/冲突检测技术,在发送数据的同时进行冲突检测,一旦检测到冲突则立即停止发送,当发现空闲时立刻发送数据;而令牌总线和令牌环则采用令牌来控制,只有获得令牌的站点才能向网上发送数据。

　　局域网技术的发展大大地促进了计算机间的通信应用,各个孤立的计算机通过简单总线互连,达到了信息资源共享,从而大大提高了计算能力。然而要想进一步扩大网上互连计算机的数量来满足更大范围的资源共享,则由于共享传输信道容量的限制而使其受到阻碍;并且想要在两个不同结构的局域网技术之间达到信息互通和资源共享,也由于各种 LAN 技术之间的互相不兼容,都有自己独特的设计,并使用着自己特有信号电压和调制技术,使得局域网之间的互连成为不可能。

　　20 世纪 60 年代末期,美国国防部对使用计算机网络产生了兴趣,它通过高级研究计划署(ARPA)向军方投资进行多种技术联网的研究。如何将技术上互相不兼容的网络互连起来呢?从前面的讨论可知,用不同的网卡插入某台计算机就可以使该计算机接入到不同技术的局域网上,并且能与网上的其他计算机进行通信。另外,在一台计算机上可以同时插入两种或更多种不同技术的网卡,那么一台计算机就可以连接到两个或更多的网络上。如果对该台计算机所连接的多个网络及其站点进行网络编号,并运行网间数据转发协议软件,那么该台计算机就可以执行异构网络站点之间的分组数据转发任务,这就是 Internet 的原型思想。用计算机 D 来实现两个网络互连的结构如图 7.3 所示,这里两个网络可以是同种类型的,也可以是不同类型的。

　　在图中,计算机 D 用来执行两个网络之间的分组数据转发任务,那么计算机 D 上运行的软件必须知道每台计算机连到哪一个网络上才能够决定向哪里发送分组。在只有两个网络的情况下,这很好决定,当一个分组从一个网络到来后,应该送往下一个网络。然而,当计算机 D 互连三个网络时情况就复杂了,一个分组从一个网络到来后,计算机 D 上的软件必须选择其余两个网络中一个向其发送分组。选择一个网络向其发送分组的过程称为路由选择,而在互联网中执行路由选择任务的专用计算机称为路由器(Router),或称为网关(Gateway)。

　　一个机构可以根据自己的需要选择适当的网络技术,然后用路由器把所有的网络连成单个互联网。网络互连的目标是通过异构网络实现通用服务。为了给互联网中的所有计算机提供通用服务,路由器必须能够把一个网络中的源计算机发出的信息转发到另一个网络中的目标计算机。这一任务是很复杂的,因为组成互联网的各个子网使用的帧格式和编址方案不尽相同。这样,为了实现通用服务,在计算机和路由器上都需要协议软件。我们知道,在人类社会交往中除非两个人会讲同一种语言,否则这两人是不可能进行交流的。这一道理也同样适用于计算机通信,因此在互联网中也为异构网互连通信定义了一系列协议,这些协议简称为传输控制协议/网络互连协议(TCP/IP)。在 TCP/IP 中定义了分组组成,以及路由器必须怎样将每个分组传送到其目的地。连接到互联网上的每台计算机都必须遵守 TCP/IP 的约定,运行 TCP/IP 软件,使用 TCP/IP 的格式,这样才能在互联网上通信,并且保证计算机接收到的分组仍然是源端发送的 TCP/IP 格式分组。下面一节将介绍 TCP/IP 系列的基本原理。

总体来说,互联网软件为连接的众多计算机提供了一个单一、无缝的通信系统。这一系统提供了通用服务:给每台计算机分配一个地址,任何计算机都能发送一个包到其他计算机。而且,互联网软件屏蔽了物理网络连接的细节、物理地址及路由信息,用户和应用程序永远看不到复杂的物理网络和连接它们的路由器。图 7.4 所示为互联网的内部结构。当一个数据报在互联网上从一台计算机向另一台计算机流动时,该数据报必须沿着一条实际的网络路径传送。在该路径的每一步,数据报或者流过一个实际的网络,或者流过一个路由器进入另一个网络,最后到达其最终目的地。

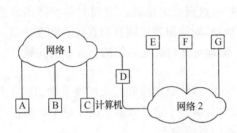

图 7.3　计算机 D 互连两个网络的结构示例

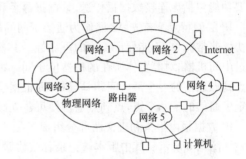

图 7.4　互联网屏蔽的基本物理
结构及网络互连路由器

7.2　TCP/IP 基本原理

TCP/IP 实际上是一个协议族,TCP 和 IP 是最著名的两个协议,其他协议包括用户数据报协议(UDP)、互联网控制报文协议(ICMP)及地址解析协议(ARP)等,整个协议族称为 TCP/IP。

7.2.1　TCP/IP 的网络体系结构

人们熟知 TCP/IP 网络的突出特点在于其网络互连功能,但它的含义远非如此,它本身是在物理网(X.25、FR、LAN 等)上的一组网络协议族。为了更好地了解 TCP/IP 的体系结构特点,我们将 TCP/IP 协议族和 ISO7498 中的 OSI 七层参考模型做一个对照,以便更清楚地了解 TCP/IP 网络协议族的结构。

如图 7.5 所示,第 1 层对应于基本网络硬件层,如同 OSI 七层参考模型的第 1 层。第 2 层在 TCP/IP 网络中被称为网络接口层,由各种通信子网组成,它是 TCP/IP 网络的实现基础,规定了怎样把数据组织成帧及计算机怎样在网络中传输帧,类似于 OSI 七层参考模型的第 2 层。第 3 层在 TCP/IP 网络中被称为网间网层(IP 层),它负责互连计算机之间的通信,规定了互联网中传输的包格式及从一台计算机通过一个或多个路由器到达最终目标的包转发机制。第4层为传输层,它和OSI七层参考模型的第4层一样,规定了怎样保证传输可靠性。

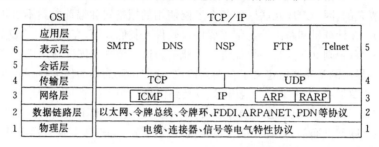

图 7.5　TCP/IP 分层模型与 OSI7 层参考模型的对比

对应于 OSI 七层参考模型的第 5～7 层为 TCP/IP 的应用层,向用户提供一组常用的应用程序,例如,简单邮件传送协议(SMTP)、域名服务(DNS)、命名服务协议(NSP)、文件传输协议(FTP)和远程登录(Telnet)等。

7.2.2　网络互连协议(IP)

TCP/IP 的核心层是网络层和传输层,相应的核心协议是 IP 和 TCP 两大协议。其中 IP 的主要功能包括无连接数据报传送、数据报寻径和差错处理三个部分。

IP 层的特点。首先,IP 层作为通信子网的最高层,提供无连接的数据报传输机制。IP 数据报协议非常简单,不能保证传输的可靠性。其次,IP 是点到点的协议。IP 层对等实体的通信不经过中间机器,对等实体所在的机器位于同一物理网络,对等机器之间具有直接的物理连接。IP 层点到点通信的一个最大问题是寻径,即根据信宿 IP 地址如何确定通信的下一点的问题。一旦确定了通信的下一个点,点到点通信便可建立起来。

IP 数据报由报头和正文两部分组成。报头有 20 字节的固定段和任选的变长段,IP 数据报格式如图 7.6 所示。其中版本域记录着该数据报文符合哪一个协议版本。由于每个数据报都含有版本信息,因此不排除在网络运行中改变协议版本的可能性。

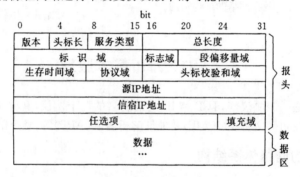

图 7.6　IP 数据报格式

由于报头长度不固定,因此报头中的头标长域用来指明报头的长度(以 32 比特字为单位,其最小值为 5 单位)。

主机用服务类型字段告诉子网它所想要的服务类型,如低延迟、高吞吐量、高可靠性、最低代价、常规传输、突发加急传输等。

总长度字段指出包括报头和数据的整个总报文长度,最大总长度为 65 536 字节。标志域可理解为 IP 报文的序列号,目的主机用它来识别潜在的重复报文。

标志域和段偏移量域允许 IP 将一个报文分成多个报文,以适应到下一站的传输介质。例如,源于令牌网的报文最大传递单元为 4500 字节,如果到达目的地要经过以太网,就必须把该报文分成数个不大于 1500 字节的报文。标志域和段偏移量域用来唯一地标志每个分段,以使目的系统能够正确地重组原来的 4500 字节。

生存时间(Time To Live,TTL)域用来标志报文在网络传输过程中的最大生存期的计数器,时间单位为秒。正常值设为 64,最大为 255,当其值为 0 时,则丢弃该报文,并向报文发送方返回一个装有超时信息的互联网控制报文协议(ICMP)报文。

协议域提供目前的数据报文部分在使用着什么协议,以便递交给适当的协议处理系统(如 TCP、UDP 等)。头标校验和域用来检查报文头部在传送过程中的受破坏情况,如果在目的地计算出的校验和与该域的值不符,则丢弃该报文。

源 IP 地址和信宿 IP 地址字段指明源和宿的网络编号和主机编号,路由器利用这些地址来决策到达目的地的最佳路径。

头标中任选项字段用于存放安全保密、报文经历、错误报告调试、时间戳等信息。例如,在跟踪报文时所历经的每个路由器都在可选项域中填入自己的 IP 地址。由于 IP 报文要求报文头部是 4 字节的整倍数,于是利用填充域进行补齐。

在 1981 年所定义的 IP 版本 4(IPv4)标准中,IP 地址是一个 32 比特的数,包含网络编号和主机号两个部分。如图 7.7 所示,IP 地址采用了 5 种不同的格式,目前只用了前 4 种编址模式,它们分别允许 A 类最多 127 个网络,每个网络可有 1600 多万台主机;B 类最多 16 000 多个网络,每个网络可有 64 000 多台主机;C 类 200 多万个网络,每个网络可有 254 台主机;D 类是为多播(Multicast)定义的,它可以有 28 比特的多点广播组编号。剩余的地址都是 E 类地址,保留为实验使用。

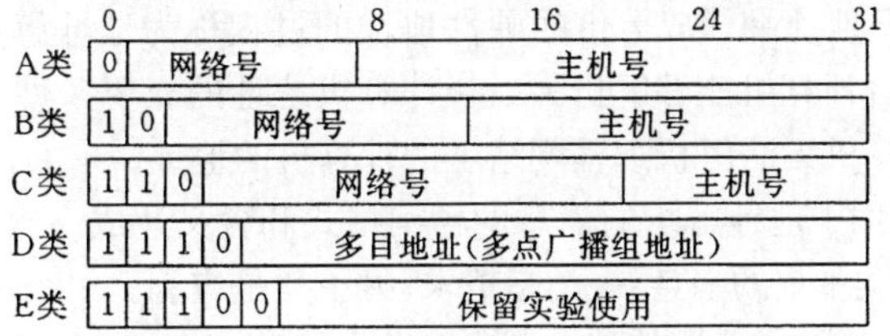

图 7.7 IP 地址格式

IP 地址是一个 32 比特的二进制数,用户很少输入或读其二进制值,当与用户交互时,软件使用一种更适于理解的表示法,称为点分十进制表示法(Dotted Decimal Notation)。做法是将 32 比特二进制数按每 8 比特一组用十进制数表示,并利用圆点将各组分开。表 7.1 所示为一些二进制数和等价的点分十进制数表示的例子。

表 7.1 二进制数和等价的点分十进制数表示

32 比特的二进制数				等价的点分十进制数
10000001	00110100	00000110	00000000	129.52.6.0
11000000	00000110	00110001	00000111	192.6.49.7
00001001	00110100	00000000	00100101	9.52.0.37
10000000	00010100	00000010	00000011	128.20.2.3
10000100	00000100	11111111	00000000	132.4.255.0

IP 规定,在整个互联网中的每一个物理网络的网络编号必须是唯一的,物理网络编号的分配由 Internet 业务提供者和 Internet 号码分配权威组织(Internet Assigned Number Authority)协调解决。在一个物理网络中,主机编号由本地网络管理员分配。除给每个主机分配一个 IP 地址外,IP 规定也应给路由器分配 IP 地址。事实上,每个路由器要连接两个或更多的物理网络,因此

每个路由器分配了两个或更多的 IP 地址。一个 IP 地址并不标志一台特定的计算机,而只是标志一台计算机和一个网络间的连接关系。当一台计算机与多个网络有连接关系时,则必须每个连接分配一个 IP 地址。图 7.8 所示为一个为网络、主机和路由器分配 IP 地址的示例。

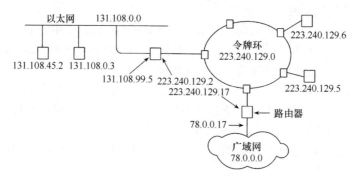

图 7.8　IP 地址分配示例

7.2.3　地址解析协议(ARP)

上面介绍的 IP 地址方案是为主机和路由器指定的高级协议地址。由于这些 IP 地址是由软件负责维护的,因此它们只是一些虚的地址。也就是说,局域网或广域网并不知道一个 IP 地址的网络编号与一个网络的关系,也不知道一个 IP 地址的主机编号与一台计算机的关系。更为重要的是,想通过一个物理网络进行传送的帧必须含有目的地的硬件地址。因而,协议软件在发送一个包之前,必须先将目的地的 IP 地址翻译成等价的硬件地址,即介质访问控制(MAC)地址。

将一台计算机的 IP 地址翻译成等价的硬件地址的过程称为地址解析。地址解析是一个网络内的局部过程,即一台计算机能够解析另一台计算机地址的充要条件是两台计算机都连在同一物理网络中,一台计算机无法解析远程网络上的计算机的地址。

为使所有计算机对用于地址解析的消息的精确格式和含义达成一致,TCP/IP 系列的地址解析协议(ARP)定义了两类基本的消息:一类是请求;另一类是应答。一个请求消息包含一个 IP 地址和对相应硬件地址的请求;一个应答消息既包含发来的 IP 地址,又包含相应的硬件地址。

ARP 标准精确规定了 ARP 消息怎样在网上传递。协议规定:所有 ARP 请求消息都直接封装在 LAN 帧中,广播给网上的所有计算机,每台计算机收到这个请求后都会检测其中的 IP 地址,与 IP 地址匹配的计算机发送一个应答,而其他计算机则会丢弃收到的请求,不发送任何应答。

用邮政系统来说明路由器和 ARP 如何联合操作将会很有帮助。假设要将一封信或便条送到由一位教师负责的教室中 20 个学生中的一个,教师并不知道每个人的名字。信件上有学生的名字(等同于 IP 地址),教师就像一个路由器,而教室是一个广播域(就像大多数 LAN 一样)。教师念信封上的名字(目的 IP 地址):谁是迈克(类似 ARP 请求)? 每个人都听到这个请求,但只有迈克认为名字匹配(IP 地址匹配),迈克回答。这样就标志出了迈克的物理位置(硬件地址),随后教师就可以将信件(报文)转送到正确的目的地。

ARP 的工作方式与上述邮政系统类似,路由器有一个 IP 报文要发送给 LAN 段上多个系统中的某个主机,路由器则必须先发送一个广播报文来得到目的地的介质访问控制(MAC)地址,图 7.9 所示的以太网通过路由器互连说明了这个操作过程。第一步是路由器发送广播 ARP 请求报文(谁是 172.16.1.209),只有一个计算机系统有与之匹

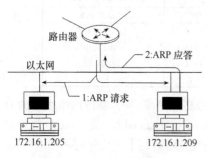

图 7.9　地址解析协议(ARP)

配的 IP 地址，并在第二步发出 ARP 应答（我是 172.16.1.209，MAC 地址为 0008.0001.9A.1D）。注意，这里 ARP 请求报文是广播式的，而 ARP 应答是指定送给路由器的，非广播式。

图 7.5 中的 IP 层还包含一个反向地址解析协议（RARP），它是 ARP 的功能扩充，规定了从硬件地址到等价的 IP 地址的翻译过程。

7.2.4 互联网控制报文协议（ICMP）

IP 的概念简明扼要，报文格式只有一种，网络只需尽力将报文包传到目的地即可。但是，如果网络不能返回一些信息，就很难诊断错误情况，ICMP 就是为实现这种信息交换而设的，它是 IP 中不可分割的一部分。所有的 IP 路由器和主机都要支持这种协议。大多数的 ICMP 消息是"诊断"信息，例如，当一个 IP 报文无法到达目的站点或 TTL 超时时，路由器就会废弃该报文，并向源站点返回一个 ICMP 报文。ICMP 还定义了一个回响功能，用来测试连通性。

ICMP 的用途并非是增加 IP 数据报的可靠性，而仅仅是关于网络问题的返回报告。由于 ICMP 报文是在 IP 数据报里提供的，在现实中总会有报文包本身有错或出现问题的情况，例如，本地线路拥塞等。为了避免重复报告所引起的"雪崩"现象，这里有个必须遵守的原则：ICMP 报文的问题不再引发 ICMP 报告。

ICMP 报文格式如图 7.10 所示，包含类型、代码及校验和这三个固定的域，剩余的内容依赖于消息类型。

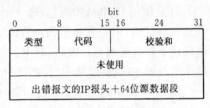

图 7.10 ICMP 报文格式

下面给出部分 ICMP 头部的消息类型域编号和含义及代码域的代码编号和含义。利用这两个域代码的不同组合，可以将消息类型进一步划分为子类型，例如，消息类型 3 代表目的站点不可达，代码域则进一步说明为什么报文不可达的原因。

ICMP 报文头类型域编号含义：

0	回响应答
3	目的站点不可达
4	源站点熄灭
5	重定向
8	回响
9	路由器广告
10	路由器请求
11	超时
12	参数有问题
13	时间戳
14	时间戳应答
15	信息请求
16	信息应答

ICMP 报文头代码域编号含义：

0	网络不可达
1	主机不可达
2	协议不可达
3	端口不可达
4	需要分段但设置了 DF 位
5	路由器失败

7.2.5 传输控制协议(TCP)

前面介绍了 IP 提供的无连接包传送服务及用于报告差错的协议,这一小节将介绍 TCP/IP 系列中的传输控制协议(TCP),并解释 TCP 怎样提供可靠的传输服务。

TCP 是面向连接的协议,它提供两个网络设备间数据的有保障的顺序传递。在收到接收者的证实前,数据段一直保留在发送系统的缓冲区中。如果丢失了某段,TCP 将自动重传。TCP 系统将监测收发两者间的轮回时间,接收者在检测到因网络拥塞而引起报文丢失时将会自动放慢传输速度。当发送 TCP 数据段时,网络的变化(如链路变成拥塞)可能会使到达的报文顺序混乱,TCP 将在接收端识别每段内容并按正确顺序重组数据,数据重组完成后再交给应用层处理。

TCP 被称为一种端到端协议,这是因为它提供一个直接从一台计算机上的应用到另一远程计算机上的应用的连接。应用能请求 TCP 构成连接、发送和接收数据及关闭连接。由 TCP 提供的连接称为虚连接,这是因为它们是由软件实现的,底层互联网系统并不对连接提供硬件或软件支持,只是两台机器上的 TCP 软件模块通过交换消息来实现的虚连接。

TCP 使用 IP 来携带消息,每一个 TCP 消息封装成一个 IP 数据报后通过互联网。当数据报到达目的主机,IP 将数据报的内容传给 TCP。请注意,尽管 TCP 使用 IP 来携带消息,但 IP 并不阅读或干预这些消息。因而,TCP 只把 IP 看成一个包通信系统,这一通信系统负责一个连接的两个端点的主机连接,而 IP 只把每个 TCP 消息看成数据传输。

图 7.11 所示为一个互联网,其中两台主机和一个路由器说明了 TCP 和 IP 的关系。

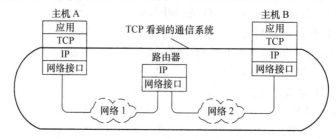

图 7.11　说明 TCP 和 IP 关系的例子

TCP 对所有的报文采用了一种简单的格式,包括携带数据的报文,以及确认和三次握手中用于创建与终止一个连接的消息。TCP 采用段来指明一个消息,图 7.12 所示为段格式。

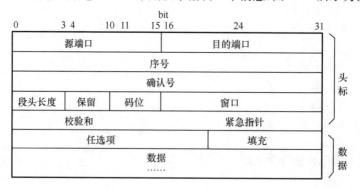

图 7.12　TCP 段格式

TCP 传送实体从用户进程接收任意长的报文,把它们分成不超过 64 千字节的片断,再将每个片断作为一个独立的报文来传送。由于 IP 网络层不保证正确地递交数据报,因此 TCP 要按需要在超时后重传这些数据报。已经到达的数据报可能顺序不正确,因此 TCP 也要按正确的顺序将它们重新组装成原来的报文。

TCP 段中的端口号用来标志源主机和目的主机的应用程序,每个主机可以自行决定如何分配它的端口。

序号字段指出段中数据在发送端数据流中的位置。确认号字段用于接收者告诉发送者哪些数据已被正确接收,指示希望接收的下一字节。TCP 采用捎带技术,在发送的数据段中捎带对方数据的确认,这样可以大大节省所传报文数。

码位字段是一个 6 比特的指示码,它们从左到右各比特顺序代表 URG、ACK、PSH、RST、SYN、FIN 标志位。如果使用紧急指针,URG 标志就置为 1。紧急指针用来指示从当前序号的数据开始,向后数多少字节可找到紧急数据。这一特殊功能用以代替中断报文。SYN 位用于建立连接。连接请求设置 SYS=1 和 ACK=0,表示不使用捎带确认字段。如果连接证实捎带了确认,则 SYS=1 且 ACK=1。实际上,SYS 位用来代表连接请求和连接,而 ACK 位用来区分是否使用捎带确认。

TCP 滑动窗口用于实现流量控制机制,接收者用该字段告诉发送者还有多少缓冲空间可用。传送者一次发送的数据量总是小于可用缓冲区的,所以不会引起接收缓冲区溢出。当接收者处理完一定的缓冲区数据后,便向发送者发送 ACK,指出缓冲区空间已经增加。发送者通过确认号及被告知的窗口大小决定还可以发送多少数据。校验和是段内内容的校验和,所使用的算法是把段内所有数据按 16 位做每位的补码并求和。任选项字段用于各种各样的情况,如在建立连接过程中传送缓冲区大小等。

7.2.6　用户数据报协议(UDP)

UDP 也是在 IP 之上的另一个传输层协议,它与 TCP 不同,UDP 提供无连接的数据报服务,广泛用于倾向直接使用数据报服务的应用程序。UDP 非常适合于单个报文的请求与应答,通常用来实现事务功能。

UDP 是轻权协议,处理开销很小。由于简单,它很适合那些不需要 TCP 全部特性的应用。

UDP 不提供有保证的数据传送,每个 UDP 数据报都装载在 IP 报文中进行发送和接收,网络拥塞或传输错误等事件都可能会引起路由器丢弃报文。使用数据报服务的程序必须由自身提供可靠性,即由应用程序对重要数据提供重传控制。另外,UDP 也不保证数据的传输顺序。

UDP 的数据报文格式如图 7.13 所示。与 TCP 报文相比,其头部只有 8 字节,更加短小、简单。源端口和目的端口用于确定发送及接收应用程序,长度域用来说明整个 UDP 报文的长度,包括 UDP 头部,其最大报文长度为 65 535 字节。

图 7.13　UDP 的数据报文格式

7.2.7　IP 的未来(IPv6)

从最初的美国的分组交换网(Arpanet)发展至今,互联网已经经历了巨大的演变。追溯到 1978 年互联网第一次出台的时候,32 比特的地址看起来还是非常充裕的。当时一些研究人员(如 Cassandra)就曾认为,选择固定的地址大小是缺乏远见的做法,但他们的告诫并没有引起重视。因为这种地址方案能方便地将地址保存在 32 比特的内存中,而且还能很好地将报头对齐,提高编程效率。也正是因为这个缺乏远见的"易于编程"的报头格式,才使得互联网协议能够在众多设备里得以实现,从而使互联网迅速发展,最终变得如此庞大。而一个复杂的格式肯定不会吸引那么多的追随者。

设想一下,如果把互联网扩大到每个部门、每个家庭的各种设施,那么原来的 32 比特 IP 地址绝对是无法满足的,并且这种设想在不远的将来将会变为现实,这将会引发 IP 地址的巨大需求。因此,有人提出了互联网面临着死亡危机。面临危机的原因是:B 类地址的耗尽、路由表爆炸及地址空间的耗尽。简言之,互联网有可能成为自身的牺牲品。

新版 IP(非 TCP)于 1995 年取得标准化,称为 IPv6。它简化了 IP 报文格式,把 IP 地址增加到 128 比特,这可以让 TCP/IP 继续应用于越来越大的应用范围。有一种想法是给美国的每个有源计量器分配一个 IP 地址,以便能远程控制和读表;还有一种想法是给每个家庭的有线电视控制盒分配 IP 地址。而 IPv6 采用 128 比特 IP 地址,它是能够支持这种需求的。要想了解更多的 IPv6 知识,请参阅相关协议标准。

7.3　路由器工作原理

图 7.14 所示为一个连接两个网络的路由器的基本组织结构示例。图中的网络 1 和网络 2 可以是以太网、令牌总线网、令牌环网或广域网,这些网络通过路由器进行互连。

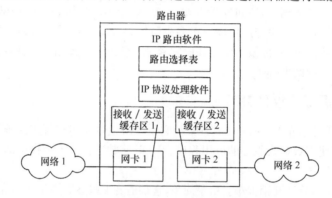

图 7.14　路由器的基本组织结构示例

路由器乍看起来好像是一种复杂的设备,实际上它也是一台计算机,只是多了一些连接不同网络介质类型的网卡而已,并且其基本操作也非常简单。路由器实现两种基本功能:其一,直接将报文转发到正确的目的地;其二,维护在路由器中用来决定正确路径的路由选择表。下面介绍路由器的报文转发原理和路由选择表的维护过程。

7.3.1　路由器的报文转发原理

在图 7.14 的路由器中,网卡 1 和网卡 2 实现 TCP/IP 协议系列的底两层协议功能。它们负责接收来自各自所连网络的数据报文,并将接收正确的报文帧滤除其底两层包封,然后将 IP 报文存入路由器中对应的报文接收缓存区;同时还负责完成存储在发送缓存区中待发的 IP 报文到与其直接相连的下一网络的数据包物理传送功能。

当路由器接收到一个报文时,IP 处理软件首先检查该报文的生存时间,如果其生存时间为 0,则丢弃该报文,并给其源站点返回一个报文超时 ICMP 消息。如果生存期未到,则接着从报文头中提取 IP 报文的目的 IP 地址,也就是读取 IP 报文的第 17～20 字节的内容。然后,通过图 7.15 所示的网络掩码屏蔽操作过程从目的 IP 地址中找出目的地网络号,再利用目的地网络号从路由选择表中查找与其相匹配的表项。如果在路由选择表中未找到与其相匹配的表项,则把该报文放入默认的下一路径的对应发送缓存区中进行排队输出;如果找到了匹配表项,则将该 IP 报文放入该表项所指定的输出缓存区的队列中进行排队输出。IP 处理软件经过寻径并按路由选择

A类地址	10	. 5	. 200	. 1	
二进制格式	0000 1010.	0000 0101.	1100 1000.	0000 0001	
掩码	1111 1111.	0000 0000.	0000 0000.	0000 0000	
二进制与 网络号	0000 1010.	0000 0000.	0000 0000.	0000 0000	
B类地址	131	. 5	. 200	. 1	
二进制格式	1000 0011.	0000 0101.	1100 1000.	0000 0001	
掩码	1111 1111.	1111 1111.	0000 0000.	0000 0000	
二进制与 网络号	1000 0011.	0000 0101.	0000 0000.	0000 0000	
C类地址	202	. 5	. 200	. 1	
二进制格式	1100 1010.	0000 0101.	1100 1000.	0000 0001	
掩码	1111 1111.	1111 1111.	1111 1111.	0000 0000	
二进制与 网络号	1100 1010.	0000 0101.	1100 1000.	0000 0000	

图 7.15 IP 地址与网络掩码屏蔽操作过程

表的指示把原 IP 数据报放入相应输出缓存器的同时,它还将下一路由器的 IP 地址递交给对应的网络接口软件,由接口软件完成数据报的物理传输。图 7.16 所示为一个简化的路由器 IP 处理软件的流程框图。

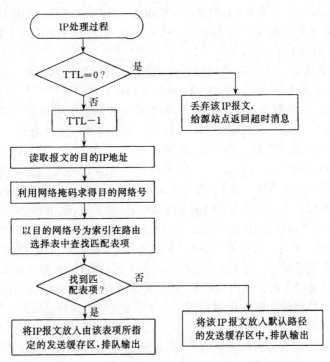

图 7.16 简化的路由器 IP 处理软件流程框图

IP 软件不修改原数据报的内容,也不会在上面附加内容(甚至不附加下一路由器的 IP 地址)。网络接口软件收到 IP 数据报和下一路由器地址后,首先调用 ARP 完成下一路由器的 IP 地址到物理地址的映射,利用该物理地址形成帧(下一路由器物理地址便是帧信宿地址),并将 IP 数据报封装进该帧的数据区中,最后由子网完成数据报的真正传输。

为了有助于读者进一步理解路由器的工作原理,图 7.17 给出了一个互联网通信实例。这里,各通信子网的 IP 编号分别为 202.56.4.0、203.0.5.0 和 198.1.2.0,路由器 1 与网络 1 和网

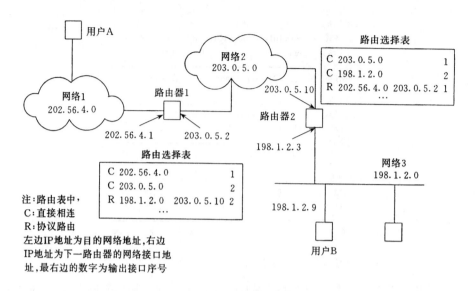

图 7.17　一个互联网通信实例

络 2 直接相连,与网络 1 连接的网络接口 IP 地址为 202.56.4.1,与网络 2 连接的网络接口 IP 地址为 203.0.5.2;路由器 2 与网络 3 和网络 2 直接相连,与网络 2 连接的网络接口 IP 地址为 203.0.5.10,与网络 3 连接的网络接口 IP 地址为 198.1.2.3。用户 A 要传送一个数据文件给用户 B,现在来看各个路由器的工作过程。

　　首先,用户 A 把数据文件以 IP 数据报形式送到默认路由器 1,其目的站点的 IP 地址为 198.1.2.9。第一步,报文被路由器 1 接收,它通过网络掩码屏蔽操作确定了该 IP 报文的目的网络号为 198.1.2.0。第二步,通过查找路由选择表,路由器 1 在路由表中找到与其匹配的表项,获知输出接口号为 2 和下一站的 IP 地址为 203.0.5.10。下一站的地址是指下一个将要接收报文的与本路由器连接在同一物理网络上的路由器的网络接口的 IP 地址。第三步,路由处理软件将该 IP 数据报放入 2 号网络接口的发送缓存区中,并将下一站的 IP 地址递交给网络接口处理软件。第四步,网络接口软件调用 ARP,通过如图 7.9 所示的过程完成下一站路由器 IP 地址到物理地址(MAC 地址)的映射。在一个正常运行的互联网中,一般来说,路由器会在高速缓存器中记录其相邻路由器的网络接口对应 IP 地址的 MAC 地址,因此不必每接收一个 IP 报文都使用 ARP 来获得下一站的 MAC 地址。获得下一站的 MAC 地址后,便将原 IP 数据报封装成适合网络 2 传送的数据帧,排队等待传送。报文被传送到路由器 2 后,通过上述路由表查找操作,获得与目的地 IP 地址匹配的表项。由表项内容可知,该匹配表项是目的网络号,与该路由器直接相连。因此,在第三步路由处理软件将原 IP 数据报放入 2 号发送缓存区后,同时将目的 IP 地址 198.1.2.9 递交给网络接口处理软件。第四步,由于报文已到达最后一个路由器,所以网络接口软件必须每次首先调用 ARP,以获得目的主机的 MAC 地址,然后对原 IP 报文进行数据帧包装,接着报文就可以直接发送给目的主机了。

7.3.2　路由选择表的生成和维护

　　路由选择表是关于当前网络拓扑结构的信息并为网间所有的路由器共享。这些信息包括哪些链路是可操作的、哪些链路是高容量的,等等,共享的具体信息内容由所采用的路由信息协议决定。维护路由选择表功能就是利用路由信息协议,随着网络拓扑的变化不断地自动更新路由选择表的内容。

　　路由选择表的生成可以是手工方式,也可以是自动方式。对于可适应大规模互联网的

TCP/IP,其获取路由信息的过程显然应该采取自动方式。任何路由器启动时,都必须获取一个初始的路由选择表。不同的网络操作系统,获取初始路由选择表的方式可能不同,总体来说,有三种方式。第一种,路由器启动时,从外存读入一个完整的路由选择表,长驻内存使用;系统关闭时,再将当前路由选择表(可能经过维护更新)写回外存,供下次使用。第二种,路由器启动时,只提供一个空表,通过执行显式命令(如批处理文件中的命令)来填充。第三种,路由器启动时,从与本路由器直接相连的各网络的地址中推导出一组初始路由,当然通过初始路由只能访问相连网络上的主机。可见,无论哪种情况,初始路由选择表都是不完善的,需要在运行过程中不断地加以补充和调整,这就是路由选择表的维护。

在 Internet 中,由于随时可能增加新的主机和网络,并且新增加的网络可采用任意方式和运行中的互联网互连,同时存在某些网络因故障或其他原因而退出互联网服务,这些都可以导致互联网的拓扑结构发生变化。作为直接反映网络拓扑结构变化的路由选择表,则必须跟踪这些动态变化,否则会发生寻径错误。因此,在互联网的路由器中不可能一次性装入一个完整且正确的路由选择表,只有动态地更新才能适应网络拓扑的动态变化。在互联网中,路由选择表初始化和更新维护的典型过程属上述第三种情况,路由器首先从周围网络地址中得出初始路由表,再从周围路由器中获取稍远一些网络的路由信息……由于互联网中全体路由器的协作,各路由器很快就能掌握所有的路由信息。

在一个实际运行的互联网中,为了使所有的路由器都能及时掌握当前的网络拓扑结构,要求每一个路由器每隔 30s 自动向网上广播自己的路由信息,并且各路由器通过路由信息交换来修正和更新自己的路由选择表。为了能以最佳的路由传送报文,构造最佳的路由选择表,关于路由算法方面已有多个路由信息协议,想深入了解路由信息协议的读者可参考 RFC 文档(Request for Comment)中的有关讨论。

7.4 IP 交换技术

从前面关于路由器技术的介绍可知,传统的互联网主要是基于共享介质类型的物理网络(如以太网)通过路由器互连而成的,它适于低速数据通信。共享介质型网络结构,用户在使用网络通信时必须竞争网络资源,当用户数增加时,每个用户实际获得的链路传送能力将大幅度下降,不能保证用户的通信服务质量(QoS)要求。同时,随着多媒体通信的发展,不仅要求高速的数据通信,也要求能传送话音、图像等,还要求保证通信的 QoS,例如,带宽、延迟和分组丢失率等。

另外,由于在互联网上用户数的增加和对带宽要求较高的万维网(WWW)应用的普及而导致网上信息流量的持续增加,由多层路由器构成的传统网络正趋向饱和。当它扩充到一定限度后,其经济性和效率将随规模的进一步增大而下降。为建立更大规模的网络,许多互联网服务提供者(ISP)进行了积极的探索和实践。当前,人们认为通过在路由器网络中引入交换结构是一种比较好的解决方案。

IP 交换(IP Switch)是 Ipsilon 公司提出的专门用于在 ATM 网上传送 IP 分组的技术,其目的是使 IP 更快并能提供业务质量支持。IP 交换技术打算抛弃面向连接的 ATM 软件,而在 ATM 硬件的基础之上直接实现无连接的 IP 选路。该方法旨在同时获得无连接 IP 的健壮性及 ATM 交换的高速、大容量的优点。

7.4.1 IP 交换机的构成及工作原理

IP 交换机基本上是一个附有交换硬件的路由器,它能够在交换硬件中高速缓存路由策略。如图 7.18 所示,IP 交换机由 ATM 交换机硬件和一个 IP 交换控制器组成。

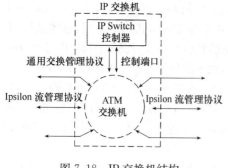

图 7.18 IP 交换机结构

在图 7.18 的交换机结构中，ATM 交换机硬件保留原状，但所有有关于 AAL5 的控制软件将被去掉，用一个标准的 IP 路由软件来取代，并且采用一个流分类器来决定是否要交换一个流及用一个驱动器来控制交换硬件。系统启动阶段，在 IP 交换机及其邻接交换机的控制软件之间建立一条默认的虚信道，随后这条信道将被作为默认的 IP 数据报的跳到跳(Hop-by-Hop)转移路径。在 ATM 交换机和 IP 交换控制器之间所使用的控制协议为 RFC 1987 通用交换管理协议(GSMP)，该协议使得 IP 交换控制器能对 ATM 交换机进行完全控制。在 IP 交换机之间运行的协议是 RFC 1953 Ipsilon 流管理协议(IFMP)，该协议用于在两个 IP 交换机之间传送数据。为了获得交换的效益，它定义一种既具有 ATM 标签又符合 IP 流的机制。

IP 交换的基本概念是流的概念。一个流是从 ATM 交换机输入端口输入的一系列有先后关系的 IP 包，它将由 IP 交换控制器的路由软件来处理。

IP 交换的核心是把输入的数据流分为两种类型，如图 7.19 所示。

- 持续期长、业务量大的用户数据流；
- 持续期短、业务量小、呈突发分布的用户数据流。

持续期长、业务量大的用户数据流包括：

- 文件传输协议(FTP)数据；
- 远程登录(Telnet)数据；
- 超文本传输协议(HTTP)数据；
- 多媒体音频、视频数据等。

持续期短、业务量小、呈突发分布的用户数据流包括：

- 域名服务器(DNS)查询；
- 简单邮件传输协议(SMTP)数据；
- 简单网络管理协议(SNMP)数据等。

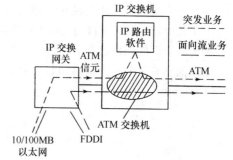

图 7.19 IP 交换机对输入业务流进行分类转送

对于持续期长、业务量大的用户数据流，在 ATM 交换机硬件中直接进行交换，对于多媒体数据，它们常常要求进行广播和多播通信，把这些数据流在 ATM 交换机中进行交换，也能利用 ATM 交换机硬件的广播和多点发送能力。对于持续期短、业务量小、呈突发分布的用户数据流，通过 IP 交换控制器中的 IP 路由软件完成转送，即采用和传统路由器类似的跳到跳的存储转发方式，采取这种方法省去了建立 ATM 虚连接的开销。

对于需要进行 ATM 交换的数据流，必须在 ATM 交换机内建立 VC。ATM 交换要求所有到达 ATM 交换机的业务流都用一个 VCI 来进行标记，以确定该业务流属于哪一个 VC。IP 交换机利用 Iplison 流管理协议(IFMP)来建立 VCI 标签和每条输入链路上传送的业务流之间的关系。

与传统的跳到跳路由器相比，IP 交换机还增加了直接路由。IP 交换机与传统路由器的数据转发方式比较如图 7.20 所示。

IP 交换机是通过直接交换或跳到跳的存储转发方式实现 IP 分组的高速转移的，其工作原理如图 7.21 所示，共分 6 步进行。现分述如下。

① 在 IP 交换机内的 ATM 输入端口从上游结点接收到输入业务流，并把这些业务流送往 IP 交换控制器中的选路软件进行处理。IP 交换控制器根据输入业务流的 TCP 或 UDP 信头中

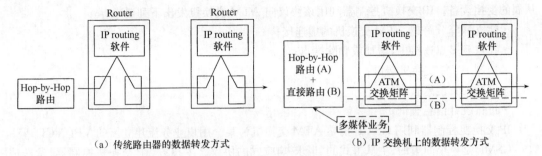

|（a）传统路由器的数据转发方式 | （b）IP 交换机上的数据转发方式|

图 7.20　IP 交换机与传统路由器的数据转发方式比较

的端口号码进行流分类。对于持续期长、业务量大的用户数据流,IP 交换机将直接利用 ATM 交换机硬件进行交换;对于持续期短、业务量小、呈突发分布的用户数据流,将通过 IP 交换控制器中的 IP 路由软件进行跳到跳存储转发方式发送。

② 一旦一个业务流被识别为直接的 ATM 交换,那么 IP 交换机将要求上游结点把该业务流放在一条新的虚通路上。

③ 如果上游结点同意建立虚通路,则该业务流就在这条虚通路上进行传送。

④ 同时,下游结点也要求 IP 交换机控制器为该业务流建立一条呼出的虚通路。

⑤ 通过③和④,该业务流被分离到特定的呼入虚通路和特定的呼出虚通路上。

⑥ 通过旁路路由,IP 交换机控制器指示 ATM 交换机完成直接交换。

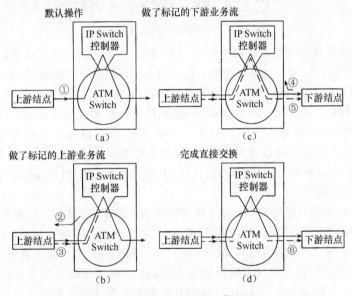

图 7.21　IP 交换机的工作原理

7.4.2　IP 交换中所使用的协议

IP 交换中使用了 GSMP 和 IFMP 两种协议。GSMP 用于 IP 交换机控制器中,完成直接控制 ATM 交换,IFMP 用于 IP 交换机、IP 交换网关或 IP 主机中,完成把现有网络或主机接入到由 IP 交换机组成的 IP 交换网中,用来控制数据传送。

1. GSMP

RFC 1983 通用交换机管理协议(GSMP)是一个多用途的协议,用于 IP 交换机控制器,它是一个异步协议。在 GSMP 中,它把 IP 交换机控制器设置为主控制器,而 ATM 交换机被设置为从属的受控设备。IP 交换机控制器利用该协议向 ATM 交换机发出下列要求：

- 建立和释放跨越 ATM 交换机的虚连接；
- 在点到多点连接中，增加或删除端点；
- 控制 ATM 交换机端口；
- 进行配置信息查询；
- 进行统计信息查询。

IP 交换机控制器利用 GSMP 指导 ATM 交换机为某个用户业务流建立新的 VPI/VCI。

GSMP 是一个简单的、主从方式的、请求-响应式的协议。主控方（IP 交换机控制器）发送请求，而 ATM 交换机在动作完成后给出一个响应。为了速度和简化起见，交换机和控制器间的通信通过不可靠的消息传输模式来进行，没有附加的错误检测和重传功能。GSMP 消息通过一条默认的虚通路（VPI/VCI＝0/15）进行传送。GSMP 的消息格式如图 7.22 所示。

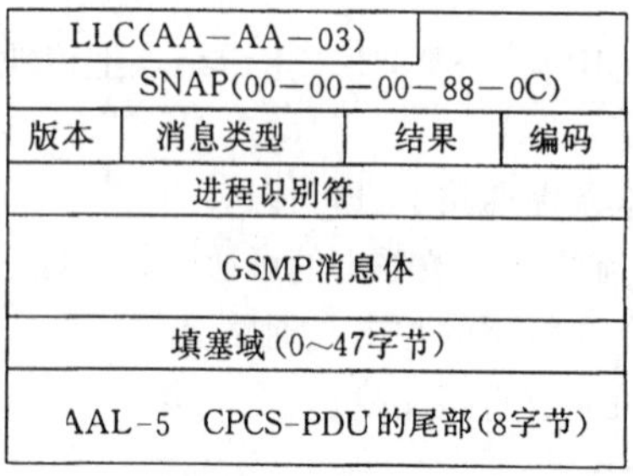

LLC(AA—AA—03)			
SNAP(00—00—00—88—0C)			
版本	消息类型	结果	编码
进程识别符			
GSMP 消息体			
填塞域（0～47字节）			
AAL-5　CPCS-PDU 的尾部（8字节）			

注：LLC/SNAP：逻辑链路控制/子网接入点，是AAL5多协议封装的标准头部。这里，AA—AA—03三字节指示SNAP报头存在，00—00—00三字节指示随后的两个字节为以太网类型，88—0C两字节指示ARP类型。CPCS—PDU：会聚子层公共部分—协议数据单元。其尾部8字节中包括三字节的垫整字段、1字节的定位和1字节结束标记，最后两字节为长度指示。

图 7.22　GSMP 的消息格式

在图 7.22 中，所有的消息都使用一个 AAL5 LLC/SNAP 封装，但是最常用的消息（如连接管理）将被设计得足够小，以便装在一个单一信元的 AAL5 包封中。选用 LLC/SNAP 封装，可以允许除 GSMP 以外的其他协议（如 SNMP 等）能复用到链路中。

借助于一个邻接协议（Adjacency Protocol）跨越控制链路来进行状态同步，从而发现链路末端实体的身份并检出何时发生变化。在建立邻接关系以前，链路上只存在邻接协议而没有 GSMP 消息。而一旦建立了邻接关系，就可以发出 5 种类型的消息：配置（Configuration）、连接管理（Connection Management）、端口管理（Port Management）、统计（Statistics）和事件（Event）。有关这 5 种消息的解释如下。

（1）配置消息：是控制器用来发现 ATM 交换机能力的消息。除名称、种类和序列号外，每个 ATM 交换机端口还可以报告出其所支持的 VPI/VCI 范围、接口类型和信元速率、管理和线路状态及优先级号等。现有版本的 GSMP（RFC 1987）采用非常简单而严格方式的优先级输出队列，具体为每个端口可以规定任意数目的优先级队列。该协议应进一步支持下一代的 ATM 队列和排序硬件。值得说明的是，现有的 GSMP 版本并不支持流量管理功能，因为在资源保留协议（RSVP）得到广泛采用之前无须这一功能。

（2）连接管理消息：交换机的配置一旦被发现，控制器就能够开始发布连接管理消息。通过连接管理消息，控制器可以通过交换机建立和删除连接。连接的建立并不区分点对点还是点对多点连接，即"添加支路"（Add Branch）和"删除支路"（Delete Branch）消息对这两种连接都适用。"删除树"（Delete Tree）消息用来删除一个多点连接的整体。"移去支路"（Move Branch）允许多点连接中的一条输出支路从一个输出口上移去。

（3）端口管理消息：端口管理消息用来复位、激活、停止交换机环回交换端口的操作。

（4）统计消息：用来查询每个 VC 和每个端口的性能数据。

（5）事件消息：允许交换机针对特殊事件异步地向控制器发出告警。这些特殊事件包括在一个端口上检测到或丢失了载波、检测到或丢失了端口接口及到达了一个无效 VPI/VCI 的信元等。

从属部分 GSMP 的编程量约为 2000 行,其性能可达到每秒操作 1000 条连接。如果交换机中的包处理和 AAL 处理功能由拆装子层(SAR)器件来实现,则性能还会大大提高。

2. IFMP

RFC 1953 Iplison 流管理协议(IFMP)用来实现在邻接的 IP 交换机控制器、IP 交换网关或支持 IFMP 的网络接口卡之间请求分配一个新的 VPI/VCI 的控制操作。更具体地说,IFMP 给某个流附加一个标签,使该流的路由更加有效。

IFMP 跨越 IP 交换机在网络中组成独立运行的链路,这些链路将 IFMP 对等实体互联起来。在 ATM 链路上它使用默认的虚通路(VPI/VCI = 0/5)。IFMP 的目的是通知一条链路的发送端将一个 VCI 与特定的流关联起来。该 VCI 是由链路的接收端选择的。

属于非交换方式流的所有数据包都要以逐跳方式在 IP 交换机控制器之间的每条链路上的默认通路中进行转发。当一个新的流到达 ATM 交换机后,IP 交换机将对该流进行分类,以决定该流是否或何时被交换。IFMP 中定义了两种流类型:流类型 1 称为端口对流类型;流类型 2 称为主机对流类型。流类型 2 允许在相同的主机对间的流中加入业务质量的区分,并可支持基于流的防火墙安全特性。流是通过流标志进行识别的,在流标志中给出了属于哪个流的 IP 包头的各字段值。两种流类型的标志格式如图 7.23 所示。

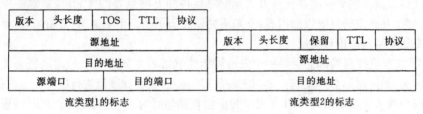

图 7.23　流类型 1 和流类型 2 的标志

这里应注意的是,一个流在交换之前首先要进行标记。入口链路上的接收机首先选择一个空闲的 VCI,随后向上游发送一个 IFMP 重定向消息,用来通知链路另一端的发送机的流与此 VCI 相关联。重定向消息中还包含一个生存时间(TTL)字段,该字段规定了流与特定 VCI 关联的有效时间长度,超过此时间,该关联即变为无效。因此流的重定向必须在存活期内由另外的 IFMP 重定向消息来刷新。上述流标记过程独立且同时地在 IP 交换网络中的每一条链路上执行,但前提是假定流分类策略在整个管理域内保持一致,这样才不至于使上游 IP 交换机做出不同的分类结果。

当一 IP 交换机控制器发送一条 IFMP 重定向消息时,它将同时去查看下游链路上的流是否已做标记;同样,当 IP 交换机收到一重定向请求时,它也会去查看上游链路上的流是否已做标记。当上游链路和下游链路都已对某一给定流做了标记后,则该流便会以直接交换方式贯穿 ATM 交换机。

在 ATM 链路上传送 IP 包将会遇到的一个问题就是 IP 包的封装问题,这是必须考虑的因素。事实上,当一个 IP 交换机接收一个重定向消息时,它也将改变该重定向流的 IP 包的封装。用于默认通道的 IP 包的封装是标准的 AAL5 上的 LLC/SNAP 封装。而针对重定向到一特定虚通路上流的 IP 包,其封装并不使用 LLC/SNAP 信头,并取消流标志规定的所有字段,结构如图7.24 所示。

从图 7.24 中可以看出,具有上述压缩头的 IP 包接着被封装到 AAL5 中,并被发送到选定的虚通路上。发布重定向消息的 IP 交换机将会备份这些被取消的字段,并将它们与所选定的

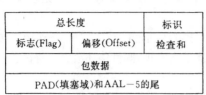

总长度		标识
标志(Flag)	偏移(Offset)	检查和
包数据		
PAD(填塞域)和AAL－5的尾		

流类型1的封装

保留	TOS	总长度	
标识		标志(Flag)	偏移(Offset)
保留	协议	检查和	
包数据			
PAD(填塞域)和AAL－5的尾			

流类型2的封装

图 7.24　IFMP 包的封装

ATM VCI 联系起来,这样,交换机可以使用这些存储字段恢复原有的完整 IP 头。这样做是为了保密的需要。因为采用这样的方法后可以把 IP 交换机当成一个简单的基于流的防火墙而无须检查每个包的内容。利用这种方法可以防止防火墙后的非法用户建立一个到某目的地或业务的交换流(在通常情况下,非法用户以自己的 IP 头替换掉原有的头就有可能访问被禁止的站点)。

　　为了与传统路由器的跳到跳方式在生存时间上保持一致,IP 交换机在流类型 1 和流类型 2 的流标志中也包括 TTL 字段,这就确保了交换方式的流中所含的均是 TTL 正确的包。在交换方式流的终点,属于该流的所有包的 TTL 值肯定是正确的,因为 TTL 字段并不是在实际传送过程中得到的,而是从目的地所存储的信息中恢复出来的。图 7.24 中检查和的值在交换方式流的传送过程中应保持不变。要做到这一点,就应当在交换方式流的源点将包的校验和的值减去该点的 TTL 值,而重构包头时需在交换方式流的终点再加上终点处的 TTL 值。这一操作是必要的,因为从交换方式流的目的点向回看,不知道究竟经历了多少个上游 IP 交换结点,且有可能这一数目还要随着时间的推移而改变。

　　每台 IP 交换机控制器都会对每一个流做周期性的查看。如果在上一次刷新有效期内流中又有业务出现,则控制器会再发送一个到上游的重定向信息以对该流进行刷新。上游的 IP 交换机控制器则会继续在重定向的 VCI 上发送数据包直到超时为止(在规定的刷新时间段内未收到任何重定向指示)。一旦流已经超时,上游控制器将会删除关联状态(Associated State)。同样,下游结点也会这样做。除此之外,下游 IP 交换机控制器还可以主动取消与 VCI 的关联状态,方法是向上游发送 IFMP 回送消息。在收到了 IFMP 回送证实消息后,下游流的状态就会被删除。之所以需要这一点,原因是在某些情况下(如路由改变、缺少接收 VCI 资源等)应该明确地删除关联状态。

7.5　标记交换技术

　　标记交换(Tag Switching)是 Cisco 公司推出的一种基于传统路由器的 ATM 承载 IP 技术。虽然 IP 交换技术与标记交换技术都是 IP 路由技术与 ATM 技术相结合的产物,但这两种技术的产生却有着完全不同的出发点。IP 交换技术认为路由器是 IP 网中的最大瓶颈,它希望借助 ATM 技术来完全替代传统的路由器技术;而标记交换技术则不然,标记交换最本质的特点是没有脱离传统路由器技术,但在一定程度上将数据的传递从路由变为交换,提高了传送效率。另外,标记交换既不受限于使用 ATM 技术,又不仅仅转发 IP 业务。

7.5.1　标记交换的工作原理

　　标记交换机有两种构件:传递元件和控制元件。传递元件根据分组中携带的标记信息和交换机中保存的标记传递信息完成分组的传递。控制元件则负责在交换机之间维护标记传递信息。

在标记交换机中,标记传递信息库用于存放标记传递的相关信息,每个入口标记对应一个信息项(Entry),每个项内包括出口标记、出口接口号、出口链路层信息等子项。

1. 传递元件

当标记交换机收到一个携带标记的分组时,传递元件的工作流程如下:

① 从分组中抽出标记;

② 将该标记作为标记信息库(TFIB)的查询索引,检索该分组所对应的项;

③ 用该信息项中的出口标记和链路层信息(如 MAC 地址)替换分组中原来的标记和链路层信息;

④ 将装配后的分组从信息项所指定的出口接口送出。

图 7.25 给出了一个应用实例。一个目的地址为 128.89.26.4 的无标记分组到达路由器 A(RTA)。RTA 查询它的 TFIB,找到目的地址与网络前缀 128.89.0.0/16(注:这里的 16 代表在 TFIB 中的网络掩码,意为网络掩码的高 16 比特为全 1,其余为 0)。相匹配的项,取得到下一跳路由器 B(RTB)的出口标记 4 和出口接口号 1,然后将出口标记 4 装配在分组上,再将该分组送至出口 1 进行发送输出。RTB 收到标记 4 的分组,用 4 作为索引查询它的 TFIB,找到它的下一跳出口和出口标记值。在 RTB 中的检索 TFIB 方法与在 RTA 中的有所不同,它用标记作为索引,这种检索方法类似于在 ATM 交换机中用来检索 VPI/VCI 的方法,这种方法非常便于采用硬件来实现。RTC 在收到 RTB 转发的该分组后,将分组中的标记剥除,恢复成无标记的 IP 分组并传递给用户。

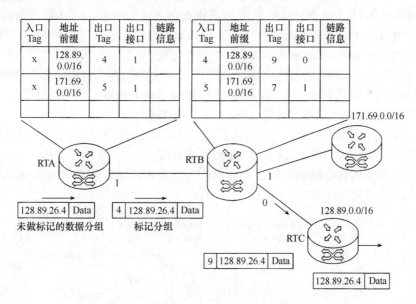

图 7.25　IP 分组的标记交换流程

2. 控制元件

控制元件完成标记分配和维护规程,也就是负责 TFIB 的标记信息生成和维护。标记的分配和维护主要用标记分配协议(TDP)来实现。

在介绍 TDP 之前,需要先介绍一下基于目的地的路由。

路由器采用的便是基于目的地的路由,也就是说,该路由器的每个可达网段在它的路由表中都对应一个信息项。这个信息项中包括这个可达网段的地址、下一跳路由器的物理地址(MAC 地址)和转发的输出端口号等信息子项。路由器在收到一个分组后,用其目的地址匹配路由表中的信息项,若找不到匹配的项,则将该分组丢弃或使用默认路由,若找到,则按其信息项中所指示的端口进行转发分组。路由器根据从路由协议(如 OSPF、BGP 等)中获取的路由信息及相应的路由算法形成路由表。在网络状况发生改变后,路由器通过路由协议完成路由表的动态更新。

TFIB 是根据路由表形成的,除增加出口标记子项外,每个信息项在 TFIB 中所处的位置还进行了有序化处理,即用入口标记为索引进行一定的计算便可得到该信息项在 TFIB 中的位置,这样便可以用硬件方式完成对 TFIB 的检索和数据的转发。正是由于 TFIB 是根据路由表形成的,所以 TFIB 也是基于目的地的路由信息表。

3. TDP

TDP 用来分配和维护 TFIB 中的标记子项。TDP 使用专用的、可靠的链路传输,在 ATM 标记交换路由器(ATM-TSR)上使用 VPI/VCI 为 0/32 的默认虚通路。TDP 规定了 3 种标记分配方式:下游结点标记分配、下游结点按需分配标记和上游结点标记分配。

所谓上游和下游,是指站在某个路由器的角度(如图 7.26 中的 RTA),指向某个目的地址的路由方向称为下游,反之称为上游。如图 7.26 中 RTA 对于目的端 128.89.0.0/16 而言,RTA→RTB→RTC 为其路由的下游方向,而 RTB 则将 RTA 视为其上游结点,将 RTC 视为其下游结点。

下游结点标记分配由下游结点根据本结点的使用状况分配标记,然后通过 TDP 将所分配的标记通知上游结点。上游结点将该标记填入它的 TFIB 的对应项中。

图 7.26 给出了一个下游结点标记分配的实例。对于目的地址 128.89.0.0/16 而言,RTB 为 RTA 的下游结点,RTB 为该地址分配标记 4,并将此信息通知 RTA,RTA 将该信息填入它的 TFIB 中对应项的出口标记子项中。同样,RTC 为该地址分配标记 9 并通知 RTB,RTB 也进行同 RTA 一样的登记操作。标记分配的过程可以逐段完成,图 7.26 中虽然标志了分配过程的顺序(①RTC 分配标记;②RTC 将分配的标记通知 RTB;③……),但其流程并非严格限制都需如此执行。在标记分配逐段完成之后,RTB 的 TFIB 中输出标记和输入标记都已填入,这时 RTB 便可以实现标记交换,而无须再进行目的地址匹配和路由选择。

上游结点标记分配的分配方向与下游结点标记分配相反,RTA 为 RTA→RTB 段分配标记后通知 RTB,RTB 为 RTB→RTC 段分配标记后通知 RTC。

下游结点按需分配标记则是由 RTA 先向 RTB 提出分配标记请求,然后再由 RTB 为 RTA→RTB 段分配标记,并通知分配结果。

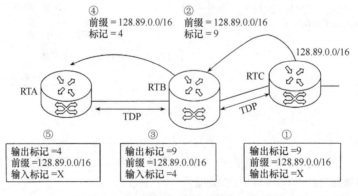

图 7.26　上游和下游结点分配标记示例

三种分配方式相辅相成。结点的 TFIB 有两种管理方式:一种称为单接口 TFIB;另一种称为单结点 TFIB。单接口 TFIB 是一个接口配置一个 TFIB,所有接口的 TFIB 互不相关,所以作为索引的入口标记只在本接口或本段有效,与结点的其他接口无关。这时入口标记的选择可以只考虑该接口的使用情况,使用上游结点分配或下游结点分配都可。而单结点标记 TFIB 则不然,一个结点只设一个 TFIB 表,可以将其下载到各接口,但其内容相同。因此入口标记在全结点有效且不能重复。这时只能使用下游结点标记分配,因为上游结点对下游结点的入口标记的使用情况不了解,无法进行分配;而段标记作为上游结点的出口标记与其他接口无关,所以下游结点可以完成标记分配。下游结点按需分配标记和前两种不同,前两种应用于拓扑驱动时分配标记,它在一个结点中为每个目的地只分配一个或几个(按业务等级分)标记。但不同的源、不同的应用可能有不同的业务质量需求,当需要为某些特定业务提供特殊服务时,可以用下游结点按需分配标记为其提供专用标记。另外,ATM 环境下的标记交换也使用下游结点按需分配标记,否则将会出现如图 7.27 所示的信元交织问题。

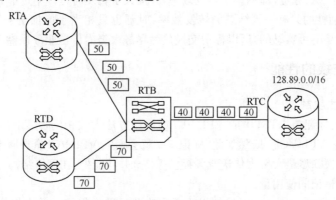

图 7.27　信元交织问题

图 7.27 的 RTA 和 RTD 同样经由 RTB 和 RTC 访问 128.89.0.0/16,若以上游或下游方式分配标记,则 RTB→RTC 段将只为 128.89.0.0/16 分配了一个标记 40。对 RTB 而言,对应于该地址的入口标记有 50 和 70 两个,而出口标记只有一个,两个业务流就会交织在一起。如果 RTB 为 ATM-TSR,则会出现信元交织的情况,RTC 将无法区分两种业务流。所以,ATM 环境下的标记交换必须采用下游结点按需分配标记协议,否则,标记交换机必须具有 VC 合并功能。

图 7.28 给出了下游结点按需分配标记的实例。当 RTB 为 ATM-TSR 时,首先 RTB 采用上游或下游标记分配的方法为 RTA 来的业务流分配了标记 40。在 RTD 来的业务流出现后,为了避免出现信元交织的情况,RTB 利用下游结点按需分配协议,为 RTD 来的业务流向 RTC 请求一个新的标记 60,不同的源采用不同的标记就可以避免信元交织问题。

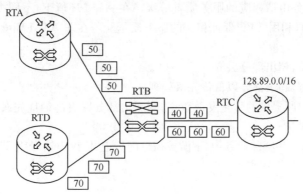

图 7.28　使用按需分配标记协议分配多个出口标记

信元交织就是来自不同源的信元以同一个标记 VPI/VCI 发出时交织混杂在一起,使接收端无法区分的情况。因为标记交换的业务流在 ATM 上传送时也需要通过 AAL 进行适配,而出现信元交织后,AAL 就难以正确成帧,所以,信元交织现象是一种致命的错误,必须避免。

4. ATM 环境下的 VC 合并

在 ATM 环境下,为了节省 VC 的使用数量,Cisco 推出了一种新的功能 VC 合并(VC Merge)。VC 合并允许不同来源的流汇往同一目的端时使用同一个标记,如图 7.27 所示。换句话说,就是实现了多点到点的连接。但 VC 合并同样会面临图 7.27 所指出的问题,即信元交织问题。VC Merge 解决此问题当然不能使用图 7.28 的方法,因为它背离了使用合并的初衷。它的解决办法是使用输入缓存的技术,将输入的信元缓存成为帧,再对其进行交换。这样就将信元交织转换为帧交织,末端结点的 AAL5 就可以正确地将两个流的信元分别组合成帧了。很显然,VC 合并节省了 VC 数量,却牺牲了转发效率,并加大了转发时延。不过节省的是合并后每一级结点的 VC,而牺牲的只有一级结点的转发效率,时延也只相当于增加了一跳,但对于时延敏感型业务而言,这是不可容忍的,所以标记交换只为尽最大努力传送业务提供 VC 合并功能。

7.5.2 标记交换的性能

1. 灵活的路由机制

标记交换中的标记与 ATM 中的 VPI/VCI 的使用方法大致相同,ATM 标记交换路由器中的标记实际上就是 VPI/VCI。既然如此,标记交换就会面临 VPI/VCI 资源匮乏的问题。为解决这个问题,标记交换除尽最大努力传送业务提供 VC 合并功能外,在网络结构上它使用了层次化路由结构,以减少标记的使用量。

为减少路由信息量,Internet 很早就引入了层次化的路由概念。首先根据网络规模和用户群的分布情况将网络划分为几个域,域内运行 OSPF 等域内路由协议交互主机的路由信息,域间运行 BGP 等域间路由协议交互各域的可达网络信息。因为域间不再交互主机的详细路由信息,减少了路由信息量和路由协议开销,同时也避免了过大的路由表给管理和数据转发带来的低效率。当然这些路由机制并非为标记交换而设计的,但标记交换与路由技术的关系极为紧密,这体现在不仅交换机仍采用传统的路由技术进行拓扑信息的交互,而且 TFIB 也根据路由表形成。路由表的简化在很大程度上减少了标记的使用量,但是否能成比例递减,还取决于应用对服务质量的要求。

2. 可靠的服务质量(QoS)

标记交换提供两个机制保证服务质量。一个是将业务进行分类,通过资源预留协议(RSVP)为每个类别的业务申请相应的服务质量等级。在 ATM 环境下,不同类别的业务使用不同的标记虚电路(TVC),利用 TVC 保证相应的服务质量。若在非 ATM 环境下,标记交换机则将业务分为几类:

- 分配一定带宽,超出部分丢弃;
- 分配一定带宽,超出部分以低优先级处理;
- 如果用户超出所提供的带宽发送数据,则超出部分以更高的优先级发送,并且用户需负担额外的费用。

另一个机制是为某些特殊业务用"下游按需分配标记"协议申请专用 TVC,提供端到端业务质量保证。

3. 多播功能

标记交换机利用多播路由协议(如 PIM)生成多播树,在形成多播树时会采用生成树算法避免回路的形成。多播传递元件负责将多播数据沿着多播树进行传递。

当一个标记交换机生成一个多播传递项时,除将该项填入输出接口表外,还为多播的每个输出接口生成一个输出标记。标记交换机通过多播的输出接口通知相邻的标记交换机出口标记和多播树的捆绑关系。邻接交换机在收到这一通知后,将捆绑信息中的相关出口标记填入TFIB中相应的多播树项目的入口标记子项中。这样就完成了多播标记交换表的生成过程。

7.6 多协议标签交换技术

多协议标签交换(Multi-Protocol Label Switching,MPLS)技术是将第二层交换和第三层路由结合起来的一种L2/L3集成数据传输技术。由于MPLS技术可适用于任何网络层协议,故称为多协议,目前主要用在高端路由器致力于传输IP业务。同时,多协议也表明MPLS技术的应用并不局限于某一特定的链路层介质,即采用MPLS技术,网络层的数据包可以基于多种物理媒介进行传送,如ATM、帧中继、租赁专线/PPP等。在MPLS网络中的关键元素是标签交换路由器(LSR),它具备了理解和参与第三层(L3)IP路由及第二层(L2)交换的能力。MPLS要求LSR参与IP路由,其转发机制与传统逐跳路由判决机制的区别很大,它是通过一种单一的操作模式,既可以避免在L2层与L3层之间因相互操作而产生的相关问题,又可以确保两种机制独立运行。LSR通过L2层的标准路由协议(如OSPF)进行寻径操作,从而获得整个网络的拓扑结构,由此获悉的路由信息将用来对特定IP报文分配相应的标签。从端到端的角度上来看,标签用于确定端点之间IP报文的传输路径,这种路径被称为标签交换路径(LSP)。LSP是通过MPLS的核心协议——标签分配协议(LDP)在ISR对等体之间建立的,其本质上与交换技术定义的VC连接十分相似。在传输IP报文时,MPLS标签边缘路由器(LER)通过特定判决机制,对报文进行标签封装,随后将携带特定标签的报文转发到网络内部升级后的交换机(如ATM—LSR或LSR),它们在接收到相应IP报文后,通过内部的标签信息库(LIB)进行标签查询与交换并沿着LSP转发报文。

7.6.1 MPLS网络模型

MPLS的网络模型结构如图7.29所示。

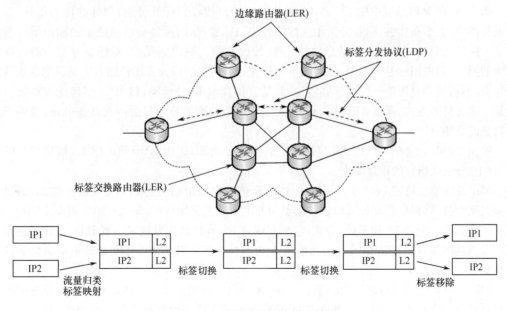

图7.29 MPLS的网络模型结构

从 ATM 的观点来看,MPLS 应该视为另一个控制平面,是 IP 选路的一部分。它是另外一种建立 ATM VC 的方法。当运行在 ATM 硬件上时,MPLS 和 ATM 论坛协议都采用了相同的分组格式(53 字节的信元)、相同的标签(VPI/ VCI)、相同的标签交换和转发机制及相同的入口和出口功能。根本的区别在于 MPLS 没有采用 ATM 寻址、ATM 选路和 ATM 协议。MPLS 采用 IP 寻址、动态 IP 选路和 LDP,LDP 把转发等价类(FEC)映射成标签而后形成 LSP。一般情况下,MPLS 只涉及创建和分发 FEC /标签映射,这样就可以通过一个网络的默认或非默认路径更好和更有效地转发 IP 业务。

MPLS 旨在简化路由器入口处处理网络层"头分析"和 FEC 分配功能的过程。入口路由器不是将 FEC 映射到下一跳路由器,而是在分组上添加表示分组归属 FEC 的一个标签。在下一跳路由器上,因为分组已经与 FEC 关联,所以没有必要再检查网络层头。标签用于索引一个包含出端口和一个新标签的连接表。旧标签被新标签取代,然后分组从出端口转发到下一跳路由器。与传统 IP 转发相比,MPLS 简化的转发机制如图 7.29 所示。

MPLS 运行可分为自动路由表生成和 IP 分组传送执行两个阶段,在实际运行时这两个阶段是交叉进行的。

第一阶段为自动路由表生成。

第一步:建立 MPLS 域上各结点之间的拓扑路由。其方式与常规路由网的自治系统相同。在域内运行 OSPF 路由协议(也可同时运行其他的路由协议),使域内各结点都具有全域的拓扑结构信息;在管理层的参预下,可在全域均匀分配流量,优化网络传输性能。在域间主要运行 BGP,对邻域和主干核心网络提供和获取可达信息。

第二步:运行标签分配协议 LDP,使 MPLS 域内结点间建立邻接关系,按可达目的地址分类划分转发等价类 FECS,创建 LSP,沿 LSP 对 FEC 分配标签 L,在各 LSR 上生成转发路由表。

第三步:对路由表进行维护和更新。

第二阶段是在 MPLS 域上传送 IP 分组。

第一步:IP 分组进入 MPLS 域的边缘结点,LER 读出 IP 分组头,查找相应的 FEC 及其所映射的 LSP,加上标签,成为标签分组,向指定的端口输出。

第二步:在 MPLS 域内的下一跳 LSR,从输入端口接收到标签分组,用标签作为指针,查找转发路由表,取出新标签,标签分组用新标签替代旧标签,新的标签分组由指定的输出端口发送给下一跳。在到达 MPLS 出口结点的前一跳,即倒数第二跳时的操作,对标签分组不进行标签调换的操作,只做旧标签的弹出,然后用空的标签分组传送。因为在出口结点已是目的地址的输出端口,不再需要对标签分组按标签转发,而是直接读出 IP 分组头,将 IP 分组传送到最终目的地址。这种处理方式,保证 MPLS 全程所有 LSR 对需处理的分组只做一次观察处理,也便于转发功能的分级处理。

第三步:MPLS 域的出口 LSR 接收到空的标签分组后,读出 IP 分组的组头,按最终目的地址,将 IP 分组从指定的端口输出。

MPLS 在建立特定 LSP 时,要求在标签分配信令中携带明确的标签交换路径信息,通过这种显式路由技术,网络管理员可以在各结点间的主干线上平衡负载,即通过第 3 层路由器(LSR)取代传统的手工配置 L2 层 PVC 方式,轻松实现对 Internet 的流量规则。事实上,显式路由及下面将要描述的流量工程和 QoS 路由功能是 MPLS 作为下一代 Internet 宽带技术最为显著的技术优势。

MPLS 技术可通过特定的 QoS 路由算法,采用离线方式计算出网络内对应不同业务流的所有可行的标签交换路径,即将要求特定 QoS 的业务流直接映射到网络对应的物理拓扑上,并通过标签分配信令在输入边缘结点和输出边缘结点之间建立相应的 LSP。由于网络内部结点直接参与了特定 LSR 的计算与选取,因而大大缓解了网关人员的负担,并且使用 MPLS 技术能够及时发现网络故障结点,加快创造 LSP 备份路径及恢复原有路径的速度。

MPLS 技术通过使用约束路由机制,根据用户的特定要求仅在边缘结点处计算特定的标签交换路径,随后利用显式路由技术及支持 QoS 的标签交换分配信令(如 CR-LDP)在网络内部构成 LSP 的 LSR 之间传递相应的建路信息。MPLS 的 QoS 路由机制与流量工程十分相似,二者都需要利用显式路由技术建立特定 LSP。其不同点是 QoS 路由机制对网络中业务流的区分粒度更为精细。

用 MPLS 上实现 VPN,最大的优势在速度和 OoS 支持上。MPLS 是目前唯一能够实现 IP 网中的 QoS 与流量工程的网络技术。服务提供商能够在他们的网络中提供 IP 隧道,而不需要加密或用户端应用程序支持。MPLS VPN 具有网络配置简单、提供一定的用户与网络的安全性、动态地发现相邻结点、直接利用现有路由协议而无须任何改动及使网络具有良好的可扩展性等特点。

7.6.2 MPLS 协议

1. 标签

MPLS 协议的关键是引入了标签(Label)的概念,它是一种短的、易于处理的、不包含拓扑信息只具有局部意义的选路标志。Label 短是为了易于处理,通常可以用索引直接查找;只具有局部意义是为了便于分配。

在 MPLS 网络中,IP 包在进入第一个 MPLS 设备时,MPLS 边缘路由器首先分析 IP 包的内容,为这些 IP 包选择合适的标签并进行标签封装。相对于传统的 IP 路由分析,MPLS 不仅分析 IP 包头中的目的地址信息,还分析 IP 包头中的其他信息(如 TOS 等),之后所有 MPLS 网络中的结点都依据这个简短标签作为转发判据。当该 IP 包最终离开 MPLS 网络时,标签被边缘路由器分离。这些标签通常位于数据链路层(如 Ethernet、IEEE802.3 或点对点 PPP 链路上)的封装头和 PDU 之间(ATM 与帧中继中没有独立的标签域,在 ATM 采用 VPI/VCI,而帧中继中采用 DLCI 来代替),用来提高数据分组的转发性能。

图 7.30 所示为 MPLS 协议所采用的标签格式。图中,标签占 20bit;TTL 占 8bit,其作用与在 IP 网中相同,用来防止发生路由环、跟踪路由、限制分组发送的范围等;Cos 域占 3bit,用来区分多种业务类型;S 为标签栈底指示位,若 S=1,则表明该标签位于标签栈底。只具有局部意义的含义是标签只在逻辑相邻的上下游标签交换路由器之间有意义。上游标签交换路由器的输出就是下游标签交换路由器的输入。

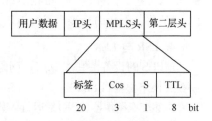

图 7.30　MPLS 标签格式

2. 转发等价类

转发等价类(FEC)是在转发过程中以等效的方式处理的一组数据分组,这组分组数据有某种共性,FEC 可以为地址前缀,其长度从零到全地址,或为主机全地址,如第一个 IP 分组的目的地址为 10.0.1.1,第二个 IP 分组的目的地址为 10.0.3.2,它们具有相同的地址前缀 10.0.,因此它们是同一个 FEC。当然 FEC 的归类方法可以多种多样,也可以按照一定的方法把具有同一目的地址前缀的分组按 QoS 划分为具有不同 QoS 的 FEC。标签通过一个特定过程同 FEC 相映射,过程大致如下:当 IP 分组到达入口路由器之后,路由器检查 IP 分组的包头,根据检查所得的信息和 FEC 划分原则,将 IP 分组划分成多个 FEC。对于同一个 FEC,在分组头中插入相同的标签。从转发的行为来看,它们都具有相同的转发属性。一种 FEC 是一组单目广播分组,其目的地址均与一个 IP 地址前缀相匹配。另一种 FEC 是分组的源及目的地址都相同的一组分组。

3. 标签栈

标签栈是多个标签的顺序排列。对于一个大型网络,只用一个标签进行路径标志显得有些"力不从心",这时可以根据一定的规则将网络划分成多个路由域。同一个域中的路由由域内协议完成,如 OSPF、RIP、EIGRP 等,不同域间的路由由域间协议完成,如 BGP,域内的中间路由器只需要保存该域各边界路由器的路由信息,不必保存网络中所有目的地址的路由信息,边界路由器才需要保存完整路由信息,这样做可以减少路由器需要保存的路由信息量。标签栈正是为了适应大型网络路由分级结构而设置的,分级网络中每一个级别上的网络对应标签栈中一个标签。当标签分组携带多个标签时,标签按后进先出的栈方式组织。在 MPLS 中每个转发结点的转发判决按标签栈栈顶标签执行(注意:转发按栈顶标签执行,也就规定了不同层次标签的进栈次序)。决定如何转发分组的标签始终是栈顶标签,标签交换路由器并不考虑此标签栈中有几层,即对标签分组的处理在不同的子网和不同层次的网络中相互独立。没有标签的标签栈深度为 0;相应的深度为 m 的标签栈,栈底为 L_1 层标签,依次序往上为 L_2 层标签、L_3 层标签……栈顶为 L_m 层标签。

下一跳标签转发表入口(NHLFE)与标签对映映射。

选择下一跳的工作可分为两部分:将分组分成 FEC 和将 FEC 映射到下一跳。每个结点依据下一跳标签转发表入口(NHLFE)来转发一个带标签的分组,它包含如下信息:

(1) 分组的下一跳;

(2) 传输分组使用的数据链路封装格式;

(3) 传输分组时对标签栈的编码格式。

对标签栈的操作,包括对栈顶标签的替换、弹出一个标签或压入一个标签,等等。数据分组在进入 MPLS 时,首先被归类为不同的 FEC,然后就是把这些 FEC 同 NHLFE 相映射,进入指定的输出端口,达到利用标签切换来转发数据分组的目的。FEC 同 NHLFE 的映射关系有两种:入标签映射(Incoming Label Map, ILM)和 FEC 到 NHLFE 映射(FTN)。前者在 LSR 执行,用来转发已打上标签的分组;后者在 LER 上执行,用来转发尚未加标签的分组,但在转发后,分组也被加上标签。标签映射后,根据 NHLFE 中的信息确定向何处转发分组,对标签栈进行相应的操作,最后将新形成的标签栈进行编码,完成转发。

4. LSR 与 LER

MPLS 的设备按其在 MPLS 网络中所处的位置,可分为标签边缘交换路由器(LER)和中间标签交换路由器(LSR)。

标签交换路由器(LSR)是运行 MPLS 的网络结点,它位于 MPLS 网络中部。其主要功能如下。

(1) 执行路由传播协议,路由控制功能通过标准的第三层路由协议(如 BGP 和 OSPF)实现。这些路由协议为 LSR 提供了 FEC 与下一跳地址的映射。

(2) 为每一个 FEC 分配一个标签。

(3) 执行 LDP,并根据从其他结点获取的标签信息建立标签信息库 LIB,该信息库包含标签绑定信息。LIB 是保存在一个 LSR(LER)中的连接表,在 LSR 中包含 FEC/标签绑定信息和关联端口及媒体的封装信息。LIB 通常包括下面内容:入、出端口;入、出口标签;FEC 标志符;下一跳 LSR;出口链路层封装等。对标签的操作主要有:标签划分、标签分发、标签维护等。这样就可以利用标签信息库中的信息,根据输入分组所携带的标签,进行标签的转换,如标签入栈、标签出栈、标签替换等。然后利用第二层的交换机制实现标签的分组转发。

后续分组获得 LIB 库中相应的标签,并按照指定的动作处理。在后续的交换过程中,由 LSR 所产生的固定长度的标签替代 IP 分组头,大大简化了以后的结点处理操作。后续结点使用这个标签进行转发判决。一般情况下,标签的值在每个 LSR 中交换后改变,这就是标签转发。

图 7.31 所示为标签交换路由器的基本结构。LSR 主要由控制单元与转发单元两部分构成,这种功能上的分离有利于控制算法的升级。

控制单元为一个结点建造并维护一个路由转发表(Forwarding Table),它与其他结点的控制部件共同协作,持续并正确地交换分布式路由信息,同时在本地建立转发表。标准的路由协议(如 OSPF、BGP 和 RIP)用于在控制部件之间交换路由信息,转发单元执行分组转发功能。它使用转发表、分组所携带的地址等信息及本地的一系列操作来进行转发判决。在传统路由器中,最长匹配算法将分组中的目的地址与转发表中的表项进行对比,直到获得一个最优的匹配,且这种比较是从源到目的

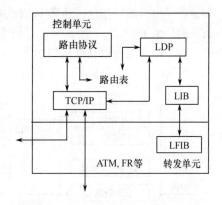

图 7.31 标签交换路由器(LSR)
基本结构

地路径上历经的所有结点都要进行的。在一个标志交换路由器中,(最佳匹配)标志交换算法使用分组的标签和基于标签的转发表来为分组获取一个新的标签及输出端口。路由转发表包含若干表项,提供信息给转发单元,执行其交换功能。转发表必须将每个分组与一个条目(传统条目为目的地址)关联起来,为分组的下一步路由提供指引。在 MPLS 技术中,转发表又称为标签转发信息库(LFIB),LFIB 主要包含下一跳标签转发条目表(NHLFE)、NHLFE 的转发等价类(FEC)和一个输入标签映射表(ILM)。

标签边缘交换路由器(LER)主要完成连接 MPLS 域和非 MPLS 域及不同的 MPLS 域的功能。实现对业务的分类、分发标签、剥去标签(作为出口 LER)等,甚至可以确定业务类型、实现策略管理、接入流量工程控制等工作。在 MPLS 骨干网络边缘,LER 对进来的无标签分组(正常情况下)按其 IP 头进行归类划分及转发判决,IP 分组在 LER 中被打上相应的标签,并被传送给去向目的地的下一跳。当分组从 MPLS 的骨干网络中转出时,如果 LER 发现它们的转发方向是一个无标签的接口,就简单地移除分组中的标签。这种基于标签转发的主要优势在于对多种交换类型只需一种转发算法,并且可以用硬件来实现高速转发。标签的分配除基于目的地址外,还有其他很多因素,例如,LER 判定流量是否为一个长持续流,是否采取管理策略和访问控制,并在可能的情况下将普通业务流汇聚成较大的数据流。这些都是在 IP 与 MPLS 的边界处所要具有的功能,因此 LER 的能力将会是整个标签交换环境能否成功的关键环节。

标签分发协议(LDP)功能完成分发 FEC/标签绑定信息,一旦 LDP 完成了它的任务,从入口到出口就建立了一条基于标签的交换式路径。当分组进入 MPLS 网络时,LER 检查分组头的多个字段来确定分组属于哪个 FEC。如果存在一个 FEC /标签关联,LER 就给分组贴上一个标签,然后引导到合适的出口。分组经标签交换通过网络到达出口 LSR,而后去除标签并处理第三层分组。

当 LER 接收到一个没有标签的分组时,用 FTN 来识别该分组。LER 可以根据任何预先定义的规则将一个 IP 分组映射到 FEC 中去。例如,根据一种简单的规则可以直接将 IP 地址与 FEC 关联起来,或者根据一些其他的规则进行映射,如对输入端口号、入口 VPI/VCI、源地址和目的地址、协议类型、源 TCP/用户数据包协议和目的 TCP/用户数据包协议端口号等进行任意组合,并根据这种组合来分类。当一个未标签的分组通过分类映射到 FTN 表中的一个 FEC 条目时,就可以在相应的 NHLFE 中查到其出口标签和出端口。这样,就可以为分组加上标注,并将其发送到下一跳的 LSR 中去。

在 LER 收到一个经标签的分组时,可通过 ILM 来识别该分组。这时,LER 首先验证分组的标签(例如,标签 80 的目的 IP 地址为 80.1.1.1)。标签可以直接作用在 ILM 中查找信息的钥匙,并由 ILM 将具备该标签的分组与适当的 NHLFE 条目相关联,从而获取其第二层封装格式

和参数等出口端口信息。通常 LER 会将那些输入标签无效的分组或在 ILM 中找不到任何相应条目的分组丢弃。

由于第三层处理被推移到边缘(入口)并只被处理一次,因此提高了性能。LER 与 LSR 在 MPLS 网络中的作用如图 7.32 所示。

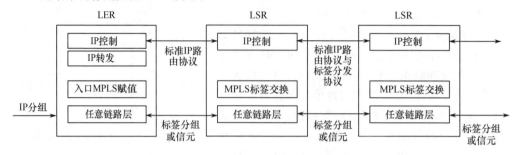

图 7.32 LER 与 LSR 在 MPLS 网络中的作用

7.6.3 标签分发协议

标签分发协议(LDP)是一个单独的控制协议,LSR 应用它交换和协调 FEC/标签绑定信息,LDP 包括一组用于在 LSR 之间建立 LSP 的消息和处理过程。LDP 将网络层的路由信息直接映射到建立在数据链路层的交换式通道 LSP 上,一个 LSP 可能建立在相邻的两个 LSR 之间,也可能通过整个路由区域并包括多个 LSR。具体地说,LDP 是消息交换和消息格式的序列,它们使得对等的 LSR 就一个特定标签的数值达成一致,这个标签指示出分组所属的一个特定 FEC。在对等 LSR 之间需要建立一个 TCP 连接,以确保 LDP 消息能够按照正确的顺序可靠地传送。LDP 映射消息可以从任何本地 LSR(独立的 LSP 控制)发起,或者从出口 LSR(排序的 LSP 控制)发起,并从下行 LSR 流向上行 LSR。一个特定数据流的到达、一个保留建立消息(RSVP)或选路更新消息都可以触发交换 LDP 消息。一旦一对 LSR 交换用于一个特定 FEC 的 LDP 消息,每个 LSR 关联它们 LIB 中的入口标签与一个对应的出口标签,之后就形成了一个从入口到出口的 LSP。

LDP 用四类消息完成标签的分发过程,包括发现消息、会话消息、公布消息、通知消息。标签分发协议的运行可以分为三个阶段:发现阶段、会话建立阶段、会话保持和删除阶段。下面简要地给出正常情况下 LDP 会话的建立过程,图 7.33 所示为各种情况下的状态转移图。

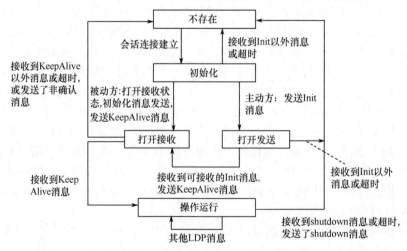

图 7.33 LDP 初始化会话状态转移图

（1）发现阶段：在这个阶段，LSR 可以自动发现它的 LDP 对等，而无须进行人工配置。LDP 将发现机制分为两种：一是基本发现机制，用来发现本地的 LDP 对等；二是扩展的发现机制，用来发现远地的 LDP 对等。

基本发现机制通过在 LDP 链路上周期性地发送"Hello"包来通知相邻结点的本地对等关系。这个"Hello"包采用 UDP 发送，目的协议地址为所有路由器的组地址，UDP 端口号为公认的 LDP 发现端口号。"Hello"包的接收方会将这个对等关系标志为链路层可达。

扩展的发现机制则由 LSR 周期性地发送特定 IP 地址的"Hello"包。"Hello"包按 UDP 方式发送，目的协议地址为特定的 IP 地址，UDP 端口号为公认的 LDP 发现端口号。

"Hello"包的接收方会将这个对等关系标志为网络可达。

（2）会话建立阶段：在两个 LSR 交互发现"Hello"包后，就会启动 LDP 会话建立阶段。会话建立阶段又划分为两个子阶段——建立传输层连接和初始会话。建立传输层连接就是在两个 LSR 之间建立 TCP 连接，而初始会话就是通过交互 LDP 初始化消息来协商会话的参数，包括 LDP 版本、标签分发的方法、定时器值、标签的范围（当底层使用 ATM 网络时是 VPI/VCI 范围，当底层使用帧中继网络时则是 DLCI 范围）等。

（3）会话维持和删除阶段：LDP 通过监测会话传输连接上 LDP PDU 的接收情况来判定会话连接是否完整。一个 LSR 为每个会话保持一个"保持存活"定时器，当从该会话上接收到一个 LDP PDU 时，"保持存活"定时器会刷新。如果"保持存活"定时器到时，则 LSR 认为该传输连接中断，该对等失效，并由此关闭传输层连接，从而终止这个对等会话。LDP 对等体之间在进行标签交换之前首先要建立 LDP 会话。下面以 LSR1 和 LSR2 为例来简要介绍会话的建立和维护。

① 在建立会话之前，LSR1、LSR2 在每个接口的 UDP 端口 646 发送 Hello 消息，消息中包括一个 LDP 标志符，同时也要接收 UDP 端口 646 的消息。

② LSR1、LSR2 接收到 Hello 消息后，判断是否已经同发送方建立会话，如果没有开始，则准备建立会话。

③ LSR1、LSR2 根据双方地址决定在会话建立中哪个是主动方、哪个是被动方，地址大的一方为主动方（不存在状态）。

④ 建立支持会话的 TCP 连接（初始化状态）。

⑤ 主动方发送 Init 消息进入打开发送状态，被动方接收到可以接收的 Init 消息进入打开接收状态，同时向对方发送 Init 消息和 KeepAlive 消息。

⑥ 进入打开发送状态的一方接收到可以接收的 Init 消息时进入打开接收状态，同时向对方发送 KeepAlive 消息。进入 OPENREC 的一方接收到 KeepAlive 消息时，进入 OPERATIONAL 状态。

7.6.4　标签分发与管理

在 LDP 会话建立期间双方都进入 OPERATIONAL 状态后，通过发送其他 LDP 消息进行标签的分配和管理。

1. 标签分配模式

标签分配分为上游请求方式、下游分配和下游按需分配三种。LDP 只规定了其中两种：下游分配和下游按需分配。下游分配模式是由下游结点发起标签的分配和分发过程，而下游按需分配模式则是由上游结点发起申请，由下游结点完成标签的分配和分发。在 ATM 环境下通常使用下游按需分配模式。

上游请求方式中，上游标签交换路由器 LSR 为某个 FEC 向下一跳 LSR 请求分配标签，该过程如下：

- LSR A 发现一个新的 FEC,发现新的 FEC 与具体实现有关,没有统一的标准,一般根据发送到某些地址的数据包流量来判断,数据包流量大到一定数值时,认为发现一个新的 FEC;
- 在路由表中查找该 FEC 的下一跳信息,路由表由路由模块维护;
- 向下一跳发送标签请求消息。

FEC 的下一跳 LSR B 的工作过程根据 B 的具体情况可采用三种不同的处理方法。

(1) 如果 B 发现可以给该 FEC 分配标签,则:
- 接收到标签请求消息;
- 为该 FEC 分配一个入口标签;
- 将该入口标签发送给 LSR A。

(2) 如果 B 发现可以给 A 分配标签,则 B 要向该 FEC 的下一跳 C 请求标签:
- 接收到标签请求消息;
- 为该 FEC 分配一个入口标签;
- 将该入口标签发送给 LSR A;
- 向下一跳 C 发送标签请求消息。

(3) 如果 B 发现不可以给 A 分配标签,则需要等待 B 中 FEC 的下一跳 C 为其分配标签:
- 接收到标签请求消息;
- 向下一跳 C 发送标签请求消息;
- 接收到 C 的标签映射消息;
- 为该 FEC 分配一个入口标签;
- 将该入口标签发送给 LSR A。

如果下游为该 FEC 分配标签,就通过一个标签映射消息返回给上游 LSR。下游分配不需要上游请求标签,直接将标签绑定信息发送到上游。

2. 标签分配的驱动模式

不论何种分配模式,都存在如何启动其分配的问题,MPLS 使用了三种标签分配的驱动模式:拓扑驱动、基于申请的控制驱动和业务流驱动。

拓扑驱动是指依靠路由协议控制信息来驱动标签的分配,进而完成交换路径的建立。因为标签是预分配的,路径是预建立的,所以在数据到达时可以极快的速度完成数据转发。使用拓扑驱动的技术有标签交换、ARIS 等。

基于申请的控制驱动是指由基于申请的控制信息驱动标签的分配过程,这种驱动方式与拓扑驱动一样具有路径预建立的优点,但比拓扑驱动耗费更多的标签资源,这种方式非常适用于有特殊服务质量需求的业务。基于申请的控制业务流有 RSVP。

业务流驱动的优点是可以避免不必要的标签资源的占用,但因为业务流驱动是业务流到达时临时建立交换路径和进行标签分配,所以部分数据包的转发速度会比较低,同时它还要求交换机有较高的处理能力。CSR 和 Ipsilon 使用的是业务流驱动的方式。

3. 标签分发控制模式

标签分发控制有独立标签分发控制和有序标签分发控制两种模式。

(1) 独立标签分发控制是指每个结点可以在任何时候向其相邻结点分发标签映射信息。使用这种模式可能出现这样的情况,在一条 LSP 上的各个结点还未完成标签分发的时候,该 LSP 就已开始传输数据,这些数据在传输中途被丢弃或以路由的方式继续传递。

(2) 有序标签分发控制是指 LSR 只在两种情况下才发起标签映射的传输:一种情况是该标签映射已经拥有了到下一跳的标签映射;另一种情况是该 LSR 是出口 LSR。其他情况下,LSR

必须等待从其下游 LSR 收到标签映射后,才能向其上游分发它的标记映射信息。使用有序标签分发控制可以保证标签分发的完整性和一致性。也就是说,在入口 LSR 收到标签分发信息时,就可以肯定这条 LSR 上的所有结点都已完成标签分配和分发过程。图 7.34 所示为有序标签分发控制下标签请求与分配过程。

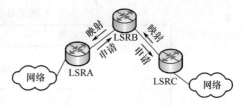

图 7.34　有序标签分发控制

4. 标签保持模式

MPLS 将只记录下一跳所分发的标签信息的处理模式称为保守的标签保持模式。因为在这种模式下会丢弃非下一跳分发的标签信息,所以在路由发生改变时,就必须借助下游结点按需分配向新的下一跳 LSR 申请标签。正因如此,保守的标签保持模式通常和标签通知模式中的下游结点按需分配模式一起使用。采用这种模式的优点是可以节省存储器空间。

MPLS 将记录所有对 LSR 分发的标签信息的处理模式称为自由的标签保持模式。采用这种模式,在路由发生转换时,可以在所记录的标签信息中找出新的下一跳结点曾分发的信息,所以可加快路由转换的速度。

7.6.5　标签交换路径

标签交换路径(LSP)是指一个特定转发等价类 FEC 在某逻辑层次上经过多个 LSR 所组成的交换式分组传输通路。在 MPLS 网络中,标签交换路径 LSP 的形成可分为以下三个过程:

(1) 网络起动后在路由协议(如 OSPF、BGP 等)的作用下由各结点建立路由转发表;

(2) 根据路由转发表,各结点在 LDP 的控制下建立标签信息库 LIB;

(3) 入口 LSR、中间 LSR 和出口 LSR 的输入输出标签互映射并拼接起来后,就构成了从不同入口点到不同出口点的 LSP。

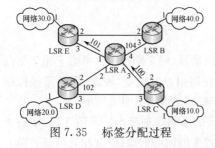

图 7.35　标签分配过程

图 7.35 中的箭头表示结点 C 发给结点 A 一个 LDP 消息,对 IP 地址为 10.0.×.× 的分组使用的标签为 100。结点 A 接着告诉结点 E 一个 LDP 消息,对 IP 地址为 10.0.×.× 的分组使用的标签为 101。表 7.1、表 7.2、表 7.3 分别为结点 E、结点 A、结点 C 的路由转发表和标签信息库。图 7.36 所示为各结点输入输出标签互映射并拼接起来后构成的 LSP。

表 7.1　LER E 标签信息库

路由表			标签表			
FEC	下一跳	输出端口	输入		输出	
			标签	端口	标签	端口
			—	E1	101	E3
10.0×.×	A	E3	?	E2	101	E3
			?	E3	?	E2

表 7.2　LSR A 标签信息库

路由表			标签表			
FEC	下一跳	输出端口	输入		输出	
			标签	端口	标签	端口
			101	A1	100	A3
10.0×.×	C	E3	104	A4	100	A3
			102	A2	100	A3

表 7.3　LER C 标签信息库

路由表			标签表			
			输入		输出	
FEC	下一跳	输出端口	标签	端口	标签	端口
10.0×.×	C	C1	100	C2	—	C1
			100	C3	—	C1
20.0×.×	D	C3	—	C1	200	C3
			202	C2	200	C3
30.0×.×	A	C2	—	C1	302	C2
			?	C2	?	C3
			303	C3	302	C2
30.0×.×	A	C2	—	C1	402	C2
			?	C2	?	C3
			403	C2	402	C2

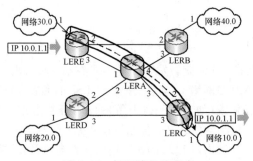

图 7.36　标签路径的形成

7.6.6　循环路径控制

因为标签的分配和交换路径的建立可以逐段完成,也就是说,建立路径时只考虑了相邻结点的情况,所以从整条路径上看,存在循环的可能性,特别是在路由过渡时期,因此,循环路径控制对于 MPLS 非常重要。循环控制通常有三种方式:减轻循环、检测循环和防止循环。

(1) 减轻循环就是利用 TTL 字段等手段将循环所造成的影响降到最小。利用 TTL 字段可以将进入循环的数据包在一定时间内丢弃,避免它们占用过多的网络资源(带宽和处理器资源)。类似的手段还有动态路由和公平排队路由等。

(2) 检测循环就是在建立路径时不加控制,允许有循环的路径建立,但是进行检测中发现循环后将其删除。检测循环的一种方法是在路径发生改变时,沿着新的路径向目的地发送循环检测控制包。因为要做循环检查,所以沿途各结点不能以通常的第二层交换方式传递这个控制包。在传递过程中,如果出现 TTL 到时或发送者收到这个包,则判定为路径循环,该路径将被抛弃。

(3) 防止循环是指确保建立交换路径时不出现循环。防止循环的一种方法是在从下游向上游分发标签信息的控制消息中包含所经历的路径信息表,每个上游结点在收到这个消息时都要做循环检查(检查路径信息表中是否包含本结点),检查到循环则将该控制消息删除,循环路径便不会形成。防止循环的另一种方法是使用显式路由,即在建立路径的发起端时就指定路径所经历的每个结点,只要这个发起端足够智能,就不会出现循环路径。但是,显式路由要求结点了解全网路由信息(而不只是下一跳信息),只有 OSPF 和 BGP 能够支持这种路由方式。

小结

路由器技术按照 TCP/IP 实现计算机用户之间的数据交互,是面向无连接的、共享媒体方式的信息交换技术。路由器实质上是一台安装有连接不同网络介质接口卡的计算机,它的基本功能是直接将报文发送到正确的目的地和维护决定正确路径的路由选择表。当路由器从某接口卡上收到一个报文时,它首先从报头中抽出报文的目的地址,通过网络掩码找出目的地网络号,利用目的网络号从路由表中找出匹配项,按匹配项指示把报文送到指定的输出接口卡上进行排队输出。可以看出,路由器本质上是一个软件方式的、尽最大努力进行传送数据的、排队型的数据信息交换系统。

传统的路由器技术基于共享介质类型的物理网络结构,用户使用网络通信时必须竞争网络资源,用户数增加时会使用户实际获得的链路传送能力下降,因而它只适于低速数据通信,难以满足高速数据通信和话音、图像等实时多媒体业务通信的服务质量要求。

IP 交换技术是在 ATM 交换机硬件的基础上,附加一个 IP 路由软件及控制交换的驱动器。IP 交换的基本概念是流的概念,核心是对流进行分类传送。对于持续期长、业务量大的用户数据流,在 ATM 硬件中直接进行交换,因此传输时延小、传输容量大;而对于持续期短、业务量小、呈突发分布的用户数据,则通过 IP 交换控制器中的 IP 路由软件完成转送,省去了建立虚通路的开销,提高了效率。IP 交换的缺点是只支持 IP,同时它的效率依赖于具体的用户业务环境,适于持续期较长、业务量大的数据传送,反之则效率将大打折扣。

标记交换是基于传统路由器的 ATM 承载 IP 的技术,是一个既不受限于 ATM 技术,又不仅仅转发 IP 业务的交换技术。标记交换的核心思想是把数据的传递从路由变为交换,它利用标记信息库 TFIB 使 IP 地址与 ATM 出口标记之间建立对应关系,直接通过硬件方式完成对 TFIB 的检索和数据转发,提高了传送效率,并具有一定的服务质量保证,但也存在灵活性较差的缺点。

传统的路由器网络主要存在两个方面的问题:一是业务的服务质量难以得到保证;二是网络的扩展性比较差,在路由器的数量达到一定程度后,不但路由器的拓扑结构变得很复杂,造成管理上的困难,而且路由协议和路由算法也会增大到令线路及路由器都难以承受的程度。

经过多年的探索发展,IP Switching、Tag Switching 等技术相继出台,它们虽然在质量保证和扩展特性方面都有一定的改善,但在协议的完善程度方面还存在许多问题。因此,当前许多网络公司都看好多协议标记交换(MPLS)的开发研究。MPLS 技术是将第二层交换和第三层路由结合起来的一种技术,MPLS 的基本思想是边缘路由、核心交换,是目前实现具有服务质量保证的高端路由器的主要技术。MPLS 的成功还有很多路要走:一方面是所有建议还处于草案阶段,而且一些建议还没有草案(如多播);另一方面是 MPLS 背负着兼容所有的应用技术和网络技术的沉重包袱,阻碍了其前进的步伐。

MPLS 技术中最重要的概念是标签和转发等价类。标签是一种短的、易于处理的、不包含拓扑信息、只具有局部意义的寻径标志。边缘网络的 IP 包进入 MPLS 核心网络时需要由 LER 加上一个标签,核心网络的 LSR 就是根据标签的内容进行包的转发与交换的;MPLS 网络把网络的业务流量分成若干类型,并在标签中为其标志一个转发等价类,相同 FEC 的包是按照同样的方式转发的。标签分发协议是 MPLS 技术中一个重要的协议,LDP 是一个单独的控制协议,LSR 应用它交换和协调 FEC/标签绑定信息,LDP 包括一组用于在 LSR 之间建立 LSP 的消息和处理过程。LDP 通过将网络层的路由信息直接映射到建立在数据链路层的交换式通道 LSP 上,一个 LSP 可能建立在相邻的两个 LSR 之间,也可能通过整个路由区域,包括多个 LSR。MPLS 技术是 ATM 与 IP 技术结合的一种成果,具有广阔的应用前景。

习题

7.1 请参照图 7.3,叙述连接两个网络的计算机 D 和其他计算机有什么不同及相同之处。

7.2 请简述 TCP/IP 协议系统对应于 OSI 七层协议的位置及它们的作用。

7.3 地址解析协议的作用是什么?

7.4 IP 的功能是什么?

7.5 TCP 的主要功能是什么?

7.6 UDP 与 TCP 两种协议的不同点是什么?

7.7 参照图 7.9,试用 C 语言编写路由器中 ARP 的一个处理过程。

7.8 在图 7.9 中,当路由器发出一个 ARP 请求后,它将收到几个 ARP 应答? 为什么?

7.9 在你看来,IPv6 将要解决哪些问题?

7.10 请简述当一个路由器收到报文后,它将如何对报文进行处理的全部可能过程。

7.11 网络掩码的作用是什么? 它是如何进行操作的?

7.12 试用 C 语言编写路由器寻找 IP 目的地址的处理程序。

7.13 IP 交换机的基本原理是什么? 它是如何完成 IP 分组交换的?

7.14 GSMP 的作用是什么?

7.15 IFMP 主要完成哪些功能?

7.16 请简述标记交换在完成一个 IP 分组转送过程中的操作步骤。

7.17 在标记交换中,有哪几种标记分配方式? 简述各方式的操作过程。

7.18 标记交换有哪些性能特点?

7.19 试比较 IP 交换和标记交换技术,简述它们的相同点和不同点。

7.20 MPLS 网络中,什么是转发等价类? 它有什么作用?

7.21 在 MPLS 网络中,LER 和 LSR 的作用是什么?

7.22 请简述 MPLS 的标签分发的过程。

7.23 请简述 MPLS 交换的基本原理。

第 8 章 光交换技术

现代信息社会所产生的信息量正以惊人的速度增长,对于运载和交换这些信息的通信系统的容量需求也以同步的速度在增长。我们知道 ATM 技术是在光同步传输系列 SDH 的基础上发展起来的。现在商用化的单波长光纤传输系统容量为 10Gb/s,如果采用光复用方式,如波分复用,则一根光纤的传输容量应至少可以达到 200×10Gb/s 的水平。而利用电子器件实现的 ATM 交换单元,由于电子转移速度的限制使得这样的交换技术面临信息瓶颈问题,因而全光交换技术将会成为今后信息交换的发展主流。

本章将首先介绍一些基本概念,然后介绍光交换元件和光交换机构,以及光交换技术的应用等当前的发展概况。

8.1 概　　述

在当前所开发的 B-ISDN 中,一般采用光传输和电子交换技术。对于今天可以想象得出的大部分业务来说,几百 Mb/s 的交换速率似乎是完全可以满足需要了,仅有全息图像领域需要 Tb/s(Tb$=10^6$Mb)的速率。

当前采用 CMOS 技术做成的交换系统,以及用射极耦合技术所实现的系统,都能够在高达 Gb/s 速率的范围运行。将来,高达几个 Gb/s 的速率可以利用镓砷化物技术来实现,但这似乎是电子交换的极限。

有许多理由要求我们必须考虑光交换网络。

(1) 历史的观点:模拟传输产生了机电交换,随后引入数字传输便有了数字交换。现在使用光传输,如果按照历史的轨迹,那么下一步将是光交换网络。

(2) 速度极限:如上所述,电子交换网络的速度将被限制在几 Gb/s 范围(接近10Gb/s)。更高速度必须要用光交换网络来实现。

(3) 成本降低:在采用光传输和电子交换的系统中,光/电和电/光接口是必不可少的。而若在整个系统中都采用光技术,则这些昂贵的部件将可以省掉。

然而,B-ISDN 是采用异步时分复用及用信元来转移信息的,这要求在每个交换单元中必须对信头进行处理,以使它能够指向适合该信元的目的输出端口进行输出。信头处理要求广泛的逻辑操作,当前必然是用电子方式进行处理的。在不久的将来很有可能采用光计算和光存储来对信头进行处理。

采用电子方式对光交换进行连接控制,其响应速度较慢,还难以适应快速的信元级交换控制要求,但这并不影响其在当前环境下的应用。首先,可以把空分或波分复用的光交换矩阵引入到光交叉连接应用中。在交叉连接中不要求对每个信元都进行选向控制,只是在建立连接或释放连接(半固定连接)时才需要控制交换矩阵,采用电子控制方式完全可以满足要求,并且还可以省去昂贵的光/电和电/光接口设备。

光交换/交叉连接技术还在不断发展中,有许多问题有待进一步解决和完善,诸如光损耗、光再生和放大、光的存储和直接的光信号处理等。要实现全光网络的另一个关键是,必须有适合全光信号的运行监控管理系统。

无论如何,光交换都将会成为电子交换的强劲竞争对手。

按照所采用的交换元件的特性，光交换可分为空分交换、自由空间交换、时分交换、波分交换及混合型交换。下面首先介绍几种主要的光交换元件，然后介绍各种交换结构及光交换技术的应用等。

8.2 光交换元件

8.2.1 半导体光开关

通常，半导体光放大器用来对输入的光信号进行光放大，并且通过控制放大器的偏置信号来控制其放大倍数。当偏置信号为零时，输入的光信号将被器件完全吸收，使得器件的输出端没有任何光信号输出，器件的这个作用相当于一个开关把光信号"关断"。当偏置信号不为零且具有某个定值时，输入的光信号便会被适量放大而出现在输出端上，这相当于开关闭合，让光信号"导通"。因此，这种半导体光放大器也可以用做光交换中的空分交换开关，通过控制电流来控制光信号的输出选向。图 8.1 所示为这种半导体光放大器的示意结构和开关等效逻辑。

图 8.1 半导体光放大器的示意结构和开关等效逻辑

8.2.2 耦合波导开关

半导体光放大器只有一个输入端和一个输出端，而耦合波导开关除一个控制电极外，还有两个输入端和两个输出端。耦合波导开关的示意结构和开关等效逻辑表示如图 8.2 所示。

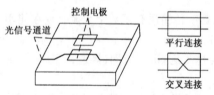

图 8.2 耦合波导开关的示意结构和开关等效逻辑表示

耦合波导开关是利用铌酸锂（LiNbO₃）材料制作的。铌酸锂是一种很好的电光材料，它具有折射率随外界电场变化而改变的光学特性。在铌酸锂基片上进行钛扩散，以形成折射率逐渐增加的光波导，即光通道，再焊上电极，便可以作为光交换元件了。当两个很接近的波导进行适当的耦合时，通过这两个波导的光束将发生能力交换，并且其能力交换的强度随着耦合系数、平行波导的长度和两波导之间的相位差而变化。只要所选的参数得当，那么光束将会在两个波导上完全交错。另外，若在电极上施加一定的电压，将会改变波导的折射率和相位差。由此可见，通过控制电极上的电压，将会获得如图 8.2 所示的平行和交叉两种交换状态。典型的波导长度为数毫米，激励电压约为 5V。交换速度主要依赖于电极间的电容，最大速率可达 Gb/s 量级。

8.2.3 硅衬底平面光波导开关

图 8.3 所示为一个 2×2 硅衬底平面光波导开关的示意结构及逻辑表示。这种器件具有马赫-曾德尔干涉仪（MZI）结构形式，它包含两个 3dB 定向耦合器和两个长度相等的波导臂，波导芯和包层的折射差较小，只有 0.3%。波导芯尺寸为 $8\mu m \times 8\mu m$，包层厚 $50\mu m$。每个臂上带有铬薄膜加热器，其尺寸为 $50\mu m$ 宽、5mm 长，该器件的尺寸为 30mm×3mm。这种器件的交换原理是基于硅介质波导内的热-电效应，平时偏压为零时，器件处于交叉连接状态。当加热波导臂（一般需要 0.4W）时，它可以切换到平行连接状态。这种器件的优点是插入损耗小（0.5dB）、稳定性好、可靠性高、成

本低,适合于大规模集成。但是,它的缺点是响应速度较慢,为1~2ms。

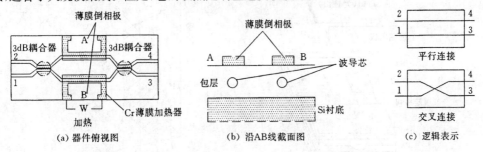

图 8.3　硅衬底平面光波导开关的示意结构及逻辑表示

8.2.4　波长转换器

另一种用于光交换的器件是波长转换器。如图 8.4 所示,最直接的波长转换是光→电→光变换。即将波长为 λ_i 的输入光信号,由光电探测器转变为电信号,然后再驱动一个波长为 λ_j 的激光器,使得输出波长为 λ_j 的出射光信号。或者通过外调制器的方法实现间接的波长转换,即在外调制器的控制端上施加适当的直流偏置电压,使得波长为 λ_i 的入射光被调制成波长为 λ_j 的出射光。

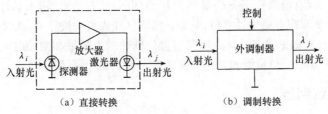

图 8.4　光波长转换器结构

直接转换利用激光器的注入电流直接随承载信息的信号而变化。少量电流的变化就可以调制激光器的光频(波长),大约是 1nm/mA。

可调谐激光器(Tunable Laser)是实现波分复用(WDM)最重要的器件,近年制成的单频激光器都用量子阱(MQW)结构、分布反馈(DFB)式或分布布喇格反射(DBR)式结构,有些能在 10nm 或 1THz 范围内调谐,调谐速度大有提高。通过电流调谐,一个激光器可以调谐出 24 个不同的频率,频率间隔为 40GHz,甚至可以小到 10GHz,使不同光载波频率数可以多达 500 个。但目前这种器件还不能实际使用,也无商品出售。

激光外调制器,最有用的是采用具有电光效应的某些材料制成的,这些材料有半导体、绝缘晶体和有机聚合物。最常用的是使用钛扩散的 $LiNbO_3$ 波导构成的 M-Z 干涉型外调制器。在半导体中,相位滞后的变化受到随注入电流而变化的折射率的影响。在晶体和各向异性的聚合物中,利用电光效应,即电光材料的折射率随施加的外电压而变化,从而实现对激光的调制。

8.2.5　光存储器

在电设备中,存储器实现着电位状态延时保持作用。在全光系统中,为了实现光信息的处理,光信号的存储显得极其重要。在光存储方面,首先试制成功的是光纤延迟线存储器,而后又研制出了双稳态激光二极管存储器。

图 8.5 所示为双稳态激光二极管光存储器的实例结构。它由一个带有串列电极的 In-GaAsP/InP 双非均匀波导(Double-Heterostructure Waveguide)组成。串列电极是一个沟道隔开的

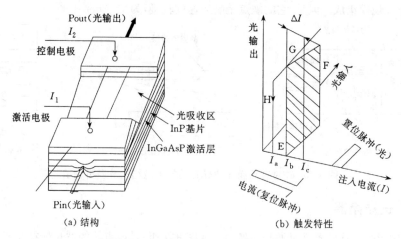

(a) 结构　　　　　　　　(b) 触发特性

图 8.5　双稳态激光二极管光存储器

两个电流注入区,由于沟道没有电流输入,它起着饱和吸收区的作用。此吸收区抑制双稳态触发器自激振荡,使器件有一个输入-输出滞后特性。激活电流 I_1 用来维持连续振荡,控制电流 I_2 用来调整双稳态触发器的特性。图 8.5(b)给出了该器件的双稳态特性,激活电流偏置为 I_b。当输入光脉冲时,激光二极管沿路径 E-F-G 翻转为导通(ON)状态,即使输入脉冲消失,仍将维持 G 点的导通状态。为使双稳态触发器复位,只需在激活区注入负电流脉冲,此时激光二极管将沿着路径 G→H→E 返回到截止状态。开关速度与置位脉冲的光通量和激励电流的偏置余量 ΔI 有关。实验结果表明,纳秒(ns)量级的高速交换具有大于 20dB 的高信号增益。

8.2.6　空间光调制器

在空间无干涉地控制光的路径的光交换称为自由空间光调制器。这种调制器的典型器件是由二维光极化控制阵列或开关门器件组成的,其示意结构如图 8.6 所示。图中给出的是一个二维的液晶空间光调制器结构,它的特点是在 1mm 范围内具有高达 $10\mu m$ 量级的分辨率。利用这种空间光调制器构成光交换网络,可以满足全息光交换所需的特性。

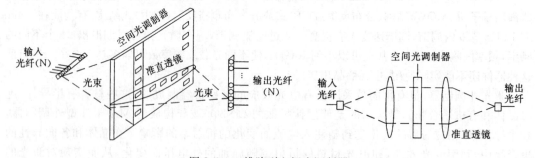

图 8.6　二维阵列空间光调制器

8.3　光交换网络结构

光交换元件是构成光交换网络的基础,随着技术的不断进步,光交换元件也在不断地完善。在全光网络的发展中,光交换网络的组织结构也随着光交换元件的发展而不断变化。本节基于当前的光交换元件,介绍几种典型的光交换网络结构。

8.3.1 空分光交换网络

空分光交换的最基本单元是 2×2 的光交换模块,在输入端具有两根光纤,在输出端也具有两根光纤。如图 8.7 所示,它有两种工作状态:平行状态和交叉连接状态。

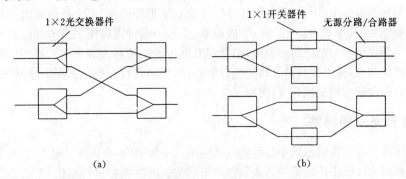

图 8.7 基本的 2×2 空分光交换模块

当前的空分交换模块已有以下几种类型:

(1) 铌酸锂晶体定向耦合器,其结构及工作原理已在 8.2.2 节中进行了介绍。

(2) 由 4 个 1×2 光交换开关(Y 分叉器)组成的 2×2 光交换模块,如图 8.7 (a)所示。该 1×2 光交换器件可以由 NbLiO₃ 光耦合波导开关担当,只需少用一个输入或者输出端。

(3) 由 4 个 1×1 开关器件和 4 个无源分路/合路器组成的 2×2 光交换模块,如图 8.7 (b)所示。其中的 1×1 开关器件可以是半导体激光放大器,也可以是 SEED 器件、光门电路等。无源光分路/合路器可以是 T 形无源光耦合器件,它的作用是把一个或多个光输入分配给多个或一个输出。无源 T 形耦合器对光信号的影响是附加插入损耗,但耦合可以与光信号的波长无关。在这种情况下,T 形耦合器不具有选向功能,选向功能由 1×1 开关器件实现。另外,这种实现方案由于输入级的光分路器的两个输出都具有同样的光信号输出,因此具有多播功能。

利用在前面章节介绍的 Banyan 空分交换单元构成原理,对上面的基本交换模块进行多级复接,可以构成规模更大的光空分交换单元。采用光空分交换单元构成的多媒体交换实验系统如图 8.8 所示。

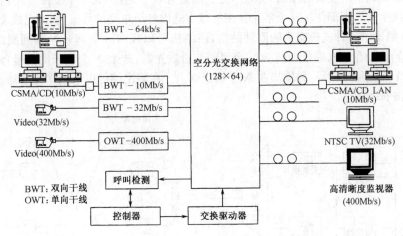

图 8.8 多媒体光交换实验系统

这是一个支持 4 种不同业务之间交换互连的综合业务光交换实验系统。该实验系统中,终端设备有传真机(线路速率为 64Kb/s)、以太网 CSMA/CD、NTSC 电视(32Mb/s)及高清晰度监视器(400Mb/s)。对于 CSMA/CD 局域网应用,该实验系统只起中继器的作用,也就是说系统没有执行 IP 交换功能。计算机、以太网及 NTSC 电视在系统中的连接是双向连接,而高清晰度监视器的连接是单向连接,它提供按需分配的视频业务。传输采用波分复用方式,用一根光纤传送两个方向的信号,上行信号利用 $1.29\mu m$ 波长的通道,$1.31\mu m$ 波长的通道用来传送下行信号。在高清晰度监视器服务中,下行信号为 400Mb/s 的数字视频信号,而上行数据流只是为了选择节目用的控制信号,其速率要比 400Mb/s 低得多,为不平衡带宽应用。用于其他三种媒体通信的控制信号与信息信号一起进行时分复用,并在双向干线上被插入或分出。呼叫检测器检测多媒体用户的呼叫状态,并将呼叫消息转送给控制器,由控制器执行交换连接的选择处理,最后通过交换驱动器驱动相应的交换开关,实现光交换功能。

8.3.2 波分光交换网络

波分复用技术在光传输系统中已得到广泛应用。一般来说,在光波复用系统中,其源端和目的端都采用相同的波长来传递信号。如果使用不同波长的终端要进行通信,那么必须在每个终端上都具有各种不同波长的光源和接收器。为了适应光波分复用终端的相互通信而又不增加终端设备的复杂性,人们便设法在传输系统的中间结点上采用光波分交换。采用这样的技术,不仅可以满足光波分复用终端的互通,而且还能提高传输系统的资源利用率。波分光交换网络的结构如图 8.9 所示。

在图中,光分束器可以采用熔拉锥型一多耦合器件,或者采用硅平面波导技术制成的耦合器,它的作用是把输入的多波长光信号功率均匀地分配到 N 个输出端上。然后通过 N 个具有不同波长选择功能的法布里-玻罗(F-P)滤波器或相干检测器从输入的光信号中检出所需的波长输出,虚线框中的模块组合相当于波长解复器的功能。波长转换器可以采用 8.2.4 节介绍的直接转换或外调制转换器件来实现,它的作用是把输入波长光信号转换成想要交换输出的波长的光信号。最后通过光波复用器把这些完成波长交换的光信号复用在一起,经由一条光纤输出。

上面这种结构首先把各个输入信号变成不同波长的光信号复用在一起进行传输,然后通过光波分路、波长互换完成信号交换,最后合路输出,输出信号还是一个多路复用信号。而另一种波长交换结构正好与此相反,它从各个单路的原始信号开始,先用各种不同波长的单频激光器将各路输入信号变成不同波长的输出光信号,把它们复合在一起,构成一个多路复用信号,然后再由各个输出线上的处理部件从这个多路复用信号中选出各个单路信号来,从而完成交换处理。

图 8.10 给出了这种波长交换的原理结构,该结构可以视为一个 $N×N$ 阵列型波长交换系统。N 路原始信号在输入端分别调制 N 个可变波长激光器,产生 N 个波长的信号,经星形耦合器后形成一个波分复用信号,并输出在 N 个输出端上。在输出端可以采用光滤波器或相干检测器检出所需波长的信号。

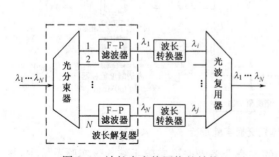

图 8.9　波长光交换网络的结构

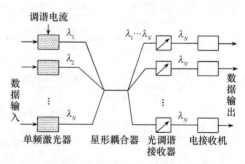

图 8.10　波长交换的原理结构

入线和出线连接方式的选择,既可以在输入端通过改变激光器波长来实现,又可以在输出端通过改变调谐 F-P 滤波器的调谐电流或改变相干检测本振激光器的振荡波长来实现。

8.3.3 时分光交换网络

在讨论时分光交换网络之前,先简单介绍光时分复用技术。光时分复用与电时分复用类似,也是把一条复用信道划分成若干时隙,每个基带数据光脉冲流分配占用一个时隙,N 个基带信道复用成高速光数据流进行传输。

图 8.11 所示为一个 16Gb/s 的光时分复用传输系统实验框图。在这个实验中,基带信道比特率为 4Gb/s,四路基带信号复用后,总的传输比特率为 16Gb/s。公用的 4GHz 时钟经微波延迟线延时后驱动 4 个光脉冲发生器。延迟线提供四分之一比特周期的延时,以便提供正确的光脉冲定时。光脉冲发生器使用 1.3μm 模式锁定半导体激光二极管,它产生 15ps 的光脉冲,并提供时分复用所必需的低占空比的脉冲流。模式锁定激光器使用窄带电子器件就可以产生高频窄脉冲。此外,它发出光的频谱特性也单纯,这是低失真、高比特率、长距离传输所必需的。激光器输出的光脉冲通过 Ti∶LiNbO₃ 波导强度调制器对输入数据取样编码,提供 4Gb/s 归零脉冲输出。

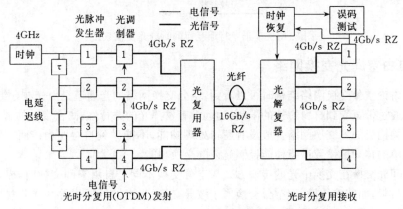

图 8.11 16Gb/s 的光时分复用传输系统实验框图

复用器由三个 1×2 的 3dB 耦合器组成,原理上复用器也可以是有源器件,如由 Ti∶LiNbO₃ 组成。如果需复用的系统信道多于 4 个,最好使用集成在单个芯片上的有源复用器。

在系统接收端,使用解复用器把 16Gb/s 的 RZ 信号拆分成 4Gb/s 的基带信号,由雪崩光电二极管和 GaAs FET 组件接收。解复器由三个 Ti∶LiNbO₃ 耦合开关组成。解复过程采用两级解复器实现:第一步,16Gb/s 的数据流由 8GHz 的正弦信号驱动的 Ti∶LiNbO₃ 行波方向耦合开关解复成两个 8Gb/s 信号;第二步,4GHz 的正弦信号驱动另两个开关,把 8Gb/s 信号解复成 4Gb/s 基带信号。在发射机、接收机和解复器中所需电子器件的带宽仅为 2.5GHz。

时分交换是基于光时分复用中的时隙互换原理实现的。所谓时隙互换,是指把 N 路时分复用信号中各个时隙的信号互换位置,如图 8.12 所示。每一个不同的时隙互换操作对应于 N 路原始信号与 N 条输出线的一种不同的连接。

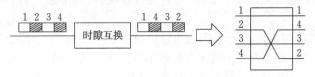

图 8.12 基于时隙互换原理的时分交换示意

在电时分交换方式中,普遍采用存储器作为交换的核心设施,把时分复用信号按一种顺序写入存储器,然后再按另一种顺序读取出来,这样便完成了时隙交换。对于光交换,它是采用光技术来完成时隙互换的。但是,由于光存储器及光计算机还没有达到实用阶段,所以一般采用光延迟元件实现光存储。其工作原理是:首先,把时分复用信号经过分路器,使它的每条出线上同时都只有某一个时隙的信号;然后让这些信号分别经过不同的光延迟器件,使其获得不同的时间延迟;最后,再把这些信号经过一个复用器重新复合起来,时隙互换就完成了。利用光时隙互换技术实现的时分光交换系统如图 8.13 所示。

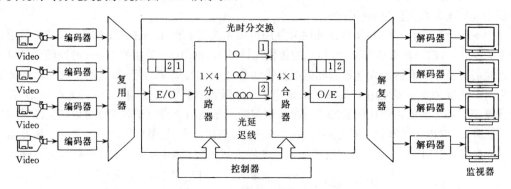

图 8.13　基于光时隙互换的时分光交换系统

8.3.4　自由空间光交换网络

前面在讨论空分交换网络结构时可以看到,空分交换网络的光通道是由光波导组成的,光波导材料的光通过带宽受到材料特性的限制,远远没有发挥光的并行性、高密度性的特点。并且由平面波导开关构成的光交换网络一般没有逻辑处理功能,不能做到自寻路由。而空间光调制器可以通过简单的移动棱镜或透镜便能控制光束的交换功能。

自由空间光交换在交换中光的传输方式与空分交换不同。自由空间交换时,光通过自由空间或均匀的材料,如玻璃传播,而空分交换属于波导交换,光由波导所引导并受其材料特性所限制,因此其远未发挥光的并行性和高密度的潜力。

自由空间光交换与波导交换相比,其具有高密度装配的能力。制作在衬底上的波导开关由于受到波导弯曲的最小弯曲率限制,从而难以做得很小,另外,当用许多小规模交换器件组合成更大规模的交换系统时,则必须用光纤把它们互连起来,这样体积将会变得很大。与此相比,自由空间交换是利用光束进行互连的,因而可以构成大规模的交换,并且适合进行三维高密度组合,即使光束相互交叉,也不会相互影响。

自由空间交换网络可以由多个 2×2 光交叉连接元件组成,这种交叉连接元件通常具有两种状态:交叉连接状态和平行连接状态。除耦合光波导元件具有这种特性外,极化控制的两块双折射片也具有这种特性,结构如图 8.14 所示。前一块双折射片对两束正交极化的输入光束进行复用,后一块对其解复用。为了实现 2×2 交换,输入光束偏振方向由极化控制器控制,可以旋转 0 度或 90 度。0 度时,输入光束的极化态不会改变;90 度时,输入光束的极化态发生变化,正常光束变成异常光束,异常光束变为正常光束。这种变化是在后一块双折射片内完成的,从而实现了 2×2 的光束交换。

如果把 4 个交叉连接单元连接起来,就可以组成一个 4×4 的交换单元,如图 8.15 所示。这种交换单元有一个特点,就是每一个输入端到输出端都有一条路径,且只有一条路径。例如,在控制信号的作用下,A 和 B 交叉连接单元工作在平行状态,而 C 单元工作在交叉连接状态时,输入线 0 的光信号只能输出在输出线 0 上,而输入线 3 的光信号也只能输出在输出线 1 上。

当需更大规模的交换网络时,可以按照空分 Banyan 结构的构成过程,把多个 2×2 交叉连

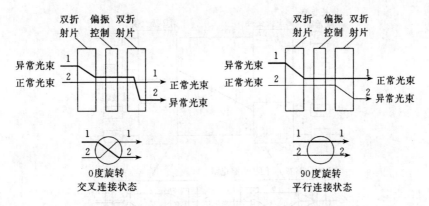

图 8.14　由两块双折射片构成的空间交叉连接单元

接单元互连来实现。

自由空间光交换网络也可以由光逻辑开关器件组成,比较有前途的一种器件是自电光效应器件(S-SEED),它可构成数字交换网络。这种器件已从对称态自电光效应(S-SEED)器件、智能灵巧象元(FED-SEED)阵列器件,发展到 CMOS-SEED 器件。自电光效应器件在对它供电的情况下,其出射光强并不完全正比于入射光强,当入射光强(偏置光强

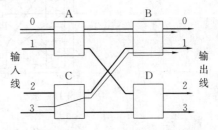

图 8.15　4×4 空间光交换单元

＋信号光强)大到一定程度时,该器件变成一个光能吸收器,使出射光信号减小。利用其这一性质,可以制成多种逻辑器件,比如逻辑门,当偏置光强和信号光强分别足够大时,其总能量足以超过器件的非线性阈值电平,使该器件的状态发生改变,输出电平从高电平"1"下降到低电平"0"。借助于减小或增加偏置光束能量和信号光束能量,即可构成一个光逻辑门。

8.3.5　混合型光交换网络

在波分技术的基础上设计大规模交换网络的一种方法是进行多级链路连接,在各级的连接链路中均采用波分复用技术。然而在这种方法中,由于需要把多路信号进行分路后再接入链路,从而抵消了波分复用的优点。在设计基于空分交换的大规模交换网络时,交换元件的容量过小将引起链路级数的增加,并且所增加的数量随出入端口数的平方增加。另外,交换级数的增加也会引起光插入损耗、噪声和串音的增加,因而需要加入光放大器,这样会使得交换网络的结构变得很庞大且控制很复杂。解决这个问题的措施是在链路上采用波分复用技术,然后利用空分交换完成链路级交换,最后利用波分交换技术选出相应信号进行波分合路输出的混合型交换结构。图 8.16 给出了这种波分-空分混合型光交换网络的结构示意。

图中的空分交换模块之间采用光链路连接,空分光交换模块对于它的输入来说具有分路作用,而对于其输出来说具有合路的作用。这种结构的最大优点是链路级数和交换元件最少,因而结构简单,并且还可以提供广播型的多路连接。

将时分和波分技术结合起来可以得到另一种极有前途的混合型光交换网络,其复用度是时分多路复用与波分多路复用的乘积。例如,它们的复用度分别为8,那么可以实现64路的时分-波分混合型交换网络。再将此种交换结构利用4级链路连接进行空分交换,则可以构成最大端口数为4096的大容量光交换网络。

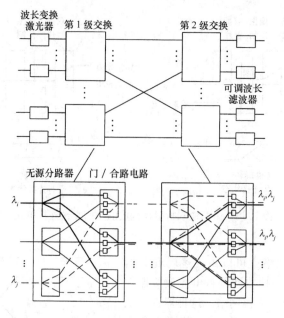

图 8.16　波分-空分混合型光交换网络的结构示意

8.4　多维交换系统

为了适应未来宽带业务本质上的不确定性,交换系统应该尽可能地灵活,对比特速率应该透明,控制系统应该简单,并且具有广播式的功能。出于发展规划和维护的原因,交换系统设计应该是模块化结构,允许未来进行升级和修改。另外从经济角度来看,模块化的设计结构也非常符合经济发展的规律,随着业务量的增加,其投资费用将大致上线性地增加,也就是说初期的投资不必太多。对于构成很大容量的交换系统而言,由前面的讨论可知,任何单一的交换技术都难以适应要求。因此科学家们便着手研究多维交换体系结构的技术,利用电时分交换、光空间交换和波分交换技术组合成三维交换空间来解决超大容量的交换问题。

8.4.1　多维光网络结构

交换系统实现中,要满足众多用户两两相连,除交换元件技术的可实现性外,重要的是交换控制机理的实现问题。解决大容量交换系统的控制管理问题,和我们日常解决复杂问题的方法有点类似。当把一个问题的各个部分顺序排列起来时,问题会显得烦琐而难以解决,但当把它分成两个方面来看时,就会简单多了,如果从多个方面去看,那就会更加简化。也就是说,单方面看问题,其解决方法的选择只有一个自由度(一维空间),增加一维空间就会增加一个选择自由度,并且每一个方面的解决方案将会减少一半,从而使问题变得清晰且易于解决。

同理,大容量交换系统互连管理问题也可以利用多维空间的概念,图 8.17 给出了互连空间与使用自由度之间的关系。假如只有一个自由度(一维空间),互连空间的大小必须达到要求的最大互连容量(N);如果具有两个自由度(二维空间),每个自由度只要承担总负载的一半即可,互连空间的大小减小到 $\sqrt{N}$;对于三个自由度(三维空间),

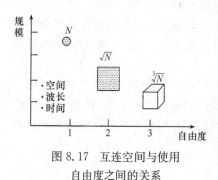

图 8.17　互连空间与使用
自由度之间的关系

160

其值进一步减小到 $\sqrt[3]{N}$。到目前为止,还没有一种单一的光交换技术能够实现要求大于 $1000\times$ 1000 个 150Mb/s 信号的交换规模。但是光纤很细,已有成百上千个纤芯的多芯光纤在售,而且每根光纤都具有巨大的频宽,很容易复用多个波长的信号,再者每个波长又可以携带大量的时分复用信号。于是,电时分复用(TDM)、光频分复用(FDM)和空分复用(SDM)各占用一个自由度,就可以构成一个比单独使用一种复用技术大得多的网络。这种多维光网络(Multidimensional Optical Network,MONET)的另一个优点是增加了构成网络的灵活性。

　　MONET 网络的结构如图 8.18 所示。N 根平行光纤数据总线构成光互连母线,借用低速电子系统接线底板的概念,称这种光互连母线为光互连底板,发送插件板从左侧插入其上,接收插件板从右侧插入。所有发送板均相同,每块发送板复用了 M 个波长,而每个波长又复用了 L 个电时分复用信道,于是每个发送板可提供 $L\times M$ 个信道容量。用 T 形激光耦合器将每块发送板的 WDM 信号耦合进 N 根光纤中的一根光纤,因此总的发送信道容量便为 $L\times M\times N$。TDM/FDM 信号通过这根总线进行传送,接于其上的所有接收板均可以收到这个信号。

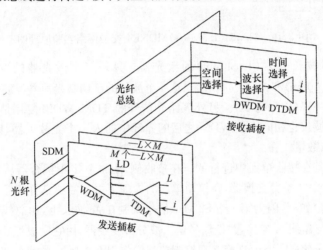

图 8.18　MONET 网络的结构

　　所有的接收板也都相同,每个板都可以选择总线上的任一个发送信道。接收过程(解复用过程)与发送过程(复用过程)正好相反。发送过程是首先将 L 个信道电时分复用到一个波长信道上,然后将 M 个已时分复用的波长信道再波分复用到一根光纤上;接收过程则是一层层剥去复用层,首先进行空分解复用,然后是波分解复用,最后是时分解复用,从而选择出所需要的信道。在接收过程中,空分和波分解复用是对光复用信号进行处理,选择出所需要的一个波长信道后,进行光电(O/E)变换,然后对其时分解复用,最后选择出时分信道。

　　MONET 交换网络的容量直接与所使用的空分、波分和时分数量的乘积成正比。目前具有成百上千的多芯光缆已有产品提供,因此,只要 MONET 交换数(光纤总线数量)足够多,就可以提供无限的交换容量。

　　在多维光网络中,发送板和接收板要通过 T 形光纤耦合器接入光纤总线,耦合器的插入损耗使得允许接入的发送板和接收板数量受到限制,为了补偿耦合器引入的插入损耗,扩大用户结点数量,所以需要在总线上插入光放大器。

8.4.2　多维光交换网络应用

　　图 8.19 给出了一个交换容量为 64×64 个 155Mb/s 的 MONET 交换网络实验原理图。在该图中,$N=M=L=4$,4 个 STM-1(155Mb/s)信号经时分复用成 STM-4(622Mb/s)信号,用该信

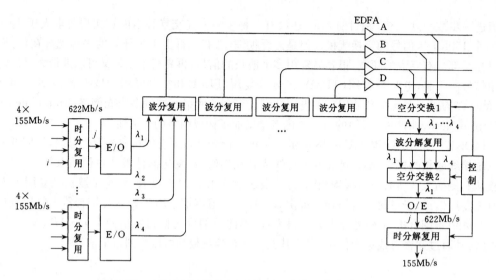

图 8.19　64×64(155Mb/s)MONET 交换网络实验原理图

号去调制一个发射波长为 λ_1(1.545μm)的激光器。另外三个激光器的发射波长分别为 λ_2 (1.550μm)、λ_3(1.540μm)和 λ_4(1.555μm)。这 4 个波长的已调制光信号经波分复用器复用后耦合进 4 根光纤中的一根(编号为 A)。另外三路光信号的 TDM/WDM 复用情况完全与此相同，所选用的激光器的波长也相同。在 WDM 之后的光纤中插入一个光放大器，以增强光发射机的功率，扩大用户结点数量。

　　所有的交换都是在接收单元中进行的。在接收侧，用 4 个 T 形耦合器从每根总线上耦合出 10％的光功率送入 4：1 空分交换器，在控制单元的管理下根据需要选择出第 i 路 STM-1 信号。交换过程(选择过程)如下：因为第 i 路 STM-1 信号调制在 λ_1 波长上，由总线 A 携带，所以控制空分交换 1 的输入与总线 A 连接，并把信号送入波分解复用器，由它完成把 λ_1~λ_4 的复用信号还原成各个单独的波长信号。空分交换 2 在控制单元的作用下选择 λ_1 波长的光信号，然后经 O/E 变换后恢复出第 j 路 STM-4 信号，最后经时分解复用器(STM-4 终端设备)取出所需要的第 i 路 STM-1 信号。实验中使用的空分交换器是电磁继电器，交换速度为 25ms，为了提高交换速度，可以采用快速交换器件。

8.5　光交换的应用

8.5.1　光分插复用

　　在电信网络中，上下话路是必不可少的。比如，在传统的 PDH 系统中，为了从 140Mb/s 码流中分插一个 2Mb/s 的低速支路信号，需要经过 140/34Mb/s、34/8Mb/s 和 8/2Mb/s 三次解复用和复用过程；而在 SDH 中，采用分插复用(ADM)器可以利用软件直接一次分插出 2Mb/s 支路信号(见图 8.20)，十分简单和方便。但是，不论是 PDH 还是 SDH，想要上下话路，都必须先将光纤传输线路上的光信号转换成电信号，把到达目的地的话路取出，把本站发往其他地方的话路插入，这种分插复用的过程是对电信号进行处理。然而，在光波分复用系统中，为了取出话路，则必须先分离出携带有该话路的光信道，即光波长，比如图 8.20 (b)中的 λ_3；同样为了把本站发往其他各站的话路插入，也必须把该路信号调制到与下路波长相同的光波长(λ_3)上。这就是光的分插复用过程。为此，必须有一个 1×N 的光解复用器，把 N 路波分复用信号变成

N 个波长的输出信号,另外还要有一个波长路由选择器或光变换器,以便把要分出的波长信号连接到指定的端口上。在上光路侧,余下波长的信号与需插入波长的信号输出到一个 $N \times 1$ 光复用器,由复用器复用成多路信号输出。为了简单起见,在图 8.20 中只对 λ_3 波长信号进行分插复用,实际上可以对多个波长信号进行分插复用。

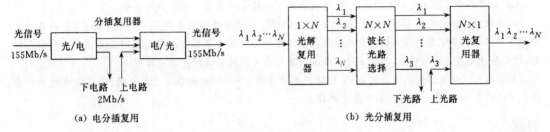

图 8.20 分插复用原理图

由上可知,上下话路所占用的波长可以是同一个波长,这种波长再利用的能力可以最大限度地发挥波分复用光环形网络的能力。波长路由选择器可以使用 2×2 的光波交换器件组成光阵列交换模块来完成。

8.5.2 光互连

用光接口将几种功能模块连接在一起的系统具有许多优点。假如某个工作模块因故障致使服务性能下降,那么借助于光互连器的切换功能,使备用模块取代故障模块,可以减少硬件数量和 O/E 或 E/O 变换,而且它还可以适应不断增长的模块接口比特率变化的要求,因为光交换对比特率透明。

图 8.21 给出了一个光互连模块连接器实验系统结构框图。在控制台命令的控制下,它可以通过切换操作实现用备用模块取代发生故障的电路交换模块的功能。这里光耦合器是 SDH 的 STM-1(155Mb/s)速率的光信号。通常,所使用的模块数量有限,因而采用小规模的光交换系统就可以满足要求。

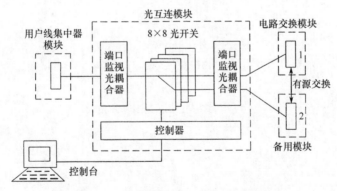

图 8.21 光互连模块连接器实验系统结构框图

在实验中采用 8×8 光开关阵列,每个模块具有两根上行光纤和两根下行光纤,其中一根作为备用。因此,一套具有备份的电路交换模块具有 4 根光纤用于互连。每根光纤使用一个光开关,所以在该实验系统中使用了 4 个 8×8 的开关阵列构成光互连模块连接器。考虑 8×8 开关阵列入/出端口数量,该系统最大可以连接 7 个具有备份的用户线集中器到 7 个在用的和 1 个备用的电路交换模块上。

控制台还显示控制模块内的连接建立状态,并显示被监视的光功率和电极电流等。

小结

光导纤维具有信息传输容量大、不受电磁干扰、保密性能好等优点,并且对比特流透明,是现代通信网络中传送信息的最佳媒质。光交换技术是一门刚刚兴起且正在发展中的技术,随着光器件技术的不断进步,光交换将逐步显现出它强大的优越性,并且在不久的将来将成为其强有力的竞争对手。

光交换的基础元件是半导体激光放大器、光耦合器、光调制器及正在发展中的光存储器,这些基本元件的不同组合构成了5种不同的光交换结构。多维交换是利用了多维空间可简化解决复杂问题步骤的概念,结合各种交换结构的特点,通过多维组合以解决大容量交换系统问题的一种方法。

目前的光交换技术还不很成熟,还不能提供大容量的、全光控制的商用交换系统,还远没有挖掘出系统优越性的潜力,还是一种在不断发展中的技术。

习题

8.1　为什么要研究和发展光交换网络?

8.2　请简要叙述几种主要的光交换元件实现信息交换的基本原理。

8.3　请简要叙述光波分复用交换网络的工作原理。

8.4　在光时分交换网络结构中,为什么要用光延迟线或光存储器?

8.5　自由空间光交换网络的主要特点是什么?

8.6　为什么要采用多维交换系统?

8.7　在当前技术条件下,请举出几个可以应用光交换的例子,并说明采用光交换的好处。

第9章　IP多媒体子系统

IP多媒体子系统简称IMS,即IP Multimedia Subsystem的缩写,它是近年来电信行业关注的一个焦点问题。目前IMS已经引起了人们极大的关注,在全球范围内,IMS得到了政府、标准化组织、电信运营商、电信设备提供商等许多机构的重视。那么IMS是从何而来的呢?它有什么特点?为什么会受到如此大的关注呢?这就是本章要说明的问题。本章将对IMS的基本概念、框架结构及通信流程进行简要介绍。

9.1　IMS的由来

IMS最初来源于移动通信标准领域,是由3GPP在其Release 5中引入的。3GPP是1998年由欧洲、日本、韩国、美国和中国等国家和地区的标准化机构共同成立的专门制定第三代移动通信系统标准的标准化组织,它推出的第一个规范是R99,之后又相继推出了R4、R5和R6,目前3GPP正在制定R7规范。

IMS是由R5引入到3G的体系之中的,作为3G的核心网的体系架构,旨在为3G用户提供各种多媒体服务。实质上IMS的最终目标就是使各种类型的终端都可以建立对等的IP连接,通过这个IP连接,终端之间可以相互传递各种信息,包括语音、图片、视频等,因此,可以说IMS是通过IP网络来为用户提供实时或非实时的、端到端的多媒体业务的。

IMS最初的设计思想就要求与接入方式无关,即IMS可以为任何类型的终端提供服务,只要这个终端可以接入到IMS网络。遗憾的是,R5的IMS规范中包含一些GPRS特有的特性。在R6中,与接入方式无关的问题可以从核心的IMS描述中分离出来。3GPP使用术语"IP接入网络"来代表可以在终端和IMS实体间提供底层IP传输连接的所有网络实体及接口的集合。

正是由于IMS的这种与接入无关的特性,在3GPP提出IMS之后,IMS逐渐引起了广泛的关注,尤其是固网领域的人员也对IMS产生了浓厚的兴趣。上面已经介绍过,IMS最初是移动通信领域提出的一种体系架构,但是其拥有的与接入无关的特性使得IMS可以成为融合移动网络与固定网络的一种手段,这与NGN的目标是一致的。IMS这种天生的优势使得它得到了ITU-T和ETSI的关注,这两个标准化组织目前都已经把IMS引入到自己的NGN标准之中了,在NGN的体系结构中IMS将作为控制层面的核心架构,用于控制层面的网络融合。在ITU-T将IMS作为NGN的控制核心之后,IMS已经成为了通信业的焦点,现在电信运营商、电信设备提供商都对IMS投入巨大,尤其是面临转型的电信运营商更是对IMS寄予厚望。此外,IMS还得到了计算机行业的支持,IBM、微软等公司也正在对IMS进行研究。IMS已经得到了广泛的行业支持和更高的关注程度,目前IMS的标准制定、IMS的试验等工作正在进行之中,IMS还在迅速发展和不断成熟中。

9.2　IMS的特点

IMS能够成为NGN的核心,是因为IMS具有很多能够满足NGN需求的优点。除上面提到的与接入无关的特点外,IMS还具有一些其他特点。

1. 接入无关性

IMS 是一个独立于接入技术的基于 IP 的标准体系,它与现存的语音和数据网络都可以互通,不论是固定用户还是移动用户。IMS 网络的用户与网络是通过 IP 连通的,即通过 IP-CAN (IP-Connectivity Access Network)来连接。例如,WCDMA 的无线接入网络(RAN)及分组域网络构成了移动终端接入 IMS 网络的 IP-CAN,用户可以通过 PS 域的 GGSN 接入 IMS 网络。而为了支持 WLAN、WiMAX、xDSL 等不同的接入技术,会产生不同的 IP-CAN 类型。IMS 的核心控制部分是与 IP-CAN 相独立的,只要终端与 IMS 网络可以通过一定的 IP-CAN 建立 IP 连接,则终端就能利用 IMS 网络来进行通信,而不管这个终端是何种类型的终端。

IMS 的体系使得各种类型的终端都可以建立起对等的 IP 通信,并可以获得所需要的服务质量。除会话管理外,IMS 体系还涉及完成服务所必需的功能,如注册、安全、计费、承载控制、漫游等。

2. 基于 SIP

IMS 中使用 SIP 作为唯一的会话控制协议。为了实现接入的独立性,IMS 采用 SIP 作为会话控制协议,这是因为 SIP 本身是一个端到端的应用协议,与接入方式无关。此外由于 SIP 是由 IETF 提出的使用于 Internet 上的协议,因此使用 SIP 也增强了 IMS 与 Internet 的互操作性。但是 3GPP 在制定 IMS 标准的时候对原来的 IETF 的 SIP 标准进行了一些扩展,主要是为了支持终端的移动特性和一些 QoS 策略的控制及实施等,因此当 IMS 的用户与传统 Internet 的 SIP 终端进行通信时,会存在一些障碍,这也是 IMS 目前存在的一个问题。

SIP 是 IMS 中唯一的会话控制协议,但不是说 IMS 体系中只会用到 SIP,IMS 也会用到其他一些协议,但其他这些协议并不用于对呼叫的控制,如 Diameter 用于 CSCF 与 HSS 之间,COPS 用于策略的管理和控制,H.248 用于对媒体网关的控制等。

3. 针对移动通信环境的优化

因为 3GPP 最初提出 IMS 是要用于 3G 的核心网中的,因此 IMS 体系针对移动通信环境进行了充分的考虑,包括基于移动身份的用户认证和授权、用户网络接口上 SIP 消息压缩的确切规则、允许无线丢失与恢复检测的安全,以及策略控制机制。除此之外,很多对于运营商来说颇为重要的方面在体系的开发过程中得到了解决,如计费体系、策略和服务控制等。这个特点是 IMS 与软交换相比的最大优势,即 IMS 是支持移动终端的接入的。目前 IMS 在移动领域中的应用相对固网来说比较成熟,标准也更加成熟,估计 IMS 将最先应用于移动网之中,逐渐地融合各种固定网络的接入,最终实现固定与移动网络的融合。

4. 提供丰富的组合业务

IMS 在个人业务实现方面采用比传统网络更加面向用户的方法。IMS 给用户带来的一个直接好处就是实现了端到端的 IP 多媒体通信。与传统的多媒体业务是人到内容或人到服务器的通信方式不同,IMS 是直接的人到人的多媒体通信方式。同时,IMS 具有在多媒体会话及呼叫过程中增加、修改和删除会话及业务的能力,并且还具有对不同的业务进行区分和计费的能力。因此对用户而言,IMS 业务以高度个性化和可管理的方式支持个人与个人及个人与信息内容之间的多媒体通信,包括语音、文本、图片、视频或这些媒体的组合。

5. 网络融合的平台

IMS 的出现使网络融合成为可能。除与接入方式无关的特性外,IMS 还具有商用网络所必须拥有的一些能力,包括计费能力、QoS 控制、安全策略等,IMS 在最初提出时就对这些方面进行了充分的考虑。正因为如此,IMS 才能够被运营商接受并被寄予厚望。运营商希望通过 IMS

这样一个统一的平台来融合各种网络,为各种类型的终端用户提供丰富多彩的服务,而不必再像以前那样使用传统的"烟囱"模式来部署新业务,从而减少重复投资,简化网络结构,减少网络的运维成本。

9.3 IMS 的体系结构

9.3.1 IMS 中的功能实体

本节将介绍 IMS 的体系结构及其功能实体的作用。IMS 的体系结构如图 9.1 所示。

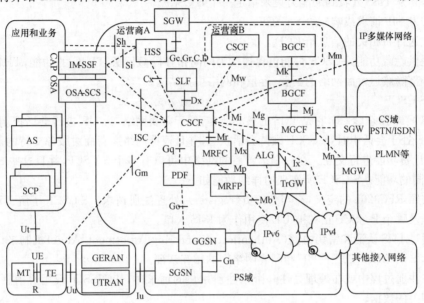

图 9.1 IMS 的体系结构

从图 9.1 可以看到,IMS 是一个复杂的体系,其中包括许多功能实体,每个功能实体都有自己的任务,大家协同工作、相互配合来共同完成对会话的控制。下面详细介绍这些功能实体所具有的功能。

1. CSCF

CSCF(Call Session Control Function)称为呼叫会话控制功能,它是 IMS 体系的核心,根据功能不同,CSCF 又分为 P-CSCF、I-CSCF 和 S-CSCF。

(1) P-CSCF

P-CSCF 即 Proxy-CSCF,称为代理呼叫会话控制功能。它是 IMS 系统中用户的第一个接触点,所有 SIP 信令流,无论是来自 UE(User Equipment)还是发给 UE,都必须通过 P-CSCF。正如这个实体的名字所指出的,P-CSCF 的行为很像一个代理。P-CSCF 负责验证请求,将它转发给指定的目标,并且处理和转发响应。同一个运营商的网络中可以有一个或多个 P-CSCF。P-CSCF 执行的功能包括以下内容。

- 基于请求中 UE 提供的归属域名来转发 SIP REGISTER(注册)请求给 I-CSCF。
- 将 UE 收到的 SIP 请求和响应转发给 S-CSCF。
- 将 SIP 请求和响应转发给 UE。
- 检测紧急会话建立请求。

- 发送计费有关的信息给计费采集功能 CCF。
- 提供 SIP 信令的完整性保护，并且维持 UE 和 P-CSCF 之间的安全联盟，完整性保护是通过互联网协议安全(IPSec)的封装安全净荷(ESP)提供的。
- 对来自 UE 和发往 UE 的 SIP 消息进行解压缩和压缩。

（2）I-CSCF

I-CSCF 即问询 CSCF，它是一个运营商网络中为所有连接到这个运营商的某一用户的连接提供的联系点。在一个运营商的网络中可以有多个 I-CSCF。I-CSCF 执行的功能如下。

- 联系 HSS 以获得正在为某个用户提供服务的 S-CSCF 的名字。
- 基于从 HSS 处收到的能力集来指定一个 S-CSCF。
- 转发 SIP 请求或响应给 S-CSCF。
- 发送计费相关的信息给 CCF。
- 提供隐藏功能，I-CSCF 可能包含被称为网间拓扑隐藏网关 THIG 的功能，THIG 用于对外部隐藏运营商网络的配置、容量和网络拓扑结构。

（3）S-CSCF

S-CSCF 即服务 CSCF，它是 IMS 的核心所在，位于归属网络，为 UE 进行会话控制和注册服务。当 UE 处于会话中时，S-CSCF 维持会话状态，并且根据网络运营商对服务支持的需要，与服务平台和计费功能进行交互。在一个运营商的网络中可以有多个 S-CSCF，并且这些 S-CSCF 可以具有不同的功能。S-CSCF 所实现的详细功能如下。

- 按照 RFC3261 的定义，充当登记员(register)，处理注册请求。S-CSCF 了解 UE 的 IP 地址及哪个 P-CSCF 正在被 UE 使用作为 IMS 入口。
- 通过 IMS 认证和密钥协商(Authentication and Key Agreement, AKA)机制来认证用户。IMS 的 AKA 实现了 UE 和归属网络间的相互认证。
- 在注册过程中或在处理去往一个未注册用户的请求时，从 HSS 下载用户信息及与服务相关的数据。
- 将去往用户的业务流转发给 P-CSCF，并且转发用户发起的业务流给 I-CSCF、出口网关控制功能(BGCF)或应用服务器(AS)。
- 进行会话控制。根据 RFC3261 的定义，S-CSCF 可以作为代理服务器和 UA。
- 与服务平台交互，交互意味着决定何时需要将请求或响应转发到特定的 AS 进行进一步处理的能力。
- 使用域名服务器(DNS)翻译机制将 E.164 号码翻译成 SIP 统一资源标识符(URI)。这种翻译是必需的，因为 IMS 中 SIP 信令的传送只能使用 SIP URI 进行。
- 监视注册计时器并能在需要的时候解除用户注册。
- 当运营商支持 IMS 紧急呼叫时，用于选择紧急呼叫中心，这是 R6 的特色。
- 执行媒体修正。S-CSCF 能够检查会话描述协议(SDP)净荷的内容，并且检查它是否包含不允许提供给用户的媒体类型和编码方案。当被提议的 SDP 不符合运营商的策略时，S-CSCF 拒绝该请求，并且发送 SIP 报错消息 488 给用户。
- 维持会话计时器。R5 没有为状态感知的代理提供了解会话状态的方法。R6 通过引入会话计时器改正了这个不足。它允许 P-CSCF 检测和释放被挂起的会话所消耗的资源。
- 发送与计费相关的信息给 CCF 进行离线计费，或者发给在线计费系统(OCS)进行在线计费。

2. HSS

归属用户服务器 HSS 是 IMS 中所有与用户和服务相关数据的主要数据存储器。存储在

HSS 中的数据主要包括用户身份、注册信息、接入参数和服务触发信息。

用户身份包括两种类型:私有用户身份和公共用户身份。私有用户身份是由归属网络运营商分配的用户身份,用于注册和授权等用途。而公共用户身份用于其他用户向该用户发起通信请求。IMS 接入参数用于会话建立,它包括诸如用户认证、漫游授权和分配 S-CSCF 的名字等。服务触发信息使 SIP 服务得以执行。HSS 也提供各个用户对 S-CSCF 能力方面的特定要求,这个信息被 I-CSCF 用来为用户挑选最合适的 S-CSCF。

在一个归属网络中可以有不止一个 HSS,这依赖于用户的数目、设备容量和网络的架构。在 HSS 与其他网络实体之间存在多个参考点。

3. SLF

订购关系定位功能 SLF 作为一种地址解析机制,当网络运营商部署了多个独立可寻址的 HSS 时,这种机制使 I-CSCF、S-CSCF 和 AS 能够找到拥有给定用户身份的订购关系数据的 HSS 地址。

4. MRFC

多媒体资源功能控制器(MRFC)用于支持与承载相关的服务,如会议、对用户公告、进行承载代码转换等。MRFC 解释从 S-CSCF 收到的 SIP 信令,并且使用媒体网关控制协议指令来控制多媒体资源功能处理器(MRFP)。MRFC 还能够发送计费信息给 CCF 和 OCS。

5. MRFP

多媒体资源功能处理器(MRFP)提供被 MRFC 所请求和指示的用户平面资源。MRFP 具有下列功能。

- 在 MRFC 的控制下进行媒体流及特殊资源的控制。
- 在外部提供 RTP/IP 的媒体流连接和相关资源。
- 支持多方媒体流的混合的功能(如音频/视频多方会议)。
- 支持媒体流发送源处理的功能(如多媒体公告)。
- 支持媒体流的处理的功能(如音频的编解码转换、媒体分析)。

6. MGCF

媒体网关控制功能(MGCF)是使 IMS 用户和 CS 用户之间可以进行通信的网关。所有来自 CS 用户的呼叫控制信令都指向 MGCF,它负责进行 ISDN 用户部分(ISUP)或承载无关呼叫控制(BICC)与 SIP 之间的转换,并且将会话转发给 IMS。类似,所有 IMS 发起到 CS 用户的会话也经过 MGCF。MGCF 还控制与其关联的用户平面实体——IMS 多媒体网关 IMS-MGW 中的媒体通道。另外,MGCF 能够报告计费信息给 CCF。

7. IMS-MGW

IMS 多媒体网关功能(IMS-MGW)提供 CS 网络和 IMS 之间的用户平面链路,它直接受 MGCF 的控制。它终结来自 CS 网络的承载信道和来自骨干网(例如,IP 网络中的 RTP 流或 ATM 骨干网中的 AAL2/ATM 连接)的媒体流,执行这些终结之间的转换,并且在需要时为用户平面进行代码转换和信号处理。另外,IMS-MGW 能够提供音调和公告给 CS 用户。

8. PDF

PDF 根据 AF(Application Function,如 P-CSCF)的策略建立信息来决定策略。PDF 的基本功能如下。

- 支持来自 AF 的授权建立处理及向 GGSN 下发 SBLP 策略信息。
- 支持来自 AF 或 GGSN 的授权修改及向 GGSN 更新策略信息。
- 支持来自 AF 或 GGSN 的授权撤销及策略信息删除。

- 为 AF 和 GGSN 进行计费信息交换,支持 ICID 交换和 GCID 交换。
- 支持策略门控功能,控制用户的媒体流是否允许经过 GGSN,以便为计费和呼叫保持/恢复补充业务进行支撑。
- 支持分叉功能,识别带分叉指示的授权请求处理及呼叫应答时授权信息的更新。

9. BGCF

出口网关控制功能(BGCF)负责选择到 CS 域的出口的位置。所选择的出口既可以与 BGCF 位于同一网络,又可以位于另一个网络。如果这个出口位于相同网络,那么 BGCF 选择媒体网关控制功能(MGCF)进行进一步的会话处理;如果出口位于另一个网络,那么 BGCF 将会话转发到相应网络的 BGCF。另外,BGCF 能够报告计费信息给 CCF,并且收集统计信息。

10. SGW

信令网关(SGW)用于不同信令网的互联,作用类似于软交换系统中的信令网关。SGW 在基于 No.7 信令系统的信令传输和基于 IP 的信令传输之间进行传输层的双向信令转换。SGW 不对应用层的消息进行解释。

11. SEG

安全网关(SEG)是为了保护 IMS 域的安全而引入的,控制平面的业务流在进入或离开安全域之前要先通过安全网关。安全域是指由单一管理机构管理的网络,一般来说,它的边界就是运营商的边界。SEG 放在安全域的边界,并且它针对目标安全域的其他 SEG 执行本安全域的安全策略。网络运营商可以在其网络中部署不止一个 SEG,以避免单点故障。

12. AS

应用服务器(AS)是为 IMS 提供各种业务逻辑的功能实体,与软交换体系中的应用服务器的功能相同,这里就不进行更多介绍了。

13. GPRS 实体

(1) SGSN

GPRS 服务支持节点(SGSN)连接 RAN 和分组核心网。它负责对 PS 域进行控制和提供服务处理功能。控制部分包括两大主要功能:移动性管理和会话管理。移动性管理负责处理 UE 的位置和状态,并且对用户和 UE 进行认证。会话管理负责处理连接接纳控制和处理现有数据连接中的任何变化,它也负责监督管理 3G 网络的服务和资源,而且还负责对业务流的处理。SGSN 作为一个网关,负责用隧道来转发用户数据,即它在 UE 和 GGSN 之间中继用户业务流。作为这个功能的一部分,SGSN 也需要保证这些连接接收到适当的 QoS。另外,SGSN 还会生成计费信息。

(2) GGSN

GPRS 网关支持节点(GGSN)提供与外部分组数据网之间的配合。GGSN 的主要功能是提供 UE 与外部数据网之间的连接,而基于 IP 的应用和服务位于外部数据网之中。例如,外部数据网可以是 IMS 或 Internet。换句话说,GGSN 将包含 SIP 信令的 IP 包从 UE 转发到 P-CSCF,或向相反方向转发。另外,GGSN 负责将 IMS 媒体 IP 包向目标网络转发,如目标网络的 GGSN。所提供的网络互联服务通过接入点来实现,接入点与用户希望连接的不同网络相关。在大多数情况下,IMS 有其自身的接入点。当 UE 激活到一个接入点(IMS)的承载(PDP 上下文)时,GGSN 分配一个动态 IP 地址给 UE。这个 IP 地址在 IMS 注册并和 UE 发起一个会话时,作为 UE 的联系地址。另外,GGSN 还负责修正和管理 IMS 媒体业务流对 PDP 上下文的使用,并且生成计费信息。

9.3.2 IMS 中的接口和协议

上面介绍了 IMS 中各个功能实体的功能,这些功能实体之间需要进行通信,IMS 体系定义了这些功能实体之间的接口,如图 9.1 所示。下面将对这些接口和接口上使用的协议进行介绍。

1. Gm 接口

Gm 接口用于连接 UE 与 IMS 网络,IMS 中相对应的部分是 P-CSCF。Gm 接口采用 SIP,传输 UE 与 IMS 之间的所有 SIP 消息,主要功能包括:

- IMS 用户的注册和鉴权;
- IMS 用户的会话控制。

2. Mw 接口

Mw 接口用于连接不同 CSCF,采用 SIP,该接口的主要功能是在各类 CSCF 之间转发注册、会话控制及其他 SIP 消息。

3. Cx 接口

Cx 接口用于 CSCF 与 HSS 之间的通信,采用 Diameter 协议。该接口的主要功能包括:

- 为注册用户指派 S-CSCF;
- CSCF 通过 HSS 查询路由信息;
- 授权处理,检查用户漫游是否许可;
- 鉴权处理,在 HSS 和 CSCF 之间传递用户的安全参数;
- 过滤规则控制,从 HSS 下载用户的过滤参数至 S-CSCF。

4. Dx 接口

Dx 接口用于 CSCF 和 SLF 之间的通信,采用 Diameter 协议,通过该接口可确定用户签约数据所在的 HSS 的地址。

5. Mg 接口

Mg 接口用于 I-CSCF 与 MGCF 之间,采用 SIP。当 MGCF 收到 CS 域的会话信令后,它将该信令转换成 SIP 信令,然后通过 Mg 接口将 SIP 信令转发到 I-CSCF。

6. Mn 接口

Mn 接口用于 MGCF 与 IMS-MGW 之间,采用 H. 248 协议。该接口的主要功能包括:

- 灵活的连接处理,支持不同的呼叫模型和不同的媒体处理;
- IMS-MGW 物理结点上资源的动态共享。

7. Mi 接口

Mi 接口用于 CSCF 与 BGCF 之间,采用 SIP。该接口的主要功能是在 IMS 网络和 CS 域互通时,在 CSCF 和 BGCF 之间传递会话控制信令。

8. Mj 接口

Mj 接口用于 BGCF 与 MGCF 之间,采用 SIP。该接口的主要功能是在 IMS 网络和 CS 域互通时,在 BGCF 和 MGCF 之间传递会话控制信令。

9. Mk 接口

Mk 接口用于 BGCF 与 BGCF 之间,采用 SIP。该接口主要用于 IMS 用户呼叫 PSTN/CS 用户,而当其互通结点 MGCF 与主叫 S-CSCF 不在 IMS 域时,与主叫 S-CSCF 在同一网络中的 BGCF 将会话控制信令转发到互通结点 MGCF 所在网络的 BGCF。

10. Mm 接口

Mm 接口用于 CSCF 与其他 IP 网络之间,负责接收并处理一个 SIP 服务器或终端的会话请求。

11. Gq 接口

Gq 接口用于 P-CSCF 与 PDF 之间,采用 Diameter 协议。该接口的主要功能是:

- P-CSCF 通过该接口向 PDF 通知当前会话与 QoS 相关的业务信息,以便 PDF 执行基于业务的本地策略的 QoS 授权策略(SBLP);
- 该接口传送的关键信息,包括当前会话的媒体描述信息、Gate 控制是否启动的指示,以及授权令牌等。

12. Go 接口

Go 接口用在 PDF 与 GGSN 之间,采用 COPS 协议。该接口的主要功能如下:

- 在会话建立过程中,策略执行点 PEF(GGSN)向策略决策点 PDF 请求 QoS 承载资源的授权,策略决策点 PDF 向策略执行点 PEF(GGSN)下发 QoS 控制策略授权结果,指示其在接入网内执行接入技术的指定策略控制和资源预留;
- 在资源预留成功且会话接通后,PDF 通知 PEF 最终执行 QoS 策略,并打开 Gate 控制;
- 在会话结束后,PDF 将释放该策略。

13. Mr 接口

Mr 接口用于 CSCF 与 MRFC 之间,采用 SIP。该接口的主要功能是 CSCF 传递来自 SIP AS 的资源请求消息到 MRFC,由 MRFC 最终控制 MRFP 完成与 IMS 终端用户之间的用户面承载建立。

14. Mp 接口

Mp 接口用于 MRFC 与 MRFP 之间,采用 H.248 协议。MRFC 通过该接口控制 MRFP 处理媒体资源,如放音、会议、DTMF 收发资源等。

15. ISC 接口

ISC 接口用于 CSCF 与 AS 之间,采用 SIP。该接口用于传送 CSCF 与 AS 之间的 SIP 信令,来为用户提供各种业务。

表 9.1 所示为 IMS 体系中功能实体间接口的汇总。

表 9.1 接口汇总

接口名称	包括的实体	用　途	协　议
Gm	UE,P-CSCF	用于 UE 和 P-CSCF 之间消息的交换	SIP
Mw	P-CSCF,I-CSCF,S-CSCF	用于 CSCF 之间消息的交换	SIP
Cx	I-CSCF,S-CSCF,HSS	用于 I-CSCF/S-CSCF 和 HSS 之间的通信	Diameter
Dx	I-CSCF,S-CSCF,SLF	I-CSCF/S-CSCF 使用这个接口在多 HSS 环境中查找正确的 HSS	Diameter
Mg	MGCF,I-CSCF	MGCF 将 ISUP 信令转换成 SIP 信令,并且转发 SIP 信令给 I-CSCF	SIP
Mn	MGCF,IMS-MGW	用于 MGCF 对 IMS-MGW 的控制	H.248
Mi	S-CSCF,BGCF	用于 S-CSCF 和 BGCF 之间的消息交换	SIP

接口名称	包括的实体	用　　途	协　　议
Mj	BGCF，MGCF	用于同一个 IMS 网络中 BGCF 与 MGCF 之间的消息交换	SIP
Mk	BGCF，BGCF	用于不同 IMS 网络中 BGCF 之间的消息交换	SIP
Mm	I-CSCF，S-CSCF，外部 IP 网络	用于 IMS 网络和外部 IP 网络之间的消息交换	没有定义
Gq	P-CSCF，PDF	用于 P-CSCF 和 PDF 之间交换与策略决策相关的信息	Diameter
Go	PDF，GGSN	用于控制用户平面的 QoS，并且在 IMS 和 GPRS 网络之间进行计费关联信息的交换	COPS
Mr	S-CSCF，MRFC	用于 S-CSCF 和 MRFC 之间的消息交换	SIP
Mp	MRFC，MRFP	用于 MRFC 和 MRFP 之间的消息交换	H.248
ISC	S-CSCF，I-CSCF，AS	用于 CSCF 和 AS 之间消息的交换	SIP

9.4　IMS 的通信流程

在 IMS 体系中，两个终端的通信流程包括 IMS 入口点的发现、终端注册、会话建立和会话释放 4 个阶段。本节将分别对这 4 个阶段进行解释，最后通过一个具体案例来进一步说明 IMS 的通信过程，主要目的是使读者对 IMS 的基本通信过程有完整的了解，并加深理解相关实体的功能。

在说明 IMS 的通信流程之前，有必要介绍一下 IMS 对用户身份的规定。IMS 中定义了两种用户身份：私有用户身份和公共用户身份。私有用户身份是一个由归属网络运营商为用户定义的具有全球唯一性的身份，用于在归属运营商中从网络的角度唯一地标识用户，主要用于对用户的认证，当然也可以用于计费和管理。公共用户身份是 IMS 用户用于请求与其他用户通信时所使用的身份，公共用户身份是被公布的身份。在一个公共用户身份被用于发起 IMS 会话之前，这个公共用户身份必须先向网络进行注册。在注册过程中 IMS 网络会对用户进行认证，若通过认证则注册成功，之后该公共用户身份才可以发起会话请求。

9.4.1　IMS 入口点的发现

IMS 与用户的连接点是 P-CSCF，IMS 的入口点即 P-CSCF 的 IP 地址。为了与 IMS 网络通信，UE 必须知道 IMS 网络中至少一个 P-CSCF 的 IP 地址，UE 找到这些地址的机制被称为 P-CSCF 发现。3GPP 定义了两种 P-CSCF 发现机制：GPRS 过程和 DHCP DNS 过程。此外，也可以直接在 UE 中配置 P-CSCF 名字或 P-CSCF 的 IP 地址。

第一种机制是 GPRS 过程。GPRS 过程是专门为通过 GPRS 网络连接到 IMS 的 UE 发现 P-CSCF 而设计的。在这个过程中，UE 在 PDP 上下文激活请求中包含 P-CSCF 地址请求标记，GGSN 在接收到这个请求后会通过一定的办法得到 P-CSCF 的 IP 地址，之后 GGSN 将这个 IP 地址发给 UE，如图 9.2 所示。至于 GGSN 如何获得 P-CSCF 的 IP 地址的机制并没有标准化。该过程是在 UE 创建 PDP 上下文的过程中完成的（PDP 上下文可视为 UE 与 GGSN 之间的数据通道）。

第二种机制是 DHCP DNS 过程。在这种机制下，UE 发送一个 DHCP 请求给 IP-CAN，该 IP-CAN 会将这个请求转发给 DHCP 服务器。在这个请求中，UE 可以要求返回一个列有 P-CSCF 的 IP 地址的列表或一个列有 P-CSCF 的名字的列表。当返回的是 P-CSCF 的名字列表时，UE 需要执行一个 DNS 查询来找到 P-CSCF 的 IP 地址，如图 9.3 所示。DHCP DNS 过程是一种通用的机制，各种类型的接入都可以通过这个机制来发现 P-CSCF。

图 9.2　GPRS 过程

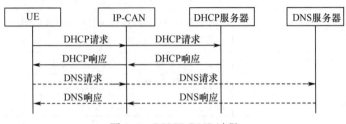

图 9.3　DHCP DNS 过程

9.4.2　注册过程

在进行 IMS 注册之前,UE 必须获得一个 IP 连接承载,并且发现 IMS 系统的入口点 P-CSCF,这在上节已经进行了说明,完成了这个过程 UE 就可以接入到 IMS 网络了。

只完成 P-CSCF 的发现还不行,UE 想要通过 IMS 来进行通信,还必须先进行注册。注册过程使得 IMS 网络能够对用户进行认证。IMS 的注册过程包括两个阶段:第一阶段网络将向 UE 进行挑战;第二阶段 UE 将对网络的挑战进行响应并完成注册。

第一阶段如图 9.4 所示,首先,UE 发送一个 SIP 注册(REGISTER)请求给已发现的 P-CSCF。这个请求包含要注册的公共用户身份和归属域名称(通过 I-CSCF 的地址来表明)。该 P-CSCF 处理这个 REGISTER 请求,并使用所提供的归属域名称来解析 I-CSCF 的 IP 地址,然后把该请求转发给 I-CSCF。随后 I-CSCF 将会联系归属用户服务器(HSS),以便为 S-CSCF 选择过程来获取所需的 S-CSCF 能力要求。在 S-CSCF 选定之后,I-CSCF 将 REGISTER 请求转发给选定的 S-CSCF。这时 S-CSCF 会发现这个用户没有被授权,因此它会向 HSS 索取认证数据,并且通过一个 401 未授权响应来挑战该用户。这就是第一个阶段的全部过程。

图 9.4　注册的第一阶段

第二阶段如图 9.5 所示,UE 收到 401 未授权响应之后,将计算对这个挑战的响应,并且发送另外一个 REGISTER 请求给 P-CSCF。P-CSCF 再次找到 I-CSCF,并且 I-CSCF 也将依次找到 S-CSCF。最后,S-CSCF 检查这个响应,如果这个响应正确,它就从 HSS 下载用户配置,并且通过一个 200 OK 响应来接收该注册。一旦 UE 成功被授权,UE 就能够发起和接收会话。在注册过程中,UE 和 P-CSCF 会了解网络中的哪个 S-CSCF 将要为 UE 提供服务。

通过周期性的注册更新,UE 可以保持其注册处于激活状态,这是 UE 的功能。如果 UE 没有更新其注册信息,那么在注册计时器超时的时候,S-CSCF 将毫无声息地清除该注册。当 UE 想要解除在 IMS 中的注册时,它就简单地发送一个 REGISTER 请求,该请求中的注册计时器取值为 0。

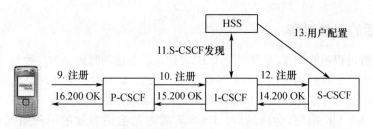

图 9.5　注册的第二阶段

9.4.3　会话的建立过程

注册完成说明 IMS 网络已经对用户进行了认证并允许用户使用 IMS 服务,这时 UE 就可以发起会话建立请求了。下面举例中假设用户 A 与用户 B 都已经完成了注册。

当用户 A 想要与用户 B 进行会话时,用户 A 就发起一个 SIP INVITE 请求,并且将该请求发送给 P-CSCF。P-CSCF 会对这个请求进行处理,例如,它会将其解压缩并且验证呼叫发起用户的身份(3GPP 规定 UE 和 P-CSCF 之间传输的 SIP 信令消息要进行压缩,以节省无线信道资源),之后 P-CSCF 将这个 SIP INVITE 请求转发给为用户 A 提供服务的 S-CSCF,注意这个 S-CSCF 是在用户 A 的注册过程中为用户 A 指定的。S-CSCF 继续处理这个请求,执行服务控制,这包括与应用服务器(AS)的交互,并且通过 SIP INVITE 请求中的用户 B 的身份最终确定用户 B 的归属运营商网络的入口点,即该网络中的一个 I-CSCF,之后用户 A 的 S-CSCF 将该请求转发给 B 网络中的 I-CSCF。I-CSCF 收到该请求后会联系用户 B 的归属网络中的 HSS 来找到正在为用户 B 提供服务的 S-CSCF。该 S-CSCF 负责处理这个终结的会话,这可以包括与应用服务器的交互,并最终将这个 SIP INVITE 请求发送给用户 B 的 P-CSCF,然后 P-CSCF 把这个请求发送给用户 B。用户 B 收到这个请求后会生成一个 183 会话进行中的响应,该响应将按照相反的路径传回给用户 A。这个过程如图 9.6 所示。

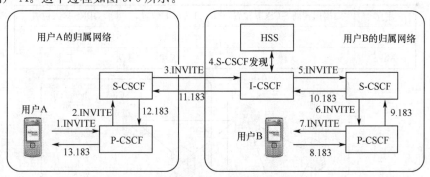

图 9.6　IMS 会话建立流程图

图 9.6 侧重说明了会话建立过程中消息的路由过程,在这两个消息之后,两个用户还要进行几次信令消息的交互才能完成会话的建立。需要注意的是,在这以后的消息将不再经过图 9.6 中用户 B 归属网络中的 I-CSCF,这是因为在上面两个消息交互的过程中,两个用户的 S-CSCF 都会了解到正在为对方终端提供服务的 S-CSCF 的 IP 地址,这样后续的消息将直接在这两个 S-CSCF 之间传递。在这些消息交互的过程中,两个用户将会对会话过程中需要交互的媒体类型及各种媒体对 QoS 的要求进行协商,之后两个用户端对这次会话所需的承载层面的资源进行资源预留之后才能成功地建立会话。

9.4.4 会话的释放过程

会话的释放过程很简单,就是发送一个 BYE 请求。会话的释放分为三种情况,即:用户发起的会话释放、P-CSCF 发起的会话释放和 S-CSCF 发起的会话释放。下面简单介绍这三种情况。

用户发起的会话释放即一方用户想要结束这个会话,这时他会发送一个 BYE 请求给对方,对方返回一个 200 OK 响应,会话结束。P-CSCF 发起的会话释放的一种情况就是用户的 P-CSCF 发现该用户已经离开了网络所覆盖的区域,从而失去了与接入网络的连接,这时 P-CSCF 就会代替该用户向对方发出一个 BYE 请求。有时 S-CSCF 也会发起会话释放,比如用户在使用预付费卡并且余额已经用光,在这种情况下,S-CSCF 会向该用户发送一个 BYE 请求,同时发送一个 BYE 请求给对方。

9.4.5 IMS 通信实例

上面对 IMS 通信所经过的 4 个阶段进行了简要介绍,着重说明了呼叫信令的路由路径,但仍有许多呼叫过程中所使用的其他信令并没有进行介绍。本节将给出一个具体的实例,进一步说明 IMS 的通信过程,这个实例的场景描述如下。

- 该示例以 GPRS 作为接入技术,假设此时两个用户都已经附着在 GPRS 网络上;
- 一个上海的学生 Rose 正在北京旅游,他要呼叫他的表哥 Mike,Mike 在天津工作,现在正坐在办公室内;
- Rose 的归属运营商位于上海,由于他正在北京,而其位于上海的归属运营商与北京的运营商签署了 IMS 漫游协议,所以北京的运营商将提供 P-CSCF 功能;
- 假设 Mike 已经注册了他的一个公共用户身份 sip:mike@home2.tj,而 Rose 刚刚打开手机,在呼叫 Mike 之前需要注册他的公共用户身份 sip:rose@home1.sh。

该实例的场景如图 9.7 所示。

用户	归属运营商 S-CSCF 位置	P-CSCF 位置	GPRS 接入位置
Rose	上海	北京	北京
Mike	天津	天津	天津

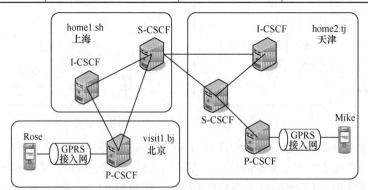

图 9.7　实例的场景

1. 注册

该例假设 Mike 已经完成了注册,而 Rose 还没有注册,在呼叫 Mike 之前,Rose 必须先向网络进行注册。Rose 的注册过程如图 9.8 所示。

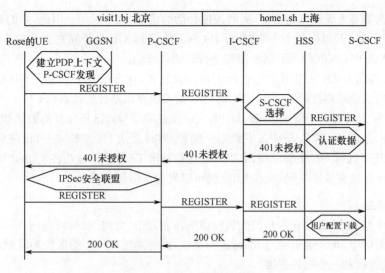

图 9.8　Rose 的注册过程

其中：

（1）在 Rose 的 UE 开始 IMS 注册之前，它需要建立与网络之间的 IP 连接。在 GPRS 的情况下，这个 IP 连接就是一个 PDP 上下文，前面已经介绍过。在本例中，Rose 的 UE 与北京的 GGSN 之间建立了一个 PDP 上下文，这样就可以通过空中接口发送 SIP 消息了。在 PDP 上下文的建立过程中，UE 发现了一个可以接入 IMS 网络的 P-CSCF 的 IP 地址，同时 P-CSCF 将分配给 UE 一个 IP 地址。

（2）Rose 的 UE 向位于北京的 P-CSCF 发送 REGISTER 请求。这个请求中包括 UE 自身的 IP 地址、它的归属网络的域名 sip：home1.sh、它要注册的公共用户身份 sip：rose@home1.sh、他的私有用户身份（这些都从 UE 的 ISIM 模块中得到）等信息。

（3）P-CSCF 接收到该 REGISTER 请求后，它将查询 REGISTER 请求中的归属网络域名，然后通过 DNS 查询来进行域名解析，这样它可以找到 Rose 归属网络即位于上海的一个 I-CSCF 的地址，然后它把请求发给这个 I-CSCF。

（4）这个 I-CSCF 是 Rose 归属网络的入口，它收到这个 REGISTER 请求后查询 HSS，为 Rose 选择一个为其服务的 S-CSCF，然后将请求发给 S-CSCF。

（5）接收到 REGISTER 请求后，S-CSCF 要求 Rose 进行认证。因为该 REGISTER 请求中包含 Rose 的私有用户身份，因此 S-CSCF 将从 HSS 中下载与该身份相对应的认证数据，包括一个随机挑战、完整性密钥及加密密钥等。同时向 I-CSCF 发出 401 未授权响应，将认证数据加入该响应中。

（6）I-CSCF 将 401 未授权响应转发给 P-CSCF。

（7）P-CSCF 收到这个响应，会将完整性密钥和加密密钥从 401 消息中去掉并保存，用于之后与 UE 之间建立安全联盟，然后将 401 消息发给 UE。

（8）UE 接到响应后将收到的参数传给 ISIM，ISIM 基于和网络之间的共享密钥及随机挑战来计算出一个结果，该结果称为认证挑战响应（RES），同时读出 ISIM 上的完整性密钥和加密密钥。UE 此时将把这两个密钥发送给 P-CSCF，P-CSCF 检查这两个密钥，如果与它保存的相同，则同意与 UE 建立安全联盟，此后 P-CSCF 与 UE 之间的消息都将基于该安全联盟进行传输。

（9）在 UE 最初发送的 REGISTER 请求中，包含一个信令压缩参数，用于与 P-CSCF 协商是否进行信令压缩。P-CSCF 与 UE 必须支持 SIP 信令压缩，但不是必须启用它，这是由 3GPP 规定的,主要是为了节省无线信道资源,同时加速会话的建立、减小时延。因此,它们要相互进行协商。在 P-CSCF 向 UE 返回的 401 响应中,P-CSCF 会告诉 UE 是否同意进行信令压缩,如果同意,则之后 UE 与 P-CSCF 的 SIP 信令都先进行压缩再传输。

(10) UE 将向 P-CSCF 发出第二个 REGISTER 请求,这个请求中将包含 UE 刚才计算出的认证挑战响应,该请求将按照第一个 REGISTER 请求的路由路径到达 S-CSCF。

(11) S-CSCF 收到这个请求后,将其中的认证挑战响应与自己所计算的数值相比较,如果相同则通过认证,之后 S-CSCF 从 HSS 下载用户配置,同时发送 200 OK 响应,该响应按照相反的路径发送给 UE。这时 UE 注册成功,可以发送通信请求了(如果不成功将发送 401 消息)。

至此 Rose 已经完成了注册,现在 Rose 就可以发起会话请求了。

2. 会话建立

目前 Rose 与 Mike 已经在各自的归属网络中注册完毕,此时 Rose 可以向 Mike 发起会话请求了,在这个会话中 Rose 希望能与 Mike 进行交谈,同时通过 UE 上的摄像头看到对方,即 Rose 要求一个音频连接和一个视频连接。

我们先来看一下 Rose 发出的第一个消息 INVITE 及其响应(183 会话进行中)的路由过程,如图 9.9 所示。

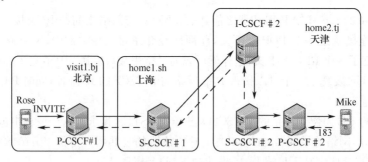

图 9.9　第一个消息 INVITE 的路由过程

(1) Rose 的 UE 创建一个 INVITE 请求,其中包含 Mike 的一个公共用户身份 sip:mike@home2.tj,这可以从 UE 中的电话簿中得到。UE 把这个 INVITE 请求发给位于北京的 P-CSCF。

(2) 在前面 Rose 的 UE 的注册过程中,Rose 的归属网络即位于上海的运营商已经为 Rose 分配了一个 S-CSCF,北京的 P-CSCF 当时已经了解并记录下了上海 S-CSCF 的地址,所以北京的 P-CSCF 会直接将这个 INVITE 请求发到上海的 S-CSCF,而不需要再经过上海的 I-CSCF 了。

(3) 上海的 S-CSCF 收到这个 INVITE 请求,它会解析包含在该请求中的 Mike 的公共用户身份 sip:mike@home2.tj,它将这个身份的域名部分 home1.tj 发往域名系统(DNS)服务器,然后可以收到 Mike 的归属网络,即天津运营商的一个或多个 I-CSCF 的地址,S-CSCF 会选择其中一个并把 INVITE 请求发送给它。

(4) 天津的 I-CSCF 收到该请求后会向本地的 HSS 查询为 Mike 指派的 S-CSCF 的地址,然后把请求转发给这个 S-CSCF(因为已假设 Mike 注册了这个公共用户身份,所以 HSS 中保存该身份和为其服务的 S-CSCF)。

(5) 天津的 S-CSCF 收到这个 INVITE 请求,因为 Mike 已经注册,所以 S-CSCF 知道为 Mike 服务的 P-CSCF 的地址,它将请求发送给 Mike 的 P-CSCF。

(6) P-CSCF 将请求转发给 Mike 的 UE。

(7) Mike 收到 INVITE 消息后会发回一个 183 响应,这个响应将按原路返回。

注意 Rose、Mike 的 UE 与各自的 P-CSCF 之间的数据传输都基于各自的安全联盟,并进行压缩。

上面详细介绍了会话过程中第一个消息及其响应的传递过程,在这之后 Rose 与 Mike 之间还要交互很多 SIP 信令用于会话的建立。后续消息的路由如图 9.10 所示,区别就是这些消息将不经过天津的 I-CSCF,这是因为在上面 INVITE 过程中上海的 S-CSCF 已经记录了为 Mike 提供服务的天津 S-CSCF 的地址,它们之间将直接进行信令消息的传递。

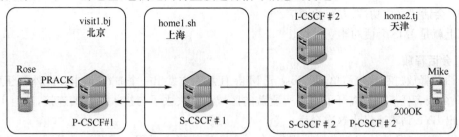

图 9.10　后续消息的路由

上面着重介绍了消息的路由过程,在 IMS 会话的建立过程中,通信双方要对本次会话所要使用的媒体进行协商并对资源进行预留,整个会话建立流程如图 9.11 所示,为了清晰简明,图中把两个 UE 之间的 CSCF 服务器省略了。

图 9.11　IMS 会话建立流程

(1) Rose 的 UE 发送 INVITE 请求,该请求消息中包含 UE 所希望使用的媒体类型,在本例中是一个音频和一个视频,并且列出主叫对这些不同的媒体类型所支持的各种编码方案。

(2) Mike 的 UE 对这个消息做出回应,发送一个 183 会话进行中消息,在其中它会把收到的 INVITE 消息中那些它不支持的媒体类型和编码方案删去,把剩下的、它所支持的媒体类型和每个媒体类型的编码方案放到 183 消息中。

(3) Rose 发送 PRACK 消息,由它来决定每种媒体类型的唯一的将在会话中采用的编码方案。发送完这个消息之后,Rose 的 UE 开始资源预留(如果传送平面上已经没有足够的资源,则这次会话的建立失败)。

(4) Mike 发回 200 OK 作为确认,之后 Mike 的 UE 开始资源预留(同样如果 Mike 侧的网络资源不能满足此次会话的要求,则会话建立失败。本例中假设双方资源预留成功)。

(5) Rose UE 一侧的资源预留成功后,它会发送一个 UPDATE 消息通知 Mike。

(6) Mike 收到这个消息就知道 Rose 的资源已经预留成功,在它的资源预留成功之后它发送 200 OK 响应来通知 Rose 资源预留完成。

（7）此时两个 UE 的媒体连接已经建立起来，这时 Mike UE 开始振铃，同时发送 180 振铃消息通知 Rose。

（8）Mike 摘机，同时 Mike UE 发送 200 OK 响应通知 Rose。

（9）会话建立成功，双方开始通信。

以上就是 IMS 会话的建立过程。

3. 会话释放

会话的释放过程比较简单，即 Rose 或 Mike 任意一方发出一个 BYE 请求。此外如任意一方话费不够，或者任意一方离开了网络所覆盖的区域从而失去了与接入网络的连接，这时 IMS 网络会发出 BYE 请求来结束这次会话。

这一节通过具体的实例来说明 IMS 中一个会话的建立过程。需要注意的是，在这个例子中，我们假设会话成功建立所需的条件都已经满足，但是在实际的会话建立过程中，这些条件都是 IMS 网络需要考察的，如注册过程中对用户的认证是否成功、用户是否欠费、网络资源是否足够等，如果这些条件不能满足，则会话建立就会失败。此外 IMS 的会话建立中还有许多复杂的机制，由于篇幅关系这里并没有进行说明，有兴趣的读者可以参阅相关的书籍。

9.5　IMS 的安全机制

3GPP 定义了相应的安全机制用来保证 IMS 网络的安全性，这是 IMS 网络中很关键的技术，本节将对这些安全机制进行简要的介绍。

9.5.1　IMS 的安全体系

IMS 的安全体系如图 9.12 所示。如图中的数字所示，IMS 的安全体系主要包括 5 个层面。

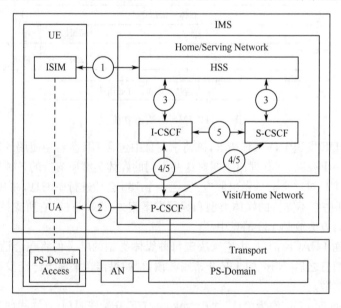

图 9.12　IMS 的安全体系

① 提供用户与 IMS 网络的双向认证。通过 HSS（归属用户服务器）、ISIM 功能和 AKA 机制提供双向鉴权。

② UE 和 P-CSCF 之间的 Gm 接口安全,包括数据的加密和完整性保护。

③ 网络域内 CSCF 和 HSS 之间的 Cx 接口安全。

④ 不同网络间 SIP 节点之间的安全。

⑤ 同一网络中 SIP 节点之间的安全。

其中,①、②属于 IMS 的网络接入安全,③、④、⑤属于 IMS 的网络域安全,对这两个部分的安全,3GPP 都在标准中进行了详细的定义,这里只简要介绍其中的关键技术。

9.5.2 IMS 安全基础

IMS 网络的安全完全基于用户的私有身份和存在于 ISIM 模块中的密钥,这个密钥是长期有效的,并且只在 ISIM 和归属网络的 HSS 之间共享。IMS 安全中最重要的组成模块就是 ISIM 模块,它存储了共享密钥和相应的 AKA 算法,并且通常被嵌入到通用集成电路卡(UICC)之中,对共享密钥的访问是受限的。ISIM 模块采用 AKA 参数作为输入,并输出计算得到的 AKA 参数和结果。因此,它从不把真实的共享密钥暴露给外界。

ISIM 所在的设备是防篡改的,因此,即使通过物理方式访问到该设备,也不会导致密钥的泄露。为了进一步保护 ISIM 避免未授权的访问,用户通常被要求遵循用户域安全机制,这意味着为了在 ISIM 上运行 AKA,用户会被提示输入 PIN 码。这种所有权的组合使得 IMS 安全体系更加可靠。

IMS 中的 ISIM 模块主要包含的信息有:私有用户身份、至少一个公共用户身份、归属网络域名、IMS 域内的 SQN 序列号、一个认证密钥。

在 IMS 网络中,只有 ISIM 和 HSS 共享其中的认证密钥和私有用户身份,其他任何网络实体都不知道它们。私有用户身份和密钥是 IMS 网络安全的基础,下面介绍的认证、加密和完整性保护等都是基于这些参数的。

9.5.3 IMS 安全的关键技术

1. 认证

用户与 IMS 网络的相互认证是在用户注册的过程中完成的,认证的过程在之前的实例中已经进行了说明。认证采用的机制是 IMS AKA,流程完全类似于 UMTS 的 AKA。这个认证是基于存在于 ISIM 和 HSS 内的认证密钥进行的。在 AKA 过程中将会产生一对加密和完整性密钥,这两个密钥是用于 UE 和 P-CSCF 之间加密和完整性保护的会话密钥。

2. 加密和完整性保护

IMS 对 SIP 信令强制使用加密和完整性保护,依据的机制主要是 IPSec ESP 的传输模式。

3. SA 协商

SA 协商是指两个实体间的一种关系,这种关系定义它们如何使用安全服务来保证通信的安全,这包括使用什么样的安全协议、采用什么安全算法来进行加密及完整化保护等。

4. 接入网的安全

接入网的安全主要是利用 IPSec ESP 传输模式来对 UE 和 P-CSCF 之间的信令和消息进行强制的完整性保护及可选的加密保护。

5. 网络域的安全

IMS 网络域的安全使用 hop-by-hop 的安全模式,对网络实体之间的每一个通信进行单独的保护,保护措施用的是 IPSec ESP,协商密钥的方法是 IKE。

图 9.13 所示为 IMS 网络域安全体系。图中包含两个安全域:安全域 A 和安全域 B。

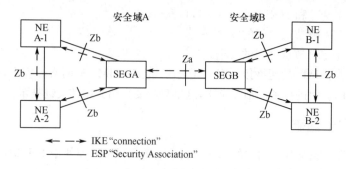

图 9.13 IMS 网络域安全体系

安全域是网络域安全中的一个核心概念,一般是指由一个运营商管理的网络,该运营商维护着这个安全域中的统一安全策略。

SEG 是 IMS 网络的安全网关(9.3 节中已经进行了介绍),它位于一个安全域的边界,将业务流通过隧道传送到已定义好的其他安全域。SEG 负责在不同安全域之间传送业务流时实施安全策略,这也可以包括分组过滤或防火墙的功能。

IMS 网络域安全体系中定义了两个接口:Za 接口和 Zb 接口。

Za 接口用于不同安全域的 SEG 之间。Za 接口上的数据认证和完整性保护是强制使用的,加密是推荐的。IPSec ESP 将被用于提供认证、完整性保护和加密。SEG 之间使用 IKE 来进行协商,建立和维护它们之间可靠的 ESP 隧道。

Zb 接口用于同一安全域中 NE(网络实体)与 SEG、NE 与 NE 之间。Zb 接口是可选的,取决于该安全域的管理者。Zb 接口上的数据认证和完整性保护是强制使用的,而加密是可选的。Zb 接口同样使用 IPSec ESP 和 IKE 协议。

6. 网络拓扑结构的隐藏

网络拓扑结构隐藏的功能是由 I-CSCF 提供的,用于对外部隐藏本网络内的配置、容量和网络拓扑结构等信息。

9.6 IMS 的 QoS 机制

服务质量的保证是 IMS 体系设计中所考虑的一个重要问题,IMS 体系需要为各种服务提供电信级的端到端 QoS 保证。本节将简要介绍 IMS 的 QoS 机制。

9.6.1 SBLP 的结构

在 IMS 体系设计中,控制平面与承载平面是相互分离的,如果这两个平面完全分离、独立,将会使控制平面无法对承载平面的业务流进行控制以达到 QoS 保证的目的,因此 IMS 体系中创建了 PDF 功能实体及 Go、Gq 两个接口来实现这两个平面之间的交互,这种交互称为基于服务的本地策略 SBLP。SBLP 的结构如图 9.14 所示。图中各个功能实体的作用如下。

IP BS 管理器:IP 承载服务管理器,它用标准的 IP 机制来管理 IP 承载业务,IP BS 在 UE 中是可选的,在 GGSN 中是必需的,它通过翻译功能与 UMTS BS 管理器进行通信,提供 IP 承载业务与 UMTS 承载业务的互通。

UMTS BS 管理器:处理来自 UE 的资源预留请求,它存在于 GGSN 和 UE 中。

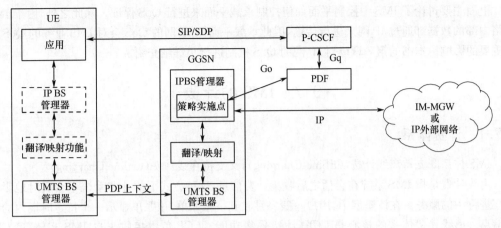

图 9.14 SBLP 的结构

翻译/映射功能:对用在 UMTS BS 中和用在 IP BS 中的机制及参数进行关联协调。它存在于 GGSN 中,在 UE 中可选。

策略实施点:一个逻辑实体,负责对 PDF 所做的策略决策进行实施。它存在于 GGSN 的 IP BS 管理器中。

PDF:策略决策功能,是一个逻辑策略决策单元,使用标准 IP 机制在 IP 媒体层中实现 SBLP。

在 IMS 网络中,控制平面和用户平面的交互是通过 Gq 及 Go 两个接口来完成的,其中 Gq 用于 P-CSCF 和 PDF 之间,而 Go 用于 PDF 与策略实施点 PEP 之间,通过这两个接口将应用层的 SIP/SDP 中要求的媒体资源反映给下层的承载网络,从而为会话预留相应的资源。

9.6.2 SBLP 的执行过程

SBLP 的执行过程如下。

(1) IMS 的会话建立过程中,两个终端首先会使用 SIP 和 SDP 进行端到端消息交换,在 SDP 中,两个终端会协商此次会话所要交互的媒体类型,以及这些媒体所需要的 QoS 保证(可参考 9.4.5 节)。协商好之后,P-CSCF 会将这些信息通过 Gq 接口发送给 PDF。

(2) PDF 根据这些信息创建并保存授权 IP QoS,授权 IP QoS 包括 QoS 类型和数据速率。

(3) PDF 将这个授权 IP QoS 通过 Go 接口发送给 GGSN,GGSN 中的 IP BS 管理器会根据授权 IP QoS 信息对 IP 层面的资源进行相应处理,如资源预留等。同时 GGSN 通过翻译/映射功能把授权 IP QoS 参数映射为授权 UMTS QoS 参数。

(4) UE 根据 P-CSCF 发来的 SIP/SDP 消息中的各种媒体类型所要求的传输速率,计算出需要的请求 UMTS QoS 参数。

(5) UE 向 GGSN 发出 PDP 上下文激活请求,该请求中包含过程(4)中计算出的请求 UMTS QoS 参数。

(6) GGSN 将 UE 发来的请求 UMTS QoS 参数与过程(3)中得到的授权 UMTS QoS 参数相比较,由此决定接收/降级/拒绝该 PDP 上下文激活请求。

SBLP 的执行过程需要注意的是,在一个会话的建立之前,主叫侧与被叫侧都要执行该过程,如果两侧的 PDP 上下文都能建立,则说明此时 IMS 网络已经能够为这次会话提供它所要求的 QoS 保证了,这是会话建立的前提。

上面主要讨论了 IMS 中控制平面如何控制承载平面来进行 QoS 保证。除此之外，由于 IMS 网络内部的数据都通过 IP 网来进行传输，因此承载平面即 IP 网的 QoS 会对 IMS 业务的 QoS 产生重要的影响。本书的第 7 章已对 IP 网的 QoS 机制进行了详细介绍。

9.7　IMS 的计费

9.7.1　计费体系

IMS 体系既支持离线计费(Offline Charging)，又支持在线计费(Online Charging)。

离线计费是指 IMS 系统在会话之后收集计费信息，这种方式下的计费系统不会实时地影响正在进行中的服务。在该模型中，用户一般每月收到一张账单，该账单显示一个特定时期内的计费信息。离线计费体系的核心是 CCF(计费采集功能)，CCF 负责接收来自 IMS 实体(CSCF、BGCF、MGCF、AS 和 MRFC)的计费信息，并将其传递给计费系统。

在线计费是指 IMS 实体(如 AS)与在线计费系统进行实时的交互，同时在线计费系统与用户账户进行实时交互，从而控制或监视有关的费用信息。若用户在使用服务的过程中账户已经透支，则 IMS 网络能够根据运营商的策略实时地采取相应的措施，如中断会话等。在线计费体系涉及的网络实体有 S-CSCF、AS 和 MRFC，它们通过相应的接口来与在线计费系统进行通信。

9.7.2　基于流的计费

3GPP R6 版本前的分组域计费是基于时长、流量或 PDP 上下文的，随着移动互联网的应用不断增多，基于时长、流量和 PDP 上下文的计费已不能满足需求，需要应用流机制来区分用户数据中的业务流并配以相关的收费。

R6 的 IMS 提出了基于流的计费(IP Flow Based Charging)的概念，称为 FBC。FBC 是通过 IP 过滤器来区分在用户上下行数据中的业务流的，过滤器规则由运营商定义。过滤器规则一般基于五元组(源 IP 地址、目的 IP 地址、源端口号、目的端口号和协议 ID)及深层过滤器(对用户 IP 包进行更深层的分析，并识别用户业务的状态)，在同一 PDP 上下文中，可同时实施多个业务流过滤器。

目前，为了实施基于流的计费，计费采集的实施点正由 SGSN 改为 GGSN、由拜访网络改为归属网络。基于流的计费与 GPRS 计费的关系、与 IMS 系统的关系、与 WLAN 系统的关系及对于网络结构的影响，都是需要研究的问题。

9.8　IMS 提供的典型业务

与软交换网络一样，IMS 将业务与控制相分离，将业务逻辑全部放在应用层内的应用服务器中，并通过标准化的接口与控制层相联系，从而使新业务的开发和提供更加灵活，这也是最初设计 IMS 系统的主要目标之一。IMS 系统除能提供所有的传统电信业务外，3GPP 还为其定义了许多新颖的业务，包括各种多媒体业务，下面介绍几种典型的 IMS 业务。

9.8.1　Presence

Presence 即在线状态，这个服务本质上包含两方面内容：使我的状态为其他人可见；让我可以见到其他人的状态。在线状态信息包括：个人和终端是否可联系到；优选的通信方式；终端当前的行为、终端当前的位置、终端的能力等。

可以预见，在线状态能够使所有的移动通信更加方便，因为在你开始与一个朋友通话之前，你能够知道他是否在线、他正在做什么、是否方便此刻接听电话等。在线状态应用的一个典型例子就是手机中嵌入了在线状态信息的电话本，这种电话本将是动态的，并包含许多有用的信息，如图 9.15 所示。

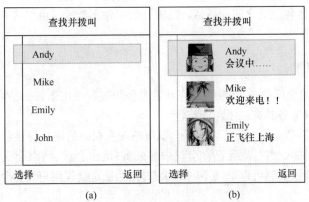

图 9.15　使用在线状态服务的电话本

图 9.15(a)是传统手机中的电话本，图 9.15(b)就是嵌入了在线状态信息的新型电话本，在建立通信之前用户首先会看到其想要联系的朋友的当前状态，这会影响用户对通信方式和通信时间的选择。

9.8.2　Message

IMS 的消息服务功能可以承载任何媒体类型，因此不再以媒体类型来区分消息，根据用户的体验来区分，可以将 IMS 的消息服务分为即时消息(Instant Message)与延时消息(Deferred Message)。

即时消息是发送方发送的、立即传送给接收方的消息。它包含两种实现方式：page mode 与 session mode。page mode 指的是消息模式，类似于现在广泛使用的短信息业务，强调实时可达性，确保接收方能够收到，如果发送失败，就会给发送方返回失败回执。以这种模式发送的消息，接收方不在线时可以根据接收方的消息策略转换成离线消息。session mode 指的是聊天模式，强调实时性和交互性。这种模式类似于现在 Internet 中使用的聊天工具，如 QQ、MSN 等。在这种模式中，参加会话的每个客户端都必须是在线的，并且各个终端都会启动一个用户实时聊天窗口，显示本次聊天的所有信息(包括每个聊天方的状态和当前动作)。聊天模式中的所有信息都是在线信息，不支持离线信息。

延时消息实际上就是众所周知的多媒体消息服务 MMS，IMS 中的延时消息的要求保持与 MMS 相一致。在 R6 中，3GPP 将 MMS 与 IMS 更紧密地整合在一起，特别是在寻址及用 SIP 作为一种通知 UE 接收 MMS 的方式等方面。

IMS 的 Message 服务还能够为用户发送和接收的历史消息提供网络存储功能。

9.8.3　PoC

PoC 是 Push to talk Over Cellular 的缩写，可以称为"一键通"业务。这种通话方式类似于传统的对讲机，但是传统的对讲机有地理范围的限制，而 PoC 只要在运营商网络覆盖的区域就能工作。使用 PoC 业务，无论是个人到个人的呼叫，还是群组内的通信，用户只需通过一个按键就能进行方便、快捷的语音通信。发言权由一个按键管理：先按键的用户获得发言权可以说话，其他人接听。释放发言权按键后,发言权可由其他人获得。用户从通讯录中选择要进行 PoC 通话的对象,然后按下说话键。

PoC 是分组网络承载的基于 VoIP 的半双工群组通信业务,只在一方说话时占用信道,因此信道利用率高。PoC 的进程建立起来之后,终端不需要拨号和摘机就可以随时通话,适用于通话频繁的场合,如小团体各成员之间的通话,像旅行团、工作小组等。由于占有信道资源少,所以资费会比较便宜。

9.8.4 Conference

通过基于 IMS 的会议业务,用户可以在此业务使用过程中用语音、文本、视频等多种媒体进行通信。IMS 的会议业务具有以下功能特性。

会议控制和监控:Conference 可以根据会议策略向有权限的用户提供各种会议操作,包括创建会议、邀请其他人加入会议、剔除已在会议中的成员、退出会议、结束会议、在会议中实时获取当前会议信息等。会议控制可以处理不同的状态,比如锁定会议用户、对某用户进行禁音或视频设置等。

文件及电子白板共享:与会者可以操作及共享文件内容,如 Microsoft PowerPoint 胶片或Word 文档等。此外,用户可以在一个电子白板上进行文本交流。

综合的多媒体功能:会议系统可以包括语音和视频功能,用户也可以结合群发和点对点的聊天在会议期间使用 Instant Message 业务。

9.9 IMS 与软交换的比较

IMS 目前引起了人们极大的关注,并且成为下一代网络中用来融合各种现有网络的核心网架构,被人们寄予厚望。软交换作为比 IMS 更早出现的一种网络结构,曾经也被认为是下一代网络的核心,但是现在对于软交换的认识已经回归正常,即软交换是 PSTN 电话网向下一代网络演进的初级阶段的产品,其最终将被 IMS 取代。那么 IMS 与软交换相比有哪些优势呢?本节将会对两者进行比较。

1. IMS 的体系结构更加分布化

可以说软交换的最大特点和优势就是分离的思想:承载、呼叫控制、业务的相互分离。IMS继承了这种思想并实现得更加彻底,这主要体现在两方面。

一方面就是业务与控制的严格分离。在软交换体系中,软交换设备是核心的呼叫控制设备,但是它也承担了提供基本电信业务的功能,只是把增值业务分离出来放到了业务层。而 IMS 把所有的业务统统都拿出来放到了业务层的 AS 中,它的核心控制设备 S-CSCF 只负责对呼叫的控制。

另一方面就是用户数据的分离集中。软交换中将用户数据放置在软交换设备中,而 IMS 将用户数据和与之关联的业务数据集中放置在 HSS 中,这样做可以使用户数据的配置和更改更加灵活。

更加分布化的体系可以使组网更加灵活,网络具有更好的扩展性,尤其是用来组建大网,如运营商的组网就希望网络越分布越好。

2. 呼叫控制协议的不同

在软交换体系中,软交换设备要支持多种协议,如要控制媒体网关所需要的媒体网关控制协议 H.248、MGCP,软交换设备之间的互通要采用 SIP 或 BICC,软交换设备与应用服务器之间要采用 SIP 等。而在 IMS 体系中,SIP 是唯一的会话控制协议,这省去了协议之间相互转换的麻烦。IMS 的终端设备均采用 SIP 与 IMS 网络通信,由于 SIP 的简单性和可扩展性特点,终端将能够更加智能化。当然,SIP 是 IMS 中唯一的会话控制协议,但不是说 IMS 体系中只会用到 SIP,IMS 也会用到其他的一些协议,但其他的这些协议并不用于对呼叫的控制,如 Diameter、COPS 等。

3. IMS 为移动通信环境做了充分的考虑

由于 IMS 最初来源于移动通信领域,因此它对移动通信环境做了充分的考虑,这主要体现在:IMS 提供对终端漫游的支持,只要终端能联系到一个 P-CSCF,就能够找到自己归属网络中的一个 S-CSCF,为自己提供服务;在移动终端接入 IMS 网络时首先要进行注册,在注册的过程中 IMS 网络会对终端进行严格的鉴权和认证;终端与 P-CSCF 之间要进行信令压缩,以节省无线信道资源等。

4. IMS 有更好的安全性和 QoS 保证

IMS 与软交换相比,具有更好的安全性和 QoS 保证。安全措施包括:IMS 对终端接入进行严格控制,用户在会话过程中能够请求隐私保护,各 IMS 网络之间设置安全网关 SEG 用于保证网络内部的安全等。QoS 措施包括 SBLP 机制,此外,两个终端建立连接之前要进行媒体协商和资源预留,用于保证此次会话的 QoS 等。

总之,IMS 在体系设计上远较软交换要高明,它不是先设计一个设备,然后根据设备的能力去构建它的体系。而是先分析它的业务需求,然后根据业务需求来设计可以完成这项功能的功能块,再用这些功能块来构成完整的业务网体系。软交换与 IMS 是现有网络向下一代网络演进的两个不同阶段,两者将以互通的方式长期共存,最终软交换网络会过渡到 IMS 网络。

9.10　IMS 的发展现状

IMS 是当前通信业的焦点,尤其是基于 IMS 的固定网与移动网的融合更是引起了业界的极大关注。目前全球的各标准化组织、运营商和设备制造商都对 IMS 投入巨大的人力及财力,因此不管是在标准的完善上,还是在实际的试验中,IMS 都处在迅速的发展之中。

从标准上来看,IMS 最初是由 3GPP 在其 R5 规范中提出来的,在之后的 R6、R7 中 IMS 体系被不断地完善,目前 R6 已经冻结,R7 正在制定中。与 3GPP 相比,ITU-T 和 ETSI 更关注整个 NGN 标准的制定,两个组织都选择 3GPP IMS 的核心作为 NGN 控制层面的网络架构。ITU-T 已经成立了 NGN 的焦点组 FGNGN,FGNGN 目前已完成了 NGN Release 1,其 Release 2 正在制定中。ETSI 也对 IMS 给予了足够的关注,决定在 IMS 基础上发展 NGN,并成立了一个新的技术委员会 TISPAN,目的是促进移动网络与固定网络的融合。ETSI 的 TISPAN 小组已经发布了 NGN TISPAN Release 1,其后续的版本也正在制定中。总体来说,ETSI 的 TISPAN 对 NGN 的研究起步较早,进展较快,与 3GPP 合作得更加紧密,因此标准更加成熟。ITU-T 吸收了 TIS-PAN 的大量成果,很多输出文件都直接引用了 TISPAN 的研究成果。从标准的成熟程度来说,IMS 正在不断发展,在这些国际标准的制定之中,我国也发挥了一定的作用,像我国的华为和中兴都向这些标准化组织提交了大量的文稿,并得到了一定的采纳。

除标准化组织外,全球的运营商也对 IMS 表现出了浓厚的兴趣,尤其是固网运营商更是对 IMS 寄予厚望。随着电信业竞争的加剧及技术的进步,传统的 PSTN 网络已经不能满足广大用户对信息服务的要求,单纯的话音业务已经不能支撑电信产业的进一步发展,全球的电信市场正在向着移动化和 IP 化的方向发展。如何通过新的技术来提供更多的增值业务,从而提高收入,是运营商迫切需要解决的问题。IMS的出现顺应了这种大的发展趋势,通过一张网络来为移动或固定用户提供各种服务,包括传统的话音业务和各种多媒体业务,可以说这正是运营商所期待的一种网络架构。目前许多运营商都已宣布基于IMS的网络演进策略,并对IMS进行试验。欧洲的运营商对IMS的态度非常积极,一方面大力推动IMS标准的不断成熟,另一方面也在对IMS进行试验。我国的运营商目前对IMS采取密切跟踪的态度,这是因为我国还不具备直接将现有网络升级到IMS网络的条件,现在我国的NGN试验都是基于软交换技术的,由软交换再进一步演进到IMS,这将是一条比较稳妥的演进道路。

全球的电信设备制造商已经意识到IMS将是电信市场的一个有力的增长点,因此他们对IMS进行了巨大的投资。目前推出了IMS商用解决方案的设备制造商有爱立信、诺基亚、西门子、北电网络、朗讯、NEC、中兴、华为等多家公司。这些设备制造商将紧密结合运营商的需求,提出具体的网络解决方案。

当然,IMS目前还存在许多问题,比如标准还不够成熟,而且基于IMS的网络演进策略和运营模式有待研究,需要在实践中不断探索。另外,IP网本身存在的问题也会影响IMS的业务能否提供电信级的服务质量,因此IMS的大规模商用还有很多问题需要解决,还有很长的一段路要走,但是基于IMS的网络融合将是大势所趋。相信在各方的努力之下,IMS必定会早日走向成熟,在信息化社会中发挥作用。

小结

IMS最初是由3GPP在其R5标准中提出来的,初衷是用于3G的核心网,为3G用户提供多媒体服务。IMS采用了全IP的架构,选择SIP用于对呼叫的控制,独立于接入技术,同时对实际运营的各种需求进行了充分的考虑,这些优点使得IMS引起了固网领域的关注,并且其核心部分被选为NGN控制层的架构。本章主要基于3GPP的R6标准对IMS的原理进行了简要介绍。

IMS是一个复杂的体系,包含很多功能实体,其中最重要的就是位于控制层的CSCF,它是IMS体系的核心,提供对呼叫的控制功能,相当于软交换网络中的软交换设备。另外,HSS也是一个很重要的功能实体,它是IMS体系中的集中数据库,所有与用户和服务相关的数据都存储在其中。此外,还有其他许多功能实体,分别提供不同的功能。IMS标准中对各种功能实体之间的接口也进行了定义。IMS的复杂体系使得它的功能特别强大,可以作为网络融合的平台,但同时也使得它的门槛很高,技术特别复杂,从而导致成本很高,而且随着技术的复杂,性能可能会变差,因此在以后IMS的实际应用中应根据实际情况灵活部署,适当地简化大而全的IMS体系。

完成一个IMS会话要经过4个过程:IMS入口点的发现、注册、会话建立和会话释放。IMS入口点的发现,即指用户终端获得IMS网络中P-CSCF的IP地址,只有完成这个过程,用户才可以接入IMS网络。注册过程主要用于IMS网络对用户的认证和鉴权,这通过IMS网络的HSS与用户终端中的ISIM模块之间的交互来完成,只有完成这个过程,用户才能使用IMS网络,否则将被IMS网络视为非法用户而不能享用其服务。会话的建立比较复杂,在这个过程中通信双方要对媒体进行协商,这包括会话所要使用的媒体及其相应的编码方案等,协商之后双方还要进行资源预留以保证此次会话的QoS,只有双方资源预留都成功才能建立这个会话。会话的释放分为三种情况:用户发起的会话释放、P-CSCF发起的会话释放和S-CSCF发起的会话释放,分别对应不同的情形。

IMS充分考虑了实际运营的需求并定义了相关机制,本章简要介绍了IMS的安全机制、QoS机制和计费机制。3GPP定义了整个IMS的安全体系,划分为5个层面,可归为网络接入安全和网络域安全两个部分,在其中用到了许多IPSec的技术。IMS网络的QoS控制主要是通过SBLP机制来完成的,它使得控制平面可以对承载平面的业务流进行控制,以达到QoS保证的目的,这主要是通过引入PDF功能实体和Go、Gq两个接口来实现的。IMS支持离线计费和在线计费,此外R6的IMS提出了基于流的计费的概念,即应用流机制来区分用户数据中的业务流并配以相关的收费,但如何实施还有待进一步研究。

与软交换技术相比,IMS有许多优势,主要体现在以下几个方面:IMS的体系结构更加分布化;IMS采用 SIP 作为会话控制协议,SIP 本身的特性给 IMS 带来很多好处;IMS 为移动通信环境做了充分的考虑;IMS 更多地考虑了实际运营的需求,有更好的安全性和 QoS 保证。软交换只是 NGN 的初级阶段,IMS 最终将取代软交换成为 NGN 的融合平台。

习题

9.1　CSCF 功能实体分为哪几种? 请简要描述其各自的功能。

9.2　HSS 的功能是什么? 其与 CSCF 之间采用何种接口? 该接口采用的协议是什么?

9.3　移动终端通过哪两个实体接入 IMS 网络? 它们的功能是什么?

9.4　IMS 入口点的发现有哪些机制? 请对其过程进行简要描述。

9.5　IMS 的注册过程分为几个阶段? 请画图分别表示其路由的过程。

9.6　请画图表示 IMS 会话的建立流程,并进行简要说明。

9.7　IMS 会话释放的几种情况是什么?

9.8　IMS 的 ISIM 模块包含哪些信息?

9.9　IMS 网络中不同的安全域之间是通过哪个功能实体相连接的? 采用的接口是什么?

9.10　IMS 网络的拓扑结构隐藏功能是由哪个功能实体提供的?

9.11　请画图表示 SBLP 的结构,并对其中的功能实体进行简要说明。

9.12　与软交换技术相比,IMS 有哪些优势?

第10章 SIP——会话初始化协议

SIP 是由 IETF 制定的面向 Internet 会议和电话的信令协议,负责建立和管理两个或多个用户间的会话连接。它继承了互联网协议简单、开放、灵活的特点,因此具有极其广阔的前景。本章首先介绍 SIP 的产生背景和发展历程,接着介绍 SAP 和 SDP,然后详细说明 SIP 的功能实体、消息和地址、SIP 扩展、SIP 安全机制等内容,最后对 SIP 和 ISUP、BICC、H. 323 进行比较。

10.1 SIP 概述

1. SIP 产生背景

20 世纪 80 年代,人们开始尝试利用一些语音/视频工具在基于 IP 的网络上进行语音/视频业务。当时,IP 领域主要采用 SAP 和 SDP 进行会话业务,SDP 侧重于对多媒体会话属性的描述,SAP 则是用于处理组播和单播会话的分组协议。

但是利用 SAP 进行会话时,SAP 会话邀请方并不主动要求另一方参加会话,它只是在一个组播地址和端口上周期性地宣布当前会议,而参加会议的另一方需要周期性地检查组播地址和端口,从而发现并参加会议,这个缺点阻碍了 SAP 大规模地使用。

由于 SAP 在会话业务上的局限性,IETF 想提出一种新的方式,该方式能够邀请用户参加多方会话,这个新方式就是我们现在所熟知的 SIP。

2. SIP 的发展历程

SIP 不是一个全新的协议,它是由 IETF 提出的 SIPv1 和 SCIP 两个协议合并的结果。

SIP 的第一个版本即 SIPv1,是 Mark Handley 和 Eve Schooler 提出的会话邀请协议(Session Invitation Protocol,注意它与现在所说的 SIP 中的"I"代表的含义不同)。该协议于 1996 年 2 月 22 日作为草案提交给 IETF,它是基于文本的,使用会话描述协议 SDP 来描述会话,同时使用 UDP 进行传输,但 SIPv1 协议仅处理会话的建立,一旦用户加入会话,信令就停止了。

而 SCIP 是由 Henning Schulzrinne 在同一天提交给 IETF 的简单会议邀请协议(Simple Conference Invitation Protocol)。SCIP 也是基于文本的,是一种邀请用户参与点到点和组播会话的机制。它基于超文本传输协议(Hyper Text Transfer Protocol,HTTP),并利用 TCP 进行传输。SCIP 使用 E-mail 地址作为用户的标识符,而且 SCIP 信令一直持续到会话建立以后,使得它可以在运行的会话间交换参数。

这两种协议经过第 35 届、第 36 届 IETF 会议的讨论,决定合并为现在的 SIP,但其意思改变为会话初始化协议(Session Initiation Protocol),同时版本号提升到 2。SIPv2 作为 Internet 协议草案于 1996 年 12 月提交给 IETF,该 SIP 基于 HTTP,可以使用 UDP 或 TCP 进行传输。它是基于文本的,使用 SDP 描述多媒体会话。

此后,SIP 受到越来越多的关注,1997 年开始提出 SIP 作为 VoIP 领域应用的需求,1998 年提出了 SIP 在 Presence 和即时消息(Instant Message)领域的需求。

到了 1999 年 2 月,SIP 达到了提议标准的水平。这样,IETF 于当年发布了第一个 SIP 规范,即 RFC2543,用以介绍 SIP 的基本框架,并在同年成立 SIP 工作组,此后于 2001 年发布了 SIP 规范 RFC3261。RFC3261 的发布标志着 SIP 的基础已经确立。SIP 的发展历史如图 10.1 所示。

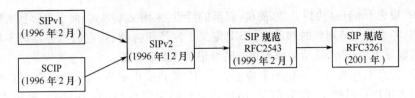

图 10.1　SIP 的发展历史

此后,IETF 又发布了几个 RFC 增补版本。

2000 年 10 月,在 RFC2543 提出后,考虑 SIP 在其他环境中的应用,IETF 提出了 RFC2976,通过定义一个新的消息——INFO,来传送呼叫过程中产生的中间信令。接着 RFC2327 对会话描述协议(SDP)的行为规则进行了详细定义。RFC3264 于 2002 年 6 月被提出,它定义了何种消息中携带的 SDP 信息有效,并对 UAC 与 UAS 如何协商的行为进行了规范。RFC3262 定义了一个新的消息——PRACK 消息,对临时响应的可靠性做了规定。RFC2728 描述了实现呈现(Presence)业务和即时消息业务的通用模型。RFC3311 提出了 UPDATE 消息,实现了被叫应答之前,主叫侧对被叫侧启动呼叫保持业务、彩铃业务(彩铃资源地址与被叫地址不同)等。RFC3263 确立了 SIP 代理服务器的定位规则,RFC3264 提供了提议/应答模型,RFC3265 确定了具体的事件通知。

2001 年 4 月,3GPP 宣布将 SIP 作为其 R5 标准中 IMS 域的核心协议。ITU-T 也制定了相应规范,对 SIP 与 PSTN/BICC 网络如何互通做出定义。

到目前为止,北电、爱立信、西门子、中兴、华为等众多通信公司都已经实现了对 SIP 的支持,SIP 正在成为自 HTTP 和 SMTP 以来最为重要的协议之一。

3. SIP 的功能

SIP 是一个应用层的控制协议,可以用来建立、修改和终止多媒体会话(或会议),如 Internet 电话。SIP 也可以邀请参与者参加已经存在的会话,如多方会议,媒体可以在一个已经存在的会话中方便地增加或删除。

SIP 在建立、维持和终止多媒体会话上,支持 5 个方面的能力。

- 用户定位(user location):确定通信使用的终端系统的位置。
- 用户可用性判定(user availability):确定被叫方是否愿意加入通信。
- 用户能力判断(user capability):确定通信使用的媒体类型及参数。
- 会议建立(session setup):在主叫、被叫之间建立约定的支持特定媒体流传输的连接。
- 会议管理(session management):包括传输、终止会话,修改会议参数,调用业务。

作为应用层的控制协议,SIP 只定义应该如何管理会话,但描述这个会话的具体内容并不是 SIP 的任务,这方面的工作由其他协议(如会话描述协议 SDP)来完成。这也意味着 SIP 并不具有独立性,不能独立提供业务,业务的具体实现需要它与其他一系列协议联合使用。也正是有了这种灵活性,SIP 可以用于众多应用和服务中,包括交互式游戏、音乐/视频点播及语音、视频和 Web 会议。

4. SIP 的特点

(1) 信令建立与能力协商分离,可支持多种会议能力。SIP 消息分为消息头和消息体。消息体部分的内容可独立于 SIP 而存在,只要会话需要,任何类型的会话方式都可以内嵌到 SIP 作为一个整体使用,因此,SIP 具有强大的业务能力。

(2) SIP 是端到端的协议,从 NNI 接口到 UNI 接口都采用 SIP,因此可以在最大程度上进行端到端业务的透明传送。

（3）SIP 集成 Internet 协议开放、简单、灵活的特点，采用文本方式，便于理解且实现简单。

（4）SIP 考虑并支持用户的移动性。SIP 定义了注册服务器、重定向服务器等不同的功能，当用户的位置发生变化时，其位置信息将随时登记到注册服务器。

（5）SIP 消息本身就具有一定的定位能力。SIP 消息头中 caller@caller.com 这种域名的标识方式可包含用户号码信息、位置信息、用户名及其归属信息等，是 SIP 消息表述方式的一大优点。

（6）SIP 可与其他很多 IETF 协议（如 SDP、RSVP、RTSP、MIME、HTTP 等）集成来提供各种业务，使 SIP 在业务的实现方面具有很大灵活性。

（7）SIP 的可扩展性较强。自发布以来，根据业务需求和一些特征要求，扩展定义了多个新消息，消息扩展时其前后兼容性较好。

（8）SIP 所定义的终端具有一定的智能性。当有新的业务需求时，只需对终端设备进行升级，网络就能够将用户的业务需求透明地传送给对端用户。

5. SIP 的协议栈结构

基于 SIP 的 IP 多媒体通信系统的协议栈结构如图 10.2 所示。

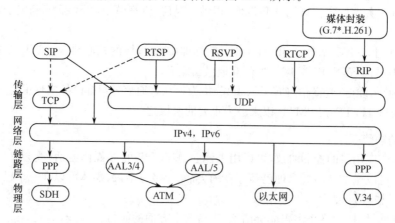

图 10.2　SIP 的协议栈结构

媒体封装主要采用 ITU-T 的 G 系列和 H 系列建议，G 系列用于语音压缩，H 系列用于视频压缩，提供视频电话。G 系列和 H 系列编码的信号经 RTP 分装后在 IP 网络上传送，并用 RTCP 传递实时信号的质量参数，监测传送的 QoS，还可用于传送用户的信息，建立呼叫控制机制。RSVP（Reservation Protocol，资源预留协议）用于主机为特定应用数据流请求特定的 QoS，以及端点应用程序发送 QoS 请求给负责数据传送的各个节点，以保留网络资源（如带宽、缓冲区大小等）。实时流协议（Real Time Streaming Protocol，RTSP）用于控制存储媒体的实时操作，在 IP 电话系统中主要用于语音信箱的控制。

信令协议 SIP/SDP 可在 TCP 或 UDP 上传输，原来的 RFC2543 推荐首选 UDP，由应用层控制消息的定时和重发，其目的是加快信令传送速度，目前网络上部署的 SIP 系统大多采用 UDP 传送协议。最新的 RFC3261 规定必备的传送协议是 TCP，任选协议是 UDP，其目的是确保信令的可靠性。还有一个可靠的传送协议是 SCTP，它也是一种可靠的传送协议，与 TCP 相比，它的传送信令的效率和安全性能更好，目前广泛应用在 IP 网络中传送 7 号信令。

与 SIP 配合使用的协议还有：搜寻 PSTN 互通网关的路由协议 TRIP、支持 IP 通信计费的协议 RADIUS 或 Diameter、指示服务器动态配置呼叫处理特性的语言 CPL 及查询用户位置的协议 LDAP 等。

6. SIP 实现的业务

SIP 本身的特点使得它能更好地支持语音与数据相结合的业务及各种多媒体业务,下面列举一些业务应用。

(1) 基于 SIP 的多媒体视频业务

这里既包括基于软件终端的视频业务,又包括基于硬件可视电话的视频业务。软件终端产品往往为运行在 PC 上的软件程序,用户只需要麦克和耳机就可以发起电话呼叫,通过安装摄像头就可以享受视频业务。而基于硬件的终端,如视频电话,往往集成了高清晰度的 LCD 和高品质的 CCD 摄像头,可以让用户直接通过视频话机来使用语音/视频业务,而且该话机还可以包括自动应答、免提扬声器、内置电话本等特色功能。

(2) 通过 SIP CPL 服务器创建的业务

通过 CPL(Call Processing Language),应用服务器可以对来话进行不同的处理,如呼叫前转或前转到电子邮件,还可以进行不应答处理,用户对自己的这些业务的定义只需要通过可视化的图形界面接口,通过简单的鼠标单击、拖拽即可完成。

- 来话拒绝 E-mail 通知:用户可以指定对某个主叫号码的所有来话进行拒绝接听。当该主叫拨打用户的电话时,会听到忙音或提示无人接通,同时 CPL 服务器会将该呼叫事件通过电子邮件的方式发送到被叫所设定的电子信箱。
- 计时呼叫转移:用户可以设定当来话振铃持续一段时间(如 10s)没有人接听后,自动将呼叫转移到其他的电话号码。
- 呼叫转移:用户可以将某些主叫的电话全部转移到指定的电话。
- 呼叫转移到电子信箱:将某些主叫的电话以邮件通知的方式转移到用户的电子信箱。
- 基于时间的呼叫处理:用户还可以根据不同的时间段来设定对主叫来话的处理方式,如上午的来话全部进行接听,只有在没有人接听的时候才进行呼叫转移到其他号码或呼叫到电子信箱;下午的所有来话均呼叫前转到指定电话;若是晚上的来话,则全部转移到电子信箱。
- 远程投票:用户可以通过电话拨打指定的电话号码进行投票,如拨打 A 号码代表投赞成票,拨打 B 号码代表投反对票。

(3) 其他新业务、新功能

- 软终端结合预付费:NGN 软终端同样能够支持智能网业务,并实现预付费卡等业务。如学生在宿舍里通过校园网可以与 NGN 系统相连,经过注册后软终端可以将 PC 变成一部多媒体话机。
- 商务一号通:这个业务可以使用户将自己的多个终端(固定电话、手机、小灵通或 IP 软终端)绑定在一个特定号码(如 700 为业务码),当别人拨打这个特定号码时,被叫用户可以按照自己的意愿选择接听的终端,而且可以将自己不同的终端号码设为不同的来电级别,如果轮寻完所有电话后仍没有人接听,则会给用户事先设定的电子邮箱发送一个 E-mail通知。

10.2 SAP——会话通知协议

SAP(Session Announcement Protocol)会话通知协议,是用来实现在潜在的接收者中分发有关多播会话的信息,如图 10.3 所示,其最新版本号是 2。

SAP 本身并不负责描述会话的相关信息,会话本身需要由 SDP 描述。在 SAP 数据包的 Payload 字段中一般情况下填充的就是 SDP 数据,它描述了建立会话所必要的基本信息。

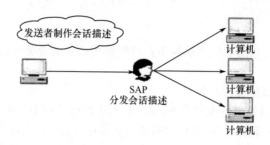

图 10.3　SAP 图示

SAP 的报文格式如图 10.4 所示。

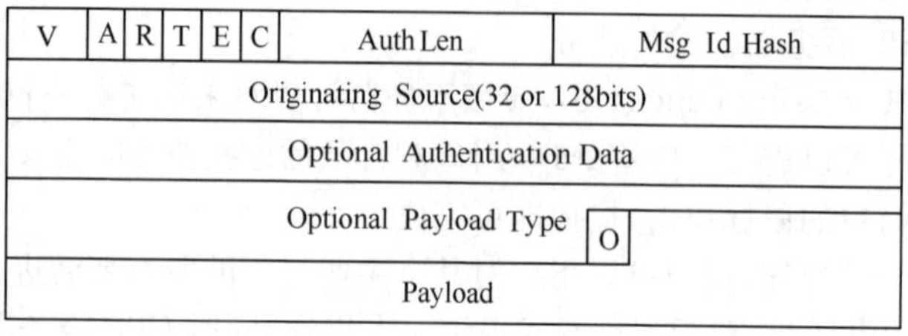

V	A	R	T	E	C	Auth Len	Msg Id Hash
Originating Source(32 or 128bits)							
Optional Authentication Data							
Optional Payload Type O							
Payload							

图 10.4　SAP 的报文格式

V：版本号。该字段必须设置为 1。

A：地址类型。如果 A＝0，发起源字段使用 32 位的 IPv4 地址；如果 A＝1，发起源字段使用 128 位的 IPv6 地址。

R：保留位。SAP 通知者必须设置此位为 0，SAP 侦听者必须忽略此位。

T：报文类型。T＝0 表示会话通知，T＝1 表示会话删除。

E：加密位。E＝1 表示 SAP 报文的载荷是加过密的。

C：压缩位。C＝1 表示 SAP 报文的载荷是使用 zlib 压缩算法压缩过的。如果同时对载荷进行压缩和加密，则必须先压缩后加密。

Auth Len：认证长度。指定认证数据的长度。如果为 0，则没有认证数据。

Optiona Authentication Data：认证数据。认证数据包含数据包的数字签名，其长度由认证长度指定。

Msg Id Hash：报文标识。指示通知的精确版本。RFC 不规定此值，但由某特定的 SAP 通知者发出的所有会话通知的报文标识必须唯一。如果更改会话描述，则报文标识也必须更改。

Originating Source：发起源。给出报文的发起源的 IP 地址。如果 A＝0，则是 IPv4 地址，否则是 IPv6 地址。

Optional Payload Type：SAP 报文头之后就是可选的载荷类型字段和载荷本身。如果 E 或 C 位为 1，则载荷类型和载荷本身均是压缩或加密过的。载荷类型字段是一个以 ASCII 0 结尾的变长字符串，用来描述载荷的格式。RFC 要求所有 SAP 的实现必须支持"application/sdp"载荷类型，也可以支持其他格式。但是由于通知者与侦听者之间没有任何协商机制，RFC 不推荐非 SDP 的载荷格式。

Payload：载荷。会话通知包的载荷是会话描述，而会话删除包的载荷是会话删除信息。载荷本身应该尽量小，以避免 SAP 包被底层网络分段传输（分段传输增加了丢包机率）。

一个 SAP 会话通知数据包除可以通知某会话将要建立外，还可以通知该会话取消了或该会话的某些通信参数已被修改了。当然，这需要相应机制来使这几个通知都是针对同一会话的。

（1）会话建立

SAP 本身并不建立会话，它只是将建立会话所必需的信息，如所采取的视频或音频编码方式通知给在一个多播组内的其他参与者，当参与者接收到该通知数据包后，就可以启动相应的工具并设置正确的参数向该会议的发起者建立会话了（建立会话可以使用 SIP）。这实际上就类似于节目单，包含播放节目的内容、播放的频道及播放的时刻表，当用户收到节目单后，就知道哪个频道播放有趣的节目，由此可以收看自己喜欢的节目。

SAP 并不向每个参与者一一发通知数据包，它是通过多播的机制向一个已知的多播地址和端口（SAP 通知必须发送到端口 9875，并设置 IP 的 TTL 字段为 255）一次性发送一个通知数据包，SAP 侦听者在获知它所在的组播域（通过组播域通知协议）后监听这些域上的 SAP 地址和端口。最终，它将得到所有它能加入的会话的描述。

通知的发起者并不知道各参与者是否收到了会话通知，也就是说每个参与者并不向通知发起者回复"我收到了通知"的确认，因此，通知发起者只能够通过周期性地发送这个会话通知，从而最大可能地使参与者收到通知。

对此，我们必须合理计算通知发送的间隔时间，以使所有通知的总带宽低于一个上限值。如果没有特别指定，带宽上限设为 4000b/s。每个通知的发起者要监听其他通知以确定正被通知的会话总数，通知的基本间隔就是根据会话数、通知大小和带宽上限来计算的，而实际传输时刻由基本间隔导出。

（2）会话删除

会话删除可以使用以下几种方法。

显式超时：在会话描述中设置一个时间戳，指定会话的开始和结束时间。如果当前时间晚于会话的结束时间，则接收者应该将该会话从本地缓存中删除。

隐式超时：每个会话的会话通知报文都应该周期性地到达接收者的会话缓存。接收者可以根据当前被通知的会话集合来预测通知间隔。如果在 10 倍于通知间隔（或 1h）内未收到新的通知报文，则接收者从本地缓存中删除该会话。

显式删除：接收者收到某会话的会话删除报文。会话删除报文的认证数据必须与以前的会话通知报文相匹配。如果没有此认证，接收者应该忽略该会话删除报文。

（3）会话更改

会话更改可以通过通知新的会话描述来实现。通知发起者必须更改 SAP 报头的报文号以指示接收者解析报文载荷。会话本身是由报文载荷而不是报文号来唯一标识的。

10.3 SDP——会话描述协议

会话描述协议（Session Description Protocol，SDP）规定了对描述会话的必要信息格式的定义，目的就是在多媒体会话中描述媒体流的信息，使会话描述的接收者能够参与会话。

一个 SDP 描述含有一个会话级信息的描述（适用于整个会话和所有媒体流）与可选的多个媒体级信息的描述（适用于单个媒体流），但不包括任何传输机制，也不包括任何种类的协商参数。

会话级信息应用于整个会话，描述会话总体信息，包括会话名称和目的、会话的活动时间（起始时间和结束时间，如每星期三上午 10 点到 11 点，这种时间信息是全球一致的）、会话所需的带宽信息、会话负责人的联系信息等。

媒体级信息描述会话媒体信息包括：媒体类型（视频、音频等）、传输协议（RTP/UDP/IP、H.320 等）、媒体格式（H.261 视频、MPEG 视频等）及用于接收这些媒体的信息（如地址、端口、格式等）。

　　会话级描述以"v="行开始，媒体级描述以"m="行开始。一般会话级描述里的值是适用于所有媒体的默认值的，同等的媒体级描述里的值可以覆盖该默认值。

　　SDP会话描述是全文本的，使用UTF-8编码的ISO10646字符集。同时为了减少描述所用的开销，SDP编码被特意紧凑化了。另外，由于通告可能通过非常不可靠的方式（如E-mail）传输，SDP编码严格规定了各字段的顺序和格式，这样错误可以被容易地检测出来。

　　SDP会话描述由以下形式的多个文本行组成：

　　　　`<type>＝<value>`

　　`<type>`总是为一单个的区分大小写的字符，`<value>`是相关于`<type>`的结构化文本串，其格式取决于type，一般由多个字段组成，各字段由空隔符分隔。"＝"号两侧不能有空白字符。

　　当SDP由SAP来传输时，每个SAP包仅允许携带一个会话描述。而当SDP由其他方式传输时，多个SDP会话描述可以串接起来。"v="行终结前一会话描述，开始下一会话描述。在每个描述中，有些行是必需的，有些是可选的，但其出现顺序是固定的（带＊号的是可选的）。

　　SDP会话描述的一般格式如下。

　　会话级描述部分：

```
v＝(协议版本)
o＝(会话源)
s＝(会话名)
i＝＊(会话信息)
u＝＊(提供会话信息的URI)
e＝＊(会话负责人的E-mail地址)
p＝＊(会话负责人的电话号码)
c＝＊(连接信息)
b＝＊(带宽信息)
```

　　一个或多个时间描述：

```
t＝(会话激活的时间区段)
r＝＊(零个或多个重复时间)
z＝＊(时区调整)
k＝＊(加密方法和密钥)
a＝＊(零个或多个会话属性行)
```

　　媒体级描述部分：

```
m＝(媒体名和传送地址)
i＝＊(媒体标记)
c＝＊(连接信息)
b＝＊(带宽信息)
k＝＊(加密方法和密钥)
a＝＊(零个或多个媒体属性行)
```

　　各类文本行必须严格按上述次序排列，以简化语法分析。一个会话可包含多个媒体流，下面说明各媒体级描述行的格式和意义。

1. m＝`<媒体类型><端口><传送层><格式列表>`

　　目前定义了5种媒体类型：音频、视频、应用、数据和控制。其中"应用"是指诸如白板信息的媒体流，"数据"是诸如可执行程序多播这样的批量数据传送，这些数据并不向用户显示，"控制"

用于规定会话的附加会议控制信道。

端口指示媒体流要发送到的传送层端口,端口号与所用的连接类型和传输协议有关,如对于VoIP,媒体流通常在UDP传输协议之上采用RTP承载。这样,端口号将取1024~65535范围内的一个偶数值,对应的RTCP端口是比RTP端口高1号的奇数端口。

传送层协议的值与"c="行中的地址类型有关。对于IPv4来说,大多数媒体流都在RTP/UDP上传送,且已定义如下两类协议:

RTP/AVP:IETF RTP,音频/视频应用文档,在UDP上传输。

udp:UDP。

格式列表列出所支持的不同类型的媒体格式。例如,某个用户可以支持采用不同方式编码的语音,那么它将列出它支持的每一个格式,并且优先使用的格式靠前。通常,格式可能是与某种负载类型有关的RTP负载格式,这种情况下,可以仅规定媒体是RTP audio/video类型,并指明负载类型。

如果某个系统正准备在端口45678接收语音,并且只能处理根据G.711律编码的语音(RTP负载类型为0),媒体信息如下:

```
m = audio 45678 RTP/AVP 0
```

如果某个系统准备在端口45678接收语音,并且能处理以下几种编码的语音:G.728编码格式(负载类型为15)、GSM编码格式(负载类型为3)、G.711编码格式(负载类型为0),而且系统类型优先采用G.728格式,那么媒体信息如下:

```
m = audio 45678 RTP/AVP 15 3 0
```

2. i=<媒体标记信息>

当一个会话包含多个同样的媒体类型时,例如,在会话中有两个白板流,一个用于摄影显示,另一个用于提问,可用"i="行予以区分。

3. c=<网络类型><地址类型><连接地址>

网络类型目前的定义值仅限于"IN",表示是Internet,地址类型有"IP4"和"IP6"两个定义值。连接地址可以是单播地址或多播组地址,如果是多播地址,还必须有一个生存时间(TTL)值,例如:

```
c = IN IP4 224.2.2.2/127
```

表示TTL=127s。

4. b=<修饰语>:<带宽值>

其中,带宽值的单位为Kb/s。修饰语为一个由字母和数字组成的词,指示带宽值的含义。现定义了两个修饰语:会议总带宽(CT)和应用特定最大带宽(AS),前者表示所有通信地点所有媒体的总带宽,后者表示一个地点单一媒体的带宽。

5. k=<方法>:<加密密钥>或k=<方法>

"方法"指获得密钥的机制;"加密密钥"直接置入密钥或置入获得密钥的URI。该行也可以仅提示用户提供密钥,并未给出密钥。

6. a=<属性>或a=<属性>:<值>

第一种形式称为特性属性,无须规定数值。如a=recvonly表示该媒体信道是"只收"信道。第二种形式称为数值属性,如上面述及的RTP映射(rtpmap)属性行即属此类。

下面是一个SDP会话描述的例子:

```
v = 0
o = Bob 2890844526 289084207 IN IP4 131. 160. 1. 112
s = SIP Seminar
i = A Seminar on the session Initiation Protocol
u = http: //www. cs. columbia. edu /sip
e = bob@university. edu
c = IN IP4 224. 2. 17. 12 /127
t = 2873397496 2873404696
a = recvonly
m = audio 49170 RTP/AVP 0
a = rtpmap:0 PCM? / 8000
m = video 51372 RTP/AVP 31
a = rtpmap:31 H. 261 /90000
m = video 53000 RTP/AVP 32
a = rtpmap:32 MPV /90000
```

此例包括一个会话级部分和三个媒体级部分,会话级部分由前面 9 行组成,即从 v=0 到 a=recvonly,媒体级部分包括一个音频流和两个视频流。

对于会话级部分,o 行说明了会话的创建者(在这个例子中是 Bob)和他的站点地址;s 行包含会话的名字;i 行包含会话的一般信息;u 行提供了统一资源定位器(Uniform Resource Locator,URL),在这个地址中能够检索到有关会话主题的更多内容;e 行含有会话联系人的 E-mail 地址;c 行描述了能够接收会话的多播地址;t 行说明了什么时候会话是激活的;a 行说明了这不是一个交互式的会话,它只能接收。

对于媒体级部分,第一个媒体类型为音频,第二个和第三个媒体类型为视频。传输协议域通常取值为 RTP/AVP,但如果不使用 RTP,也能够取其他的值。RTP/AVP 是指 RTP 的音频/视频描述文件,本例中,经过编码的音频和视频是在 UDP 上使用 RTP 传输的。媒体格式取决于媒体传输的类型,对于音频来说,它就是正在使用的编码解码器。本例中,值 0 意味着音频是在单个信道中使用 $PCM\mu$ 律进行编码,以 8kHz 的频率采样。a=rtpmap 行传送有关媒体使用的信息,如时钟频率和信道数量。如在本例第二个媒体流中,媒体格式号 31 是指 H. 261 协议且使用 90kHz 的时钟频率。

10. 4　SIP 功能实体

SIP 网络基于 Internet 的客户机/服务器(C/S)方式,客户机是指向服务器发送请求而与服务器建立连接的应用程序,而服务器用于对客户机发出的请求进行服务并回送响应的应用程序。

SIP 呼叫建立功能主要依靠各类实体来完成。由 SIP 发送实体(客户端)产生请求,并发送到 SIP 接收实体(服务器),服务器处理请求,并向客户端返回一个或多个响应报文。相应的请求和响应构成一个事务(Transaction)。

SIP 中进行通信的组件包括用户代理与 SIP 网络服务器两类。

1. 用户代理(UA)

UA(User Agent)为 SIP 通信的用户终端,代理用户的所有请求和响应。UA 包括两个部分:发起请求的为用户代理客户端 UAC(User Agent Client),对发起的请求进行响应的是用户代理服务器 UAS(User Agent Server)。SIP 终端要求同时具备 UAC 和 UAS 功能。在同一个呼叫中,同一个 SIP 终端在呼叫的不同阶段可能会扮演不同的角色,例如,主叫用户在发起呼叫时,逻辑上完成 UAC 功能,并在此事务中充当的角色都是 UAC;当呼叫结束时,如果被叫用户发起 Bye,此时主叫用户侧的代理所起的作用是 UAS。

2. 背靠背的用户代理(Back to Back User Agent,B2BUA)

B2BUA 是 UA 的一种扩展应用,它实际上也是一个逻辑实体,就像用户代理服务器(UAS)一样接收和处理请求,同时为了决定该如何应答这个请求,B2BUA 又像 UAC 一样发出请求。但是它不像代理服务器(proxy),它维持对话状态,并且参与已经建立的对话中的每一个请求。实际上,它相当于直接的 UAC 和 UAS 的串联。

B2BUA 应用的场合有很多,总体可包括两大类:控制层面的软交换机和业务层面的应用服务器。

当 B2BUA 应用在控制层面的软交换机上时,如果组网采用信令分层的概念(类似于目前的端局—汇接局—长途局),B2BUA 适合处于端局位置。

在下一代网络中,由于软交换机与业务层面的应用服务器之间的协议可以采用 SIP,因此,应用服务器在实现业务控制时,也可以采用 B2BUA 逻辑功能,以便做到对业务的控制。例如,由应用服务器提供目前的 200 或 300 智能业务等。

3. SIP 网络服务器

SIP 网络服务器包括注册服务器、代理服务器、重定向服务器三种,其主要功能是提供地址解析与用户定位。

同时,在 SIP 网络中,还有一种服务器称为定位服务器。该种服务器存储用户的逻辑地址与联系(转交、漫游)地址间的绑定列表,实现对用户逻辑地址绑定信息的查询、添加、修改或删除等功能,为注册服务器、代理服务器与重定向服务器提供服务。严格地说,定位服务器并不是真正的 SIP 服务器,因为它并不使用 SIP,它可以是 Internet 上的公共位置服务器,但是注册服务器、代理服务器、重定向服务器等设备在实现位置服务时都需要与位置服务器相配合。

(1) 注册服务器(Register Server)

注册服务器用来对辖区范围内的归属 SIP 用户进行注册,将用户的当前位置进行登记,使得其他用户能够找到该用户。用户在进行注册时,服务器要对用户进行鉴权认证,只有通过鉴权,才认为用户为网络中的合法用户。

为了确保网络对用户终端的可控性,每个成功注册的信息都有一定的存亡周期。如果用户终端在存亡周期内能够对该位置信息进行更新,说明该位置信息当前有效;如果存亡周期终了时,用户终端没有将此消息进行更新,那么注册服务器会认为当前的位置信息对该用户无效。这样可以避免用户由于异常情况(如突然死机或掉电)而不能将位置信息注销的情况。

(2) 代理服务器(Proxy Server)

STP 代理服务器的操作过程如图 10.5 所示。代理服务器主要提供应用层路由功能,它负责将 SIP 用户的请求和响应转发到下一跳,一直到达最终目的地。代理服务器本身并不对用户请求产生响应,是一个中介服务器,它接收请求,确定下一跳服务器位置,并把呼叫请求转发出去,对下一跳服务器的响应则按原路由返回。在图 10.5 所示的代理服务器的操作过程中,jerry 请求与 Steven 通话,代理服务器知道 Steven 在家,而不是在办公室中,于是把呼叫前转给位于家中的 Steven。

图 10.5　SIP 代理服务器的操作过程

SIP 定义了三类代理服务器:保留呼叫状态代理、保留状态代理和不保留状态代理。

保留呼叫状态代理需要知道在会话过程中发生的所有 SIP 事务,它们存储了从会话建立时起到会话结束那一刻为止的所有状态信息,因此用户间传输的所有 SIP 消息都必须经过它。一个统计电话持续时间的代理服务器就是一个实例。

保留状态代理,也称为事务状态代理,它需要存储一个与给定事务相关的状态信息,直到这个事务结束,其他的 SIP 消息不一定经过。如图 10.6 所示,由于被叫用户位置不确定,它需要往几个不同的地方发送 INVITE 请求,同时存储有关 INVITE 事务的状态信息来了解自己所尝试的所有地址是否都返回了一个最终的响应。当用户在某个特定位置被找到时,就不需要这个代理了。

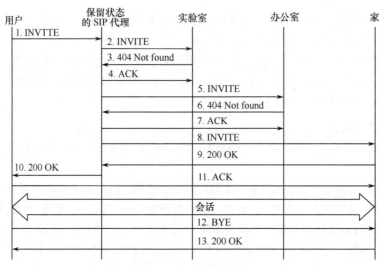

图 10.6　保留状态代理实例

不保留状态代理不保存任何状态信息,它们接收一个请求并将它发往下一跳,并且立即删除与那个请求相关的所有的状态信息。当它收到一个应答时,它并不记录状态,只是通过 Via 标题头的分析来决定路径。

通常来说,网络核心的流量总是比网络边缘要大得多,因此,通常把边缘层代理服务器设为保留状态代理服务器,用它来考虑用户状态,对相应呼叫进行计费。而对于核心层的代理服务器,因为仅完成消息转发,所以代理服务器不需要保留呼叫的状态,可以提高核心服务器的处理能力,此时的代理服务器就是一个不保留状态的代理服务器。

（3）重定向服务器（Redirect Server）

重定向服务器是实现呼叫重定向功能的逻辑实体。它接收主叫用户的呼叫请求,若判定自身不是目的地址,则通过对定位服务器的查询向用户响应下一个应访问的服务器地址,而自己则退出对这个呼叫的控制,如图 10.7 所示。

以上这些不同的服务器只是逻辑实体上的概念,在具体的实现中可能是将多个应用程序组合在一台服务器中,实现 SIP 的代理、注册、重定向和定位等多种服务,共同支持建立 SIP 会话。

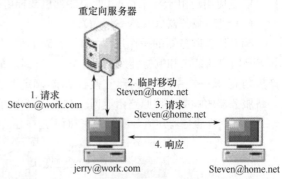

图 10.7　重定向服务器的操作过程

10.5　SIP 消息

10.5.1　SIP 消息总体描述

1. SIP 消息格式

SIP 消息由一个起始行、一个或多个标题头、一个空行和一个消息体组成。其中空行表示标题头的结束，如表 10.1 所示。

表 10.1　SIP 消息格式

Request-line	起始行
Headers	若干标题头
Empty line	空行
Message body	消息体

2. SIP 消息类型

SIP 消息分为 SIP 请求消息和 SIP 响应消息，UAC 发给 UAS 的消息称为请求消息，从 UAS 返回给 UAC 的消息称为响应消息。请求消息和响应消息最大的不同体现在它的起始行上。请求消息的起始行称为请求行，包括方法、请求 URI 和协议版本。响应消息的起始行称为状态行，包括协议版本、状态码和原因短语。这些将在后面详细介绍。下面举一个请求消息和响应消息的例子，注意比较一下。

请求消息的例子如下：

```
INVITE sip:bob@shanghai.com SIP/2.0
Via:SIP/2.0/UDP 218.19.98.1:5060
//主叫侧用户代理地址
To:sip:bob@shanghai.com
//被叫用户账户地址
From:sip:tom@guangzhou,com;tag=2089095865
//主叫用户账号地址,tag 由主叫侧用户代理生成
Call-ID:1039412186@218.19.98.1
//呼叫标识
CSeq:1 INVITE
//前一部分是一个整数,表示发送消息的序列;后一部分表示消息模式
Accept:application/sdp
//主叫方能够接收和处理的消息体格式为 SDP 方式
Content-Type:application/sdp
//本次会话采用 SDP 方式
Content-Length:271
//消息体长度
Contact:<sip:tom@218.19.98.1:5060;transport=udp>
//主叫方地址
…(消息体部分)
```

响应消息的例子如下：

```
SIP/2.0 200 OK
Via:SIP/2.0/UDP 61.130.1.43:5060;branch=z9hG4bK1241306276-908668528.0
Via:SIP/2.0/UDP 61.130.1.166
//Via 域表示呼叫经过的路径
To:<sip:02085009200@61.130.1.43>;tag=12739
//复制 INVITE 消息中 To 域中的内容,但 tag 参数由被叫侧用户代理生成
From:<sip:+86573000166@61.130.1.43>;tag=1c942
```

```
//复制 INVITE 消息中 From 域中的内容
Call-ID: call-973631432-6@61. 130. 1. 166
Cseq: 1 INVITE
Contact:＜sip:85009200@218. 18. 98. 40＞
//被叫用户代理地址
Record-Route:＜sip:61. 130. 1. 43; lr＞
//Record-route 域表示下一个请求必须经过该地址
Content-Type: application/sdp
Content-Length: 197
…(消息体部分)
```

10.5.2　SIP 消息中的标题头

无论是 SIP 请求消息还是应答消息,都要有一个或多个标题头。在请求消息中,标题头位于请求行的下面,而在应答消息中,则位于状态行的下面。

标题头域分成 4 类:general-header、entity-header、request-header 和 response-header。

general-header 是通用头域,为描述消息基本属性的通用头域,可用于请求消息和应答消息。

entity-header 是消息体头域,用于描述消息体内容的长度、格式和编码类型等属性,可用于请求消息或应答消息。

request-header 为请求头域,只可用于请求消息,它被用来传递有关请求的附加信息,对请求进行补充说明。

response-header 为应答头域,只可用于应答消息,它被用来传递有关应答的附加信息,对应答进行补充说明,如有关服务器的信息和需要做的下一步动作提示等。

(1) 通用头域(general-header)

通用头字段适用于请求消息和响应消息,包含的字段有:

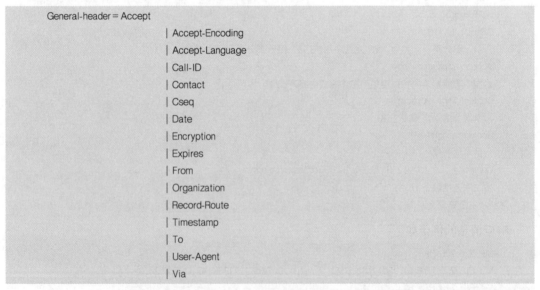

```
General-header = Accept
                     | Accept-Encoding
                     | Accept-Language
                     | Call-ID
                     | Contact
                     | Cseq
                     | Date
                     | Encryption
                     | Expires
                     | From
                     | Organization
                     | Record-Route
                     | Timestamp
                     | To
                     | User-Agent
                     | Via
```

- Accept、Accept-Encoding 和 Accept-Language 字段用于客户机在请求消息中给出其可接收的响应的媒体类型、编码方式及描述语言,用于服务器在 415 响应中表明其可理解的请求消息的媒体类型、编码方式及描述语言。
- Call-ID 字段唯一用于标识特定邀请或某个客户机的注册请求,一个多媒体会议可产生多个 Call-ID 不同的呼叫。
- Contact 字段给出一个 URL,用户可以与此 URL 建立进一步的通信。
- Cseq 字段用于标识服务器发出的不同请求,若 Call-ID 值相同,则 Cseq 值必须各不相同。
- Date 字段反映首次发出请求消息或响应消息的时间,重发的消息与原先的消息有相同的 Date 字段值。
- Encryption 字段表明内容经过了加密处理,这种加密为端到端的加密。
- Expires 字段给出消息内容截止的日期和时间。
- From 字段给出请求的发起者,所有消息中都必须有 From 字段。
- Record-Route 字段给出一个全局可到达的 Request-URI,用于标识代理服务器。
- Timestamp 字段给出客户机向服务器发出请求的时间。
- To 字段给出请求的目的收方,所有消息中都必须有 To 字段。
- User-Agent 字段含有与发起请求的用户代理客户机有关的信息。
- Via 字段给出请求消息迄今为止经过的路径。

(2) 消息体头(entity-header)

消息体头字段用于定义与消息体相关的信息。

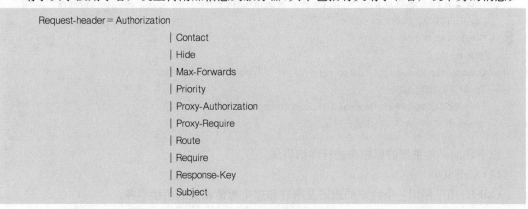

Entity-header = Content-Encoding
       | Content-Length
       | Content-Type

- Content-Encoding 字段表明消息体上添加应用的内容编码方式。
- Content-Length 字段表明消息体的大小。
- Content-Type 字段表明消息体的媒体类型。

(3) 请求头域(request-header)

请求头字段用于客户机上传附加信息到服务器,其中包括有关请求和客户机本身的消息。

Request-header = Authorization
       | Contact
       | Hide
       | Max-Forwards
       | Priority
       | Proxy-Authorization
       | Proxy-Require
       | Route
       | Require
       | Response-Key
       | Subject

- Authorization 字段用于用户代理向服务器鉴定自身身份。
- Hide 字段用于客户机表明其希望向后面的代理服务器或用户代理隐藏由 Via 字段构成的路径。
- Max-Forwards 字段表明请求消息允许被转发的次数。
- Priority 字段用于客户机表明请求的紧急程度。
- Priority-Authorization 字段用于客户机向要求身份认证的代理服务器表明自身身份。
- Proxy-Require 字段用于标识出代理必须支持的代理敏感特征。
- Route 字段决定请求消息的路由。
- Require 字段用于客户机告诉代理服务器为了正确让服务器处理请求,客户机希望服务器支持的选项。

- Response-Key 字段用于给出被叫方用户代理加密响应消息所采用的密钥需满足的要求。
- Subject 字段提供对呼叫的概述或表明呼叫的性质,可用于呼叫过滤。

（4）响应头域（response-header）

响应头字段用于服务器向 Request-URI 指定的地址传送有关响应的附加信息。

```
Response-header = Allow
                | Proxy-Authenticate
                | Retry-After
                | Server
                | Unsupported
                | Warning
                | WWW-Authenticate
```

- Proxy-Authenticate 字段必须为 407 响应的一部分,字段中的值给出适用于 Request-URI 的代理的认证体制和参数。
- Retry-After 字段可用于 503 响应中,向发出请求的客户机表明服务预计多久以后可以启用,用于 404 响应、600 响应和 603 响应中,表明被叫方何时再有空。
- Server 字段含用户代理服务器处理请求所使用的软件信息。
- Unsupported 字段列出服务器不支持的特征。
- Warning 字段用于传递与响应状态有关的附加信息。
- WWW-Authenticate 字段含于 401 响应中,指出适用于 Request-URI 的认证体制和参数。

标题头域由域名（field-name）和域值（field-value）两部分组成,中间以“:”相隔,以 CRLF 行结束符表示一个头域的结束,下面是一些头域的举例:

```
Accept:application /sdp:level = 1,application /X-private,text /html
Call-ID:1234567123@bupt. edu. cn
Content-Length:2345
Hide:route
Contact:zhang@mail. bupt. edu. cn:tag = 123:q = 0. 7,maito:lee@bupt. edu. cn
To:tel:010-6228-1234
From:62281234@IPPhoneGateway. BTA. com. cn:user = phone
Server:北京邮电大学 SIP 会话代理服务器
```

以下将对一些重要的标题头进行详细讲解。

（1）Call-ID

Call-ID 用于标识一个特定的邀请及所有和这个邀请相关的后续事务。

通常,通信双方可以同时建立几种类型的会话,如一个音频的会话和一个视频的会话。那么主叫方在发出会话邀请的时候就用两个不同的 Call-ID 来区分这两种会话。而当双方要结束其中一个会话时,Call-ID 也作为要结束那个会话的依据。

例如,A 向 B 发出一个音频会话的邀请,其 Call-ID 为 1357。双方在通话过程中,又想建立一个视频会话,于是 A 又发出了一个 Call-ID 为 2468 的视频会话邀请。可以看出,一个邀请有其对应的 Call-ID 号作为其标识。而当 A 要中断视频会话的时候,它向 B 所发的“BYE”消息中的 Call-ID 为 2468,B 的用户代理便通过这个 Call-ID 来中断视频会话,此时双方的音频会话仍然存在。

（2）Contact

Contact 标题头可以使我们直接联系到用户的 URL,可以通过这个 URL 直接和用户进行通信,而此时 SIP 代理服务器不再存在于信令路径中。

如图 10.8 所示,A 向 B 发出一个 INVITE 请求,其 URL 为 SIP:steven@bupt.edu.cn,经过代理服务器转发到 B 所在的 SIP:steven@202.204.22.48。B 接收到呼叫后,返回一个 200 OK 的应答,其中的标题头包含一个 Contact:

Contact: steven < SIP: steven@202.204.22.48>

这个 200 OK 应答再经过代理服务器送到 A 的用户代理,A 的用户代理便从这个 Contact 中获得了 B 的位置,所以 A 向 B 发送 ACK 消息时就直接跳过了代理服务器。会话直接在 AB 间建立起来。

图 10.8　Contact 标题

（3）Cseq

Cseq 由一个整数字段和一个方法名组成,如 Cseq:1 INVITE,其中整数字段用来将同一会话中的不同事务进行排序。每个请求及其应答都对应一个特定的 Cseq。

如图 10.9 所示,A 向 B 发送一个 INVITE 请求,其 Cseq 为 1,即 Cseq:1 INVITE;而 B 返回的 200 OK 应答及 A 送出的 ACK 请求的 Cseq 也都对应为 1。这时如果 A 要对会话进行调整,它会向 B 再次发送一个 INVITE 请求,其 Cseq 为 2,其对应的 200 OK 应答及 ACK 请求的 Cseq 也都对应为 2。当会话结束时,发送的 BYE 请求和对应的 200 OK 应答的 Cseq 为 3。

由于同一会话中的不同事务对应其特定 Cseq,假如网络出现延迟,B 对于 A 不同请求的应答可能不是顺序到达 A 的用户代理,这时用户代理就根据 Cseq 值来判断这个应答对应哪个请求。

注意,新发请求的 Cseq 虽然是上面请求的 Cseq 递增的结果,但是,这里的请求不包括 ACK 请求和 CANCEL 请求,也就是说,ACK、CANCEL 请求和它对应 INVITE 请求的 Cseq 的整数字段相同,如图 10.10 所示。

CANCEL 请求的 Cseq 和对它应答的 Cseq 整数字段与方法名都相同,A 向 B 发出了一个 INVITE 请求,在得不到应答时,又向 B 发出一个 CANCEL 请求,这时返回的 200 OK 的 Cseq 中的方法名为 CANCEL,我们就知道这个 200 OK 是对应 CANCEL 而不是 INVITE 的应答。

（4）Record-Route and Route（记录路由和路由）

利用 Contact 标题头可以跳过信令路径中的代理服务器,在用户代理之间直接发送请求。但是实际情况中,往往代理服务器需要继续存在于信令路径中,比如一个带防火墙的代理需要对消息进行过滤,又如有些代理必须进行计时和计费。在这种情况下,代理服务器就要用到 Record-Route 和 Route 标题头,阻止用户代理之间直接进行通信。

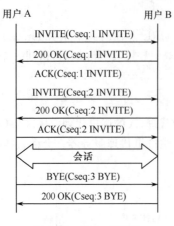

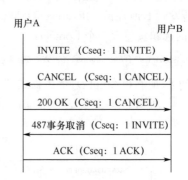

图 10.9　Cseq 标题头　　　　　图 10.10　CANCEL 及其应答的 Cseq

如图 10.11 所示，A 向 B 发送一个 INVITE 请求，中间经过一个代理服务器，这个代理服务器想一直处于信令路径中，于是在转发 INVITE 请求时又向里面添加一个 Record-Route 标题头，其中包含代理服务器的地址。B 接收到 INVITE 请求后返回的 200 OK 应答中也加上了这个 Record-Route 标题头，经过代理服务器后送回给 A。

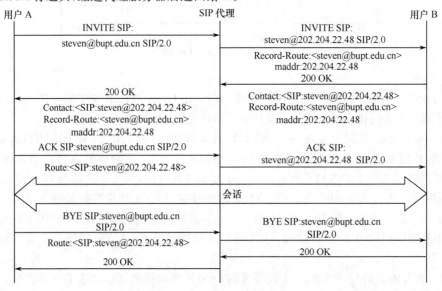

图 10.11　路由标题头

A 收到 200 OK 应答后，根据出现的记录路由和联系标题头送出带有一个 Route 标题头的 ACK 请求，Route 标题头中含有 B 的联系地址，这样代理就知道将请求传送给包含在 Route 标题头中的地址。

（5）To

To 标题头包含被叫用户的公用地址，在整个会话过程中 To 所包含的这个公用地址不会变化。这一点应该与 Request-URL 予以区别，Request-URL 是表示下一跳的地址，在经过每个代理后，会被代理改变；而 To 标题头所带的地址则不会被代理改变。

如图 10.12 所示，A 发出的 INVITE 请求经过 bupt.edu.cn 域的代理后，被传送到 B 所在的 202.204.22.48，在这一过程中，Request-URL 有了相应的变化，而 To 所带的地址则是一成不变的。

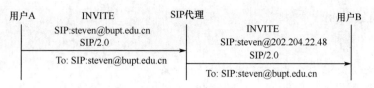

图 10.12　To 标题头

(6) Via

Via 标题头记录了一个请求所经过的所有代理地址,因而它可以用来检测路由循环,如果一个请求在一个循环中转发,则当一个代理服务器发现自己的地址在 Via 标题头中时,它就知道它已经处理过这个代理。典型的 Via 标题头的格式如下:

Via:SIP/2.0/UDP. workstation1234 company. com

10.5.3　SIP 请求消息

对于 SIP 请求消息来说,请求行由三部分组成:方法、请求 URI 和协议版本。各个元素间用空格字符间隔,最后以回车键结束。

方法就是请求执行的操作。基本的 SIP 请求消息定义了 6 种方法:邀请(INVITE)、确认(ACK)、选择(OPTIONS)、再见(BYE)、取消(CANCEL)和注册(REGISTER)。所有方法必须大写。请求-URI(Request-URI)是被邀请用户的当前地址。SIP 的版本号目前设定为 SIP/2.0,所有符合 RFC3261 的请求都必须包含这个版本信息。

SIP 请求消息的标题头可以包含上面所介绍的通用标题头、实体头、请求头。

下面详细介绍 SIP 请求的方法。

基本 SIP 的 RFC3261 规定了 6 种方法,如前所述,它表示这个请求的类型。在后来的发展中,根据应用的需求又对 SIP 进行了扩展,出现了如 REFER、SUBSCRIBE、NOTIFY、MESSAGE、UPDATE、INFO 和 PRACK 等消息。

(1) INVITE

INVITE 用来邀请一个用户参与一个会话,并对此对话进行描述,如主叫支持的媒体类型、发出的媒体类型及主叫的 IP 和端口等。相应的,被叫接受邀请后,会返回一个 200 OK 的应答,并对被叫接受的媒体类型、被叫的 IP 和端口等进行描述,如图 10.13 所示。如果 INVITE 消息没有包含这些会话信息,ACK 消息中会加上主叫 UAC 的信息,可是此时如果被叫并不接受主叫 UAC 的一些会话参数,它就必须发送 BYE 消息来结束这次对话。

图 10.13　INVITE 流程

以下是一个包含 SDP 消息体的 INVITE 消息:

INVITE sip:411@salzburg. at;user = phone SIP/2. 0

Via:SIP/2. 0/UDP salzburg. edu. at;5060;branch = z9hG4bK1d32hr4

Max-Forwards:70

To:<sip:411@salzburg. at;user = phone>

From:Christian Doppler <sip:c. doppler@salzburg. edu. at>;tag = 817234

Call-ID:12-45-A5-46-F5@salzburg. edu. at

CSeq:1 INVITE

Subject:Train Timetables

Contact:sip:c. doppler@salzburg. edu. at

Content-Type:application/sdp

```
Content-Length: 151

v = 0
o = doppler 2890842326 2890844532 IN IP4 salzburg. edu. at
s = Phone Call
c = IN IP4 50. 61. 72. 83
t = 0 0
m = audio 49172 RTP/AVP 0
a = rtpmap: 0 PCMU/8000
```

一个 INVITE 请求消息必须包含 Call-ID、CSeq、From、To、Via、Contact 和 Max-Forwards 标题头。

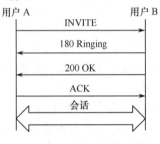

图 10.14　三次握手机制

（2）ACK

当主叫发出的 INVITE 请求接到被叫的最终应答后,会向被叫再发出一个 ACK(确认)请求。这种"INVITE-最终应答-ACK"的呼叫过程称为"三次握手机制",如图 10.14 所示。

在 SIP 请求中,INVITE 和 ACK 一定是一起使用的,除 IN-VITE 外,其他请求都没有 ACK 这个确认过程。因为其他请求通常能够得到服务器快速的应答,而发出 INVITE 请求后,往往要有一段时间的等待过程。

另外,很多 SIP 操作都是在 UDP 上传输的,三次握手机制对于保证可靠性方面是至关重要的。当主叫发起 INVITE 请求后,如果没有 ACK 确认过程,当被叫返回的 200 OK 在不可靠传输中丢失的时候,主叫因为没有收到 200 OK,会认为没有会话建立,而被叫以为会话已经建立,会话建立就会出现错误。

当最初的 INVITE 消息不包含 SDP 消息体时,其对应的 ACK 可以包含 application/sdp 消息体。而当最初发送的 INVITE 消息已经包含会话的描述信息时,ACK 消息不能用来修改这个对话的参数,如果想要修改参数,必须重新发送 INVITE 消息。

以下就是一个包含 SDP 消息体的 ACK 例子:

```
ACK sip: laplace@mathematica. org SIP/2. 0
Via SIP/2. 0/TCP 128. 5. 2. 1: 5060; branch = z9hG4bK1834
Max-Forwards: 70
To: Marquis de Laplace <sip: laplace@mathematica. org>; tag = 90210
From: Nathaniel Bowditch <sip: n. bowditch@salem. ma. us>; tag = 887865
Call-ID: 152-45-N-32-23-W@128. 5. 2. 1
CSeq: 3 ACK
Content-Type: application/sdp
Content-Length: 143

v = 0
o = bowditch 2590844326 2590944532 IN IP4 salem. ma. us
s = Bearing
c = IN IP4 salem. ma. us
t = 0 0
m = audio 32852 RTP/AVP 0
a = rtpmap: 0 PCMU/8000
```

一个 ACK 消息必须包含 Call-ID、CSeq、From、To、Via、Max-Forwards 标题头。

（3）CANCEL

CANCEL 用来取消一个正在进行的请求。比如主叫发出一个 INVITE 请求，而被叫始终没有应答，主叫要挂机，此时就发出了一个 CANCEL 请求。此时服务器会为这个 CANCEL 请求返回一个 200 OK 的应答，表明对 CANCEL 处理成功；接着服务器还要为先前的 INVITE 请求做出一个"487 事务取消"的应答，而此时主叫也要再发出一个 ACK 确认，完成整个三次握手过程，如图 10.15 所示。从图中可以看出，发出 IN-VITE 请求后，无论最后会话建立与否，都要完成一个完整的三次握手过程。

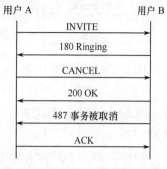

图 10.15　CANCEL 取消呼叫

注意：CANCEL 只能取消一个正在进行的请求（此时并没有接收到被叫的最终响应消息），而一旦做出了最终应答，CANCEL 就没有作用了，也就是说它不能结束一个正在进行的会话。

CANCEL 请求一般不包括消息体，一个 CANCEL 请求的例子如下：

```
CANCEL sip:i.newton@cambridge.edu.gb SIP/2.0
Via:SIP/2.0/UDP 10.downing.gb:5060;branch=z9hG4bK3134134
Max-Forwards:70
To:Isaac Newton <sip:i.newton@cambridge.edu.gb>
From:Rene Descartes <sip:visitor@10.downing.gb>;tag=034323
Call-ID:42@10.downing.gb
CSeq:32156 CANCEL
Content-Length:0
```

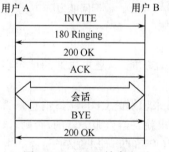

图 10.16　BYE 结束会话

一个 CANCEL 消息必须包含 Call-ID、CSeq、From、To、Via、Max-Forwards 标题头。

（4）BYE

BYE 用来请求结束会话。在一个进行的会话中，有一方想要结束会话，就发出一个 BYE 请求，对方服务器会做出 200 OK 的应答，会话就自动结束，如图 10.16 所示。如果是在组播情况下，从某个参与者发出的 BYE 请求只是他自己退出会话，其他人的会话不受影响。

一个 BYE 消息的例子如下：

```
BYE sip:info@hypotenuse.org SIP/2.0
Via:SIP/2.0/UDP port443.hotmail.com:5060;branch=z9hG4bK312bc
Max-Forwards:70
To:<sip:info@hypotenuse.org>;tag=63104
From:<sip:pythag42@hotmail.com>;tag=9341123
Call-ID:34283291273@port443.hotmail.com
CSeq:47 BYE
Content-Length:0
```

一个 BYE 消息必须包含 Call-ID、CSeq、From、To、Via、Max-Forwards 标题头。

图 10.17　REGISTER 注册

（5）REGISTER

用户利用 REGISTER 请求向服务器注册他们当前所在的位置，如图 10.17 所示。REGISTER 也包含注册的时间，比如用户从现在到下午 3 点在目前注册的位置。一个用户也可以同时在几个位置注册，这样当他被呼叫时，服务器就会从这几个位置寻找他。

REGISTER 消息可能包含消息体，根据 REGISTER 消息中的 Contact 和 Expires 标题头，注册服务器会有不同的动作。以下就是一个 REGISTER 消息的例子：

```
REGISTER sip:registrar. athens. gr SIP/2. 0
Via:SIP/2. 0/UDP 201. 202. 203. 204:5060;branch=z9hG4bK313
Max-Forwards:70
To:sip:euclid@athens. gr
From:<sip:secretary@academy. athens. gr>;tag=543131
Call-ID:2000-July-07-23:59:59. 1234@201. 202. 203. 204
CSeq:1 REGISTER
Contact:sip:euclid@parthenon. athens. gr
Contact:mailto:euclid@geometry. org
Content-Length:0
```

一个 REGISTER 消息必须包含 Call-ID、CSeq、From、To、Via、Max-Forwards 标题头。

（6）OPTIONS

OPTIONS 请求用来了解网络中服务器的能力，比如支持哪些方法，支持哪些会话描述协议，是否支持某种数据压缩方法，等等，其流程如图 10.18 所示。如果是一个 SIP 服务器，它可能回答 OPTIONS 请求，告诉它支持 SDP 作为会话描述协议，且它支持的方法包括 INVITE、ACK、CANCEL 等。如果是代理服务器和重定向服务器，则只是对 OPTIONS 请求进行转发。

图 10.18　OPTIONS 询问能力

协议还规定，主叫通过 OPTIONS 请求不仅可以询问代理服务器的能力，还可以询问被叫客户端的能力。

OPTIONS 请求不能包含消息体，服务器通过检验 Request-URI 来识别此 OPTIONS 消息是否是给它本身的。如果 Request-URI 包含该服务器的地址，那么该请求就是给该服务器的，否则，该服务器将转发此请求到其他的服务器或用户代理上，下面就是一个 OPTIONS 请求的例子：

```
OPTIONS sip:user@carrier. com SIP/2. 0
Via: SIP/2. 0/UDP cavendish. kings. cambridge. edu. uk;branch=z9hG4bK1834
Max-Forwards:70
To:<sip:user@proxy. carrier. com>
From:J. C.  Maxwell <sip:james. maxwell@kings. cambridge. edu. uk>;tag=34
Call-ID:9352812@cavendish. kings. cambridge. edu. uk
CSeq:1 OPTIONS
Content-Length:0


SIP/2. 0 200 OK
Via:SIP/2. 0/UDP cavendish. kings. cambridge. edu. uk;tag=512A6
;branch=z9hG4bK0834 ;received=192. 0. 0. 2
To:<sip:user@proxy. carrier. com>;tag=432
```

```
From:J. C. Maxwell <sip:james. maxwell@kings. cambridge. edu. uk>
;tag=34
Call-ID:9352812@cavendish. kings. cambridge. edu. uk
CSeq:1 OPTIONS
Allow:INVITE, OPTIONS, ACK, BYE, CANCEL, REFER
Accept-Language:en, de, fr
Content-Length:...
Content-Type:application/sdp

v=0
etc...
```

10.5.4　SIP 响应消息

对于 SIP 响应消息来说,状态行由三部分组成:协议版本、状态码和原因短语。各个元素间用空格字符间隔,最后以回车键结束。

目前的 SIP 版本为 2.0,所有符合 RFC3261 的响应都必须包含这个版本信息,其形式为"SIP/2.0"。

状态码为 100～699 范围内的整数,其中第一位表示类别,表示该消息属于哪一大类别;后两位与第一位相结合,表示不同的响应消息。例如,180 与 183 表示同一大类中的不同消息。

原因短语是有一定意义的、人们能够理解的字符串,用于人工阅读,对机器理解 SIP 应答没有任何意义。

SIP 响应消息的标题头可以包含上面所介绍的通用标题头、实体头、响应头。

下面详细介绍 6 类状态码所代表的 6 类响应消息(从 2＊＊到 6＊＊是最终响应),如表 10.2 所示。

1＊＊:Provisional——请求已经收到,正在处理。

2＊＊:Success——请求已经收到,理解并接收。

3＊＊:Redirection——为完成呼叫请求,还需采取进一步动作。

4＊＊:Client error——请求有语法错误或不能被服务器执行,客户机需修改请求,然后重发请求。

5＊＊:Server failure——服务器出错,不能执行合法请求。

6＊＊:Global failure——全局错误,所有服务器都不能执行请求。

表 10.2　SIP 响应消息

消息类别	消息内容		
1＊＊消息	100 Trying(尝试处理)	180 Ringing(振铃)	181 Call Is Being Forwarded(呼叫正在前转)
	182 Queued(排队等待)	183 Session Progress(呼叫进展)	
2＊＊消息	200 OK(成功)		
3＊＊消息	300 Mutiple Choices(多个选择)	301 Moved Permanently(永久离开)	302 Moved Temporarily(临时离开)
	305 Use Proxy(使用代理服务器)	380 Alternative Service(可选择的业务)	
4＊＊消息	400 Bad Request(错误的请求)	401 Unauthorized(未授权)	402 Payment Required(需要付费)
	403 Forbidden(禁止)	404 Not Found(没有找到)	405 Method Not Allowed(不支持的模式)

消息类别	消息内容		
4＊＊消息	406 Not Acceptable（不能够接受）	407 Proxy Authentication Required（代理服务器需要鉴权）	408 Request Timeout（请求时间终了）
	410 Gone（不可用）	413 Request Entity Too Large（请求的实体太大）	414 Request-URI Too Long（Request-URI 太长）
	415 Unsupported Media Type（媒体类型不支持）	416 Unsupported URI Scheme（不支持的 URI 编码计划）	420 Bad Extension（错误的扩展部分）
	421 Extension Required（需要支持特殊的扩展部分）	423 Interval Too Brief（间隔太短）	480 Temporarily Unavailable（临时不可用）
	481 Call/Transaction Does Not Exist（呼叫/事务不存在）	482 Loop Detected（检测到回环）	483 Too Many Hops（路途中经过太多的段）
	484 Address Incomplete	485 Ambiguous	486 Busy Here
	487 Request Terminated（地址不完整）	488 Not Acceptable Here（当前不能够接受）	491 Request Pending（请求未决）
	493 Undecipherable（难以辨认）		
5＊＊消息	500 Server Internal Error（服务器内部错误）	501 Not Implemented（不能够执行）	502 Bad Gateway（网关错误）
	503 Service Unavailable（业务不可用）	504 Server Time-out（服务器超时）	505 Version Not Supported（版本不支持）
	513 Message Too Large（消息太大）		
6＊＊消息	600 Busy Everywhere（忙）	603 Decline（拒绝呼叫）	604 Does Not Exist Anywhere（不存在）
	606 Not Acceptable（不接受）		

下面对 6 类响应消息的应用做比较详细的分析。

1. 1＊＊消息目前主要有两大类消息：100 消息和 18＊消息

（1）100 消息仅表示服务器已经接收到请求消息，正在进行处理。

由于 IP 网络不像电信网络采用资源预留机制，如果底层采用 UDP 发送，则实体发送请求消息后，并不知道对端是否已经收到。为了确保对端网络实体能够接收到某个消息，当实体向下一跳地址发送请求消息后，实体将同时启动一个定时器。在定时器终了时，如果没有收到针对该请求的任何响应消息，实体将会重发该请求；如果收到响应消息，实体就会对该定时器复位，不启动对当前请求消息的重发行为。

因此，100 消息表示当前服务器已经收到请求消息，正在对请求进行处理，实际上不需要进行消息的重发。100 Trying 消息并不反映被叫用户的真实状态。

100 Trying 消息一般与初始 INVITE 结合起来应用，当初始 INVITE 消息发送时，呼叫路由并没有确定。鉴于呼叫中可能存在多个网络服务器的情况，为了避免定时器超时，路径中的任何非目的地服务器接收到请求消息后，都将向前一跳实体发送 100 Trying 消息，表示当前服务器已经接收到请求消息。

100 Trying 消息是一个 hop by hop（段到段）消息，因此，当 Proxy 接收到该消息后，它不会向前向转发（前向实体收到的 100 Trying 消息是 Proxy 本身生成的），仅仅在本端进行相关行为的处理（如将相关的定时器复位）。

（2）180 消息表示振铃信号。在一个会话中，如果用户空闲，UA（用户终端或网络实体）将会向后向发送 180 消息,表示正在向用户振铃。180 Ringing 是一个表示用户当前状态的消息,当主叫用户接收到此消息时,认为被叫用户处于空闲状态,主叫用户听回铃音,等待被叫用户应答。

(3) 181 消息表示呼叫正在转移。PSTN 网络也存在呼叫转移业务,当呼叫转移业务发生时,ISDN 用户部分(ISUP)消息中有相应的参数表示当前呼叫转移的原因(遇忙或无条件)、当前被叫号码和原有被叫号码等信息,但 181 消息并不能携带以上相关信息。因此要想通过 181 消息完整地描述呼叫转移业务,还需要对 181 消息进行扩展。目前业界一般将此消息作为内部处理消息。

(4) 182 消息表示排队。一般表示实体当前有多个请求正在处理,新接收到的消息需要排队等待。从消息的字面含义来看,该消息有些像呼叫等待业务发生的情况,但目前业界一般将其作为内部处理机使用,没有与业务绑定在一起。

(5) 183 消息表示呼叫进展消息,一般应用在播放语音的环境。在呼叫进行过程中,如果被叫用户忙或其他原因而需要播放语音通知时,网络或用户将会发送 183 消息,为主叫用户提供相关的语音资源。

2. 2∗∗ 消息目前一般指 200 消息

200 消息一般表示对请求内容进行了成功操作。例如,在呼叫接续中,如果被叫用户摘机应答,将会发送 200 消息;通话建立后,如果有一方发起拆线信号,另外一方将会回应 200 消息,表示已经成功拆线。

3. 3∗∗ 消息一般应用在重定向环境下

SIP 网络中存在重定向概念。一般情况下,网络服务器接收到请求消息后,将会向下一跳发送或转发请求。重定向行为则相反:服务器接收到请求消息后,将会向后向发送 3∗∗ 消息表示当前被叫位置地址的改变。

目前主要有 300 消息、301 消息、302 消息、305 消息和 380 消息。但应用比较常见的是 302 消息,该消息表示此时重定向行为是临时重定向行为,即当前地址的改变是临时性改变。

3∗∗ 消息中的内容可以非常丰富,可以携带网页地址、E-mail 地址、新的电话号码等。这些所有地址信息都是 3∗∗ 消息中的 Contact 地址中携带的。

4. 各种类型的 4∗∗、5∗∗、6∗∗ 消息都表征本次呼叫请求失败

该类消息一般发生在呼叫建立阶段。由于各种原因不能对呼叫进行正常接续,根据失败产生的原因,发送相应的失败消息。

10.5.5 SIP 消息中的地址

SIP 地址格式由 SIP URI(SIP 统一资源定位器)定义,每一个用户通过一等级化的 URI 来标识。它支持多种地址描述和寻址,包括:用户名@主机地址、被叫号码@PSTN 网关地址和普通电话描述等,如:

> jerry@bupt. edu. cn
> jerry@ 192. 168. 0. 1
> 14083832@bupt. edu. cn

同时,SIP 采用逻辑地址和联系地址相分离的思想,逻辑地址用于标识用户,而联系地址表明用户的当前位置。一个逻辑地址可以对应多个联系地址,这种机制为用户的移动性提供了技术上的可能性。SIP 地址使用类似 E-mail 的形式,如 sip:user@domain。

在 SIP 消息中,会出现多个地址,下面对一些标题头中出现的地址进行介绍。

To:包含要创建或更新的用户的逻辑地址,可以是一个"别名"或一个实际地址。

From：包含发送注册消息者的地址记录。

Request-URI：注册请求的目的地址，地址的域部分的值，即为主管注册者所在的域，而主机部分必须为空。一般情况下，Request-URI 中地址的域部分的值和 To 中地址的域部分的值相同。

Contact：此字段是可选项，用于把以后发送到 To 字段中的 URI 的非注册请求转到 Contact 字段给出的位置，也就是用户代理的实际地址处。如果请求中没有 Contact 字段，那么注册保持不变。

10.6　SIP 通信流程

SIP 注册/注销流程如图 10.19 所示。

（1）SIP 用户向其所属的注册服务器发起 REGISTER 注册请求。在该请求中，Request-URI 表明了注册服务器的域名地址，To 头域包含注册所准备生成、查询或修改的地址记录，Contact 头域表示该用户在此次注册中欲绑定的地址。

（2）注册服务器返回 401 响应，要求用户进行鉴权。

（3）SIP 用户发送带有鉴权信息的注册请求。

（4）注册成功。

SIP 注册和注销的更新流程基本与图 10.19 一致，只是在注销时，相应的 Contact 头域中的 Expires 参数或 Expires 头域的值为 0。

图 10.20 所示为一个无代理的基本双方呼叫建立和释放的 SIP 控制流程呼叫建立过程，并给出消息示例。

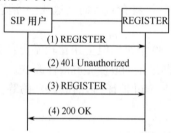

图 10.19　SIP 注册/注销流程

图 10.20　基本双方呼叫建立和释放的
SIP 控制流程呼叫建立过程

（1）呼叫建立流程

设 Bell 呼叫 Watson，Bell 表示它能够接收 RTP 音频编码 0（PCM μ 律编码）、3（GSM）、4（G.723）和 5（DVI4）。首先，Bell 发出邀请：

```
C→S: INVITE SIP:watson@boston.bell-tel.com SIP/2.0
     Via:SIP/2.0/UDP Kton.bell-tel.com
     From:A.Bell<SIP:a.g.bell@bell-tel.com>
     To:T.Watson<SIP:Watson@bell-tel.com>
     Call-ID:3298420296@Kton.bell-tel.com
     Cseq:1 INVITE
     Subject:Mr.Watson,Come here
     Content-Type:application/sdp
     Content-Length:…
     v=0
     o=bell 53655765 2353687637 IN IP4 128.3.4.5
```

```
s=Mr. Watsib,come here
c=IN IP4 Kton. bell-tel. com
m=audio 3456 Rtp/AVP 0 3 4 5
```

C→S 表示该消息是从 UAC 发往 UAS 的。邀请抵达被叫端后,被叫 UAS 返回呼叫进展响应:

```
S→C:SIP/2.0 100 Trying
    Via:SIP/2.0/UDP Kton. bell-tel. com
    From:Bell<Sip:a. g. bell@bell-tel. com>
    To:T. Watson<Sip:Watson@bell-tel. com>;tag=37462311
    Call-ID:3298420296@Kton. bell. com
    Cseq:1 INVITE
    Content-Length:0
```

消息的 To 字段中的标记(tag)值由 UAS 置入,其作用是在代理服务器并行转发请求至多个目的地时,供代理服务器识别该响应来自哪个目的地。随着呼叫的进展,UAS 继续发送响应消息:

```
S→C:SIP/2.0 180 Ringing
    Via:SIP/2.0/UDP Kton. bell-tel. com
    From:A. Bell<SIP:a. g. bell@bell-tel. com>
    To:T. Watson<SIP:Watson@bell-tel. com>;tag=37462311
    Call-ID:3298420296@Kton. bell-tel. com
    Cseq:1 INVITE
    Content-Length:0
```

呼叫建立成功后,返回 200 OK 响应,同时用 SDP 告之选定的媒体格式:

```
S→C:SIP/2.0 200 OK
    Via:SIP/2.0/UDP Kton. bell-tel. com
    From:A. Bell<SIP:a. g. bell@bell-tel. com>
    To:T. Watson<SIP:Watson@bell-tel. com>;tag=37462311
    Call-ID:3298420296@Kton. bell-tel. com
    Cseq:1 INVITE
    Contact:Sip:Watson@boston. bell-tel. com
    Content-Type:application/sdp
    Content-Length:…
    v=0
    o=Watson 4858949 4858949 IN IP4 192. 1. 2. 3
    s=I am on my way
    c=IN IP4 boston. bell-tel. com
    m=audio 5004 Rtp/AVP 0 3
```

Watson 告诉 Bell,它只能接收 PCM μ 律编码和 GSM 编码的音频,Watson 将把音频数据发往地址 Kton. bell-tel. com 的端口 3456,Bell 则发往 boston. bell-tel. com 的端口 5004。上述消息中的 Contact 字段的作用是告诉 UAC,以后的请求(如 BYE)消息可直接发往所列地址,不必经代理服务器翻译转发。

由于双方已就媒体格式达成一致意见,所以 Bell 就发证实请求,请求中无须带 SDP 描述:

```
C→S:ACK SIP:Watson@boston. bell-tell. com SIP/2.0
    Via:SIP/2.0/UDP Kton. bell-tel. com
    From:A. Bell<Sip:a. g. bell@bell-tel. com>
```

To: T. Watson＜Sip: Watson@bell-tel. com＞; tag = 37462311

Call-ID: 3298420296@Kton. bell-tel. com

Cseq: 1 INVITE

（2）呼叫释放过程

主叫或被叫都能发送 BYE 请求,以终结呼叫:

C→S: BYE SIP: Watson@boston. bell-tel. com SIP/2. 0

Via: SIP/2. 0/UDP Kton. bell-tel. com

From: A. Bell＜Sip: a. g. bell@bell-tel. com＞

To: T. A. Watson＜Sip: Watson@bell-tel. com＞; tag = 37462311

Call-ID: 3298420296@Kton. bell-tel. com

Cseq: 2 INVITE

这里假设主叫发起呼叫释放。如果被叫发起呼叫释放,只需将 To 与 From 域对换就可。

1. 代理方式的 SIP 正常呼叫流程（如图 10.21 所示）

（1）用户 A 向其所属的代理服务器（软交换）PROXY1 发起 INVITE 请求消息,在该消息的消息体中带有用户 A 的媒体属性 SDP 描述。

（2）PROXY1 返回 407 响应,要求鉴权。

（3）用户 A 发送 ACK 确认消息。

（4）用户 A 重新发送带有鉴权信息的 INVITE 请求。

（5）经过路由分析,PROXY1 将请求转发到 PROXY2。

（6）PROXY1 向用户 A 发送确认消息 100 Trying,表示正在对收到的请求进行处理。

（7）PROXY2 将 INVITE 请求转发到用户 B。

（8）PROXY2 向 PROXY1 发送确认消息 100 Trying。

（9）终端 B 振铃,向其归属的代理服务器（软交换）PROXY2 返回 180 Ringing 响应。

（10）PROXY2 向 PROXY1 转发 180 Ringing 响应。

（11）PROXY1 向用户 A 返回 180 Ringing 响应,用户 A 所属终端 A 播放回铃音。

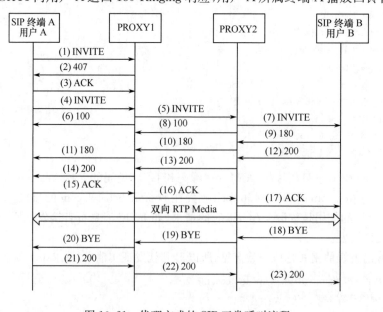

图 10.21　代理方式的 SIP 正常呼叫流程

（12）用户 B 摘机，终端 B 向其归属的代理服务器（软交换）PROXY2 返回对 INVITE 请求的 200 OK 响应，该消息的消息体中有用户 B 的媒体属性 SDP 描述。

（13）PROXY2 向 PROXY1 转发 200 OK 响应。

（14）PROXY1 向用户 A 返回 200 OK 响应。

（15）用户 A 发送针对 200 OK 响应的 ACK 确认请求消息。

（16）PROXY1 向 PROXY2 转发 ACK 确认请求消息。

（17）PROXY2 向用户 B 转发 ACK 确认请求消息，用户 A 与用户 B 之间的双向 RTP 媒体流建立。

（18）用户 B 挂机，用户 B 向其归属的代理服务器（软交换）PROXY2 发送 BYE 请求消息。

（19）PROXY2 向 PROXY1 转发 BYE 请求消息。

（20）PROXY1 向用户 A 转发 BYE 请求消息。

（21）用户 A 返回对 BYE 请求的 200 OK 响应消息。

（22）PROXY1 向 PROXY2 转发 200 OK 响应消息。

（23）PROXY2 向用户 B 转发 200 OK 响应消息，通话结束。

2. 重定向方式的 SIP 正常呼叫流程（如图 10.22 所示）

（1）用户 A 向重定向服务器发送 INVITE 请求消息，该消息不带 SDP。

（2）重定向服务器返回 302 Moved Temporarily 响应，该响应的 Contact 头域包含用户 B 当前的更精确的 SIP 地址。

（3）用户 A 向重定向服务器发送确认 302 响应收到的 ACK 消息。

（4）用户 A 重新向代理服务器 PROXY2 发送 INVITE 请求消息，该消息不带 SDP。

（5）PROXY2 向用户 B 转发 INVITE 请求。

（6）PROXY2 向用户 A 发送确认消息 100 Trying，表示正在对收到的请求进行处理。

（7）终端 B 振铃，向其归属的代理服务器（软交换）PROXY2 返回 180 Ringing 响应。

（8）PROXY2 转发 180 Ringing 响应。

（9）用户 B 摘机，终端 B 返回对 INVITE 请求的 200 OK 响应，该消息中的消息体中有用户 B 的媒体属性 SDP 描述。

（10）PROXY2 转发 200 OK 响应。

（11）用户 A 发送确认 200 OK 响应收到的 ACK 请求消息，该消息中有用户 A 媒体属性的

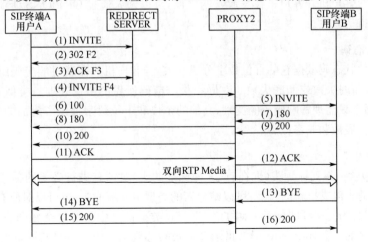

图 10.22　重定向方式的 SIP 正常呼叫流程

SDP 描述。

  (12) PROXY2 转发 ACK 消息,用户 A 与 B 之间的双向 RTP 媒体流建立。

  (13) 用户 B 挂机,用户 B 向 PROXY2 发送 BYE 请求消息。

  (14) PROXY2 向用户 A 转发 BYE 请求消息。

  (15) 用户 A 返回对 BYE 请求的 200 OK 响应消息。

  (16) PROXY2 向用户 B 转发 200 OK 响应消息,通话结束。

10.7 SIP 扩展

  SIP 的优势之一就是它的灵活性和扩展性。SIP 的扩展可以视为 SIP 工具包,每一个扩展都要解决一个具体的问题,并且所有的扩展都要符合 SIP 设计原则,保证这些扩展都可以在会话期间建立协商。同时,SIP 本身也是 IETF 的一个工具包,它和 IETF 的其他协议一起完成共同的任务。

10.7.1 承载扩展

  SIP 的可扩展性首先体现在它与底层传输协议的无关性上。它既可以使用可靠的面向连接的数据报传输协议 TCP,又可以使用不可靠的非连接的数据报传输协议 UDP。在其他网络上,还可以使用 X.25、ATM 的 AAL5 或 Novell 的 IPX 和 SPX 等作为它的传输协议,来传递它的请求和响应消息。同时,SIP 地址既可以是 IP 地址,又可以是 PSTN(E.164)地址,甚至是其他专用地址。这种底层传输协议的独立性使得 SIP 不仅可以应用于现存的基于不同传输协议的各种网络之中,又可以在将来扩展至各种可能的网络体系结构中。

10.7.2 消息扩展

  SIP 可扩展性的另一方面体现在 SIP 消息的可扩展性上。SIP 消息的请求方法、响应状态码和标题头在设计上都考虑了必要的可扩展性,从而全面地支持 SIP 消息的可扩展性。

1. 请求方法

  与 HTTP 类似,SIP 可以在将来必要的时候引入新的请求方法。服务器如果暂时不能支持某一扩展的请求方法,则向客户机返回一个错误响应消息,并在消息中通过 Allow 响应标题头将具体信息反馈给客户机。客户机在发起呼叫之前,可以预先通过 OPTIONS 请求消息向服务器查询它所能支持的方法。

2. 响应状态码

  响应消息的状态码根据它的百位数字分成 6 大类,客户机只需通过响应码所属类别就可以知道请求成功、暂时失败或彻底失败。对同一类响应码所做的协议处理是类似的,甚至是相同的,所以终端通常只需理解响应码的类别,其他的个位和十位数字提供了附加的信息,这样也增强了协议的可扩展性和兼容性。

3. 标题头

  SIP 消息包含一系列标题头(现在有 35 种标准的头)对消息进行必要的描述,同样,可以根据需要增加新的头以支持新的特性;可以结合新的类型定义新的头;也可以对原有类型中的内容进行补充。例如,为支持呼叫转移新增的 REFFER 类型消息中新增两个标题头:referred-by 用来指示发起转移的一方,reffer-to 用来指示会话被转移到的一方。一旦某些标题头在实际中被证明是确实需要的,可以通过向 Internet 名字分配协会 IANA(Internet Assigned Number Authority)申请正式使用,在标准化通过后,就成为正式协议标准的一部分。SIP 的标题头部分保证了很强的可扩展性。

表 10.3 所示为对 SIP 工作组已经发表的与尚处于草案阶段的重要消息头和方法的扩展进行的简单总结。

表 10.3 SIP 扩展

Message head and method extension	Meaning	Message head and method extension	Meaning
SUBSCRIBE/NOTIFY	Subscribe/notify	Accept-Contact	Accept contact address
REFER	Reference	Reject-Contact	Reject contact address
MESSAGE	Human-readable message	Request-Dispositon	Request disposition
PRACK	Acknowledge provisional response	Do	Carry command
UPDATE	Update parameters	Privacy	Privacy security
COMET	Assuring preconditions	P-Asserted-Identity P-Preferred-Identity	Privacy extensions for Trusted network to carry the identity
INFO	Transport mid-session information		

10.7.3 应用扩展

1. SIP-T

SIP-T(SIP for Telephones)由 IETF MMUSIC 工作组的 RFC3372 所定义,整个协议族包括 RFC3372、RFC2976、RFC3204、RFC3398 等。

SIP-T 不是一个新的协议,它是一组传统电话信令与 SIP 的接口机制。它用在 IP 网络与 PSTN 接口的情况中,目的是提供 PSTN-SIP 互联交叉点的协议翻译。

SIP-T 采用端到端的研究方法建立了 SIP 与 ISUP 互通时的三种互通模型,即呼叫由 PSTN 用户发起,经 SIP 网络由 PSTN 用户终结;呼叫由 SIP 用户发起,由 PSTN 用户终结;呼叫由 PSTN 用户发起,由 SIP 用户终结。

目前 IP 电话网络的主要应用环境是 PSTN-IP-PSTN,即 IP 中继应用。对于 ISDN 呼叫来说,主叫侧和被叫侧常需要经过信令转换,有时还要求利用 7 号信令在主叫、被叫之间透明地传送信息,这就要求 ISUP 信令在通过 IP 网络时保持消息的完整性。SIP-T 采取的方法就是将 ISUP 消息完整地封在 SIP 消息体中。按照定义,SIP 消息体允许采用扩展多用途电子邮件(MIME)的格式封装多段内容,其中一段必然是 SDP 描述,另一段可以是 ISUP 消息,根据需要还可以封装其他的信息。

当边缘软交换系统通过信令网关收到 ISUP 消息时,经过消息分析将相关参数映射为 SIP 消息的对应头部域,同时将整个消息封装到 SIP 消息体中。到达对端边缘软交换系统后,再将其拆封转送至被叫侧 ISDN。由于发端软交换系统并不知道接收方是 ISDN 还是 IP 终端,因此即使对于电话——PC 类型通信,也有必要采用 SIP-T 协议,此时 IP 终端发出的消息是一般的 SIP 消息。

这样,SIP-T 通过"封装"与"翻译"完成了 SIP 网络的两大基本要求:透明性与可路由性。另外,SIP-T 还定义了内容处理协商机制,即可以将封装的 ISUP 信令消息规定为必备或任选内容。如果为任选内容,接收方无法处理就丢弃;如果为必备内容,当接收方无法处理时,该呼叫就失败。

2. SIP-I

SIP-I(SIP with Encapsulated ISUP)是 ITU-T SG11 工作组制定的,包括 TRQ.2815 和 Q.1912.5。

前者定义了 SIP 与 BICC/ISUP 互通时的技术需求,包括互通接口模型、互通单元 IWU 所应支持的协议能力集、互通接口的安全模型等。

后者根据 IWU 在 SIP 侧的 NNI 上所需支持的不同协议能力配置集,详细定义了 3GPP SIP 与 BICC/ISUP 的互通、一般情况下 SIP 与 BICC/ISUP 的互通、SIP 带有 ISUP 消息封装时 (SIP-I)与 BICC/ISUP 的互通等。

SIP-I 涉及的网关类型有 7 种,囊括了 SIP/SIP-I 协议与 BICC/ISUP 互通的各种情况。互通功能节点有 4 种:基于 IP 传输下 SIP/BICC 的互通节点、基于 IP/ATM 传输下 SIP/BICC 的互通节点、基于 IP 传输下 SIP/BICC 无媒体层设备的互通节点,以及基于 IP/TDM 情况下 SIP (SIP-I)/ISUP 互通节点。

在每一个域(SIP/SDP 域或 BICC/ISUP 域)都必须执行三种互通要求功能:用户策略功能确定终端用户可以使用的业务特征、域间策略功能确定网络运营商之间可用的业务特征、IWF 功能确定运营商之间基于域间接口技术能力的业务特征。不管网络的物理实现采用何种方式,这三种功能在 SIP 网络与 PSTN/ISDN 网络连接时都必须实现。

同时,SIP-I 协议系列不仅包括基本呼叫的互通,还包括 CLIP、CLIR 等补充业务的互通;除呼叫信令的互通外,还考虑了资源预留、媒体信息转换、固网 SIP/3GPP SIP 与 BICC/ISUP 的互通等问题。

目前 SIP-I 协议已被各标准化组织、世界各国主要电信运营商及各大电信设备供应商采纳,作为 NGN SIP 网络与传统电信网络互通的核心协议。

10.8 SIP 安全机制

10.8.1 SIP 面临的安全威胁

SIP 的安全性问题主要是指在应用层面与网络层面所面临的安全威胁,大致会有下列 5 种攻击。

(1) 拒绝服务攻击(Denial of Service,DoS):拒绝服务攻击对网络中的 SIP 代理服务器或网关发动未被授权的数据封包炸弹,以停止服务器的正常运作。

(2) 网络窃听(Eavesdropping):未经授权地拦截语音数据封包或 RTP 的媒体数据流,而后将所获得的数据进行解码,窃取信息。

(3) 封包伪装(Packet Spoofing):攻击者伪装成合法的使用者来传送资料。

(4) 重复传递信息(Replay):攻击者不断重复传送一个合法的伪造信息给被叫,致使被叫的 UA 重新处理这个伪造信息。

(5) 破坏信息完整性(Message Integrity):攻击者在信息数据中插入具有攻击性质的数据,破坏通信双方传送信息的完整性。

10.8.2 SIP 的安全策略

SIP 安全主要是通过 SIP 认证和 SIP 加密两种机制来实现的。

1. 认证机制

认证用于鉴别消息发送者的合法性,以确保一些机密信息和紧急信息在传输过程中没有被窜改,防止攻击者修改或冒名重发 SIP 请求或响应。SIP 使用代理认证、代理授权、授权等,以数字签名的方式进行终端的认证,对接入权限加以控制。

（1）端到端认证

此时，被叫可在返回的 401 响应的 WWW-Authentication 字段中给出其认可的认证体制和参数，然后主叫在请求的 Authentication 字段给出包含特定消息头字段的数字签名，实现对 SIP 请求发起者的身份认证，如图 10.23 所示。

① 用户代理 A 向用户代理 B 发请求，请求中未含 Authentication 字段。

② 用户代理 B 需要用户代理 A 进行授权认证，返回 401（Unauthorized）响应，并在响应的 WWW-Authentication 字段中给出适合用户代理 A 的认证体制和参数。

③ 用户代理 A 重发请求给用户代理 B，在请求的 Authentication 字段给出信任书，包含认证信息。

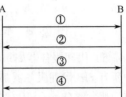

图 10.23　端到端认证

④ 用户代理 B 收到认证请求，检查出用户代理 A 身份合法，返回 200 OK 响应，用户代理 A 通过身份认证。

（2）代理认证（跳到跳认证）

代理认证方式用于代理服务器对用户代理或其他代理的认证，此时，代理服务器在 407 响应中通过 Proxy-Authentication 字段，给出其认证体制和参数，用户代理可利用 Proxy-Authentication 字段向需要身份认证的代理证实自己的身份。过程与上类似，只是需要身份认证的是代理服务器。

（3）基于 PGP 的 SIP 安全性

PGP 认证机制基于如下模型：用户通过在请求中进行密钥签名向服务器认证身份，服务器根据公开密钥来判断请求的来源。有关 PGP 的详细信息可参见 IETF 的 RFC2015。

（4）支持 HTTP 的认证机制

SIP 支持 HTTP 的"Basic"和"Digest"认证机制，详细内容可参见 IETF RFC2616。

2. 加密机制

加密用于保证 SIP 消息的机密性，只有经过授权的接收者才可以解密和浏览数据。数据加密一般需要通过使用加密算法，如 DES（Data Encryption Standard，数据加密标准）或 AES（Advanced Encryption Standard，高级加密标准）来实现，同时，SIP 重用了 HTTP 和 SMTP 的安全模型。

在大多数网络体系结构中，Request-URI、Route、From、To 和 Via 等标题头对服务器来说必须是可见的，只有这样，SIP 请求才能够被正确地发送。同时，代理服务器需要修改消息的某些参数（如增加 Via 标题头值），因此，SIP 请求和响应不能在端到端的用户之间完全加密，SIP UAS 必须信任代理服务器。因此，SIP 支持两种形式的数据加密：端到端加密和跳到跳加密。

（1）端到端加密

对 SIP 消息体和某些敏感消息头字段进行端到端加密，如图 10.24 所示。典型方式是用响应方的密钥对请求消息进行加密，用请求方的密钥对响应消息进行加密，所有的实现都必须支持基于 PGP 的加密机制，密钥的传送流程如下：

① 主叫用户代理在请求消息的 Response-Key 字段中给出主叫的密钥，被叫用户代理用此密钥对响应消息进行加密；

② 被叫用户代理用 200 OK 响应来回应请求消息，表明收到了主叫的密钥。

（2）跳到跳加密

跳到跳加密主要通过对 Via 字段进行加密来实现，用于隐藏请求消息的路由，防止窃听和跟踪，如图 10.25 所示。

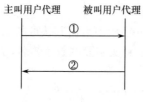
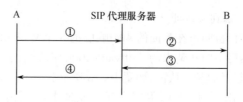

图 10.24　端到端加密　　　　　　　　图 10.25　跳到跳加密

SIP 代理服务器如果收到含"Hide：route"字段的请求，那么此 SIP 代理服务器以后的请求经过的所有 SIP 代理服务器都得隐藏在它们之前的那一跳，如果是"Hide：hop"字段，那么需隐藏在它之前的那一跳（hop）；SIP 代理服务器通过将 Via 字段的"Host"和"port"部分用以下的方法进行加密而将这一跳隐藏起来：将 Via 字段和相关的 To 字段在缓冲区里存储起来，用到缓冲区的索引替代 Via 字段，在返回路径上，从缓冲区中取出 Via 字段从而知道应该将响应传给谁，过程如下：

① SIP 代理服务器收到来自 A 的请求消息，此消息中含"Hide：hop"字段，SIP 代理服务器知道 A 希望将"Via：A"向下一个服务器 B 隐藏起来，于是做如下处理：将"Via：A"在代理服务器的缓冲区中存储起来，缓冲区的索引号假定为 01；

② 将"Via：01"发给 B，这样 B 就不知道此请求经过了 A；

③ 从 B 向代理服务器返回响应；

④ SIP 代理服务器收到响应后，从缓冲区 01 中取出值"Via：A"，然后将响应发给 A。

10.9　SIP 与 ISUP、BICC、H.323 的比较

1. SIP 与 ISUP 的比较

ISDN 用户部分 ISUP 是 7 号信令系统的一种主要协议，用于建立、管理和释放中继电路，从而在 PSTN 上传输语音和数据呼叫。而 SIP 虽然也用于建立、管理和中止会话，但它主要用于支持多媒体和其他新型业务，在基于 IP 网络的多业务应用方面具有很强的灵活性。

ISUP 采用二进制编码方式，它的消息类型字段唯一规定了每个 ISDN 用户信息的功能和格式，而 SIP 采用文本方式，借鉴了 HTTP、SMTP 等 Internet 协议的特点，具有简单、开放的特点，而且在必要的时候可以很方便地引入新的方法，因而具有很好的扩展性。

2. SIP 与 BICC 的比较

BICC 是直接面向电话业务的应用提出的，具有更加严谨的体系架构，而 SIP 的体系架构则不像 BICC 定义得那样完善，SIP 主要用于支持多媒体和其他新型业务。

BICC 是在 ISUP 的基础上发展起来的，在语音业务支持方面比较成熟，能够支持以前窄带所有的语音业务、补充业务和数据业务等，同时可以使现在所有的功能保持不变，如号码和路由分析等，仍然使用路由概念，网络的管理方式与现有的电路交换网极为相似。但 BICC 协议复杂，可扩展性差。SIP 相对而言，在语音业务方面没有 BICC 成熟，但它能支持较强的多媒体业务，扩展性好，根据不同的应用可对其进行相应的扩展。

采用 SIP 在某种程度上会丢失一些现有电话网络中的功能，要引入这些功能，则需要对 SIP 进行扩展。相比较而言，BICC 基本能提供所有现有电话网络的功能。

3. SIP 与 H.323 的比较

SIP 和 H.323 都是软交换之间的很重要的互通协议，虽然 H.323 体系目前占据了 VoIP 市场的主要份额，但 SIP 是未来的发展方向。从功能上来说，两个协议实际上是各有长短。这里从设计思想、体系结构、发展前景等方面对其进行较为深层的分析。

（1）两者的提出背景不同。H.323 是由国际电联提出来的，它企图把 VoIP 当成众所周知的传统电话，只是传输方式由电路交换变成分组交换，就如同模拟传输变成数字传输、同轴电缆传输变成光纤传输。而 SIP 侧重于将 IP 电话作为 Internet 上的一个应用，只是较其他应用（如 FTP、E-mail 等）增加了信令和 QoS 的要求，协议具有简单、灵活和开放性等特点。

（2）H.323 协议采用基于 ASN.1 压缩编码规则的二进制方法表示其消息，较严谨，效率比较高。SIP 采用 Internet 协议常用的文本形式，由此对消息的词法和语法分析就比较简单，更为重要的是与 Web 应用融合。目前提出的不少基于 Web 的网络融合业务，如点击拨号（CTD）和点击传真（CTF）等都是以 SIP 为基础的。

（3）SIP 的地址形式灵活，其基本形式是 URL，适合 Internet 应用，同时也支持 E.164 形式的地址。H.323 协议主要的地址形式是 E.164，虽然新版本也引入了 URL 形式的地址，但是并没有相应的解析机制，因此在 H.323 系统中使用 URL 地址比较牵强。

（4）H.323 协议沿用电信网的做法，用专门的协议对补充业务的定义及实现做了严格的规定，虽然定义严格，但缺乏灵活性。SIP 通过增加新的头部的方法来扩展其功能，利用这些新增方法可以实现新的业务。用户可以在协议头部列出必备的方法，要求对方必须支持这些方法；对于非必备方法，如果接收方无法识别，则允许丢弃。SIP 对业务的实现过程并没有严格的规定，一种业务可能会有多种实现流程。因此，SIP 的功能扩充比较方便。

（5）由于 H.323 协议是由电信界定义的，而且已经在较大规模的 VoIP 网络中应用，因此，它对运营的考虑相对比较周全。而 SIP 是由计算机界定义的，缺乏对于商业模型的充分考虑，因此，计费、QoS 控制等方面的功能尚需加强。

（6）H.323 进行集中、层次式控制，尽管集中控制便于管理（如便于计费和带宽管理等），但是当用于控制大型会议电话时，H.323 中执行会议控制功能的多点控制单元很可能成为瓶颈。而 SIP 类似其他的 Internet 协议，设计的初衷就是为分布式的呼叫模型服务的，具有分布式的组播功能。

从发展趋势来看，3GPP 已经确定将 SIP 作为 IMS 的核心协议，SIP 代表了未来的发展方向。

小结

SIP 是由 IETF 提出来的一个应用控制（信令）协议，它可用来创建、修改及终结多个参与者参加的多媒体会话进程。参与会话的成员可以通过组播方式、单播连网或两者结合的形式进行通信。

按逻辑功能区分，SIP 系统由 4 种元素组成：用户代理、SIP 代理服务器、重定向服务器及 SIP 注册服务器。SIP 用户代理又称为 SIP 终端，是 SIP 系统中的端用户，根据它们在会话中扮演的角色的不同，又可分为用户代理客户端 UAC 和用户代理服务器 UAS。SIP 代理服务器代表其他客户机发起请求，在转发请求之前，它可以改写原请求消息中的内容。SIP 重定向服务器接收 SIP 请求，并把请求中的原地址映射成零个或多个新地址，返回给客户机。SIP 注册服务器接收客户机的注册请求，完成用户地址的注册。在 SIP 中还经常提到定位服务器的概念，但是定位服务器不属于 SIP 服务。

SIP 在设计上充分考虑了对其他协议的扩展适应性，它支持许多种地址描述和寻址，SIP 的最强大之处就是用户定位功能，SIP 本身含有向注册服务器注册的功能，也可以利用其他定位服务器 DNS、LDAP 等提供的定位服务来增强其定位功能。

SIP 请求消息共规定了 6 种基本方法：INVITE、ACK、CANCEL、OPTIONS、BYE 和 REGISTER。其中 INVITE 和 ACK 用于建立呼叫，完成三次握手，或者用于会话建立以后改变会话属性；BYE 用于结束会话；OPTIONS 用于查询服务器能力；CANCEL 用于取消已经发出但未最终结束的请求；REGISTER 用于客户向注册服务器注册用户位置等信息。

SIP 响应消息分为 6 类，以三位数字进行表示，第一位表示类别，表示该消息属于哪一大类，后两位表示不同的响应消息。

SIP 支持三种呼叫方式：由用户代理服务机(UAC)向用户代理服务器(UAS)直接进行呼叫、由 UAC 在重定向服务器的辅助下进行重定向呼叫、由代理服务器代表 UAC 向被叫发起呼叫。

SIP 的可扩展性首先体现在它与底层传输协议的无关性上，还体现在 SIP 消息的可扩展性上。SIP 消息的请求方法、响应码和标题头在设计上都考虑了必要的可扩展性，从而全面地支持了 SIP 消息的可扩展性。

SIP 的安全性问题主要是指在应用层面与网络层面所面临的安全威胁，而解决该问题主要是通过 SIP 认证和 SIP 数据加密来实现的。

SIP 和 H.323 都是软交换之间的互通协议，但是通过对 SIP 和 H.323 协议的比较不难看出，两者在不同应用环境中相互补充，但是 SIP 以 Internet 应用为背景，更加简单、灵活、易于扩展，因而更适合于支持面向下一代的网络融合应用。

习题

10.1　SIP 的功能有哪些？请列举至少两个。

10.2　请列举至少两个 SIP 的特点。

10.3　请描述 SIP 的协议栈结构。

10.4　请举出 SIP 实现的一些业务，至少 5 个。

10.5　请说出 SAP 的报文格式。

10.6　请说明 SDP 会话的一般格式。

10.7　简要说明 SIP 在逻辑上分为哪几种功能实体。

10.8　SIP 的请求消息有哪几种方法？分别说明其作用。

10.9　SIP 响应消息分为哪几类？各代表什么含义？

10.10　SIP 是通过哪两种方式来保证安全的？

10.11　简要说明 SIP-I 涉及的网关类型。

10.12　简要比较 H.323 和 SIP。

第11章 VoLTE技术

最初LTE被视为一个全IP网络,仅仅是为了传输数据,运营商需要通过切换到2G/3G系统或使用VoIP来传送话音。然而,这导致了分割与不兼容,不利于跨网话音通信,从而减少话音流量。VoLTE(Voice over LTE)是通过LTE网络作为业务接入、IP多媒体子系统(IMS)网络实现业务控制的语音解决方案,可实现数据与话音业务在同一网络下的统一,可实现与现网2G/3G的语音互通和无缝切换。

VoLTE的核心业务控制网络是IMS,IMS为使用LTE无线接入技术的语音服务提供了所需的QoS,从而为用户提供所需的语音呼叫体验。此外,VoLTE与当前电路交换语音设备实现的用户体验完全集成,因此,呼叫是电路交换呼叫,还是VoLTE呼叫,对于最终用户来说是透明的(包括移入和移出LTE覆盖范围)。

本章参考GSMA发布的《VoLTE Service Description and Implementation Guidelines》,详细阐述VoLTE的基本概念、VoLTE的系统架构及VoLTE的实现。

11.1 VoLTE基本概念

LTE话音VoLTE方案是基于运营商寻求标准化的LTE语音话务量传输系统而设计的。

最初LTE被视为一个完全的IP蜂窝系统,仅仅是为了传输数据,运营商可以通过切换到2G/3G系统或使用VoIP来传送语音。同时,可采用双待机终端、电路域回落、单无线频率语音呼叫连续性等过渡技术来实现语音业务,但是,这些方案会导致分割和不兼容,因此都不能成为最终解决方案。

尽管来自语音电话和SMS业务的收入正在下降,但运营商也需要一个可行的标准化方案来提供语音和短信服务,以保护这一收入,VoLTE解决方案应运而生。VoLTE是全IP条件下端到端的语音解决方案,旨在替代电路域话音。VoLTE解决方案可以提供和电路域性能相当的语音业务及其补充业务,包括号码显示、呼叫转移、呼叫等待、会议电话等。

11.1.1 相关解决方案

在LTE系统上提供话音服务有多种方式的解决方案。

1. 电路交换回退(Circuit Switched Fall Back,CSFB)

在3GPP规范23.272下,CSFB选项用于提供LTE语音。基本上,LTE CSFB使用各种过程和网络元件使电路在电路交换呼叫被启动之前,回退到2G或3G连接(GSM、UMTS、CDMA2000 1x)。该规范还允许携带SMS,因为这对于蜂窝电信的许多设置程序来说是必不可少的。为了达到这个目的,手机使用SGs接口,它允许消息通过LTE信道发送。

2. 同步语音LTE(Simultaneous Voice LTE,SV-LTE)

SV-LTE允许分组交换LTE服务与电路交换语音服务同时运行。SV-LTE设施在运行分组交换数据服务的同时提供CSFB的设施。它的缺点是需要两个无线电波段同时在手机内部运行,这对电池寿命来说是一个严重的问题。

3. VoLGA(Voice over LTE via GAN)

VoLGA标准基于现有的3GPP通用接入网(GAN)标准,目的是使LTE用户能够在GSM、

UMTS、UMTS 及 LTE 网络之间转换时接收一组一致的语音、SMS(和其他电路交换)服务。对于移动运营商来说,VoLGA 的目标是提供一种低成本、低风险的方法,将主要的创收服务(语音和 SMS)带入新的 LTE 网络部署。

4. One Voice(亦称 Voice over LTE, VoLTE)

VoLTE 方案通过 LTE 系统提供语音,利用 IMS 使其成为富媒体解决方案的一部分。这是 GSMA(GSM 协会)选择用于 LTE 的选项,并且是通过 LTE 提供语音和 SMS 的标准化方法。

11.1.2 VoLTE 的形成

最初由于 IMS 的复杂性,许多运营商反对使用在 LTE 上利用 IMS 实现的语音系统。他们认为引进成本和维护太昂贵、繁重。然而最终,LTE 语音 One Voice 方案由 AT&T、Verizon Wireless、Nokia 和 Alcatel-Lucent 等 40 多家运营商合作开发。在 2010 年 GSMA 全球移动通信大会上,GSMA 宣布支持 One Voice 解决方案,提供 VoLTE。为了实现一个可行的系统,VoLTE 系统基于先前存在的 IMS MMTel 概念,采用 IMS 的简化变体。

VoLTE 是基于 IMS 的规范的。采用这种方法,可以使系统与 LTE 上可用的应用程序集成在一起。为了使 IMS 能够以经营者接受的方式实施,定义了一个简化版本。该版本不仅减少了 IMS 网络所需的实体数量,还简化了互联性,但侧重于 VoLTE 所需的基本元素。简化后 VoLTE 中的 IMS 网络如图 11.1 所示。

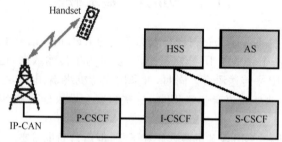

图 11.1 简化后 VoLTE 中的 IMS 网络

可以看出,用于 VoLTE 的主要的 IMS 中有几个实体。

- IP-CAN(IP-Connectivity Access Network):由 EUTRAN 和 MME 组成。
- P-CSCF(Proxy-Call State Control Function):P-CSCF 是网络代理呼叫状态控制功能。无论在本地网络还是在访问网络中,来自及发送给用户的所有 SIP 信令都经由 P-CSCF 运行。
- I-CSCF(Interrogating-Call State Control Function):I-CSCF 用于当发起者不知道哪个 S-CSCF 应该接收请求时,向 S-CSCF 转发初始 SIP 请求。
- S-CSCF(Serving-Call State Control Function):S-CSCF 在整个系统中执行各种操作服务,并且具有多个接口,以使其能够与整个系统内的其他实体进行通信。IMS 的 VoLTE 呼叫由本地网络中的 S-CSCF 处理,直到 S-CSCF 的呼叫连接通过 P-CSCF 完成。
- AS(Application Server):应用程序服务器将语音作为应用程序处理。
- HSS(Home Subscriber Server):HSS 是 IMS 内使用的主要用户数据库。HSS 向 IMS 网络内的其他实体提供用户的详细信息,使得用户可以被授予访问权限。

与任何数字语音系统一样,VoLTE 中必须使用编解码器。用于 VoLTE 的 AMR 编解码器在与传统系统的互操作性方面也具有优势。由于大多数遗留系统正朝着 AMR 编解码器方向发展,因此不需要代码转换器。除此之外,对于双音多频 DTMF 信令的支持也是强制性的,因为这被广泛用于模拟电话线上的许多形式的信令。

随着从 IPv4 到 IPv6 的发展,任何系统中使用的 IP 版本都非常重要。VoLTE 设备需要在 IPv4 和 IPv6 两种模式下运行。如果 IMS 应用配置文件分配了 IPv6 地址,则设备需要优先选择该地址,并且还要在 P-CSCF 发现阶段专门使用该地址。

11.2 VoLTE 系统架构

VoLTE 的逻辑架构基于 3GPP 为 VoLTE 终端、LTE、EPC 及 IMS 核心网定义的架构和原理。VoLTE 解决方案中,当实现 VoIP 语音业务时,除由 EPS(演进的分组系统,LTE 和 EPC 合起来称为 EPS)系统提供承载、由 IMS 系统提供业务控制外,通常还要由 PCC 架构实现用户业务 QoS 控制及计费策略的控制。它包括以下内容。

VoLTE 终端:VoLTE 终端包含接入 LTE RAN 和 EPC 允许移动宽带连接的功能。嵌入式 IMS 协议栈和 VoLTE IMS 应用需要访问的 VoLTE 服务。

无线接入网:演进的通用陆地无线接入网(E-UTRAN),通常被称为长期演进(LTE)。LTE 无线能力 FDD LTE、TDD LTE 或 FDD 和 TDD LTE 的 VoLTE 适用。

核心网络:对演进的分组核心(EPC)。

IMS 核心网:IMS 核心网络内的 VoLTE 架构提供多媒体电话提供服务层。

VoLTE 的逻辑架构包括漫游和互连,如图 11.2 所示。

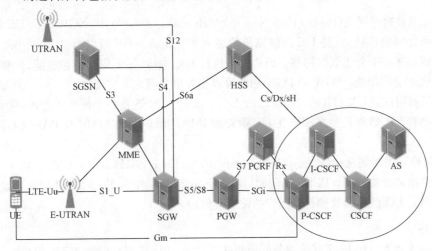

图 11.2 VoLTE 的逻辑架构

11.2.1 VoLTE 功能节点描述

VoLTE 架构的主要功能节点是由 3GPP 定义的,描述如下。

1. VoLTE UE(用户设备)

用于连接 EPC 的用户设备,是一个具有 LTE 能力的终端,通过 LTE 公共广播接口访问 EPC。其他访问技术也可以由 UE 支持。

2. 演进的通用陆地无线接入网(E-UTRAN)

E-UTRAN 由单个节点及与 UE 连接的 eNodeB(增强型 NodeB)组成。eNodeB 包括物理 (PHY)、媒体接入控制(Medium Access Control,MAC)、无线链路控制(Radio Link Control, RLC),以及分组数据汇聚协议(Packet Data Convergence Protocol, PDCP)层,还具有压缩和加密

功能,它还提供了无线资源控制(Radio Resource Control,RRC)的控制平面功能,其包括:无线资源管理、接入控制、调度功能;协商 UL QoS 执法、小区信息广播、加密/解密的用户平面和控制平面的数据、DL/UL 用户平面数据包报头压缩/解压缩。

3. 分组核心演进(EPC)

EPC 主要由以下部分组成。

(1)移动管理实体(Mobility Management Entity,MME):MME 是 LTE 接入网络的关键控制节点。它负责空闲模式下用户终端的跟踪和寻呼程序,包括重传。它涉及承载激活/去激活过程,也负责在初始连接和涉及核心网节点重定位的 LTE 内切换时为 UE 选择 SGW。它与 HSS 一起负责认证用户。MME 验证 UE 在服务提供商的 PMN 上的许可驻留,并强制执行 UE 漫游限制。MME 是网络中用于 NAS 信令的加密/完整性保护的端点,并执行安全密钥管理。信令的合法监听也是 MME 提供的功能。MME 为 LTE 和 2G/3G 接入网络之间的移动性提供控制面功能。

(2)服务网关(Serving Gate Way,SGW):SGW 路由和转发用户数据分组,同时在 eNodeB 切换期间充当用户平面的移动性锚点,并作为 LTE 和其他 3GPP 技术之间的移动锚点。对于空闲状态的 UE,SGW 终止 DL 数据路径,并在 DL 数据到达 UE 时触发寻呼。它管理和存储 UE 上下文,并在合法监听的情况下执行用户业务的复制。SGW 和 PGW 功能可以作为单个网元来实现。

(3)分组数据网网关(Packet Data Network Gateway,PDNGW):PDNGW 提供 UE 与外部分组数据网络之间的连接,它是 UE 提供流量的进入和流出点。UE 可以与多于一个的 PDNGW 同时连接以接入多个分组数据网络。PDNGW 执行策略执行、每个用户的包过滤、计费支持、合法监听和包筛选等功能。SGW 和 PGW 功能可以作为单个网元来实现。

(4)归属用户服务器(Home Subscriber Server,HSS):HSS 是一个网络数据库,保存与用户相关的静态和动态数据元素。HSS 在 UE 附着和 IMS 注册期间向 MME 及 IMS 核心提供用户信息。

(5)策略计费规则功能(Policy Charging and Rules Function,PCRF):PCRF 提供策略控制决策和基于流量的计费控制。PCRF 确定如何在执行功能(本例中为 PGW)中处理业务数据流,并确保用户面业务量映射和处理符合用户的配置文件。

4. IMS

IMS 是支持下一代 IP 多媒体业务的控制基础设施,由下面列出的独立元素组成。

(1)代理呼叫会话控制功能(Proxy-Call Session Control Function,P-CSCF):P-CSCF 是用于支持 IMS 的 VoLTE UE 的会话信令的初始联系点。P-CSCF 通过在 UE 与 IMS 核心网络之间转发 SIP 消息,维护其自身与 VoLTE UE 之间的安全关联,起 SIP 代理的作用。P-CSCF 也可以在包含 IMS-ALG/IMS-AGW 的接入会话边界控制器中实现。

(2)代理呼叫会话控制功能(Interrogating-Call Session Control Function,I-CSCF):在 IMS 注册时,I-CSCF 询问 HSS 以确定哪个 S-CSCF 路由注册请求合适。对于移动终端呼叫,它询问 HSS 以确定用户在哪个 S-CSCF 上注册。

(3)服务呼叫会话控制功能(Serving-Call Session Control Function,S-CSCF):S-CSCF 提供会话建立、会话拆除、会话控制和路由功能。它为其控制下的所有会话生成记录,并根据从 HSS 收到的 IFC 调用应用程序服务器。S-CSCF 充当 HSS 和 I-CSCF 分配给 VoLTE UE 的 SIP 注册器。它向 HSS 查询适用的用户配置文件,并在注册后处理涉及这些端点的呼叫。

(4)电话应用服务器(Telephony Application Server,TAS):TAS 是 IMS 应用服务器,提供对

由 3GPP 定义的最小强度多媒体电话(MMTel)服务集合的支持。

（5）媒体资源功能(Media Resource Function, MRF)：MRF 是 IMS 应用服务器和 I/S-CSCF 使用的通用媒体资源功能，MRF 提供独立于应用类型的媒体平面处理，如转码、多方会议、网络公告/音频等。到 MRF 的控制平面接口由 3GPP 参考 Mr、Mr'和 Cr 接口(SIP/SDP 和 XML 编码的媒体服务请求)定义，而媒体平面与 MRF 的接口由 3GPP 参考 Mb 定义，用于 RTP/RTCP 传输。

（6）互联边界控制功能/转换网关(Interconnection Border Control Function/Transition Gateway, IBCF/TrGW)：IBCF/TrGW 负责将网络互连点处的控制/媒体平面连接到其他 PMN。IBCF/TrGW 可以在互连会话边界控制器中实现。

（7）IMS 应用级网关、IMS 接入网关(IMS Application Level Gateway/IMS Access Gateway, IMS-ALG/IMS-AGW)：IMS-ALG/IMS-AGW 可以是独立功能，也可以与 P-CSCF 位于同一位置。IMS-ALG/IMS-AGW 负责在 IMS 网络的接入点处的控制/媒体平面。它提供门控和本地 NAT，IP 域指示和可用性，远程 NAT 穿越支持，流量监管，QoS 包标记，IMS 媒体平面安全等功能。

（8）媒体网关控制功能/IMS 媒体网关(Media Gateway Control Function/IMS Media Gateway, MGCF/IMS-MGW)：MGCF/IMS-MGW 负责网络互连点到电路交换网络的控制/媒体平面互通。这包括基于 BICC/ISUP/SIP-I 的与 CS 网络的互通，并可能包括媒体平面的转码。

（9）突破网关控制功能(Breakout Gateway Control Function, BGCF)：BGCF 负责确定 SIP 消息路由的下一跳。其确定基于 SIP/SDP 内收到的信息及路由配置数据(可能是内部配置数据或 ENUM/DNS 查找)。对于 CS 域终端，BGCF 确定 CS 域中断发生的网络并选择适当的 MGCF。对于对等 IMS 网络中的端接，BGCF 选择适当的 IBCF 来处理到对等 IMS 域的互连。BGCF 还可以向互联网或下一个网络选择的 MGCF/IBCF 提供指示。

5. 其他网络功能

（1）ENUM：此功能可以使用 DNS 将 E.164 号码转换为 SIP URI，以启用 IMS 会话的消息路由。

（2）IPX：IPX 是提供 PMN 之间互连能力的 IP 数据包交换网络。

（3）直径代理(Diameter Agent)：直径代理是一种控制 Diameter 信令的网元，能够实现 LTE 或 IMS 网络内和网络之间信息的无缝通信与控制网络边界。直径代理可以减少对网络性能、容量和管理产生负面影响的 Diameter 连接的网格。

（4）安全网关(Security Gateway, SEG)：SEG 可以用于发起和终止 eNodeB 与演进分组核心网络之间的安全关联。IPsec 隧道是使用预共享的安全密钥建立的，可以采用多种不同的格式。根据隧道建立过程中双方交换的参数，IPsec 隧道强制进行流量加密，以增加保护。这实现了跨 S1-MME、S1-U 和 X2 接口的 eNodeB 和 EPC 之间的安全通信。

11.2.2　VoLTE 接口描述

VoLTE 架构的主要接口由 3GPP 定义如下。更多信息可以在 3GPP TS 23.002 中查看。

（1）LTE-Uu 接口(UE-eNodeB)：LTE-Uu 是 eNodeB 和用户设备之间的无线接口。

（2）S1-MME 接口(EU-MS)：S1-MME 是 EUTRAN 和 MME 之间的控制平面接口。在此接口上使用的协议是 3GPP TS 24.301 中定义的非接入层协议(NAS)。

（3）S1AP 接口(eNodeB-MME)：S1AP 是 EUTRAN 和 MME 之间的 S1 应用协议。

（4）S1-U 接口(eNodeB-SGW)：S1-U 是 EUTRAN 和 S-GW 之间用于每个承载用户平面隧道和切换期间的 eNodeB 间路径切换的接口。该接口上的传输协议是 3GPP TS 29.281 中定义的 GPRS 隧道协议-用户平面(GTPv1-U)。

（5）X2 接口（eNodeB-eNodeB）：X2 是 eNodeB 之间的接口，用于基于 X2 的切换和一些自组织网络（SON）功能。信令协议（X2 应用协议）在 3GPP TS 36.423 中定义，用户平面（GTPv1-U）在 3GPP TS 29.281 中定义。

（6）S5 接口（SGW-PGW）：S5 接口提供 SGW 和 PGW 之间的用户面隧道和隧道管理。SGW 和 PGW 可以被实现为单个网络元件，在这种情况下 S5 接口不被暴露。控制平面协议（GTPv2-C）在 3GPP TS 29.274 中定义，用户平面协议（GTPv1-U）在 3GPP TS 29.281 中定义。

（7）S6a 接口（HSS-MME）：该接口允许传输订阅和认证数据，以认证/授权用户访问。S6a 接口上使用的协议是 Diameter，在 3GPP TS 29.272 中定义。

（8）S9 接口（H-PCRF-V-PCRF）：S9 接口提供 Home PMN 和 Visited PMN 之间的策略、计费规则及 QoS 信息，以支持 PCC 漫游相关功能。在 S9 接口上使用的协议是 Diameter，并在 3GPP TS 29.215 中定义。S9 接口是可选的，通过家庭和访问运营商之间的双边协议进行部署。漫游用户的策略和计费规则可以通过访问 PCRF 中的本地配置数据来实现。

（9）S10 接口（MME-MME）：S10 接口提供 MME-MME 信息传输，用于实现 MME 的重定位。S10 接口上使用的协议是 GPRS 隧道协议-控制平面（GTPv2-C），在 3GPP TS 29.274 中定义。

（10）S11 接口（MME-SGW）：S11 接口位于 MME 和 SGW 之间，支持移动性和承载管理。S11 接口上使用的协议是 GPRS 隧道协议-控制平面（GTPv2-C），在 3GPP TS 29.274 中定义。

（11）Gx 接口（PCRF-PGW）：Gx 接口在 PCRF 和 PGW 之间，允许 PCRF 直接控制 PGW 的策略执行功能。Gx 接口上使用的协议是 Diameter，在 3GPP TS 29.212 中定义。

（12）Rx 接口（PCRF-P-CSCF）：Rx 接口在适当的应用功能（在 VoLTE 的情况下是 P-CSCF）和 PCRF 之间，允许应用功能请求为会话应用合适的策略。Rx 接口上使用的协议是 Diameter，在 3GPP TS 29.214 中定义。

（13）SGi 接口（PGW-P-CSCF）：SGi 接口位于 IMS 网络内的 PGW 和 P-CSCF 之间。从 UE 到 P-CSCF 的 Gm 参考点在 SGi 内用于 VoLTE 服务的隧道。

（14）Cx 接口（I/S-CSCF-HSS）：Cx 接口位于 I/S CSCF 和 HSS 之间，以启用 IMS 注册并将用户数据传递给 S-CSCF。

（15）Sh 接口（VoLTE AS-HSS）：Sh 接口位于 VoLTE 应用服务器和 HSS 之间，以便将服务和订户相关信息传递给应用服务器或存储在 HSS 中。

（16）Gm 接口（UE-P-CSCF）：Gm 接口在 UE 和 P-CSCF 之间，并且启用 UE 和 IMS 网络之间的连接，用于注册、认证、加密和会话控制。

（17）Ut 接口（UE-TAS）：Ut 接口位于 UE 和 TAS 之间，允许用户配置为 VoLTE 服务指定的补充业务。Ut 接口上使用的协议是 XCAP。

（18）Mx 接口（x-CSCF-IBCF）：Mx 接口位于 CSCF 和 IBCF 之间，用于与其他 IMS 网络互通。Mx 接口上使用的协议是 SIP 和 SDP。

（19）Mw 接口（x-CSCF-x-CSCF）：Mw 接口位于 IMS 核心网内的 x-CSCF 和另一个 x-CSCF（如 P-CSCF 到 I/S-CSCF）之间。Mw 接口上使用的协议是 SIP 和 SDP。

（20）Mg 接口（xCSCF-MGCF）：Mg 参考点允许 MGCF 将 MGCF 已经从 CS 网络交互到 CSCF 的进入的 SIP/SDP 消息转发。Mg 接口上使用的协议是 SIP 和 SDP。

（21）Mi 接口（xCSCF-BGCF）：Mi 参考点允许服务 CSCF 将 SIP/SDP 消息转发到分组网关控制功能，用于与 CS 网络进行互通的 MGCF 选择。Mi 接口上使用的协议是 SIP 和 SDP。

（22）Mj 接口（BGCF-MGCF）：Mj 参考点允许中断网关控制功能与 BGCF 交换 SIP/SDP 消息，以便与 CS 网络互通。Mj 接口上使用的协议是 SIP 和 SDP。

(23) ISC 接口(S-CSCF-TAS)：ISC 接口位于 S-CSCF 和 Telephony Application Server 之间，用于与 TAS 上实施的 MMTel 补充业务进行交互。ISC 接口上使用的协议是 SIP。

(24) Mr 接口(S-CSCF-MRF)：Mr 接口位于 S-CSCF 和 MRF 之间，允许与媒体资源进行交互，以用于特定的补充业务(如会议呼叫)。Mr 接口上使用的协议是 SIP/SDP。

(25) Mr' 接口(TAS-MRF)：Mr' 接口在电话应用服务器和 MRF 之间，允许与媒体资源进行交互，用于特定的补充服务(如电话会议)。Mr' 接口上使用的协议是 SIP/SDP。

(26) Cr 接口(TAS-MRF)：Cr 接口位于 Telephony Application Server 和 MRF 之间，并且用于发送/接收由 MRF 服务的 XML 编码的媒体服务要求(Cr)。

(27) Mb 接口(媒体承载)：Mb 接口是 UE 和与承载(如 MRF)交互的网络元件之间的媒体承载平面。该协议基于 IETF RFC 3550、IETF RFC 768 和 IETF RFC 4961 中定义的基于 UDP 的对称 RTP/RTCP。

(28) ICI 接口(IBCF-IBCF)：ICI 接口位于 IBCF 与属于不同 IMS 网络的其他 IBCF 或 I-CSCF 之间。ICI 接口上使用的协议是 SIP 和 SDP。

(29) Izi 接口(TrGW-TrGW)：Izi 接口位于 TrGW 和属于不同 IMS 网络的另一个 TrGW 或媒体处理节点之间。Izi 接口上使用的协议是 RTP 和 MSRP。

11.2.3 VoLTE 基本原理

LTE 网络架构中只提供基于 IMS 的 VoIP 话音业务，基于 VoIP 的 VoLTE/SRVCC 方案是 LTE 的目标语音解决方案。该方案通过 IMS 为不同的分组接入网络提供统一的会话控制，实现对多媒体话音业务的支持，同时还具备融合业务的提供能力。这种方式能充分发挥 LTE 技术的优势，为用户提供与传统 CS 域相同的业务体验，因此被业界视为未来话音业务的目标解决方案，得到了全球绝大多数运营商和设备商的支持。

SRVCC 指的是当单无线频率终端从 EPS 网络切换到 2G/3G 网络时，话音呼叫的业务连续性。SRVCC 方案适用于运营商已经部署了 IMS 网络，在 TD-LTE 网络已经能提供基于分组域的语音业务，但 LTE 没有达到全网覆盖的场景。随着用户的移动，正在进行的语音业务会面临离开 TD-LTE 覆盖范围后语音不能保持连续的问题，这时，借助 SRVCC 技术将语音切换到电路域，从而保证不中断语音通话。SRVCC 实际是个切换过程，通过 IMS、SRVCC AS(应用服务器)和承载网络实体 MME/MSCServer 相配合，实现语音业务的连续性。SRVCC 与 CSFB 方式的不同是，CSFB 是在 EPS 与 2G/3G 重叠覆盖区域内发生回落，而 SRVCC 则在 LTE 网络失去覆盖的时候，才发生到 2G/3G 网络电路域间的切换。

SRVCC 方案基于 IMS 实现，因此网络上需要部署 IMS 系统。另外，只有 TD-LTE 网络开通 IMS 语音业务后，才会在特定场景需要使用 SVRCC。

为了实现不中断的语音呼叫，需要 EPC、CS 及 IMS 三模块协同工作，其中，电路域的 MSC 需要升级为增强的 MSC，以便支持从 MME 发来的切换过程，支持 IMS 到 CS 的切换并关联 CS 切换和域转移；EPC 中的 MME 需要能从 PS 承载中分离出语音和非语音部分，对语音承载部分协调 PS(Packet Switch)切换和 SRVCC(Single Radio Voice Call Continuity)切换；IMS 中的 HSS 需要在 UE 附着过程中把 SRVCC VDN(VCC 域转移号码)插入 MME。

SRVCC 的基本工作流程为：将话音呼叫锚定在 IMS 系统中，以实现 SRVCC。当发起 TD-LTE 到 2G/3G 的域转移时，MME(具有 UESRVCC 相关信息)首先从 TD-LTE 网络获得切换指示，然后触发 MSCServer 的 SRVCC 流程，MSCServer 发起到 IMS 的会话转移流程，并且完成到目标小区的 CS 切换流程。切换完成后，MSCServer 向 MME 发送响应(其中包括必要的切换命令信息)，并转给 UE 用于接入 2G/3G 网络。这样，语音呼叫就从 TD-LTE 转移到 2G/3G 网络了,并借此保持了语音业务的连续性。

11.3　VoLTE 实现

从通信规模看,VoLTE 的实现主要可分为三个场景:在单个 MNO(Mobile Network Operator)域中提供服务,在多个运营商互连的情况下提供服务,以及在漫游的情况下提供服务。但是从业务实现流程来看,一个初次签约 EPS 系统的用户,如果要实现端到端的 VoLTE 业务,要经过 EPS 附着、IMS 注册、业务发起和会话控制过程(包括专有承载和 IMS 层信令交互)、资源释放过程等几个阶段,不同场景下的业务流程有很大的相似性。由于篇幅限制,本节仅讨论最简单的、在单个 MNO 域中提供 VoLTE 服务的情况。

LTE 和 VoLTE 的初始部署一般在单个 MNO 域中独立运行,仅为自己的用户提供服务(无运营商间 VoLTE 互连或漫游能力)。单个运营商 VoLTE 网络和 CS 网络之间的互通也在范围之内。图 11.3 所示为单个 PMN 部署的 VoLTE 体系结构。

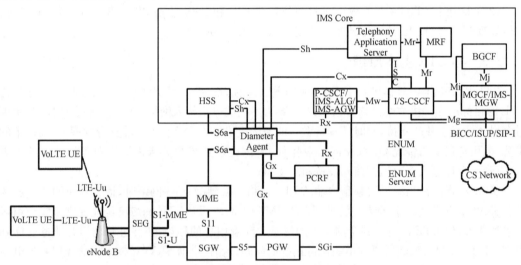

图 11.3　单个 PMN 部署的 VoLTE 体系结构

VoLTE 基本呼叫流程符合针对 E-UTRAN/EPC、IMS 和 PCC 的 3GPP 规范。基本呼叫流程包括以下内容:

(1) VoLTE UE 的附着和 IMS 注册;

(2) VoLTE UE 分离和 IMS 取消注册;

(3) IMS 语音呼叫建立和拆解;

(4) IMS 多媒体(语音/视频)呼叫建立和拆解;

(5) 将视频添加到已建立的语音呼叫;

(6) 从已建立的多媒体通话中删除视频。

11.3.1　VoLTE UE 的附着和 IMS 注册

VoLTE UE 在 LTE 覆盖范围内,如果网络支持 VoLTE,将自动执行 LTE 连接,随后是 VoLTE 的 IMS 注册。这确保 VoLTE UE 可用于 VoLTE 服务(来电、去电和补充服务),类似当今 CS 网络部署中的语音体验。

1. VoLTE UE 的附着过程

VoLTE UE 的附着过程如图 11.4 所示。

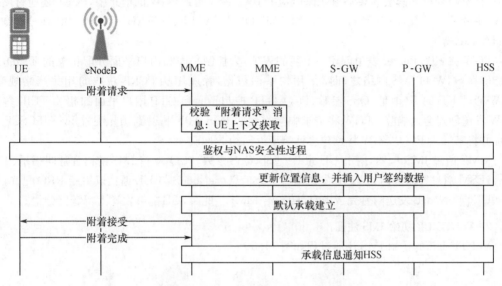

图 11.4   附着过程

VoLTE UE 向 eNodeB 发起附着请求,其中包括 EPS 附着类型、NAS 密钥集标识符、IMSI、UE 网络能力、DRX 参数、PDN 类型(设置为 IPv4v6)、PCO(P-CSCF IPv4 地址请求、P-CSCF IPv6 地址请求、IPv4 链路 MTU 请求)、语音域优先级和 UE 的使用设置(指示支持 IMS 语音),以及 ESM 消息容器等。

eNodeB 从 RRC 参数中选择 MME,并利用所选择的网络和接收到该消息的小区的 TAI ＋ ECGI 位置信息,向 MME 发送附着请求。

执行认证和安全机制来激活完整性保护与 NAS 加密。MME 将向包含具有所选择的 NAS 算法、eKSI、ME 身份请求和 UE 安全能力的 UE 发起安全模式命令。UE 以安全模式完成与 NAS-MAC 和 ME 身份响应。完成后,所有 NAS 消息都受到 NAS 安全功能(完整性和加密)的保护。

MME 执行 HSS 发送的位置更新以检索订户简档(订阅用户的服务基本描述)。HSS 通过相关的 IMSI 和包含具有预订的 QoS 简档与预订的 APN-AMBR(Aggregate Maximum Bit Rate, 聚合最大比特率)的 PDN 预订上下文的订户数据向 MME 确认更新位置。

UE 不能在初始连接中提供 IMS APN。HSS 中配置的默认 APN 可以设置为 IMS-APN, HSS 返回 IMS-APN 名称以建立默认承载。APN-OI 信息由 MME 插入。

如果 IMS APN 没有被配置为默认 APN,并且 UE 已经确定需要建立到 IMS APN 的 PDN 连接,则 UE 必须在后续 PDN 连接请求中建立到 IMS APN 的 PDN 连接。

MME 向 SGW 发起创建会话承载请求,为 VoLTE IMS 信令创建默认承载。该消息包含 IMSI、MS ISDN、IMS-APN、QCI＝5、ARP 值、APN-AMBR、用户位置信息(如 TAI＋ECGI)、UE 时区、RAT 类型(EUTRAN)、PCO 等。SGW 在 EPS Bearer 表中创建一个新条目,为控制平面和用户平面分配相关的 TEID,使其能够在 MME 和 PGW 之间路由 GTP 控制平面流量,并将请求转发给 PGW。

PGW 为 UE 分配 IP 地址(可以是 IPv4 或 IPv6),利用动态 PCC 向 PCRF 发起信用控制请求消息,获取默认承载用于 IMS 信令的默认 PCC 规则。请求消息包括 IMSI、UE IP 地址、默认承载 QoS 参数(QCI=5、ARP、APN-AMBR)、用户当前信息、时区信息、RAT 类型(EUTRAN)等。PCRF 绑定相关策略规则设置为默认承载的 IP 地址,并用默认的 TFT(Traffic Flow Template,业务流模板)和可能修改的 QoS 参数来响应 PGW。在发送到 PGW 的消息中,PCRF 还应订阅与 PGW 中的默认承载有关的修改(如 RELEASE_OF_BEARER、DEFAULT_EPS_BEARER_QOS _CHANGE 等)。

PGW 在 EPS Bearer 表中创建一个新的表项,为控制平面和用户平面分配相关的 TEID,使其能够在 SGW 和 IMS 网络之间路由用户平面数据,并应用从 PCRF 获取的相关策略规则。PGW 通过 UE 的 IP 地址、QoS 参数、PCO、GTP 控制平面和 GTP 用户平面的相关 TEID 等向 SGW 发送创建会话响应。PGW 将请求中接收到的 IMS-APN 映射到预先配置 IMS P-CSCF IP 地址并将其插入 PCO。SGW 将创建会话响应返回给 MME。

MME 通过 IMS-APN,用于 UE 的 IP 地址、QoS 参数、PCO、支持 IMS 的语音呼叫指示、TAI 列表、ESM 消息容器等向 eNodeB 发送附着接收信息。eNodeB 与 UE 通信以更新 RRC 配置。

UE 向 eNodeB 发送附着完成消息,转发给 MME。此时,UE 能够发送上行链路分组。

2. VoLTE UE 初始 IMS 注册

VoLTE UE 的初始 IMS 注册过程如图 11.5 所示。

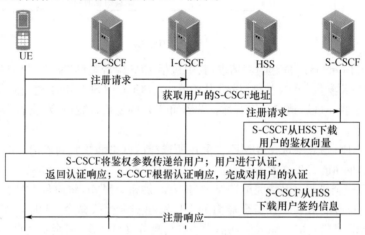

图 11.5　IMS 注册过程

VoLTE UE 使用在 LTE 附着期间可用的 P-CSCF IP 地址向 P-CSCF 发起 SIP REGISTER。注册申请包含以下内容。

(1) 在 Contact 字段中,IMS 多媒体电话的 IMS 通信服务标识符(ICSI)。

(2) 基于 IP 的 SMS 功能标签。

(3) IMS 公共用户身份,采用以下形式之一:

　　① 字母数字 SIP-URI,如 user@example.com;

　　② MSISDN 作为 SIP-URI,如 SIP:+447700900123@example.com;用户=电话;

　　③ MSISDN 作为 Tel-URI,如联系电话:447700900123。

(4) 作为 NAI 的 IMS 专用用户身份:如 username@realm。

(5) P-Access-Network-Info,包括:

　　① access-type=3GPP-E-UTRAN-FDD 或 3GPP-E-UTRAN-TDD;

　　② UTRAN-cell-id-3gpp 参数。

(6) Request-URI 设置为家庭网络域名的 SIP-URI。

(7) IMS AKA 参数的相关标题。

P-CSCF 接收来自 UE 的 SIP REGISTER 请求,并插入带有标识用于路由的 P-CSCF 的 SIP-URI 的 Path 头部、具有 icid 值的 P-Charging-Vector 头部。P-Visited-Network-ID 用来识别 P-CSCF 的网络域,并将该请求转发给 I-CSCF。I-CSCF 名称通过 DNS 查询来确定,或者可以在 P-CSCF 内预先配置。

I-CSCF 使用用户授权请求进行授权并获取公共用户标识的 S-CSCF 名称来查询 HSS。HSS 验证公共用户身份和私人用户身份是有效的而不是禁止的。如果不存在与公共用户身份相关联的 S-CSCF,则 HSS 可以返回与 S-CSCF 能力有关的信息,从而允许 I-CSCF 选择适当的 S-CSCF。一旦 S-CSCF 被识别,I-CSCF 就将 SIP REGISTER 请求转发给 S-CSCF。

S-CSCF 识别出 SIP REGISTER 是具有 IMS-AKA 相关安全性的初始 IMS 注册的一部分。S-CSCF 向 HSS 发起多媒体认证请求来检索认证向量,以执行 IMS-AKA 安全性。HSS 存储注册的公共用户标识的相关 S-CSCF 名称,并将认证矢量返回给 S-CSCF。

一旦接收到 IMS AKA 认证向量,S-CSCF 就存储 XRES,并以 401 未授权响应回复 SIP REGISTER 请求,指示 AKAv1-MD5 要使用的安全机制。RAND 和 AUTN 参数、完整性密钥和密码密钥也包括在内。

P-CSCF 从 401 未授权的响应中移除密码密钥和完整性密钥,然后将该响应转发给 UE。

UE 提取 RAND 和 AUTN 参数,计算 RES,并从 RAND 导出密码密钥和完整性密钥,同时基于从 P-CSCF(IPSec)接收的参数创建临时安全关联组,并且使用包含 RES 的填充的授权报头向 P-CSCF 发送新的 REGISTER 请求,所述授权报头指示该消息是完整性保护的。

P-CSCF 检查临时安全关联,并验证从 UE 接收的安全相关信息。此 P-CSCF 将 SIP REGISTER 请求转发给包含 RES 的 I-CSCF。

I-CSCF 使用用户授权请求消息来检索存储在 HSS 内的 S-CSCF 名称,并将该请求转发给相关的 S-CSCF。

S-CSCF 检查先前存储在 SIP REGISTER 和 XRES 中的 RES 是否匹配,然后 S-CSCF 执行服务器分配请求过程,到 HSS 以下载相关用户简档并注册 VoLTE UE。S-CSCF 存储 P-CSCF 的路由头部,并将其绑定到 VoLTE UE 的联系地址,用于把将来的消息路由到 VoLTE UE。P-Charging-Vector 头部的参数被存储,并且 S-CSCF 向 I-CSCF 发送 200 OK 响应。

在从 I-CSCF 接收到 200 OK 后,P-CSCF 将临时安全关联组更改为新建立的一组安全关联。它发送 200 OK 给 VoLTE UE。所有未来发送给 UE 的消息都将使用安全关联进行保护。

P-CSCF 向 PCRF 发送 AAR 消息,以执行到默认承载的应用绑定。PCRF 执行绑定,并向 P-CSCF 回应 AAA 消息。注意,如果这个消息没有被发送,则 IMS 依赖其他机制来检测基础默认承载的丢失,即连接丢失(例如,尝试向 UE 发送呼入呼叫的信号超时或 UE 在 IMS 中注册一个新的 IP 地址)。

在接收到 200 OK 之后,UE 将临时安全关联改变为新建立的安全关联集合,其将被用于进一步向 P-CSCF 发送消息。

VoLTE UE 现在向 IMS 网络注册 VoLTE 服务,SIP 信令通过默认的 EPC 承载传输。

S-CSCF 向 VoLTE AS 发送第三方 SIP REGISTER,如用户配置文件中的初始过滤标准(iFC)。TAS 可以使用用户数据请求过程来读取存储在 HSS 中的 VoLTE 数据。

VoLTE UE、P-CSCF 和 TAS 将使用 SIP SUBSCRIBE 消息向订户注册事件包,以通知公共用户身份的任何注册状态的改变。反过来,S-CSCF 将向订阅实体发送一个 SIP NOTIFY 消息,通知它们活动的注册状态。

11.3.2　VoLTE UE 分离和 IMS 取消注册

如果 UE 没有能够切换到另一种支持 IMS 上的语音业务的接入技术，VoLTE UE 将在执行 LTE 分离之前自动注销 IMS。这确保了 VoLTE 用户可以相应地路由任何终止服务（如终止呼叫被直接路由到语音邮件），而不是尝试将呼叫路由到 VoLTE UE。这种行为类似于当今 CS 网络部署中的语音体验。

1. IMS 注销

VoLTE UE 执行 IMS 注销的具体过程如下。

（1）VoLTE 向 P-CSCF 发起包括公共用户身份、私有用户身份、具有家庭网络的域名的 SIP-URI、P-Access-Network-Info 等请求 URI 的 P-CSCF 的 SIP REGISTER 消息，注册到期间隔定时间应设为零。

（2）P-CSCF 将 SIP-REGISTER 转发给 I-CSCF。I-CSCF 使用用户授权请求消息来检索存储在 HSS 内的 S-CSCF 名称，并将该请求转发给相关的 S-CSCF。

（3）一旦接收到 SIP REGISTER（到期时间为零），S-CSCF 就向 HSS 发起服务器分配请求过程，指示用户注销存储服务器名称。HSS 应保持与公共用户身份相关联的 S-CSCF 名称以供将来使用，并且允许应用未注册的服务（如将终止语音呼叫路由到语音邮件）。请注意，如果 HSS 不保留 S-CSCF 名称，则 HSS 将需要分配 S-CSCF 来处理新的终止 INVITE 消息。

（4）S-CSCF 应向 VoLTE UE、TAS 和 P-CSCF 发送一个 SIP NOTIFY 通知它们（先前订阅了 reg-event 包的 UE、TAS 和 P-CSCF）注册状态的变化。VoLTE UE/TAS/P-CSCF 以 200 OK（NOTIFY）响应。如果在注册时已经执行应用会话绑定，则 P-CSCF（在被通知改变注册状态时）向 PCRF 发送 STR 消息以移除与基础默认承载的会话绑定。P-CSCF 应删除在 P-CSCF 和 UE 之间建立的安全关联。

（5）S-CSCF 应发送一个 200 OK（注册）来确认注销。P-CSCF 应将 200 OK（注册）转发给 UE。

（6）在收到 200 OK 响应后，UE 应删除公共用户身份的所有注册细节，并删除存储的安全关联。UE 应将注册事件包的订阅视为取消。

2. VoLTE UE 分离

VoLTE UE 从 LTE 分离的过程如下。

（1）VoLTE UE 通过包括 VoLTE UE 正在使用的小区的位置信息（TAI ＋ ECGI）的 eNodeB 向 MME 发起分离请求。

（2）MME 向 SGW 发起删除会话请求，包括 ECGI 和时间戳，去激活默认承载。

（3）SGW 释放默认的承载上下文信息，并将删除会话响应发送给 MME。

（4）SGW 向 PGW 发起删除会话请求，包括 ECGI、时区和时间戳。

（5）PGW 用删除会话响应来确认 SGW。PGW 向 PCRF 发起信用控制请求，指示默认承载被释放，包括用户位置信息（ECGI）和时区信息。

（6）MME 利用释放接入承载请求释放 SGW 和 eNodeB 之间的连接。MME 可以发送分离请求，并且 UE 和 eNodeB 之间的无线资源被移除。在此阶段，VoLTE UE 已不再连接到网络，并且为 IMS 信令建立的默认承载被删除。

11.3.3　IMS 语音呼叫建立和拆解

VoLTE UE 使用 IMS 网络进行呼叫建立。IMS 信令应该通过默认承载发送，并且动态建立新的专用承载,从而用于话音业务。其基本流程如下。

1. 语音呼叫建立——发送端

当 VoLTE UE 发起来自 LTE 的语音呼叫时,VoLTE UE 发起 SIP INVITE 请求,包含具有 IMS 媒体能力的 SDP Offer,建议将 AMR 宽带编解码器包括在内,以提供对 HD 语音的支持,并且应该使用分段的状态类型指示需要但尚未满足 QoS 的本地先决条件。该请求被发送到在注册过程中发现的 P-CSCF。INVITE 请求包含:

(1) 在 Contact 头部信息和 P-Preferred-Service 头部信息中,IMS 多媒体电话的 IMS 通信服务标识符(ICSI)。

(2) 下列其中一种形式的主叫方的 IMS 公共用户身份:

① 字母数字 SIP-URI,如 user@example.com;

② MSISDN 作为 SIP-URI,如 SIP:+447700900123@example.com;user=phone;

③ MSISDN 作为 Tel-URI,如联系电话:447700900123。

(3) P-Access-Network-Info,其包括:

① access-type= 3GPP-E-UTRAN-FDD 或 3GPP-E-UTRAN-TDD;

② UTRAN-cell-id-3gpp 参数。

(4) Request-URI 被设置为被叫方的 SIP-URI 或 tel-URI。

(5) 在支持的头文件中,存在 P-Early-Media、100rel 和 precondition 选项标签。

P-CSCF 在适用的情况下将 SIP INVITE 转发给 S-CSCF 所提供的 SDP 地址。

S-CSCF 接收来自 P-CSCF 的 SIP INVITE,并调用由 IMS 注册期间接收的订户简档内的初始过滤标准触发的任何 VoLTE 服务。S-CSCF 检查 SIP INVITE(如 MMTel ICSI)中的 P-Preferred-Service 报头,并通过针对在 IMS 注册(核心网络)期间用服务配置文件中检索到的订阅服务来验证用户是否被授权服务服务授权。如果 MMTel ICSI 不在订阅的服务中,INVITE 请求将被拒绝(403 Forbidden)。如果经过验证,则 S-CSCF 将 ICSI 添加到 P-Asserted-Service 报头中,并删除 P-Preferred-Service 报头。由于用户配置文件中的业务逻辑及将呼叫识别为 VoLTE 呼叫(MMTel ICSI),S-CSCF 应当将 SIP INVITE 路由到 TAS,以调用 VoLTE 补充业务。TAS 调用任何补充业务逻辑并将 SIP INVITE 路由到 S-CSCF。S-CSCF 确定被叫方位于归属网络内,并将 SIP INVITE 路由到 I-CSCF,以确定被叫方的终止 S-CSCF。

被叫方的 VoLTE UE 将在 SIP 183 Progress 消息中返回 SDP 应答。SDP 应答应该只包含一个编解码器,并且指示在终止端还期望但尚未满足预置条件,并且当在始发侧已经满足 QoS 先决条件且媒体流不活动时,应该发送确认。该消息由 S-CSCF 接收并转发给 P-CSCF。如果部署,P-CSCF 使用 SDP 应答来配置 IMS-AGW。

2. 语音呼叫建立——接收端

在 VoLTE UE 接收到传入语音呼叫请求的情况下,S-CSCF 接收包含具有 IMS 媒体能力的 SDP 提供的 SIP INVITE。SDP 还应提供包含 AMR 窄带编解码器和可选的 AMR 宽带编解码器。S-CSCF 调用由 IMS 注册期间接收到的订阅户简档内的初始过滤标准触发的任何 VoLTE 服务。S-CSCF 应该将 SIP INVITE 路由到 TAS,以调用 VoLTE 补充业务。TAS 调用任何补充业务逻辑并将 SIP INVITE 路由到 S-CSCF。在 IMS 注册期间,S-CSCF 将 SIP INVITE 路由到与订户相关联的终止 P-CSCF。

P-CSCF 将 SIP INVITE 转发给 VoLTE UE。当 VoLTE UE 接收到 SIP INVITE 时,它将为该呼叫分配资源,并从 SDP Offer 中选择一个语音编解码器,UE 将发送一个包含 SDP Answer 的响应消息的 SIP 183 Progress。

在接收到 SIP 183 Progress 消息时,P-CSCF 利用来自 UE 的 SDP 应答来更新 IMS-AGW,并向具有相关更新的服务信息(IP 地址,端口)的 PCRF 发送授权/认证。PCRF 授权该请求,并将该业务信息关联到存储的包含被允许的业务信息、QoS 信息和 PCC 规则信息的订阅相关信息。PCRF 识别在 LTE 附着过程中已经建立的受影响的 IP-CAN 会话(如默认承载),并且向 PGW 发起重新认证请求,以发起针对具有相关 QoS 参数的语音的专用承载(QCI=1,ARP)和相关的流量模板。PCRF 还应订阅与 PGW 中的专用承载相关的修改(例如,LOSS_OF_BEARER、INDI-CATION_OF_RELEASE_OF_BEARER 等)。

PGW 向 PCRF 确认重新认证请求,然后 PCRF 确认从 P-CSCF 发送的授权/认证请求消息。此时 IMS SIP 会话和用于语音的专用承载通过 PCC 绑定在一起。PGW 向 SGW 发送创建承载请求,以创建用于 VoLTE 媒体的专用承载。该消息包含专用承载标识、链接承载标识及标识关联的默认承载、业务流模板及关联的 QoS 参数(QCI=1、ARP、GBR 和 MBR)等。SGW 将请求发送到 MME。MME 利用专用承载标识、链接承载标识、业务流模板和相关联的 QoS 参数向 eNo-deB 发送承载建立请求消息,以激活用于语音业务的专用承载。

eNodeB 将 QoS 参数映射到无线承载所需的参数,然后向 UE 发送 RRC 连接重配置信号。UE 存储专有承载标识,并将专用承载链接到由链接 EPS 承载标识指示的默认承载。UE 将 TFT 和相关联的 QoS 参数绑定到专用承载,并且向 eNodeB 确认该请求,eNodeB 随后向 MME 确认承载请求建立。MME 向 SGW 发送创建承载响应消息,以确认承载激活。该消息包括专用承载身份和用户位置信息(ECGI),然后将其转发给 PGW。在接收到来自 PCRF 的 AAA 响应之后,P-CSCF 将向 S-CSCF 传送 SIP 183 进度(SDP)消息,包含的 SDP 反映 IMS-AGW 中的媒体链接的地址。PRACK 消息从呼叫的发起方转移。终端侧接收由始发 UE 产生的 PRACK 消息,并发送更新的 200 OK(PRACK)作为响应。

3. 语音呼叫清除——启动

VoLTE UE 将通过 IMS 网络执行呼叫清除:IMS 信令应该通过默认承载发送,为语音业务动态建立的专用承载将被删除。

当 VoLTE UE 终止来自 LTE 的语音呼叫时,VoLTE UE 向 P-CSCF 发送 SIP BYE 消息。如果适用,P-CSCF(IMS-ALG)将释放 IMS-AGW 中的资源。

P-CSCF 还向 PCRF 发起会话终结请求,以启动去除为语音业务建立的专用承载的过程。PCRF 删除所存储的签约信息与 IMS 业务信息的绑定关系,向 PGW 发起重认证请求(Re-Auth-Request),去掉语音相关的 QoS 参数(QCI=1,ARP)和相关业务流程模板。P-CSCF 将 SIP BYE 消息转发到 S-CSCF,S-CSCF 可以调用由在 IMS 注册期间接收的订户用户内的初始过滤标准触发的任何 VoLTE 服务逻辑。S-CSCF 应当在可能已经调用了 VoLTE 补充服务的点上将 SIP BYE 转发给 TAS。S-CSCF 将 SIP BYE 路由到另一方的 S-CSCF。另一方用 200 OK 确认 SIP BYE。在这个阶段,VoLTE UE 已经清除了该呼叫,并且用于语音业务的专用承载已经被移除。

4. 语音呼叫清除——接收

当 VoLTE UE 终止来自 LTE 的语音呼叫时,SIP BYE 由 S-CSCF 从另一方接收。S-CSCF 应当在可能已经调用了 VoLTE 补充服务的点上将 SIP BYE 转发给 TAS。S-CSCF 将 SIP BYE 路由到 P-CSCF,后者又转发给 VoLTE UE。VoLTE UE 通过发送 200 OK 确认呼叫清除。

在接收到 SIP BYE 后,如果适用,P-CSCF(IMS-ALG)释放 IMS-AGW 中的媒体资源。P-CSCF 还向 PCRF 发起会话终结请求,以启动去除为语音业务建立的专用承载的过程。PCRF 删除所存储的签约信息与 IMS 业务信息的绑定关系,向 PGW 发起重认证请求(Re-Auth-Request),去掉语音相关的 QoS 参数(QCI=1,ARP)和相关业务流程模板。

11.3.4　IMS 多媒体(语音/视频)呼叫建立和清除

1. 多媒体(语音/视频)呼叫建立——发送端

VoLTE UE 将使用 IMS 网络进行呼叫建立。IMS 信令应通过默认承载发送,并为语音和视频流量动态建立新的专用承载。

VoLTE UE 发起 SIP INVITE 请求,包含具有 IMS 媒体能力的 SDP Offer。在这种情况下,SDP Offer 将包含两个分别包含音频和视频编解码器的媒体行。

对于多媒体会话的建立,P-Preferred-Service 首部中的 IMS 通信业务标识(ICSI)应设置为:

- urn:urn-7:3GPP-service.ims.icsi.mmtel;video

S-CSCF 调用在 IMS 注册期间接收到的用户的初始过滤规则触发的任何 VoLTE 呼叫业务。TAS 被适当地调用,并且该呼叫被传播到被叫方 UE。

被叫方的 VoLTE UE 将在 SIP 183 Progress 消息中返回 SDP 应答。在这种情况下,SDP 应答包含两条媒体线路,每条媒体线路只能包含一个编解码器(分别用于语音和视频)。该消息由 S-CSCF 接收并转发给 P-CSCF。P-CSCF 使用 SDP 应答来配置 IMS-AGW。

P-CSCF 分析 SDP Answer 中的 SDP,并向 PCRF 发送 Authorize/Authenticate-Request 消息和相关的业务信息。在这种情况下,有两组媒体相关信息对应于所请求的语音和视频媒体。PCRF 授权该请求,将服务信息与存储的包含关于允许的服务、QoS 信息和 PCC 规则信息的订阅相关信息相关联,并向 PGW 发送重新认证请求。在这种情况下,这个消息请求分别用相关的 QoS 参数(语音的 QCI=1,视频的 QCI=2)和相关的业务流模板创建两个语音及视频专用承载。

PGW 向 PCRF 确认重新认证请求,然后确认从 P-CSCF 发送的授权/认证请求消息。PGW 向 SGW 发送创建承载请求,为语音和视频媒体创建请求的专用承载。

P-CSCF 将 SIP 183 进度响应转发给 VoLTE UE。这个消息也应该使用 100rel,并且始发 UE 应该产生一个 PRACK,该 PRACK 被转移到呼叫的终接侧,同时接收到一个相关的 200 OK(PRACK)。

VoLTE UE 应保留内部资源以反映 SDP 应答,并通过发送带有新的 SDP 提供的 SIP UPDATE 消息来确认资源预留,从而确认选择的编解码器等。UPDATE 消息通过 P-CSCF 和 S-CSCF 到呼叫的终止段。200 OK(UPDATE)响应从包含 SDP 应答的呼叫的终端接收。该消息经由 S-CSCF 和 P-CSCF 被传递到始发 UE。

终端 UE 将发送由 S-CSCF 接收到的 SIP 180(振铃)响应到 P-CSCF 和发起 UE,其中 UE 将产生本地振铃音,这是由于没有 P-Early-Media 头部。当被叫方的 VoLTE UE 已经应答该呼叫时,它通过 S-CSCF 和 P-CSCF 向主叫方 VoLTE UE 发送 200 OK。P-CSCF 使用 AAA 消息来调用 PCRF,以启用专用承载的上行链路和下行链路。反过来,PCRF 利用 RAR 消息来调用 P-GW,以在 P-GW 处启用媒体流。P-CSCF(IMS-ALG)调用 IMS-AGW(如果已部署),以确保此时可以通过 IMS-AGW 传送双工介质。

VoLTE UE 接收到 200 OK 并发送 SIP ACK 消息,以确认该呼叫已经建立。

2. 多媒体(语音/视频)呼叫建立——接收端

S-CSCF 接收包含具有 IMS 媒体能力的 SDP 提供的 SIP INVITE。在这种情况下,SDP 提供应包含两个分别包含音频和视频编解码器的媒体线路。

S-CSCF 调用由 IMS 注册期间接收的用户简档内的初始过滤标准触发的任何 VoLTE 呼叫服务。S-CSCF 酌情调用 TAS,并将 SIP INVITE 转发给终止的 P-CSCF。

如果部署了 IMS-ALG/AGW,则 P-CSCF(IMS-ALG)调用 IMS-AGW 为媒体连接预留资源。在这种情况下,INVITE 中的 SDP 地址被覆盖,以反映在 IMS-AGW(一个用于语音,一个用于视频）上创建的媒体链接的地址。

P-CSCF 将 SIP INVITE 转发给为该呼叫分配资源的 VoLTE UE。在这种情况下，UE 将从 SDP Offer 中选择一个语音编解码器和一个视频编解码器，并发送一个包含 SDP Answer 的 183 进程响应。

P-CSCF 在接收到 SIP 183 Progress 消息时，更新 IMS-AGW（如果适用）来自 UE 的 SDP 应答，并向 PCRF 发送授权/认证-请求消息。在这种情况下，有两组媒体相关信息对应于所请求的语音和视频媒体。PCRF 对该请求进行授权，并将业务信息与存储的包含被允许业务信息、QoS 信息与 PCC 规则信息的订阅相关信息进行关联，并向 PGW 发送重认证请求。该消息分别请求创建两个语音和视频专用承载，分别使用相关的 QoS 参数（语音 QCI＝1，视频 QCI＝2，ARP）和相关业务流模板。

PGW 向 PCRF 确认重新认证请求，然后确认从 P-CSCF 发送的授权/认证请求消息。

PGW 将创建承载请求发送给 SGW。该请求为语音和视频媒体创建请求的专用承载。

P-CSCF 收到来自 PCRF 的 AAA 响应后，会将 SIP 183 Progress(SDP)消息传送给 S-CSCF。所包含的 SDP 反映 IMS-AGW 中介质针孔的地址（如果适用）。反过来，PRACK 消息从呼叫的始发侧过渡，并发送 200 OK(PRACK)作为响应。

现在从 SIP UPDATE 消息中呼叫的始发分支接收第二个 SDP Offer，该消息通过 S-CSCF 和 P-CSCF 传递给 UE。UE 通过 P-CSCF 和 S-CSCF 发送包含 SDP 应答的 200 OK(UPDATE)应答到呼叫的发起分支。此时，两端都满足先决条件，UE 会提醒用户发送 SIP 180 Ringing 响应。这个消息不包含 SDP，所以不会使用 100rel。另外，P-Early-Media 头部在这个消息中不存在。

SIP 180 振铃响应通过 P-CSCF 和 S-CSCF 发送到始发支路。

当呼叫被应答时，VoLTE UE 将向 P-CSCF 发送 SIP 200 OK 消息，该消息通过 AAA 消息调用 PCRF，启用专用承载的上行链路和下行链路以反映 SDP 交换。反过来，PCRF 利用 RAR 消息来调用 P-GW，以在 P-GW 处启用媒体流。如果适用，P-CSCF(IMS-ALG)还应该调用 IMS-AGW，以确保双工介质能够穿越 IMS-AGW。最后，200 OK 被转发到 S-CSCF，然后被转发到呼叫的发起侧。

3. 多媒体（语音/视频）呼叫清除——发送端

VoLTE UE 将使用 IMS 网络执行呼叫清除：IMS 信令应通过默认承载发送，为语音和视频业务动态建立的专用承载被删除。

VoLTE UE 向 P-CSCF 发送 SIP BYE 消息。如果适用，P-CSCF(IMS-ALG)释放 IMS-AGW 中的资源。P-CSCF 向 PCRF 发起会话终结请求。在这种情况下，该消息启动移除为语音和视频流量建立的两个专用承载的过程。PCRF 调用 PGW 去除专用承载。P-CSCF 将 BYE 消息转发给 S-CSCF，最终转发给呼叫的终止方。另一方用 200 OK 确认 SIP BYE。

在这个阶段，VoLTE UE 已经清除了该呼叫，语音和视频业务的专用承载已被清除。

4. 多媒体（语音/视频）呼叫清除——接收端

S-CSCF 从另一方接收 SIP BYE。S-CSCF 应该在这个 MMTEL 补充业务可能被调用的地方转发 SIP BYE 给 TAS。S-CSCF 将 SIP BYE 路由到 P-CSCF，后者又转发给 VoLTE UE。VoLTE UE 通过发送 200 OK 确认呼叫清除。

在接收到 SIP BYE 后，如果适用，P-CSCF(IMS-ALG)释放 IMS-AGW 中的媒体资源。P-CSCF 向 PCRF 发起会话终止请求。在这种情况下，该消息启动移除为语音和视频流量建立的两个专用承载的过程。PCRF 调用 PGW 去除专用承载。

利用删除承载请求、承载释放请求和 RRC 重新配置请求,来移除用于语音及视频业务的专用承载。

P-CSCF 将 200 OK(BYE)消息转发给 S-CSCF,最终转发给呼叫的终止方。

在这个阶段,VoLTE UE 已经清除了该呼叫,语音和视频业务的专用承载已被清除。

11.3.5 将视频添加到已建立的语音呼叫

1. 添加视频媒体流——发送端

VoLTE UE 使用 IMS 网络将视频媒体流添加到现有的语音呼叫/会话。IMS 信令应通过默认承载发送,并为新的视频媒体流动态建立新的专用承载。

VoLTE UE 发起一个 SIP UPDATE 请求,包含一个新的 SDP Offer。在这种情况下,SDP 要约包含第二个媒体行,要求将视频添加到现有的语音媒体中。

如果部署了 IMS-ALG/AGW,则 P-CSCF 将在 Iq 参考点上调用 IMS-AGW,以在转发 SIP 之前将请求的视频流更新到 S-CSCF。所提供的 SDP 应反映 IMS-AGW 中现有的语音媒体和新创建的视频媒体。

S-CSCF 检查是否允许 UE 通过先前在 IMS 注册中发送的 ICSI 请求视频,并通过 TAS 将 UPDATE 请求发送给对方。

对方将在 200 OK(UPDATE)消息中返回一个 SDP 答案。响应中只有一个视频编解码器。该消息由 S-CSCF 接收并转发给 P-CSCF。P-CSCF 使用 SDP 应答来配置。

P-CSCF 分析 SDP Answer 中的 SDP,并向 PCRF 发送 Authorize/Authenticate-Request 消息和相关的业务信息。在这种情况下,存在对应于现有语音和所请求的视频媒体的两组媒体相关信息。PCRF 对该请求进行授权,并将业务信息与存储的包含被允许业务信息、QoS 信息与 PCC 规则信息的订阅相关信息进行关联,并向 PGW 发送重认证请求。在这种情况下,该消息请求为具有相关 QoS 参数(QCI=2 的视频)的视频和相关业务流模板创建新的专用承载。

PGW 向 PCRF 确认重新认证请求,然后确认从 P-CSCF 发送的授权/认证请求消息。

PGW 将创建承载请求发送给 SGW。为视频媒体创建请求的专用承载。该流程如 11.3.1 节所述,经由 MME 和 eNodeB 创建无线接入承载,并且 SGW 向 PGW 发送创建承载响应。

在接收到来自 PCRF 的 AAA 响应之后,P-CSCF 将 SIP 200 OK(更新)响应转发给 VoLTE UE。

2. 添加视频媒体流——接收端

S-CSCF 从另一方接收包含新的 SDP Offer 的 SIP UPDATE 请求。S-CSCF 检查是否允许 UE 通过先前在 IMS 注册中发送的 ICSI 请求视频,并通过 TAS 向 P-CSCF 发送 UPDATE 请求。

如果部署了 IMS-ALG/AGW,则 P-CSCF 将在 Iq 参考点上调用 IMS-AGW,以在转发 SIP 之前将请求的视频流转发给 UE。所提供的 SDP 应反映 IMS-AGW 中现有的语音媒体链接和新创建的视频媒体链接。

UE 将在 200 OK(更新)消息中返回 SDP 应答。在这种情况下,SDP 应答包含两个媒体行,并且对于所请求的视频媒体将会有一个非零端口号,表示对方已经接收了该请求。响应中只有一个视频编解码器。该消息由 P-CSCF 接收,该 P-CSCF 使用 SDP 应答来配置。

P-CSCF 分析 SDP Answer 中的 SDP,并向 PCRF 发送 Authorize/Authenticate-Request 消息和相关的业务信息。在这种情况下,存在对应于现有语音和所请求的视频媒体的两组媒体相关信息。PCRF 对该请求进行授权,并将业务信息与存储的包含被允许业务信息、QoS 信息与 PCC 规则信息的订阅相关信息进行关联,并向 PGW 发送重认证请求。在这种情况下,该消息请求为具有相关 QoS 参数(QCI=2 的视频)的视频和相关业务流模板创建新的专用承载。

PGW 向 PCRF 确认重新认证请求,然后 PCRF 确认从 P-CSCF 发送的授权/认证请求消息。

PGW 向 SGW 发送创建承载请求,为视频媒体创建所请求的专用承载。该流程如 11.3.1 节所述,经由 MME 和 eNodeB 创建无线电接入承载,并且 SGW 向 PGW 发送创建承载响应。

在接收到来自 PCRF 的 AAA 响应之后,P-CSCF 将 SIP 200 OK(更新)响应转发给 S-CSCF。反过来,S-CSCF 通过 TAS 将消息转发给另一方。

在这个阶段,视频媒体流已经被添加,并且 VoLTE UE 具有通过单独的专用承载,并经由 IMS-AGW 发送的语音和视频流量建立的多媒体呼叫。

11.3.6 从已建立的多媒体通话中删除视频

1. 删除视频媒体流——发送端

VoLTE UE 将能够通过使用 IMS 网络从现有的多媒体(语音/视频)呼叫/会话中删除视频媒体流。

VoLTE UE 发起一个 SIP UPDATE 请求,包含一个新的 SDP Offer。在这种情况下,SDP 要约应在视频媒体行上包含一个零端口号,指示视频流将被移除。如果适用,P-CSCF(IMS-ALG)释放 IMS-AGW 中用于视频媒体链接的资源。

P-CSCF 还向 PCRF 发起 Authorize/Authenticate-Request 消息 AAR,以启动去除为视频业务建立的专用承载的过程。PCRF 向 PGW 发起重认证请求,删除具有相关 QoS 参数(QCI=2,ARP)的视频专用承载和相关业务流模板。

利用删除承载请求,承载释放请求和 RRC 重新配置请求去除用于视频业务的专用承载。

P-CSCF 将 SIP UPDATE 消息转发给 S-CSCF,S-CSCF 通过 TAS 将 SIP UPDATE 的路由转发给终端。

另一方用 200 OK 确认 SIP UPDATE。

在这个阶段,视频媒体流的专用承载已被删除。IMS 会话仍处于活动状态,语音流量通过剩余的专用承载发送。

2. 删除视频媒体流——接收端

S-CSCF 收到来自对方的 SIP UPDATE 请求,包含新的 SDP Offer。在这种情况下,SDP 要约应在视频媒体行上包含一个零端口号,指示视频流将被移除。

S-CSCF 通过 TAS 将 SIP UPDATE 转发给 P-CSCF。

如果适用,P-CSCF(IMS-ALG)释放 IMS-AGW 中用于视频媒体链接的资源。P-CSCF 还向 PCRF 发起 Authorize/Authenticate-Request 消息 AAR,以启动去除为视频业务建立的专用承载的过程。PCRF 向 PGW 发起重认证请求,删除具有相关 QoS 参数(QCI=2,ARP)的视频专用承载和相关业务流模板。

利用删除承载请求、承载释放请求和 RRC 重新配置请求去除用于视频业务的专用承载。

P-CSCF 将 SIP UPDATE 消息转发给 UE。

UE 通过 T-OK 确认 SIP UPDATE,其中 200 OK 由 P-CSCF 转发给 S-CSCF,并在呼叫中通知给对方。

在这个阶段,视频媒体流的专用承载已被删除。IMS 会话仍处于活动状态,语音流量通过剩余的专用承载发送。

小结

VoLTE 是一种 IP 数据传输技术,无须 2G/3G 网,全部业务承载于 4G 网络上,可实现数据与语音业务在同一网络下的统一。VoLTE 语音解决方案的核心思想是采用 IMS 系统作为业务控制层,EPC 仅作为承载层。借助 IMS 系统,不仅能够实现语音呼叫控制等功能,还能够合理、灵活地对多媒体会话进行计费。实现端到端的 VoLTE 业务,要经过 EPS 附着、IMS 注册、业务发起和会话控制过程(包括专有承载和 IMS 层信令交互)、资源释放过程等几个阶段。

VoLTE 与 2G、3G 语音通话有着本质的不同,其具有的更短的接通等待时间、更高的质量、更自然的语音视频通话效果等特点对于改善用户体验都很有帮助。可以预见,随着终端产业的持续发展,未来主流 4G 终端都将支持 4G 高清语音,同时用户购买 VoLTE 终端的门槛也会越来越低。如果资费合理,VoLTE 一定会如现在的普通通话一般,全面普及至千家万户。

习题

11.1 VoLTE 采用哪些标准? 国际和国内有哪些不同?

11.2 在 VoLTE 业务中,为什么要采用 IMS 作为业务控制层系统?

11.3 详细描述 SRVCC 的基本工作流程。

11.4 IMS 注册包括了哪几段注册过程? 画出其详细过程。

11.5 VoLTE 端到端有哪些流程?

第12章 软件定义网络

传统网络的层次结构是互联网取得巨大成功的关键。但是随着网络规模的不断扩大,封闭的网络设备内置了过多的复杂协议,增加了运营商定制优化网络的难度,科研人员无法在真实环境中部署新协议。同时,随着互联网流量的快速增长,用户对流量的需求不断扩大,各种新型服务不断出现,增加了网络运维成本。在这种情况下,软件定义网络(Software Defined Networks, SDN)技术应运而生。SDN 代表了过去 60 多年来 IT 越来越去硬件化,以软件获得功能灵活性的一种必然趋势。SDN 能够为 IT 产业增加一个更加灵活的网络部件,提供了一个设备供应商之外的企业、运营商能够控制网络自行创新的平台,使得网络创新的周期由数年降低到数周。换句话说,企业、运营商创新是为了满足最终内外部用户的需求,缩短并简化了网络创新周期,进而提升了竞争力。本章介绍这一新兴网络技术的背景及整体架构。

12.1 SDN 的背景

SDN 是由美国斯坦福大学 Clean Slate 研究组最先提出的一种新型网络创新架构,其代表性技术 OpenFlow 由 Nick McKeown 教授在 2008 年 4 月于 *Sigcomm* 上发表的一篇论文 *OpenFlow:enabling innovation in compus networks* 中首先详细论述,并在美国 GENI 项目中进行了校园网和骨干网规模的试验应用。2011 年 3 月,德电、谷歌、微软、Facebook、Verizon 和雅虎 6 家国际企业联合成立了 ONF(OpenFlow Networking Foundation)组织,旨在通过标准化的方式推动以 OpenFlow 为旗舰型技术的软件定义网络(SDN)技术的发展。目前 IETF 已成立专门的 SDN工作组,并在 IETF81/82 上重点讨论了 SDN 的框架、模型、特性、API 接口,以及技术标准化等方面的内容,提出了 SDN 层次化网络架构,如图 12-1 所示。此外,2011 年 4 月 20 日,印第安纳大学与 Internet 2 联盟、斯坦福 Clean Slate 计划工作组联合发起了网络开发与部署行动计划(ND-DI),旨在共同创建一个新的网络平台与配套软件,以革命性的新方式支持全球科学研究,NDDI将提供一项名为"开放科学、学问与服务交流"(Open Science,Scholarship and Services Exchange, OS3E)的 Internet 服务,并通过与加拿大的 CANARIE、欧洲的 GÉANT、日本的 JGNX 与巴西的 RNP 等国际合作伙伴协作,实现与欧洲、加拿大、南美、亚洲等国家与地区的互联。

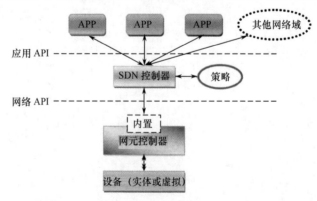

图 12.1　IETF 标准组 SDN 层次化网络架构

2012 年 4 月,以探讨 OpenFlow/SDN 发展战略和分享相关试点经验为目的的 2012 年开放网络峰会(Open Networking Submit,ONS)在美国加利福尼亚州 Santa Clara 召开。在这次峰会上,谷歌高级副总裁 Urs Hölzle 在其演讲中强调了他们的 OpenFlow 发展方向,并展示了他们庞大的 G-Scale 网络(世界上最庞大的网络之一)正在 100% 基于 OpenFlow 的网络上运行。这是 OpenFlow/SDN 的首次大规模商用案例,得到了业内人士的极大关注。

Urs Hölzle 在其演讲中表示,基于 MPLS 功能的大型路由的高成本、流量工程管理的复杂性、协调网络系统与传统解决方案整体架构带来的挑战等,使得网络并未像其他领域那样呈现规模效应。在传统网络架构下,随着网络规模的扩大,网络成本并未获得任何显著的成本效益。然而,SDN 提供了对网络利用率的整体视图,允许在低端硬件上进行简单的动态流量转向。同时,SDN 提供的确定性行为不仅能确保卓越的客户体验和更好的服务水平协议,还能够解决网络容量超额的历史遗留问题。

SDN 的诸多好处促使 Google 在 2010 年启动了 SDN 网络建设计划。在项目开始之初,由于没有合适的网络设备,Google 自行开发了支持 OpenFlow 协议的网络交换机及路由协议栈。至 2012 年初,Google 已在其数据中心的骨干连接中全面采用这种架构,并在此架构上建立了一个集中的流量工程模型。这个模型从底层网络收集实时的网络利用率和拓扑数据,以及应用实际消耗的带宽。有了这些数据,谷歌计算出最佳的流量路径,然后利用 OpenFlow 协议写入程序。如果出现需求改变或意外的网络事件,模型会重新计算路由路径,并写入程序。通过这种方式,Google 能够有效地调整数据中心间端到端的流量途径,从而达到网络资源的高效利用,并实现链路利用率从 30% 到 95% 的极大跨越。

SDN 自概念提出以来,业内人士一直认为这不过是学术界创造出来的一个新概念,并不对此抱有多大希望,直到 Google 在 ONS 2012 上发布这次伟大尝试,才在产业内外引起巨大反响,颠覆了大家对于 SDN 的看法,直接推动了 SDN 今后在产业内的发展热潮。

12.2 SDN 的整体架构

SDN 作为未来网络最有潜力的一种网络体系架构,针对当前互联网不可管、不可控、路由体制臃肿、QoS 难以保证、新业务难以开展、新技术新思想难以试验等问题提出了一套解决思路。所研究的内容涉及方方面面,具体包括 SDN 网络体系架构、网络控制平台部署、网络操作系统开发、网络虚拟化层、基于流的线速转发数据平台设计、开放可编程 API 接口标准化、SaaS(Software as a Service)、网络组件调度及传输保障技术等。

网络设备一般由控制平面和数据平面组成。控制平面为数据平面制定转发策略,规划转发路径,如路由协议、网关协议等。数据平面则是执行控制平面策略的实体,包括数据的封装/解封装、查找转发表等。目前,设备的控制平面和转发平面都是由设备厂商自行设计和开发的,不同厂家实现的方式不尽相同。并且,软件化的网络控制平面功能被固化在设备中,使得设备使用者没有任何控制网络的能力。这种控制平面和数据平面紧耦合的方式造成了网络管理复杂、网络测试繁杂、网络功能上线周期漫长等问题。因而,软件定义网络应运而生。

2012 年 4 月,ONF 发布白皮书 *Software-defined Networking:The New Form for Networks*,并对 SDN 的架构进行了定义。SDN 是一种新型的控制与转发分离,并可编程的网络架构,其核心思想是将传统网络设备紧耦合的网络架构解耦成应用、控制、转发三层分离的架构,并通过标准化实现网络的集中管控和网络应用的可编程,如图 12.2 所示。

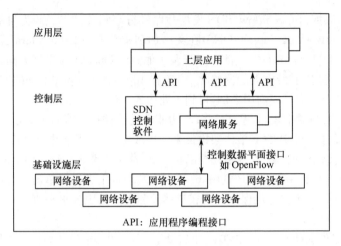

图 12.2　SDN 网络技术架构

12.2.1　网络设备

这里的网络设备其实可以抽象为转发面(Forwarding Plane,或另外一个名字 Data Plane),它不一定是硬件交换机,也可以是虚拟交换机,比如 OVS,当然也可以是别的物理设备,比如路由器。所有的转发表项都存储在网络设备里面,用户数据报文在这里面被处理、转发。

网络设备通过南向接口(Southbound Interface)接收 Controller 发来的指令,配置位于交换机内的转发表项,并可以通过南向接口主动上报一些事件给 Controller。

12.2.2　南向接口

南向和北向是传统网络中的术语,这里被借用过来。南向接口是指控制平面与数据转发平面之间的接口,SDN 通过南向接口屏蔽底层物理转发设备的差异,实现资源的虚拟化,同时开放灵活的北向接口供上层业务按需进行网络配置并调用网络资源。传统网络的南向接口并没有标准化,并且都存在于各个设备商的私有代码中,对外也不可见,也就是说既不标准又不开放。而在 SDN 架构中,希望南向接口是标准化的(当然这是理想,未必能变成现实,只有这样才能让软件摆脱硬件的约束,尽可能做到随心所欲,做到应用为主,否则 SDN 最后还是特定软件,只能在特定硬件上运行)。

从第 2 层开始向上,已经看不到硬件交换机和虚拟机的区别了,看到的只是抽象的转发面。

我们注意到在这一层有 OpenFlow 和 Other API 两种接口。这是因为目前 OpenFlow 是最有影响力的南向接口标准,但并不是唯一的,有些公司和组织并不买账,准备或已经另起炉灶。这对 SDN 的发展未必是坏事,尽管我们都希望最终有一个唯一的、大家都认可的标准出现,但是同样,这是一种理想,未必能实现,不要对此期望太大。

12.2.3　控制器

Controller 也就是中文说的控制器,一个 SDN 网络里面的控制器可以有多个。控制器之间可以是主从关系(只能有一个主,可以有多个从),也可以是对等关系。一个控制器可以控制多台设备,一台设备也可以被多个控制器控制。通常控制器运行在一台独立的服务器上,比如一台 x86 的 Linux 服务器或 Windows 服务器。

SDN 控制器对网络的控制主要通过南向接口协议实现,包括链路发现、拓扑管理、策略制订、表项下发等。其中链路发现和拓扑管理主要是控制其利用南向接口的上行通道,对底层交换设备上报信息进行统一监控和统计,而策略制订和表项下发则是控制器利用南向接口的下行通道对网络设备进行统一控制。

控制器是 SDN 网络中的核心元素,是各个大公司都想抢占的制高点。因为它向上提供应用程序的编程接口,向下控制硬件设备,处于战略位置。从 IOS、Android 的火热程度就能知道为什么这些公司都要争夺控制器的市场。

12.2.4 北向接口

传统网络中,北向接口是指交换机控制平面与网关软件之间的接口,比如,电信网络中耳熟能详的 SNMP、TL1 等标准协议。在 SDN 架构中,它是指控制器与应用程序之间的接口,SDN北向接口是通过控制器向上层业务应用开放的接口,其目标是使得业务应用能够便利地调用底层的网络资源和能力。通过北向接口,网络业务的开发者能以软件编程的形式调用各种网络资源。同时,上层的网络资源管理系统可以通过控制器的北向接口全局把控整个网络的资源状态,并对资源进行统一调度。因为北向接口是直接为业务应用服务的,因此其设计需要密切联系业务应用需求,具有多样化的特征。同时,北向接口的设计是否合理、便捷,是否能被业务应用广泛调用,会直接影响 SDN 控制器厂商的市场前景。

目前该接口尚无标准化,这也是一些标准组织想推进的事情。但此事要比南向接口复杂得多,因为转发平面毕竟是万变不离其宗的,更容易抽象出通用接口,而应用层则变数太多。

12.2.5 应用服务

Services 也就是应用层面,之所以用 Service 而不是 Application 这个词,是因为 Service 比Application 更能表达出网络的本质,是要为用户提供服务的,这里的 Service 有很多服务,包括load balancing(负载均衡)、security(安全)、monitoring(网络运行情况监测)、performance management(包括拥塞、延时等网络性能的管理和监测)、LLDP(拓扑发现)等。这些服务最终都以软件应用程序的方式表现出来,代替传统的网关软件来对网络进行控制和管理。它们可以和 Controller 位于同一台服务器上,也可以运行在别的服务器上,通过通信协议与 Controller 通信。

12.2.6 自动化

自动化算不上一个层次,其实是对应用程序的封装和整合。它通常与 Orchestration 这个词一起出现,甚至 Orchestrarion 比它出现的频率更高。本质上,两个词说的是同一回事,只是 Automation 是目的,Orchestration 是手段。Orchestration 要达到的目的就是业务的自动化部署。

提到 SDN,很多人都以为是用管理员手工配置代替动态网络协议。代替动态网络协议没错,但是并不意味着一定要手工配置,可以通过强大的软件应用,让软件来自动帮管理员做事情。举个简单的例子,让软件定期读取设备链路负载情况,自动生成链路负载曲线图,这中间会涉及多个应用和服务,被整合在一个系统管理框架中。更复杂的软件系统则是云计算平台,通过将各种应用融合在一起,通过 Controller 来对资源进行控制,最终达到自动化业务部署的目的,这个云计算就可以认为是一个 Orchestration 系统。

12.3 SDN 关键技术

新兴的软件定义网络本身不是一种技术,而是一种新型的网络控制模型,旨在将开放的网络互联和网络行为交由软件定义,从而实现大规模的网络数据流量管理功能可编程、可控制,进而为网络流量管理建立新的动态模型,更好地支持未来各种新型网络体系结构和新型业务的创新。

SDN 的目标是通过软件定义网络的功能对上层应用提供控制与编程接口,从而实现"软件定义功能,应用驱动实现"的愿景。为了实现这一愿景,学术界和产业界进行了不懈创新,SDN 的三大核心机制为:

- 基于流(Flow)的数据转发机制;
- 基于中心控制(Central Controller)的路由机制;
- 面向应用(App Driven)的网络编程机制。

目前,SDN 的三大机制都有很多成功的应用实践。近年来,开放数据流转发(OpenFlow)技术与标准逐渐成为图 12.2 中控制层、基础设施层两者之间的南向接口的主流技术和协议。众多网络设备厂商、网络运营商、互联网公司、软件厂商等都积极参与 OpenFlow 的标准制定与产业化实践,几乎所有的主流网络设备厂商都推出了支持 OpenFlow 技术的网络设备产品与技术演进路线。

需要说明的是,SDN 并不等于 OpenFlow。SDN 是一种网络设计模型与理念,其涉及的核心技术包括高速流转发、集中路由化、全局资源视图,以及网络编程接口等;OpenFlow 只是实现 SDN 模型主要内容的技术之一。事实上,SDN 解决的方案众多,在不同领域中都有成功应用,但是,OpenFlow 技术在协议成熟度、应用实践领域、商用产品兼容性、开源软件支持度等领域相比其他技术具备优势。

12.3.1 SDN 的管控技术

随着数据中心网络与云计算的日益兴起及各式各样新兴网络应用的不断涌现,网络拥塞、黑客攻击、路由体系臃肿及网络地址缺乏等问题越来越突出,这一切问题都隐隐地指向了互联网这个庞然大物的最关键软肋——可控性。SDN 管控技术旨在通过构建网络虚拟化层和智能化网络操作系统,在一张物理网络拓扑的情况下,合理地划分虚网,并采用有效的隔离机制,进而实现高效的网络管控与资源调度。此外,SDN 还能够通过网络操作系统将预先制定的机制添加到网络中,以达到预期管控的目的。

依照 SDN 网络的设计,网络的智能化管理实际上是通过控制器实现的,目前主流的网络操作系统包括 NOX、POX、SNAC、Beacon、Floodlight、Trema 等。SDN 管控的主要特点如图 12.3 所示(以 NOX 为例),包括两大方面:一是集中的编程模型,开发者不需要关心网络实际架构,在开发者看来整个网络就好像一台单独的机器一样,有统一的资源管理和接口;二是抽象的开发模型,应用程序开发需要面向的是网络操作系统提供的高层接口,而不是底层,这使得网络的管理指令独立于底层的网络拓扑。

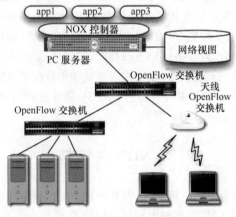

图 12.3 SDN 管控的主要特点

SDN 网络管控还可以通过在控制平台与数据平台添加网络虚拟化层实现。其主要目标是：①提供丰富且具有可扩展性的划分虚网策略；②对控制平面而言，网络虚拟化层是透明的；③各虚网之间是相互隔离的。目前主流的 SDN 网络虚拟化层是通过 FlowVisor 技术实现的，如图 12.4 所示。在一张公用的物理网络资源拓扑情况下，依据 L1/L2/L3/L4 层提供的物理端口、MAC 地址、IP 地址及 TCP/UDP 端口等方式划分切片，切片间严格地隔离网络实际流和试验流，并将每一网络切片交给对应控制平台管理，从而实现资源利用最大化。

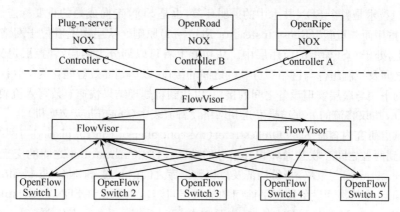

图 12.4　FlowVisor 划分虚网示意图

12.3.2　SDN 的流控技术

20 世纪以来互联网飞速发展，企业级的数据中心网络也逐渐大规模应用，基于云计算、云存储的新型网络也已成为未来网络的发展趋势，如何管理海量的数据流，分配合适的带宽、存储空间和计算能力等已成为当下热点研究课题，传统的 TCP/IP 架构下的对于流的粗粒度管控就显得捉襟见肘，而这些无不对流的精细化处理提出了挑战。SDN 流控技术旨在流表中定义一系列包括 VLAN、L2/L3/L4 层关键信息在内的十元组（后续还有增加），通过包含通配符的形式对流的特性进行精细划分，并采用高效的查找匹配算法和专用转发芯片，既完成流的细粒度控制，又达到线速处理的目的。

SDN 网络对流处理提出了更加苛刻的要求。传统的 TCP/IP 架构下的 IP 五元组已经不能满足需求，流表中必须定义包含 L2/L3/L4 信息、VLAN、MPLS、MPLS-TC 等在内的多元头域，但同时给其规模和查找匹配带来极大的挑战。图 12.5 所示为一种多级化流表处理流程，来减少流表的开销，通过提取流表特征，分解成多个步骤，形成流水线处理形式，从而降低总的流表记录条数。比如，原始流表共有 10000 条，分解成先匹配 VLAN＋MAC、再匹配 IP 和传输层头部的两个独立流表，每个流表的数量可能均小于 1000 条，使得流表总数小于 2000 条。但流水线式架构使得匹配时延增加，而且流量的生成、维护算法的复杂度提高。

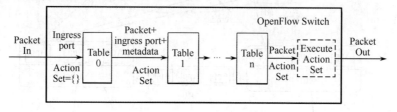

图 12.5　多级化流表处理流程

此外,传统路由器中经典的 TCAM(Ternary Content-Addressable Memory)流表查找匹配算法在深度包检测和吞吐量方面显得尤为不足。未来通过重点研究多维流表组织技术、查找表分割技术、多维流表更新算法及流水与并行查找技术,突破 TCAM 设计的传统思路,才能从根本上解决 SDN 网络中的流的线速处理问题。

12.3.3 SDN 接口技术

SDN 接口技术是整个 SDN 技术中的薄弱环节,也是 SDN 走向成熟的重要标志。从设计原则上看采用"重用而非重塑"(Reuse Instead of Reinvent)原则。从层次上看位于网络层、传输层和会话层之上,处于 OSI 模型的应用层中。从功能上看可以划分为两层:管控层定义一系列网络控制组件之间及控制组件与网络服务软件之间的接口,以达到高效智能化网络管控的目的;执行层定义控制平台与底层物理设备之间的接口,以达到将处理结果快速有效写入流表的目的,如通过 OpenFlow 协议将流的处理结果发送到网络设备流表中(OpenFlow 交换机)。

管控层重点研究内容有 SDN Orchestrator(the controller of control planes)与网络应用软件接口,主要起到两者之间互联互通和相互引导的功能;SDN Orchestrator 之间的交互接口,主要维持 SDN Orchestrator 与策略、身份认证及授权数据库之间的互通;SDN Orchestrator 与 Plug-In(SDN Orchestrator 与物理设备控制平面间的抽象层)接口,主要允许 SDN Orchestrator 与控制平台的互通;SDN Orchestrator 日志接口,主要收集 SDN Orchestrator 状态信息等。执行层重点研究内容是控制平台与底层物理设备间的交互策略,其代表性策略 OpenFlow 协议从最初的 0.9 测试版,到 1.0 正式版,直至最新的 1.2 版本,已经逐渐走向标准化。设计完备友好的管控层接口和执行层接口并使之标准化,是 SDN 网络走向成熟的至关重要一步。

12.3.4 SDN 网络扩展技术

SDN 虽然具有灵活高效的网络管控性、开放的网络可编程 API、线速的数据包处理能力,以及提供优越的网络创新平台等优势,但其统一的单一化集中式控制平台思想无疑是最大的限制因素,如控制平台负载过重、新建连接速率缓慢和网络可靠性(单一控制平台)等问题使得 SDN 一直以来只能局限于校园网、企业网和较小规模的数据中心网。SDN 网络扩展技术旨在通过建立分布式网络控制系统、合理划分控制平台与数据平台的网络控制功能等措施,突破 SDN 网络规模局限性的瓶颈。

SDN 网络扩展技术通过在架构上突破以往的集中式管控,在控制功能上进行合理划分,避免将所有的控制功能都交给控制平台,从而极大地提高 SDN 网络规模。SDN 网络对智能化管控提出了更高的要求,图 12.6 所示为一种分布式控制平台架构方案,该方案采用逻辑上集中控

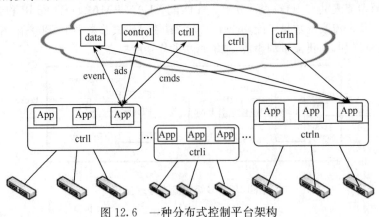

图 12.6　一种分布式控制平台架构

制、物理上分布式部署的策略。在实现方式上采用控制事件驱动,通过在控制平台上添加一个专门 APP 与外部其他控制平台交互信息,从而在本地维持一个全网的拓扑和状态信息。其中,各 APP 间接口的设计、交互何种信息、交互频率及如何更新全网的拓扑是研究的重点问题,如图 12.7 所示。

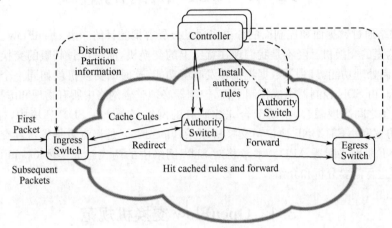

图 12.7 SDN 网络管控策略划分

小结

传统 IT 架构中的网络,根据业务需求部署上线以后,如果业务需求发生变动,重新修改相应网络设备(路由器、交换机、防火墙)上的配置是一件非常烦琐的事情。在互联网/移动互联网瞬息万变的业务环境下,网络的高稳定与高性能还不足以满足业务需求,灵活性和敏捷性反而更为关键。SDN 所做的事情就是将网络设备上的控制权分离出来,由集中的控制器管理,无须依赖底层网络设备(路由器、交换机、防火墙),屏蔽了来自底层网络设备的差异。而控制权是完全开放的,用户可以自定义任何想实现的网络路由和传输规则策略,从而更加灵活和智能。

近年来,开放数据流转发(OpenFlow)技术与标准逐渐成为控制层、网络基础架构层及两者之间的南向接口的主流技术与协议,众多网络设备厂商、网络运营商、互联网公司、软件厂商等都积极参与 OpenFlow 的标准制定与产业化实践,几乎所有的主流网络设备厂商都推出了支持 OpenFlow 技术的网络设备产品与技术演进路线图。

SDN 作为未来网络最有潜力的一种网络体系架构,针对当前互联网不可管、不可控、路由体制臃肿、QoS 难以保证、新业务难以开展、新技术新思想难以试验等问题提出了一套解决思路。所研究的内容涉及方方面面,具体包括 SDN 网络体系架构、网络控制平台部署、网络操作系统开发、网络虚拟化层、基于流的线速转发数据平台设计、开放可编程 API 接口标准化、SaaS(Software as a Service)、网络组件调度及传输保障技术等。得益于 SDN 开放的体系架构,学术界和产业界均能在 SDN 平台上进行网络创新和业务创新,产生了一些令人瞩目的研究成果,随着 SDN 的发展成熟,其应用前景会更加光明。

习题

12.1 简述 SDN 技术的优点。

12.2 简述 SDN 网络的整体架构。

12.3 当前 SDN 技术主要应用于哪些领域?

12.4 SDN 的三大核心机制是什么?

第 13 章　SDN 网络的组成

SDN 网络通过数据面和控制面的分离实现了分层解耦的目的。由 OpenFlow 交换机组成的数据平面,这里的交换机已经不是我们现在意义上的交换机,而是"阉割"版的交换机,就是说已经被剥离控制处理功能,只剩下数据流量转发底层功能,这时的交换机就如同一个通道,只负责流量的通行。由 SDN 控制器组成控制平面,控制器必须整合网络中所有物理和虚拟设备。控制器与网络设备之间高度融合,密切配合完成所有的网络任务。在 SDN 环境中,控制器会使用 OpenFlow 协议和 NETCONF 协议与交换机联系(OpenFlow 是将流数据发送到交换机的 API,而 NETCONF 是网络配置 API)。本章将对 SDN 网络中的两大组成实体 OpenFlow 交换机和 SDN 控制器进行简要分析和介绍。

13.1　OpenFlow 交换机规范

OpenFlow 先于 SDN 出现,也就是说先有 OpenFlow,然后基于 OpenFlow 才提炼出了 SDN 的概念,可以说 OpenFlow 跟 SDN 一样火。在深入讨论 OpenFlow 之前,先要讲清楚 OpenFlow 与 SDN 的关系。SDN 是一种网络架构的理念,是一个框架,它不规定任何具体的技术实践。而 OpenFlow 是一个具体的协议,这个协议实现了 SDN 这个框架中的一部分(南向接口),而且除 OpenFlow 外,也可能存在其他具有同样功能的协议来完成相似的工作。也就是说 SDN 是独一无二的,但是 OpenFlow 是现在 SDN 框架内最有影响力的一个协议。

从第 12 章提到的 SDN 架构图中我们知道,控制平面和数据转发平面之间通过标准的接口进行通信,该接口由控制器用来控制网络设备,网络设备用来反馈信息给控制器的标准化的南向接口。并且 OpenFlow 还规定了网络设备对报文的转发和编辑方式,不同于传统的路由和交换设备。

13.1.1　交换机组成

OpenFlow 的基本思想很简单:目前大多数以太网交换机和路由器维持一张流表(一般由 TCAM 得来),以线速运行实现防火墙、NAT、QoS 和收集数据等功能。虽然每个开发商的流表是不同的,但它们具有一系列通用功能,OpenFlow 便采用这些通用功能。

OpenFlow 在不同的交换机和路由器中提供一个开放的协议编辑流表。网络管理者可以分离试验流和现实流。研究者通过选择数据包的路由和处理过程来控制他们的流,从而试验新的路由协议、安全模式、地址机制,甚至替代 IP。同时,实际流与此隔绝并按照原来的方式处理。

OpenFlow 交换机至少包括以下三个部分:①一个流表,对每个流进入有一个动作,告诉交换机如何处理该流;②一个安全通道,原来连接交换机和远程控制器,允许它们间的命令和包交互;③OpenFlow 协议,提供一个开放的、标准的方式用以控制器和交换机间的交流(如图 13.1 所示)。通过规定一个标准接口

图 13.1　理想的 OpenFlow 交换机

（OpenFlow 协议），流表中的 entries 能够在外部定义。OpenFlow 交换机无须研究者规划交换机。

OperFlow 交换机划分为 OpenFlow 专用交换机（不支持正常的二层和三层处理）与 Open-Flow 通用交换机（以商业以太网交换机和路由器为基础，增添了 OpenFlow 协议和接口）两种。

1. OpenFlow 专用交换机

OpenFlow 专用交换机是一个在端口间转发数据包的非智能的数据通路元素，是由远程控制器控制的。OpenFlow 交换机通过流表进行包匹配及转发。表 13.1 所示为"0 型"OpenFlow 交换机流的头表项。

表 13.1 "0 型"OpenFlow 交换机流的头表项

In Port	VLAN ID	Ethernet			IP			TCP	
		SA	DA	Type	SA	DA	Proto	Src	Dst

这种情况下，流被广泛定义，受限于流表特定的功能实现。例如，流可以是 TCP 连接，或来自特殊的 MAC 地址或 IP 地址，或有相同的 VLAN 标签，或来自相同的交换机端口。

每个流都有与其有关的一系列动作，至少应包括如下几种。

（1）转发该流的数据包至指定端口。

（2）封装该流的数据包并转发至控制器。数据包先被发送至安全通道，然后被封装发至控制器。典型的应用是新流的第一个数据包，由控制器决定是否将其添加到流表中，或者直接交给控制器来处理该数据包。

（3）丢弃该流的数据包。可用于安全遏制服务攻击，或减少来自终端主机的杂乱广播发现流。

（4）通过交换机的正常处理管道（pipeline）转发该流的数据包。

流表中的 entry 有三个参数：定义该流的数据包头；动作，定义数据包该如何处理；统计数据，跟踪每个流的数据包数和字节数，从最后匹配的数据包开始计时（用来删除长时间无动作的流）。

第一代"0 型"OpenFlow 交换机的流头中有 10 个数组。一个 TCP 流应当由 10 个参数规定，而 IP 流不包括传输端口。每个头参数都是一个通配符，用来允许流聚合，如流中只定义 VLAN ID，将应用到特定 VLAN 上的所有流量。

2. OpenFlow 通用交换机

这是一些商业的交换机，路由器通过添加流表、安全通道和 OpenFlow 协议获得 OpenFlow 功能。通常情况下，流表使用现有的硬件，如 TCAM、安全通道和协议将被移植到交换机的操作系统上运行。图 13.2 所示为具有 OpenFlow 功能的交换机和接入点的网络。该例中，所有的流表由一台控制器管理，OpenFlow 协议允许一台交换机由两个或更多的控制器管理，以增强性能和可靠性。

为了不影响当前网络上的流量和应用情况，OpenFlow 通用交换机必须能够隔离试验流（由流表处理）与现实流（由正常的交换机二层和三层处理）。目前有两种方式完成这种隔离：一种是通过交换机的正常处理管道（pipeline）转发该流的数据包；另一种是对试验流和现实流定义相互独立的 VLANs。两种方法均可使得实际流的处理以正常的方式进行。OpenFlow 交换机至少支持其中一种方式，有的交换机支持两种。

对于支持头格式和 4 个动作（上面提到的）的交换机，我们称之为"0 型"交换机。如果交换机能够支持更多的功能，例如能够重写包头部分，映射数据包至一个优先级上（and to map pack-ets to a priority class），同时，一些流表可以匹配包头的任意域，并能完成对非 IP 报文的处理，我

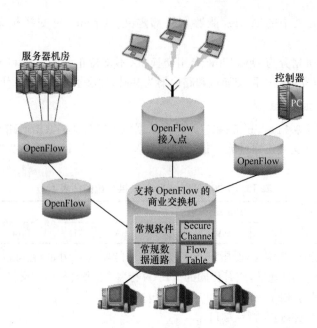

图 13.2　具有 OpenFlow 功能的交换机和接入点的网络

们称之为"1 型"交换机。

控制器:控制器可以从流表中添加和删除流 entry。例如,一个静态的路由器是一个在试验持续的时间内运行在 PC 上的静态建立流,测试一系列计算机间内部连接的简单应用。这种情况下,流类似于当前网络中的 VLANs——提供一种简单的隔离试验流与实际流机制。从这点上看,OpenFlow 是广义化的 VLANs。

考虑更为复杂的控制器动态添加/删除流作为试验进程。在一种模式下,研究者可以控制完整的 OpenFlow 交换机网络,自由决定如何处理数据包。一个更为复杂的控制器能够支持多个研究者(拥有不同的账户和权限),使他们能在不同设置的流下运行独立的试验。

13.1.2　流表

流表是交换机进行转发策略控制的核心数据结构。交换芯片通过查找流表项来对进入交换机的网络流量采取适当的动作。

每个表项包括三个域:包头域(header field)、计数器(counters)、行动(actions),如表 13.2所示。

表 13.2　流表项结构

包头域	计数器	行动

1. 包头域

流表项的包头域包括 12 个域,如表 13.3 所示。包括:输入接口,Ethernet 源地址,目标以太网地址,以太网帧的类型,VLAN 标签的 VID,VLAN 优先级,IP 源地址,目标地址,协议,IP ToS位,TCP/UDP 目标端口,源端口。每个域包括一个确定值或所有值(any),更准确的匹配可以通过掩码实现。

表 13.3　流表项的包头域

Ingress Port	Ether Source	Ether Dst	Ether Type	Vlan id	Vlan Priority	IP src	IP dst	IP proto	IP ToS bits	TCP/UDP Src Port	TCP/UDP Dst Port

各个域的具体解释如表 13.4 所示。

表 13.4　包头域的详细含义

字段	比特数	何时可用	说明
输入端口	依赖于实现	所有数据包	入端口起始数值为 1
Ethernet 源地址	48	可用端口的所有数据包	
目标以太网地址	48	可用端口的所有数据包	
以太网帧的类型	16	可用端口的所有数据包	OpenFlow 交换机需要匹配标准以太网和 802.2（有 SNAP 头和 Dx000000 的 DUI）中的两种类型。Ox05FF 的特殊值是用来匹配所有没有 SNAP 头的 802.3 数据包的
VLAN 标签的 VID	12	以太网类型为 Ox8100 的所有数据包	
VLAN 优先级	3	以太网类型为 Ox8100 的所有数据包	VLAN 的 PCP 字段
IP 源地址	32	所有 IP 和 ARP 数据包	可指定子网掩码
目的地址	32	所有 IP 和 ARP 数据包	可指定子网掩码
IP	8	所有 IP 和 ARP 数据包	只有 ARP 操作码的低 8 位使用了
	6	所有 IP 数据包	指定为 8 位值，将 ToS 中放置两种类型。Ox05FF 的特殊值是用来匹配所有没有 SNAP 头的 802.3 数据包的
VLAN 标签的 NID	12	以太网类型为 Ox8000 的所有数据包	
VLAN 优先级	3	以太网类型为 Ox8000 的所有数据包	VLAN 的 PCP 字段
源 IP 地址	32	所有 IP 和 ARP 数据包	可指定子网掩码
目的 IP 地址	32	所有 IP 和 ARP 数据包	可指定子网掩码
IP	8	所有 IP 和 ARP 数据包	只有 ARP 操作码的低 8 位使用了
IP ToS 位	6	所有 IP 数据包	指定为 8 位值，把 ToS 放置在高 8 位
发送源端口号/ICMP 类型	16	所有 TCP、UDP 和 ICMP 数据包	只有低 8 位用于 ICMP 类型
目的端口号/ICMP 代码	16	所有 TCP、UDP 和 ICMP 数据包	只有低 8 位用于 ICMP 代码

2. 计数器

计数器可以针对每张表、每个流、每个端口、每个队列来维护，用来统计流量的一些信息，如活动表项、查找次数、发送包数等。统计信息所需要的计数器如表 13.5 所示。

表 13.5　统计信息所需要的计数器

计数器	位数	计数器	位数
每张流表		发送的数据字节	64
活动表项	32	接收丢弃	64
包查找	64	发送丢弃	64
包匹配	64	接收错误	64
每条流		发送错误	64
接收到的数据包数	64	接收帧定位错误	64
接收到的数据字节	64	接收超限错误	64
持续时间(秒)	32	接收 CRC 错误	64
持续时间(纳秒)	32	冲突	64
每个端口		每条队列	
接收到的数据包数	64	发送的数据包数	64
发送的数据包数	64	发送的数据字节	64
接收到的数据字节	64	发送超限错误	64

3. 行动

每个表项对应零个或多个行动,如果没有转发行动,则默认丢弃。多个行动的执行需要依照优先级顺序依次进行,但对包的发送不保证顺序。另外,交换机可以对不支持的行动返回错误(unspported flow error)。

行动可以分为两种类型:必备行动(Required Actions)和可选行动(Optional Actions),必备行动是默认支持的,交换机需要通知控制器所支持的可选行动。

(1)控制器支持的必备行动

- 转发(Forward)。
- ALL 转发到所有出口(不包括入口)。
- CONTROLLER 封装并转发给控制器。
- LOCAL 转发给本地网络栈。
- TABLE 对要发出的包执行流表中的行动。
- IN_PORT 从入口发出。
- 丢弃(Drop)没有明确指明处理行动的表项,所匹配的所有网包默认丢弃。

(2)控制器支持的可选行动

- 转发 NORMAL。按照传统交换机的二层或三层进行转发处理。FLOOD 通过最小生成树从出口泛洪发出,注意不包括入口。
- 入队(Enqueue)。将包转发到绑定到某个端口的队列中。
- 修改域(Modify-field)。修改包头内容,具体的行为如表 13.6 所示。

表 13.6 修改域行为

动作	相关数据	描述
SetVLANID	12 位	如果当前没有 VLAN,则添加有着指定 VLAN ID 的新头部,并将其优先级设为 0。如果已经存在 VLAN 头部,则将已有 VLANID 设定为指定的值
SetVLANpriority	3 位	如果当前没有 VLAN,则添加有着指定 VLA ID 的新头部,并将其优先级设为 0。如果已经存在 VLAN 头部,则将优先级域设定为指定的值
StripVLANheader	—	如果存在的话,则除去 VLAN 头部
ModifyEthernetsourceMACaddress	48 位:用于替代已有的源 MAC 地址的值	用新值代替已有的以太网源 MAC 地址
ModifyEthernetdestinationMACaddress	48 位:用于替代已有的目的 MAC 地址的值	用新值代替已有的以太网目的 MAC 地址
ModifyIPv4 source address	32 位:用于替代已有的源 IPv4 地址的值	用新值代替已有的源 IP 地址并且更新 IP 校验和(及在可用的情况下更新 TCP/UDP 校验和)。该动作只能应用于 IPv4 数据包
ModifyIPv4destinationaddress	32 位:用于替代已有的目的 IPv4 地址的值	用新值代替已有的目的 IP 地址并且更新 IP 校验和(及在可用的情况下更新 TCP/UDP 校验和)。该动作只能应用于 IPv4 数据包

动作	相关数据	描述
ModifyIPv4ToSbits	6 位：用于替代已有的 IPv4ToS 域	用新值代替已有的 IPv4ToS 域。该动作只能应用于 IPv4 数据包
Modifytransportsourceport	16 位：用于替代已有的 TCP 或 UDP 的源端口	用新值代替已有的 TCP/UDP 源端口并且更新 TCP/UDP 校验和。该动作只能应用于 TCP 及 UDP 数据包
Modifytransportdestinationport	16 位：用于替代已有的 TCP 或 UDP 的目的端口	用新值代替已有的 TCP/UDP 目的端口并且更新 TCP/UDP 校验和。该动作只能应用于 TCP 及 UDP 数据包

（3）交换机类型

通过支持的行为类型不同，兼容 OpenFlow 的交换机分为两类：一类是"纯 OpenFlow 交换机"（of-only），另一类是"支持 OpenFlow 交换机"（of-enable）。前者仅需要支持必备行动，后者还可以支持 NORMAL 行动，同时，双方都可以支持泛洪行动（Flood Action），如表 13.7 所示。

表 13.7　各种类型 OpenFlow 交换机的支持行动

ACTION	of-only	of-enable
需要的行动	YES	YES
正常	NO	CAN
泛洪	CAN	CAN

4. 匹配

每个包按照优先级依次去匹配流表中的表项，匹配包的优先级最高的表项即为匹配结果。一旦匹配成功，对应的计数器就更新；如果没能找到匹配的表项，则转发给控制器。整体匹配流程如图 13.13所示，包头解析的匹配过程如图 13.4 所示。

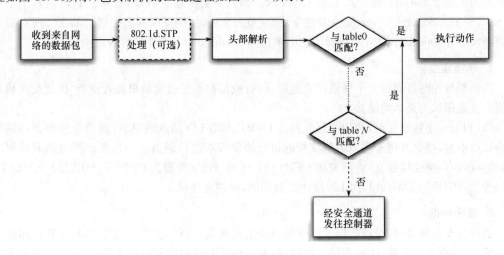

图 13.3　整体匹配流程

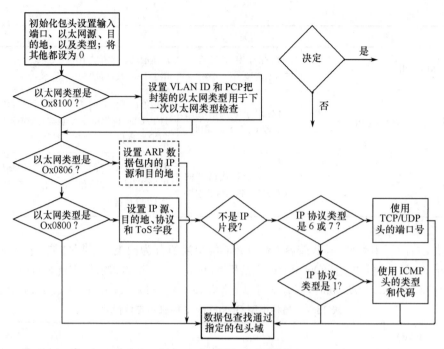

图 13.4　包头解析的匹配流程

13.1.3　安全通道

OpenFlow 采用的是集中控制方式,控制器需要利用 OpenFlow 协议对交换机进行流表的配置,因此,在它们之间传送信息的通道非常重要。通道是连接 OpenFlow 交换机到控制器的接口,控制器通过这个接口管理和控制 OpenFlow 交换机,同时也通过这个接口接收来自 Open-Flow 交换机的消息。

在具体的通道实现中,OpenFlow v1.0 要求承载 OpenFlow 协议传送的通路必须是安全的,并规定通道需要采用 TLS(Transport Layer Security,安全传输层协议)技术。TLS 是基于早期的 SSL(Secure Sockets Layer,安全套接字层)规范而来的,用于互联网上的通信加密。所有安全通道必须遵守 OpenFlow 协议,所有信息必须按照 OpenFlow 协议规定的格式执行。

1. 连接建立

变换机与控制器通过安全通道建立连接,所有流量都不经过交换机流表检查,因此交换机必须将安全通道认为是本地链接。

OpenFlow 连接建立后,两边必须先发送 OFPT_HELLO 消息给对方,该消息携带支持的最高协议版本号,接收方将采用双方都支持的最低协议版本进行通信。一旦发现两者拥有共同支持的协议版本,则连接建立,否则发送 OFPT_ERROR 消息(类型为 OFPET_HELLO_FAILED,代码为 OFPHFC_COMPATIBLE),描述失败原因,并终止连接。

2. 连接中断

当连接发生异常时,交换机应尝试连接备份的控制器。当多次尝试均失败时,交换机将进入紧急模式,并重置所有的 TCP 连接。此时,所有包将匹配指定的紧急模式表项,其他所有正常表项将从流表中删除。此外,在交换机刚启动时,默认进入紧急模式。

3. 加密

安全通道采用 TLS(Transport Layer Security)连接加密。当交换机启动时,尝试连接到控制器的 6633 TCP 端口。双方通过交换证书进行认证,因此,每个交换机至少需配置两个证书,一个用来认证控制器,另一个用来向控制器发出认证。

4. 生成树

交换机可以选择支持 802.1D 生成树协议。如果支持,所有相关包在查找流表之前应该先在本地进行传统处理。支持生成树协议的交换机在 OFPT_FEATURES_REPLY 消息的 compabilities 域需要设置 OFPC_STP 位,并且需要在所有的物理端口均支持生成树协议,但无须在虚拟端口支持。生成树协议会设置端口状态,以此来限制发到 OFP_FLOOD 的网包仅被转发到生成树指定的端口。需要注意的是,指定出口的转发或 OFP_ALL 的网包会忽略生成树指定的端口状态,按照规则设置端口转发。如果交换机不支持 802.1D 生成树协议,则必须允许控制器指定泛洪时的端口状态。

13.1.4 OpenFlow 协议

OpenFlow 协议是用来描述控制器和 OpenFlow 交换机之间交互作用信息的接口标准,其核心是 OpenFlow 协议信息的集合。

1. 消息类型

OpenFlow 协议支持三种消息类型:controller-to-switch、asynchronous(异步)和 symmetric(对称),每种消息又有多个子消息类型。controller-to-switch 消息由控制器发起,用来管理或获取 switch 状态;asynchronous 消息由 switch 发起,用来将网络事件或交换机状态变化更新到控制器;symmetric 消息可由交换机或控制器发起。

(1) controller-to-switch 消息

controller-to-switch 消息由控制器(controller)发起,可能需要或不需要来自交换机的应答消息。主要消息包括 Features、Configuration、Modify-state、Read-state、Send-packet 和 Barrier 等。

- Features:在建立传输层安全会话(Transport Layer Security Session)的时候,控制器发送 Features 请求消息给交换机,交换机需要应答自身支持的功能。
- Configuration:控制器设置或查询交换机上的配置信息。交换机仅需要应答查询消息。
- Modify-state:控制器管理交换机流表项和端口状态等。
- Read-state:控制器向交换机请求一些诸如流、网包的统计信息。
- Send-packet:控制器通过交换机指定端口发出网包。
- Barrier:控制器确保消息依赖满足,或接收完成操作的通知。

(2) asynchronous 消息

asynchronous 不需要控制器请求发起,主要用于交换机向控制器通知状态变化等事件信息。主要消息包括 Packet-in、Flow-removed、Port-status 和 Error 等。

- Packet-in:交换机收到一个网包,若在流表中没有匹配项,则发送 Packet-in 消息给控制器。如果交换机缓存足够多,网包被临时放在缓存中,网包的部分内容(默认 128 字节)和在交换机缓存中的序号也一同发给控制器;如果交换机缓存不足以存储网包,则将整个网包作为消息的附带内容发给控制器。
- Flow-removed:交换机中的流表项因为超时或修改等原因被删除,会触发 Flow-removed 消息。
- Port-status:交换机端口状态发生变化(如宕掉)时,触发 Port-status 消息。
- Error:交换机通过 Error 消息来通知控制器发生的问题。

（3）symmetric 消息

symmetric 消息不必通过请求建立，主要包括 Hello、Echo 和 Vendor 等消息。

- Hello：交换机和控制器用来建立连接。
- Echo：交换机和控制器均可以向对方发出 Echo 消息，接收者则需要回复 Echo reply。该消息用来测量延迟、是否连接保持等。
- Vendor：交换机提供额外的附加信息功能，为未来版本预留。

2. 消息修改

（1）流表修改

流表修改消息可以有以下类型：

```
enum ofp_flow_mod_command {
OFPFC ADD, /* New flow. */
OFPFC_MODIFY, /* Modify all matching flows. */
OFPFC_MODIFY_STRICT, /* Modify entry strictly matching wildcards */
OFPFC_DELETE, /* Delete all matching flows. */
OFPFC_DELETE_STRICT/* Strictly match wildcards and priority. */
};
```

- ADD：对于带有 OFPFF_CHECK_OVERLAP 标志的添加（ADD）消息，交换机将先检查新表项是否与现有表项冲突（包头范围 overlap，且有相同的优先级），如果发现冲突，将拒绝添加，且返回 ofp_error_msg，并且指明 OFPET_FLOW_MOD_FAILED 类型和 OFPFMFC_OVERLAP 代码。

对于合法无冲突的添加，或不带 OFPFF_CHECK_OVERLAP 标志的添加，新表项将被添加到最低编号表中，优先级在匹配过程中获取。如果任何表中已经存在与新表项相同头部域和优先级的旧表项，则该项将被新表项替代，同时计数器清零。如果交换机无法找到要添加的表，则返回 ofp_error_msg，并且指明 OFPET_FLOW_MOD_FAILED 类型和 OFPFMFC_ALL_TABLES_FULL 代码。

如果添加表项使用了交换机不合法的端口，则交换机返回 ofp_error_msg 消息，同时带有 OFPET_BAD_ACTION 类型和 OFPBAC_BAD_OUT_PORT 代码。

- MODIFY：对于修改，如果所有已有表中没有与要修改表项同样头部域的表项，则等同于 ADD 消息，计数器置 0；否则更新现有表项的行为域，同时保持计数器、空闲时间均不变。
- DELETE：对于删除，如果没有找到要删除的表项，则不发出任何消息；如果存在，则进行删除操作。如果被删除的表项带有 OFPFF_SEND_FLOW_REM 标志，则触发一条流删除的消息。删除紧急表项不触发消息。

此外，修改和删除还存在另一个_STRICT 版本。对于非_STRICT 版本，通配流表项是激活的，因此，所有匹配消息描述的流表项均受影响（包括包头范围被包含在消息表项中的流表项）。例如，一条所有域都是通配符的非_STRICT 版本删除消息会清空流表，因为所有表项均包含在该流表项中。

在_STRICT 版本情况下，表项头与优先级等都必须严格匹配才执行，即只有同一条表项会受影响。例如，一条所有域都是通配符的 DELETE_STRICT 消息仅删除指定优先级的某条规则。

此外，删除消息还支持指定额外的 out_port 域。

如果交换机不能处理流操作消息指定的行为，则返回 OFPET_FLOW_MOD_FAILED：OFPFMFC_UNSUPPORTED，并拒绝该表项。

（2）流超时

每个表项均有一个 idle_timeout 和一个 hard_timeout，前者计算没有流量匹配的时间（单位都是秒），后者计算被插入表中的时间。一旦到达时间期限，则交换机自动删除该表项，同时发出一个流删除的消息。

13.1.5　OpenFlow 实例

作为 OpenFlow 交换机使用的实例，想象一下 Amy（一个研究者）发明 amy-OSPF 作为一个新的路由协议来替代 OSPF，他想在网络上试验他的协议而不改变终端主机上的软件。amy-OS-PF 在控制器上运行，每次一个新的应用流启动 amy-OSPF 通过一系列 OpenFlow 交换机选择一条路线，并在每个交换机上添加 flow-entry。在他的试验中，amy 决定在自己的 PC 上使用 amy-OSPF 作为业务进入 OpenFlow 网络的协议，因此不会扰乱其他网络。为做到这些，他定义一个流使得所有的业务通过 PC 所连接的交换机端口进入 OpenFlow 交换机，在添加 flow-entry 的同时，封装并转发所有的数据包至控制器。当他的数据包到达控制器时，新的协议选择一条合适路由并添加 flow-entry 至每个路径上的交换机。随后的数据包达到交换机依据流表快速处理。

下面是试验进程中关于控制器动态添加和删除流的性能、可靠性与可扩展性问题：如此一个集中化的控制器能否快速地处理新流并交付给交换机执行呢？当控制器出现问题时该如何解决呢？初步结果显示 ethane 控制器（基于低成本 PC）可以至少每秒处理 10000 个新流——这对于大型校园网是足够的。当然，新流被处理的速率依赖于研究者试验的复杂度。

1. 在产出网络中的实验

机会在于 Amy 在很多其他人实用的网络中测试其自己的新协议，因此我们希望网络包含两种额外的特性。

性质 1：属于其他人而非 Amy 的数据包应该通过一个经过测试的标准路由交换协议进行选择，这个协议运行在交换机或叫"name-brand"供应商的路由中。

性质 2：Amy 应该只能为其运行模式添加流量准入机制，或者那些网络管理员允许其参与控制的流量运行模式。

性质 1 是通过允许 OpenFlow 实现的交换机达到的。在 Amy 的实验中，默认的操作是那些没有在 Amy 的计算机里出现的数据包能够被发送到普通的数据通道中。Amy 自己的数据包将被直接传送到外出端口，而被普通数据通道处理。

性质 2 是基于控制器的。控制器应该被视为研究者执行不同实验的平台，性质 2 的限制能够通过合适的允许机制或其他个人研究者来控制流量准入的制约来达到效果。这些允许机制的自然特征完全依赖于控制器是怎样执行的。我们希望不同类型的控制器出现，作为一个控制器的具体实现的例子，一些研究者致力于研究名为 NOX 的控制器来针对 Ethane 方面的工作。一种完全不同的控制器将会通过 GENI 管理软件随着 OpenFlow 网络的延展而出现。

2. 更多的例子

对于任意的实验平台，实验总会超出我们预先的设计，大多数 OpenFlow 网络实验需要继续斟酌。这里提供一些例子来表明实验中 OpenFlow 驱动的网络是怎样与新型网络应用和架构融合运行的。

案例一：网络管理和进入控制。

用 Ethane 作为第一个例子，Ethane 是能够凸显 OpenFlow 研究的。实际上，一个 OpenFlow 交换机能够视为一般化的 Ethane 数据路径交换机。Ethane 用控制一个特定的执行来匹配网络管理和控制，从而管理流量的交换机和准入。Ethane 的基本理念是允许网络管理者定义一个在中心控制器的宽泛网络策略，这可以使得每个新的数据流被准入控制决策直接决定。一个控制器根据一系列规则检验一个新的数据流，如"客户端能够用 HTTP 交流，但是只能通过网络代理",或者"VoIP 电话不能允许和笔记本电脑通信"。一个控制器将数据包和它们的发送者通过管理其名字与地址联系起来,这在本质上取代了 DNS、DHCP,并且验证了加入的所有用户,同时跟踪每个交换端口。我们将面对 Ethane 的延伸,新的策略表明特定的数据流将会送到控制器中用户的进程上,因此,允许基于特定研究者的进程在网络中被表示出来。

案例二:VLANs。

OpenFlow 能够像 VLANs 那样,简单地为用户提供自己的独立网络。最简单的方法是基于统计学上的宣称一簇针对特定端口且能被给出的 VLAN ID 准入的数据流。Traffic 被定义为那些从一个用户(比如源于一个特定的交换中断或 MAC 地址)中被交换机标注的拥有合适 VLAN ID 的状态。

一种更加动态的方法也许是用一个控制器来管理用户验证,以及用用户地址的知识来在高峰时期标注 traffic。

案例三:移动电话无线 VoIP 客户端。

在这个案例中,考虑一个新的基于 WiFi 驱动机制电话的接收-挂断机制。在 VoIP 实验中,客户通过 OpenFlow 驱动的网络建立了一个新的连接。一个控制器被用来执行跟踪客户的位置,重新寻址链接,即重新对于流量盘进行操作——就像所有用户数据在网络上的行动一样,允许一个准入节点到另一个的无缝传递。

案例四:一个非 IP 网络。

截至目前,我们的案例假设的都是 IP 网络中的情况,但是 OpenFlow 对于数据包没有任何格式要求,只要流量盘能够与数据包头进行匹配即可。这将会允许实验用新名字、地址和交换机策略进行。有几种方法能够使得 OpenFlow 驱动的路由支持非 IP 网络。比如,流量能够用以太网数据包头(MAC 地址等),一个新的以太类型值,或者 IP 层通过一个新版本的 IP 数字。更广泛地说,我们希望未来的交换机能够允许一个控制器创造一般类的掩码(支流+值+掩码),允许数据包在基于用户的方式上得到处理。

案例五:处理数据包而非数据流。

上面的例子主要是对数据流的实验——控制器在数据流开始时做决策。也有一些有趣的实验可以使每个数据包被处理。比如,一个入侵检测系统监测每个数据包,或者当改变数据包内容时,一个明显拥塞控制机制就是在将一个数据包由一个协议转化到另一个协议的时候进行的。图 13.5 所示为在已编制好的 NetFPGA 路由中通过外部线路速率设备处理数据包。

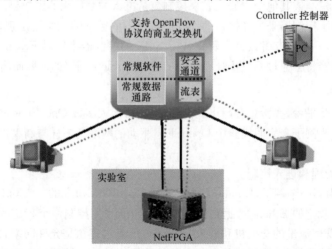

图 13.5 在已编制好的 NetFPGA 路由中通过外部线路速率设备处理数据包

有两种基本的方法可以在 OpenFlow 驱动的网络中处理数据包。

第一种方法，也是最简单的方法，使得所有数据流量包通过一个控制器，为了达到这一点，控制器不能增加新的数据流进入流量交换机，仅允许交换机将每个数据包传入控制器。这种方法在灵活性上产生优势，却是以牺牲性能为代价的。也许会提供一种测试新协议功能的好方法，但对于大型网络中的展示所提供的帮助不大。

第二种方法是处理数据包来将路由到已经编制完成的做数据包处理的交换机——比如，一个基于 NetFPGA 的编制完成的路由。这种方法的优势在于数据包能够在用户定义的线路速率下进行处理。基于 OpenFlow 驱动的交换机本质上是操作接插板来允许数据包抵达 NetFPGA。在一些方面，NetFPGA 板（一个 PCI 板，插入 Linux 的计算机）会有线连接在 OpenFlow 驱动交换机旁边，更可能的情况是 Net FPGA 板存放在实验室中。

13.2　SDN 控制器

在 SDN 的架构中，SDN 的控制层由 SDN 控制器的集群来实现，因此控制器可以说是 SDN 的核心，是连接底层交互设备与上层应用的桥梁。控制器系统与组成物理或虚拟网络的设备连接，并通过提供应用编程接口(API)的形式给各类 SDN 应用，以满足不同网络需求。目前比较被认可的控制器的定义是：控制器是一个平台，该平台向下可以直接与 SDN 交换机进行会话；向上为应用层软件提供开放接口，用于应用程序检测网络状态、下发控制策略。

13.2.1　SDN 控制器体系结构

与计算机操作系统一样，控制器的设计目标是通过对底层网络进行完整的抽象，以允许开发者根据业务需求设计出各式各样的网络应用。为防止出现传统网络中存在的扩展性问题，降低随着系统复杂性增长带来的开发困难，SDN 控制器采用了类似于计算机操作系统的"层次化"体系结构。目前控制器的参考模型与体系结构基本类似，在 OFS 提供的 SDN 参考体系结构中已经包含不同需求的应用情况，针对承载网络和接入网络各有不同的情况，甚至在虚拟化网络环境中，该体系结构都可以满足实际相关需求，控制器通过南向接口协议对底层网络交换设备进行集中管理、状态监测、转发决策及处理和调度数据平面的流量；另外，控制器通过北向接口向上层应用开放多个层次的可编程能力，允许网络用户根据特定的应用场景灵活地制订各种网络策略。其层次化的体系架构如图 13.6 所示。

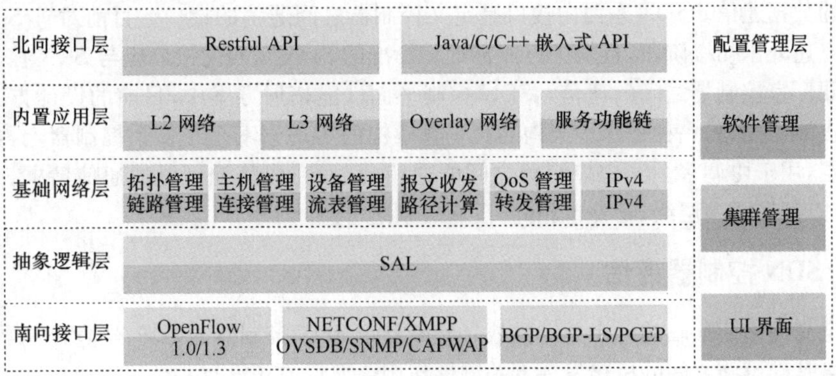

北向接口层	Restful API		Java/C/C++ 嵌入式 API			配置管理层
内置应用层	L2 网络	L3 网络	Overlay 网络	服务功能链		软件管理
基础网络层	拓扑管理 链路管理	主机管理 连接管理	设备管理 流表管理	报文收发 路径计算	QoS 管理 转发管理	IPv4 IPv4	集群管理
抽象逻辑层	SAL					
南向接口层	OpenFlow 1.0/1.3	NETCONF/XMPP OVSDB/SNMP/CAPWAP	BGP/BGP-LS/PCEP			UI 界面

图 13.6　SDN 控制器层次化的体系结构

控制器设计主要从南向接口技术、北向接口技术及东西向的可扩展性能力三个层面来考虑。通过控制器的定义及在逻辑架构中的位置可以看出，SDN 控制器与下层网络设备（包括物理及虚拟交换机等)之间通过专门的接口进行连接,该接口通常被称为南向接口,控制器本身提供这种接口功能。同时,SDN 控制器为上层的应用层提供北向接口,该接口满足更多的网络服务在路由管理、网络设备管理和网络策略管理等方面的需求。控制器功能简单地说,就是以满足上层网络应用的不同要求为目标,来实现或提供对下层的数据流的管理及控制策略,负责流量控制以确保智能网络。控制器是软件定义网络中对网络实现可编程控制的核心执行单位,可以是包含网络控制功能的网络操作系统,也可以是运行在操作系统之上的控制软件。从 SDN 架构中可以看出,控制器连接着底层设备和上层应用,是 SDN 技术的核心。

SDN 控制器的南向接口技术主要包括通过南向接口协议进行链路发现、拓扑管理、策略制订、表项下发等。链路发现和拓扑管理主要是控制器利用交换机上报的信息进行统一管理(上行),而策略制订和表项下发则是控制器向交换机发送控制信息从而实现统一控制(上行),并配合控制器中的基础网络层,提供基础的网络功能,即基础网络层中的模块作为控制器实现的一部分,可以通过南向接口来实现设备管理、状态监测等一系列基本功能,具体功能有交换机管理、主机管理、拓扑管理、路由转发策略及虚拟网划分。

SDN 控制器的北向接口技术是通过控制器向上层应用开放的接口,其目的是使得应用能够便利地调用底层的网络资源,从而提供云服务、安全服务等一系列上层应用。通过北向接口,网络业务的开发者能以软件编程的形式调用各种网络资源;同时上层的网络资源管理系统可以通过控制器的北向接口全局把控整个网络的资源状态,并对资源进行统一调度。因为北向接口是直接面向业务应用服务的,因此其设计需要密切联系业务应用需求,具有多样化的特征。同时,北向接口的设计是否合理、便捷,是否便于被业务应用广泛调用,会直接影响 SDN 控制器厂商的市场前景。

控制器负责整个 SDN 网络的集中化控制,对于把握全网资源视图、改善网络资源交付都具有非常重要的作用。但控制能力的集中化,也意味着控制器的安全性和性能成为全网的瓶颈,一旦控制器出现故障或其与交换机之间的连接中断,将会对整个网络造成影响。另外,单一的控制器也无法应对跨多个地域的 SDN 网络问题。基于 SDN 控制器组成的分布式集群,可以避免单一的控制器节点在可靠性、扩展性、性能方面的问题,在这种模式下,控制器集群逻辑上是集中的,但在物理位置上是分布式的。这种实现方式的好处在于网络由多个控制器管理,控制器不再是系统的主要瓶颈。不同控制器之间可以通过信息同步的方式来获取网络的全局视图,以及进行全局决策,保证逻辑上集中的控制模式。但是需要保证多控制器之间信息的一致性,增加了系统的复杂性,也给网络的管理和运维带来较大的开销,这就需要使用 SDN 东西向接口来进行控制器之间的数据通信。SDN 东西向接口是定义控制器之间通信的接口。目前对于 SDN 东西向接口的研究还处于初级阶段,且缺少行业标准。标准的 SDN 东西向接口应与 SDN 控制器解耦,能实现不同厂家控制器之间的通信。SDN 控制平面性能拓展方案中,目前的设计方案有两种:一种是垂直架构的,另一种是水平架构的。垂直架构的实现方案是在多个控制器上再叠加一层高级控制层,用于协调多个异构控制器之间的通信,从而完成跨控制器的通信请求。水平架构中,所有节点都在同一层级,身份也相同,没有级别之分。

13.2.2 SDN 控制器评估

软件定义网络所面临的一个关键挑战是判断特定 SDN 控制器的好坏,毕竟控制器作为网络应用和网络基础设施之间的桥梁发挥着关键性作用。但目前还没有一个可以规范 SDN 的模型,也没有一个 SDN 控制器必须要遵守的任何标准。对于控制器需要提供什么样的特定服务,厂商中仍然存在许多不同的意见。用户的压力在于确定 SDN 控制器具有什么样的功能,以及这些功能是否能够帮助实现期望的目标。这样来说,对于 SDN 控制器的评估主要包括以下几个主要方面。

（1）对主流南向协议的支持程度

目前应用最为广泛的 SDN 南向接口协议为 OpenFlow 协议，该协议也是开放网络基金会（ONF）力推的标准化协议。对 OpenFlow 协议的支持程度可作为一款 SDN 控制器是否具有普适性的一个重要标准。此外，在 OpenFlow 协议的规范中，控制器需要和已配置的交换机进行通信，而这些配置超出了 OpenFlow 协议规范的范围，理应由其他配置协议来完成，如 OF-CONFIG 协议等。对这些协议的支持与否也是对 SDN 控制器进行性能评估的一个重要参考标准。

（2）网络可编程性

传统网络中，网络工程师通常会使用命令行接口（CLI）或图形化用户界面（GUI）来配置网络设备。虽然这种工作方式很普遍，但也有一些问题。实现复杂的网络配置可能要求工程师分别配置几个不同的网络设备。这个过程非常繁杂，耗费时间且容易出错。系统管理员可以使用一些自动化工具（如 Puppet）来简化他们的工作。SDN 网络架构提出的网络的可编程性刚好可以解决这个问题。通过编程对 SDN 控制器进行控制，从而影响网络中数据流的重定向、精确的报文过滤及为网络应用提供友好的北向可编程接口，可以极大地方便网络管理人员。

（3）可靠性

可靠性是评价网络的一个十分重要的标准。SDN 集中化的控制简化方便了网络管理，却也引入了新的问题，如单点失效，处于 SDN 核心地位的控制器，连接着北向应用程序和南向网络转发设备，SDN 控制器的失效对整个网络的影响将是毁灭性的。SDN 控制器与交换机物理位置的隔绝，也降低了两者通信的可靠性，任意一种导致两者通信失效的因素都会使网络发生故障，从而导致严重的报文丢失和性能下降。此外，传统网络中的链路失效和节点失效在 SDN 网络中依然存在，且在 SDN 网络中由链路失效和节点失效造成的拓扑变化情形更加多样。因此，必须设计良好的可靠性机制来应对导致 SDN 网络中出现的各种网络失效因素，从而保证 SDN 网络从失效中恢复，并具有良好的性能。目前一种主流的解决方案是需要多个 SDN 控制器组成的分布式集群，以避免单一的控制器节点在可靠性、扩展性等性能方面的问题。不过，用于多个控制器之间沟通和联系的东西向接口还没定义标准。

（4）安全性

SDN 是近来网络领域非常火热的概念。然而，从安全性角度来看，对 SDN 的看法也有不同的声音。例如，SDN 的控制器作为一个中央控制软件，更加容易受到攻击，而且一旦攻击者获得了 SDN 控制器的权限，整个网络都将暴露在危险中。传统的网络设备是一个完全自治的系统，各个系统之间只是数据传递的关系，而由于 SDN 采用集中控制的方式进行管理，SDN 控制器将会被各种不同的系统访问，这将给 SDN 增添很多新的攻击风险。就目前而言，虽然 SDN 尚未大规模替代传统网络，但是面对火热的 SDN，我们应该提前思考两类问题。第一类是如何利用 SDN 提升网络安全，这主要是指 SDN 给传统网络安全研究带来的新思路、新的解决方式等。由 SDN 实现的集中控制最终将带来安全定义路由及其他 SDN 安全策略，它们可能彻底改变我们定义网络及其应用或数据的方式。更重要的另一类是如何提高 SDN 网络的自身安全，以应对来自数据层、控制层及应用层的攻击。

（5）网络功能及网络扩展

由于 OpenFlow 协议提供基于流的匹配转发方式，便于对流细粒度处理，SDN 控制器可提供基于流的细粒度处理。此外，SDN 控制器具有全网拓扑视角，有能力发现源端到目的端的多条路径并提供多径转发功能，打破 STP 的性能和可扩展性限制。SDN 的集中式架构便于网络管理员根据需求灵活地在控制器中添加、更改和删除相应的网络服务模块。因此怎样让一个控制器能够控制更多的 OpenFlow 交换机对 SDN 的网络的扩展至关重要，对 SDN 网络的性能评估也至关重要。

13.2.3 主要 SDN 控制器简介

虽然 SDN 技术从提出到现在不过短短十几年时间,但随着 SDN 技术的快速发展及控制器在 SDN 中核心作用的凸显,控制器软件正呈现百花齐放的发展形势。不同的控制器有其各自的特点和优势,本节对业界广泛应用的几种典型 SDN 控制器进行简要介绍,也为读者了解控制器方面的发展提供基本参考。

1. Floodlight 控制器

Floodlight 是基于 Java 的 OpenFlow 的控制器,使用模块化结构,并且在 Floodlight 启动的过程中,可以选择需要加载的模块以完成基本功能,同时也可以加入自己定义的模块,完成需要的特殊功能。在功能上,Floodlight 模块由控制器模块和应用模块组成,控制器模块实现了核心的网络服务且为应用程序提供接口,应用模块根据不同的目的实现不同的方案。Floodlight 控制器的好处是易于开发,适合实验室开发使用。

以下是实现控制器功能的模块。

(1) Floodlight Provider:作为核心模块,负责将收到的 OF Packet 转换为一个个事件,而其他模块向 Flooglight Provider 进行注册,注册后成为一个 Service,然后可以处理相应的事件。

(2) Device Manager Impl:通过 PacketIn 中得知设备,使用 MAC 地址和 VLAN 表示一个设备。

(3) Link Discovery Manager:使用 LLDP 包和广播包 BDDP 来发现 OpenFlow 网络中的链路状态,并且维护网络链路状态。

(4) Topology Service:为控制器维护拓扑信息,也发现网络中的路由。

(5) Rest Api Server:使用 HTTP 提供 REST API。

(6) Thread Pool:包装了 Java 中的 Scheduled Executor Service,可以在指定时间运行一个线程,也可以用来周期性地执行一个线程。

(7) Memory Storage Source:在内存中使用 NoSQL 的存储模块,在数据改变时提供通知。

(8) Packet Streamer:可以让交换机、控制器和观察者之间有选择地交换数据。

2. NOX 控制器

NOX 是一款基于 C++的软件定义网络应用的开源开发平台。NOX 较老的版本还支持 C++和 Python 两种语言。NOX 的模型主要包括两部分。一是集中的编程模型,开发者不需要关心网络的实际架构,在开发者看来整个网络就好像一台单独的机器,有统一的资源管理和接口;二是抽象的开发模型,应用程序开发需要面向的是 NOX 提供的高层接口,而不是底层。例如,应用面向的是用户、机器名,但不面向 IP 地址、MAC 地址等。

NOXRepo 网站列出了 NOX 控制器的如下特点:

* 提供基于 C++的 OpenFlow 1.0 版本的 API;
* 提供快速的异步 IO;
* 面向 Linux 发行版(特别是 Ubuntu 11.10 和 12.04 版本,但也支持 Debian 和 RHEL 6);
* 包括用于拓扑发现、学习式交换机、网络范围交换机等的简单组件。

Nicira 网络由 NOX 和 OpenFLow 开发,而且第一个 OpenFlow SDN 控制器就是基于 NOX的。2008 年,Nicira 将 NOX 捐献到开源社区。

3. POX 控制器

POX 是一款基于 Python 的软件定义网络应用的开源开发平台。相比于兄弟项目 NOX,POX 使得快速地开发和原型机制造变得更加平常。

NOXRepo 网站列出了 POX 控制器的如下特点:

- "Python 化的"OpenFlow 接口；
- 用于路径选择、拓扑发现等的可再用简单组件；
- "随处可运行"——可以与免安装的 PyPy 绑定进行简单开发；
- 面向 Linux、Mac OS 及 Windows 操作系统；
- 能够进行拓扑发现；
- 支持和 NOX 相同的 GUI 及虚拟化工具；
- 相比于用 Python 写的 NOX 程序，POX 的性能更优。

POX 官方网站评价该控制的最终目的是利用其来创建一个"现代化 SDN 控制器的原型"。

4. RYU 控制器

RYU 是一款开源的软件定义网络（SDN)控制器，由日本 NTT 公司设计研发，并首先部署在 NTT 云数据中心上。RYU 控制器通过简化网络流量的处理来增强网络的灵活性，其提供已经定义好的应用程序接口（APIs)，使得开发人员能够方便地创建新的网络管理和控制程序。这些组件帮助各种组织自定义部署来满足不同的需求；开发人员能够迅速方便地修改存在的组件或实现他们自己的组件，以确保底层网络能够满足其不断变化的应用需求。RYU 控制器的源代码托管在 GitHub 上，并由 RYU 开源社区维护。和 POX 一样，RYU 控制器也完全由 Python 语言实现，使用者可以在 Python 语言的基础上实现自己的应用，采用 Apache License 开源协议标准，目前支持协议 OpenFlow 1.0、OpenFlow 1.2、OpenFlow 1.3，同时支持在 OpenStack 上的部署应用。RYU 控制器可以使用 OpenFlow 与转发平面的交互，以修改网络中数据流的处理。它已经过与一些包括 Openv Switch 和来自 IBM、NFC 的产品的 OpenFlow 交换机配合工作的测试与认证。

RYU 源码主要分为以下几个主要部分。

- base：base 中有一个非常重要的文件 app_manager.py，是 RYU 应用的管理中心，用于加载 RYU 应用程序，接收从 APP 发送过来的信息，同时也完成消息的路由。其主要的函数有 app 注册、注销、查找，并定义了 RYUAPP 基类，定义了 RYUAPP 的基本属性。
- controller：该文件夹中有许多非常重要的文件，如 events.py、ofp_handler.py、controller.py 等。其中 controller.py 定义了 OpenFlowController 基类，用于定义 OpenFlow 的控制器，用于处理交换机和控制器的连接等事件。
- lib：lib 中定义了需要使用的基本数据结构，如 dpid、mac 和 ip 等数据结构。在 lib/packet 目录下，还定义了许多网络协议。
- ofproto：在这个目录下，基本分为两类文件，一类是协议的数据结构定义，另一类是协议解析，即数据包处理函数文件。
- topology：包含 switches.py 等文件，基本定义了一套交换机的数据结构。
- 其他还包括 contrib、cmd 及 services 等文件。

5. POF 控制器

华为在"SDN 2013 年世界大会上"向业界发布了首个协议无感知转发（POF）项目开源代码网站。POF 控制器是基于 Floodlight 控制器项目开发的，该控制器提供了一个 GUI 管理界面，用于交换机的控制和配置。

POF（Protocol Oblivious Forwarding)是由华为提出的 SDN 南向协议，是一种 SDN 实现方式，中文为协议无关转发。与 OpenFlow 相似，在 POF 定义的架构中分为控制平面 POF 控制器和数据平面 POF 转发元件（Forwarding Element)。在 POF 架构中，POF 交换机并没有协议的概念，它仅在 POF 控制器的指导下通过{offset，length}来定位数据、匹配并执行对应的操作，从而完成数据处理。此举使得交换机可以在不关心协议的情况下完成数据的处理，使得在支持新协议时无须对交换机进行升级或购买新设备,仅需通过控制器下发对应流表项,大大加快了网络创新的进程。POF 网络架构中主要包含控制器和交换机两个原型文件,旨在提高 OpenFlow 的规范及支持无感知转发协议和数据包格式,允许用户在任意时刻、任意网络位置对任意业务流按需部署网络探针,即时收集实时网络,建立全局深度可视化网络,是帮助运营商支持网络快速优化、网络防护、网络故障快速诊断和客户关怀的"核"武器,是建立运营商网络大数据平台的重要基础。

6. ONOS 控制器

开放网络操作系统(ONOS)是首款开源 SDN 网络操作系统,主要面向服务提供商和企业骨干网。ONOS 的设计宗旨是满足网络需求,实现可靠性强、性能好、灵活度高等特性。此外,ONOS 的北向接口抽象层和 API 使得应用开发变得更加简单,而通过南向接口抽象层和接口则可以管控 OpenFlow 或传统设备。总体来说,ONOS 将会实现以下功能:

- SDN 控制层面实现电信级特征(可靠性强、性能好、灵活度高);
- 提供网络敏捷性强有力的保证;
- 帮助服务提供商从现有网络迁移到白牌设备;
- 减少服务提供商的资本开支和运营开支。

ONOS 控制器架构如图 13.7 所示。

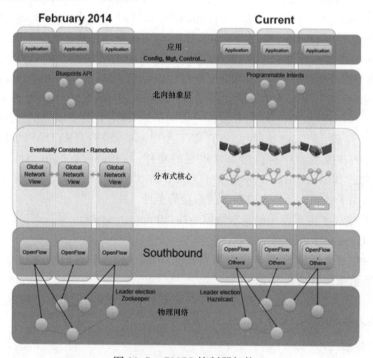

图 13.7　ONOS 控制器架构

ONOS 具有下述核心功能。

- 分布式核心平台,提供高可扩展性、高可靠性及高稳定性能,实现运营商级 SDN 控制器平台特征。ONOS 像集群一样运行,使 SDN 控制平台和服务提供商网络具有网页式敏捷度。
- 北向接口抽象层/APIs,图形化界面和应用提供更加友好的控制、管理与配置服务,抽象层也是实现网页式敏捷度的重要因素。
- 南向接口抽象层/APIs,可插拔式南向接口协议可以控制 OpenFlow 设备和传统设备。南向接口抽象层隔离 ONOS 核心平台和底层设备,屏蔽底层设备和协议的差异性。且南向接口是从传统设备向 OpenFlow 白牌设备迁移的关键。

- 软件模块化,让 ONOS 像软件操作系统一样,便于社区开发者和服务提供商开发、调试、维护和升级。

7. OpenDayLight 控制器(ODL)

网络设备的研发十分复杂,是一个系统化工程,需要结合方方面面考虑,同时又有极高的可靠性要求,而这些正是高校及研究所缺乏的,因此直接导致 OpenFlow 协议过于理想化,只能在实验及简单网络环境中应用,无法实现大规模商用。这种情况下,开放基金组织开始接受网络设备商的参与,2013 年以设备商和软件商为主导的另一 SDN 组织 OpenDayLight(ODL)横空出世。ODL 是由 Linux 基金会推出的一个开源项目,集聚了行业中领先的供应商和 Linux 基金会的一些成员。其目的在于通过开源的方式创建共同的供应商支持框架,不依赖于某个供应商,竭力创造一个供应商中立的开放环境,每个人都可以贡献自己的力量,从而不断推动 SDN 的部署和创新。ODL 控制器迭代较快(以元素周期表元素作为版本号),目前最新版本是硼(Boron)。

ODL 控制器拥有一套模块化、可插拔的控制平台,即 OSGi 框架,OSGi 框架是面向 Java 的动态模型系统,它实现了一个优雅、完整和动态的组件模型,应用程序(Bundle)无须重新引导就可以被远程安装、启动、升级和卸载,通过 OSGi 捆绑可以灵活地加载代码与功能,实现功能隔离,解决功能模块的可扩展问题,同时方便功能模块的加载与协同工作。自 Helium 版本开始使用 Karaf 架构,作为轻量级的 OSGi 架构,相较于早前版本的 OSGi 提升了交互体验和效率。

ODL 控制平台与其他 SDN 控制器最大的不同是引入了 SAL(服务抽象层),SAL 北向连接功能模块以插件的形式为之提供底层设备服务,南向连接多种协议,屏蔽不同协议的差异性,为上层功能模块提供一致性服务,使得上层模块与下层模块之间的调用相互隔离。SAL 可自动适配底层不同设备,使开发者专注于业务应用的开发。

如图 13.8 所示,ODL 控制器主要包括开放的北向 API、控制器平面,以及南向接口和协议插件。北向可以通过应用的 Yang 模型自动生成 RESTAPI。上层应用程序可以利用这些北向 API 获得网络信息、运行算法进行分析,并且设计部署新的网络策略。

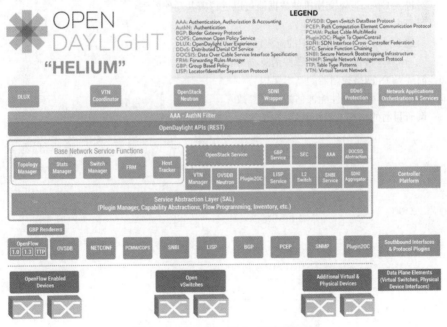

图 13.8　OpenDayLight 控制器架构

控制器平台包括一系列功能模块，可动态组合提供不同服务，主要包括拓扑管理、转发管理、主机监测、交换机管理等模块。其中可以明显地看到服务抽象层 SAL 是控制器模块化的核心，它自动适配底层不同的设备，使开发者专注于业务应用的开发。SAL 北向连接功能模块，以插件的形式为之提供底层设备服务。南向连接多种协议插件，屏蔽不同协议的差异性，为北向功能模块提供一致性服务，SAL 起到中间调度作用。

南向接口支持多种不同协议，如 OpenFlow 1.0、OpenFlow 1.3、BEG-LS 等。底层支持混合模式交换机和 OpenFlow 交换机。

小结

OpenFlow 的基本思想很简单：目前大多数以太网交换机和路由器维持一张流表（一般由 TCAM 得来），以线速运行实现防火墙、NAT、QoS 和收集数据。虽然每个开发商的流表是不同的，但它们具有一系列通用功能。OpenFlow 便采用这些通用功能。

OpenFlow 交换机至少包括以下三部分：①一个流表，对每个流进入有一个动作，告诉交换机如何处理该流；②一个安全通道，原来连接交换机和远程控制器，允许它们间的命令和包交互；③OpenFlow 协议，它提供一个开放的、标准的方式，用以控制器和交换机间的交流。通过规定一个标准接口（OpenFlow 协议），流表中的 entries 能够在外部定义。OpenFlow 交换机无须研究者规划交换机。

SDN 控制器作为上层网络应用开发、运行的平台，处于 SDN 架构中的关键位置。控制器的设计作为其核心技术也得到了业界广泛关注，各种控制器的问世极大地推动了 SDN 技术的发展。同时，在 SDN 快速发展的过程中，作为其主要组成部分的控制器也在不断地发展完善，从最初的单线程 NOX 控制器到现在支持多线程、多应用的各种控制器纷纷涌现，近年来为了解决控制平面扩展性，也提出了多控制器的解决方案。面对这么多的控制器实现方案，针对特定的应用场景及特定的需求，哪种控制器实现更符合需求成了学者及业界需要考虑的重要问题。

习题

13.1 OpenFlow 交换机主要由哪几部分组成？

13.2 对进入 OpenFlow 交换机的数据流可以进行哪些动作？

13.3 流表由哪几部分组成？

13.4 简述 OpenFLow 交换机中的流表匹配流程。

13.5 OpenFlow 协议主要包括哪些消息类型？

13.6 简述 SDN 网络控制器的基本架构。

13.7 简述 SDN 控制器性能评估的主要参数。

13.8 调研目前的一些主流控制器，并了解各个控制器的优缺点。

第 14 章　网络功能虚拟化

网络功能虚拟化(Network Functions Virtualization,NFV)是为了打破专用硬件对电信业务发展的限制而提出的一项新技术,其目标是:用基于行业标准的 x86 服务器、存储和交换设备,来取代通信网络中私有专用的网元设备。

本章参考 ETSI 的 NFV 白皮书(*Introductory White Paper*,*Update White Paper*,*White Paper* #3)及技术文档(ETSI GS NFV-INF 001 V1.1.1、ETSI GS NFV-MAN 001 V1.1.1、ETSI GS NFV-SWA 001 V1.1.1、ETSI GS NFV-REL 001 V1.1.1、ETSI GS NFV-SEC 001 V1.1.1),详细讲解了 NFV 整体架构、NFV 基础设施、虚拟网络功能、NFV 的管理和编排、NFV 的弹性机制、NFV 的安全性、NFV 与 SDN 的关系、NFV 对 OSS/BSS 的影响、NFV 应用实例、NFV 带来的收益及 NFV 面临的挑战。

14.1　NFV 整体架构

传统的网络一般采用的是专用硬件设备,随着网络服务类型的增多,这些设备的类型和数量也必须要相应地增加,运营商需要为这些设备提供存放空间和电力。随着能源和资本投入的增长,专用硬件设备的集成和操作的复杂性增大,加上专业设计能力的缺乏,这种模式的扩容变得越来越困难。此外,专用硬件设备需要不断地经历规划—设计开发—整合—部署的过程,而且由于技术和服务创新的需求,专用硬件设备的性能跟不上网络扩展需求,这会严重影响运营商的收益,同时技术创新也受到限制。

NFV 的诞生就是为了解决上述问题的。所谓 NFV,就是通过演进标准 IT 虚拟化技术,将许多网络设备类型整合到可位于数据中心、网络节点和最终用户节点的行业标准大容量服务器、交换机和存储中,从而改变网络运营商架构网络的方式,如图 14.1 所示。它涉及网络功能的软件实现,该软件可以在一系列行业标准服务器硬件上运行,并且可以根据需要移动到网络中的各个位置或在网络中的各个位置实例化,而无须安装新设备。

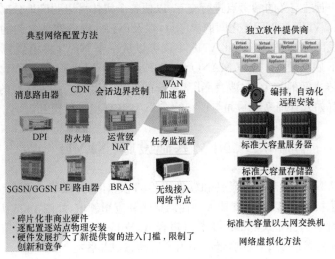

图 14.1　NFV 的愿景

ETSI 给出了整体的 NFV 架构框图,如图 14.2 所示。

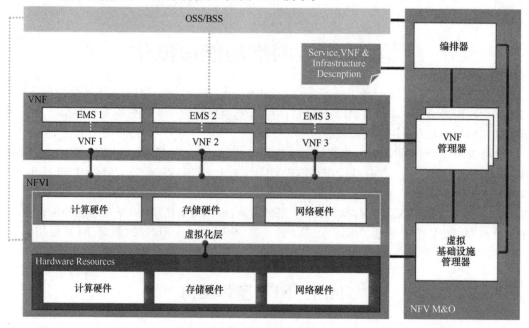

图 14.2　NFV 架构框图

NFV 架构可以分为三个主要部分。

NFVI(网络功能虚拟化基础设施)提供支持执行虚拟网络功能所需的虚拟资源。它包括商用现货(COTS)硬件、必要时的加速器组件,以及虚拟化抽象底层硬件的软件层。

VNF(虚拟网络功能)是能够在 NFVI 上运行的网络功能的软件实现,可以附带一个元素管理系统(EM)。VNF 是与今天的网络节点相对应的实体,现在将作为纯软件由其依赖的硬件设备提供。

NFV MANO(管理和编排)涵盖了支持基础设施虚拟化的物理和/或软件资源的编排及生命周期管理,以及 VNF 的生命周期管理。NFV MANO 侧重于 NFV 框架中所需的特定虚拟化管理任务,还与(NFV 外部)OSS/BSS 相互作用,可以被整合到已经存在的整个网络管理环境中。

NFV 三个部分通过定义的参考点进行交互,以便各个实体可以明确地分离,促进 NFV 生态的开放性和创新性。VNF 与 NFVI 之间的参考点,以及 NFVI 内的实体之间的参考点涉及资源的抽象化、虚拟化及 VNF 的托管,因此 VNF 不仅可以从一个 NFVI 移植到另一个 NFVI,还可以选择不同的 VNF 底层硬件。NFV MANO 和 VNF 及 NFV MANO 和 NFVI 之间的参考点,以及 MANO 内的实体之间的参考点,涉及 NFV 系统的管理和运行。相关模块的设计方式允许重用现有的解决方案(如云管理系统),并与现有的 OSS/BSS 环境进行交互。

14.2　NFV 基础设施(NFVI)

NFVI 是构建 VNF 部署环境的硬件和软件组件的总和,它提供了一个多租户基础架构,利用标准的 IT 虚拟化技术,可以同时支持多种使用案例和应用领域,如图 14.3 所示。

NFVI 被实际部署为分布式的 NFVI 节点集合,以支持不同案例和应用领域的局部性及延迟目标。VNF 可以在 NFVI 节点的容量限制内按需动态地部署在 NFVI 上。

NFVI 包含三个不同的域,如图 14.4 所示。三个域的具体含义如下。

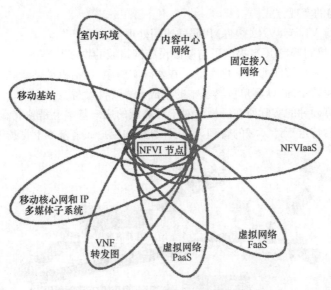

图 14.3　NFVI 支持多种应用案例和应用领域

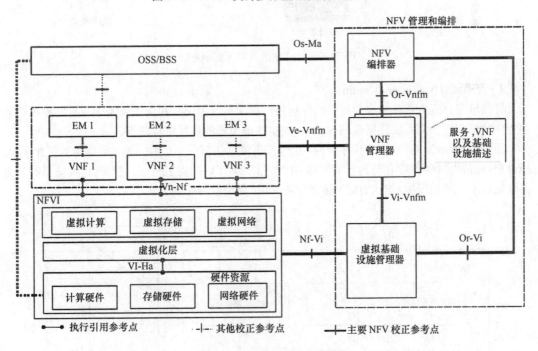

图 14.4　NFVI 域划分示意图

1. 计算域 (Compute Domain)

计算域的作用是提供 COTS 计算和存储资源,当与管理域的管理程序一起使用时,需要托管 VNF 的各个组件。一般来说,计算域提供了网络基础设施域的接口,但本身不支持网络连接。

利用 IT 行业的规模经济,通过设备整合降低硬件设备成本和功耗。利用标准服务器和存储中的电源管理功能,以及工作负载整合和位置优化来降低能耗。例如,依靠虚拟化技术,可以在非高峰时间(如夜间)将工作负载集中在较少数量的服务器上,其他服务器就可以关机或进入节能模式。

计算域的基本元素示意图如图 14.5 所示。虽然此图显示了物理组件,但 NFV 并没有定义计算域的基础架构的实现方式。

（1）CPU：执行 VNFC（VNF 组件）代码的通用处理器。

（2）网络接口控制器（NIC）：提供了与基础设施网络域的物理互连。

（3）存储：这是大规模和非易失性存储。在实际实施中，包括机械硬盘和固态硬盘（SSD）。

（4）服务器：逻辑上的"计算单位"，基本的集成计算硬件设备。

（5）机箱：计算硬件的实际所在区域。对于计算域的用户基本上是独立和透明的。

（6）远程管理：特定于计算域的管理，对于计算域的用户而言基本上是透明的。

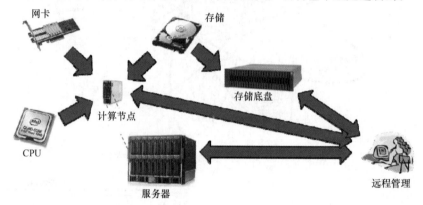

图 14.5　计算域的基本元素示意图

2. 管理域（Hypervisor Domain）

管理域将计算机资源抽象为提供软件应用的虚拟机。为公共和企业云需求开发的虚拟机管理程序非常重视从实际硬件提供的抽象，以便实现虚拟机的高度可移植性。

图 14.6 所示为 NFV 管理程序架构，管理程序可以仿真一个硬件平台，完全仿真一个 CPU 指令集，使得 VM 相信它在与运行的实际 CPU 不同的 CPU 架构上运行。然而，这种仿真有显著的性能成本。模拟虚拟 CPU 周期所需的实际 CPU 周期数可能很大。

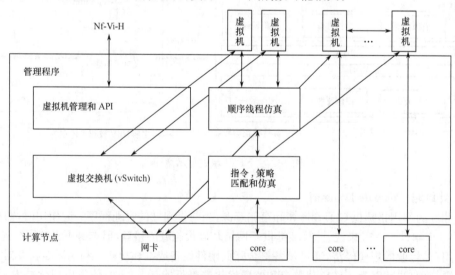

图 14.6　NFV 管理域架构

即使不仿真完整的 CPU 架构，仍然可能存在某些方面的仿真，这也可能导致显著的性能影响。例如，当单个核心上运行多个虚拟机时，即使是同一个 CPU 架构，管理程序通常也会运行一个多任务执行程序,以共享虚拟机之间的本地 CPU 周期。每次虚拟机间实际 CPU 单线程的"上下文切换"都可能造成显著的性能影响。

另外,由于在同一主机上运行的虚拟机很多,需要合理地互相连接。虚拟机管理程序为虚拟机提供模拟虚拟网卡,但是也需要虚拟以太网交换机来提供虚拟机之间及每台虚拟机和实际网卡之间的连接,vSwitch 就是这个虚拟以太网交换机,vSwitch 也可能是一个重要的性能瓶颈。

3. 基础设施网络域(Infrastructure Network Domain)

基础设施网络域提供以下角色:

(1) 分布式 VNF 的 VNFC 之间的通信通道;

(2) 不同 VNF 之间的通信信道;

(3) VNF 与其 MANO 之间的沟通渠道;

(4) NFVI 组件之间的沟通渠道及其编排和管理;

(5) 远程部署 VNFC 的手段;

(6) 与现有运营商网络互连的方式。

14.3　虚拟网络功能(VNF)

虚拟网络功能(VNF)是一种网络功能,能够在 NFV 基础架构(NFVI)上运行,并由 NFV Orchestrator(NFVO)和 VNF Manager 进行编排,VNF 又可更精细地划分为粒状 VNFC(VNF 组件)。

它具有 5 个功能接口:SWA-1,SWA-2,SWA-3,SWA-4,SWA-5,如图 14.7 所示。

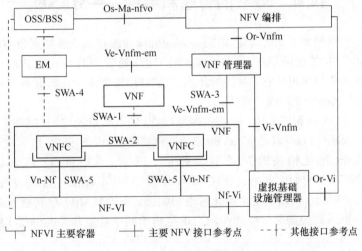

图 14.7　VNF 接口

SWA-1:这是一个定义良好的接口,可以在相同或不同的网络服务中实现各种网络功能之间的通信。它们可以表示网络功能[VNF,PNF(物理网络功能)]的数据和/或控制平面接口。SWA-1 接口位于两个 VNF 之间,一个 VNF 和一个 PNF 之间,或者一个 VNF 和一个端点之间,如图 14.8 所示。一个 VNF 可以支持多个 SWA-1 接口。

网络运营商或服务提供商组成网络服务。为了组成可行的网络服务,网络运营商或服务提供商要求给定的 VNF 的 VNFD(虚拟网络功能描述符)提供关于该 VNF 所支持的 SWA-1 的足够的信息,以确定从不同的 VNF 提供商获得的不同的 VNF 的兼容性。

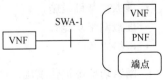

图 14.8　SWA-1 接口

SWA-1 接口主要利用了 SWA-5 接口提供的网络连接服务的逻辑接口。

SWA-2：此接口指的是 VNF 内部接口，它用于 VNFC 到 VNFC 的通信。这些接口由 VNF 提供商定义，因此是提供商特定的。这些接口通常将性能（如容量、等待时间等）要求放置在底层虚拟化基础设施上，但从 VNF 用户的角度来看是不可见的。SWA-2 接口利用了在 NFV 基础设施上实现的底层通信机制。

SWA-2 接口也主要利用了 SWA-5 接口提供的网络连接服务的逻辑接口。

SWA-3：将 VNF 与 NFVMANO（特别是 VNF 管理器）连接起来。

- 角色：管理接口用于执行一个或多个 VNF 的生命周期管理（如实例化、缩放等）。
- 互连属性：SWA-3 接口可能使用 IP/L2 连接。

SWA-4：EM（元素管理）使用接口 SWA-4 与 VNF 进行通信。该管理接口根据具体实现、保险和计费 FAB，及 FCAPS 网络管理模型和框架，来进行 VNF 的运行时间管理。

SWA-5：对应于 VNF-NFVI 接口，这是在每个 VNF 和底层 NFVI 之间存在的一组接口。现有不同类型的 VNF 及 VNF 集合，如 VNF 转发图。这些不同的 VNF 都依赖 SWA-5 接口提供的 NFVI 资源集合（如用于联网、计算、存储和硬件加速的资源）。SWA-5 接口提供对分配给 VNF 的 NFVI 资源的虚拟化片段访问，即对分配给 VNF 的所有虚拟计算、存储和网络资源的访问。因此，SWA-5 接口描述了 VNF 的可部署实例的执行环境。

SWA-5 接口是 NFVI 和 VNF 之间所有子接口的抽象，每个子接口都有特定的用途和角色，以及互联属性的类型。

14.4　NFV 的管理和编排——MANO

NFV 为通信网络增加了新的功能，需要将新的管理和编排功能添加到当前的运营模式、管理、维护和配置中。在传统网络中，网络功能（NF）实施通常与其所在的基础设施紧密耦合。NFV 将网络功能的软件实现从它们使用的计算、存储和网络资源中分离出来。虚拟化通过虚拟化层将网络功能与这些资源隔离开来。

这种分离产生了一组新的实体——虚拟网络功能（VNF），以及它们与 NFV 基础设施（NF-VI）之间的关系。VNF 可以与其他 VNF 和/或物理网络功能（PNF）链接，以实现网络服务（NS）。

由于网络服务［包括相关的 VNF 转发图（VNFFG）、虚拟链路（VL）、物理网络功能（PNF）］、VNF、NFVI 和它们之间的关系在 NFV 出现之前并不存在，它们的处理需要一套新的不同的管理和编排功能。网络功能虚拟化管理和编排（NFV MANO）架构框架具有管理 NFVI 和协调 NS 与 VNF 所需的资源分配的作用。现在由于网络功能软件与 NFVI 的解耦，这种协调是必要的。

虚拟化原理刺激了多供应商生态系统，其中 NFVI、VNF 软件和 NFV MANO 架构框架实体的不同组件可能遵循不同的生命周期（如在采购、升级等方面）。这需要可互操作的标准化接口和适当的资源抽象。

本节主要关注网络功能虚拟化过程中引入的差异，而不是保持不变的网络功能的各个方面。这些差异可以通过将它们分组在以下层次中来描述：

- 虚拟化基础设施；
- 虚拟网络功能；
- 网络服务。

1. 网络功能虚拟化基础设施的管理和编排

我们所考虑的 NFVI 资源包括虚拟化和非虚拟化资源，支持虚拟化网络功能和部分非虚拟化网络功能。

虚拟化资源的范围是那些可以与虚拟化容器相关联的,并且已经通过适当的抽象服务进行了分类,供我们消费的资源,例如:

- 计算,包括机器(如主机或裸机)和虚拟机,作为包含 CPU 和内存的资源。
- 存储,包括块或文件系统级别的存储卷。
- 网络,包括网络、子网、端口、地址、链路和转发规则,用于确保 VNF 内部和外部的连通性。

虚拟化资源的管理和编排应该能够处理 NFVI 存在点(NFVI-PoP)中的 NFVI 资源(如在 NFVI 节点中)。非虚拟化资源的管理仅限于配置到 PNF 的连接,例如,当 NS 实例中有 PNF 需要连接到 VNF 时,或者当 NS 实例分布在多个 NFVI-PoP 或 N-PoP 时,这是非常必要的。

VNF 所需的资源由虚拟化资源提供。NFVI 中的资源分配是一项潜在的复杂任务,因为可能需要同时满足很多要求和限制。与用于计算虚拟化环境中的资源的已知资源分配策略相比,网络分配特别要求增加了新的复杂性。例如,一些 VNF 需要到其他通信端点的低延迟或高带宽链路。

资源的分配和释放是一个动态的过程,以回应其他功能对这些服务的消耗。虽然虚拟化基础架构的管理和编排功能是 VNF 不知情的,但在整个 VNF 生命周期中都可能需要资源分配和释放。NFV 的一个优点是,随着负载的增加,VNF 可以动态地消耗分配了额外资源的服务。

对外提供虚拟资源的服务包括(非详尽的列表):

- 可用的服务发现;
- 管理虚拟资源的可用性/分配/释放;
- 虚拟资源故障/性能管理。

在虚拟化资源分布跨多个 NFVI-PoP 的情况下,这些服务可以直接通过单独的 NFVI-PoP 的管理和编排功能暴露出来,或者通过更高级别的服务抽象在多个 NFVI-PoP 上呈现虚拟化资源。这两种服务都可能暴露资源消费功能。在前面提到的更高级别服务抽象的情况下,跨越这些 NFVI-PoP 的虚拟化资源和非虚拟化网络资源的管理与编排归属于虚拟化基础设施的管理和编排,该虚拟化基础设施可以反过来使用由单一或跨越多个 NFVI-PoP 的管理和编排功能提供的服务。为了提供这些服务,虚拟化基础设施的管理和编排会消耗 NFVI 提供的服务。

单个 NFVI-PoP 和/或跨越多个 NFVI-PoP 协调虚拟化资源的 NFV 管理和编排功能需要确保以公开的、众所周知的抽象方式,支持访问这些资源的服务的暴露。这些服务可以被其他认证和正确授权的 NFV 管理与编排功能(如管理和编排虚拟网络功能的功能)使用。

2. 虚拟网络功能的管理和编排方面

VNF 的管理和编排方面包括传统的故障管理、配置管理、会计管理、绩效管理和安全管理(FCAPS),但本节的重点在于 NFV 引入的新方面。网络功能与其所使用的物理基础设施的解耦产生了一组新的管理功能,其集中于 VNF 所需的虚拟资源的创建和生命周期管理,统称为 VNF 管理。

VNF 管理功能负责 VNF 的生命周期管理,包括以下操作:

- 实例化 VNF(使用 VNF 工件创建 VNF);
- 扩展 VNF(增加或减少 VNF 的容量);
- 更新和/或升级 VNF(支持 VNF 软件和/或各种复杂性的配置更改);
- 终止 VNF(释放与 VNF 相关的 NFVI 资源,并将其返回到 NFVI 资源池)。

每个 VNF 的部署和操作行为需求都在部署模板中捕获,并在 VNF 加载过程中存储在目录中,以供将来使用。部署模板描述了实现这种 VNF 所必需的属性和要求,并以抽象的方式捕获了管理其生命周期的要求。VNF 管理功能根据模板中的要求执行 VNF 的生命周期管理。实例化时，根据部署模板中捕获的要求，将 NFVI 资源分配给 VNF，同时还考虑了预先配置或随请求实例化的特定要求、约束和策略。部署模板中的生命周期管理需求允许 VNF 管理功能类似地处理具有单个组件的非常简单的 VNF，或具有多个组件和相互依赖性的高度复杂的 VNF，这为 VNF 提供商提供了灵活性。

在 VNF 的生命周期中，如果在部署模板中捕获了这些 KPI，则 VNF 管理功能可以监控 VNF 的 KPI。管理功能可以将这些信息用于缩放操作。缩放可以包括改变虚拟化资源的配置（按比例放大，如添加 CPU；或按比例缩小，如删除 CPU）、添加新的虚拟资源（向外扩展，如添加新的虚拟机）、关闭和删除虚拟机实例、释放一些虚拟化资源。

VNF 管理通过维护支持 VNF 功能的虚拟化资源来执行其服务，而不干扰 VNF 执行的逻辑功能，并且其功能以公开的、公知的抽象方式公开，作为对其他功能的服务。

VNF 管理提供的服务可以通过认证过的和正确授权的 NFV 管理和编排功能（如管理网络服务的功能）来使用。

3. 网络服务的管理和编排方面

网络功能编排器负责网络服务生命周期管理，包括以下操作：

- 登录网络服务，即在目录中注册网络服务，并确保描述 NS 的所有模板都已登录；
- 实例化网络服务，即使用 NS 初始组件创建网络服务；
- 缩放网络服务，即增加或减少网络服务的容量；
- 通过支持各种复杂性的网络服务配置更改（如更改 VNF 间连接或组成 VNF 实例）来更新网络服务；
- 创建、删除、查询和更新与网络服务关联的 VNFFG；
- 终止网络服务，即请求终止组成 VNF 实例，请求释放与 NS 相关联的 NFVI 资源，并在合适的情况下返回到 NFVI 资源池。

每个网络服务的部署和操作行为要求都在部署模板中捕获，并在网络服务上线过程中存储在一个目录中，以供将来选择将其实例化。部署模板完整地描述了实现这种网络服务所需的属性和要求。网络服务编排器共同实现网络服务的 VNF 的生命周期。这包括（但不限于）管理不同 VNF 之间的关联，以及在 VNF 和 PNF 之间使用时，网络服务的拓扑及与网络服务相关联的 VNFFG。

在网络服务生命周期中，如果在部署模板中捕获了这些需求，网络服务编排功能可以监控网络服务的 KPI，并且可以报告该信息，以支持来自其他功能的对于这种操作的明确请求。

网络服务编排通过使用 VNF 管理服务及编排支持 VNF 功能之间的互连的 NFV 基础设施来执行其服务，并且其功能以公知的、抽象的方式公开，作为对其他功能的服务。为了履行其职责，网络服务编排功能使用其他功能公开的服务（如虚拟基础设施管理功能）。

网络服务编排提供的服务可以通过认证过的和正确授权过的其他功能（如操作支持系统（OSS）、业务支持系统（BSS））来使用。

14.5 NFV 的弹性机制

14.5.1 问题描述

虚拟化的数据中心目前被认为是信息技术（IT）领域的最新技术，而在电信领域还没有广泛部署。IT 和电信领域之间的一个关键区别在于所需的服务连续性水平：在 IT 领域中，持续数秒的中断是可以容忍的，而服务用户通常会发起重试。电信领域有一个潜在的服务期望：中断不能超过人能察觉的时间(以毫秒为单位),并自动执行服务恢复。

服务连续性不仅是客户的期望,而且通常是监管要求,因为电信网络被认为是国家重要基础设施的一部分,有关服务保证/业务连续性的法律义务已经有规定。

然而,不是每个网络功能(NF)都具有相同的弹性要求。例如,虽然电话通常对可用性有最高的要求,但是其他服务如短消息服务(SMS),可能具有较低的可用性要求,因此,NFV定义了多个可用性类别。

在虚拟化环境中,与恢复能力相关的方法存在一些重要差异:

- 从硬件可用性到软件可用性;
- 从正常运行时间设计到故障时间设计。

因此,NF的虚拟化需要满足一些顶级的设计标准,这些标准在以下条款中概述:

- 服务连续性和故障遏制;
- 从故障中自动恢复;
- 防止底层架构中的单点故障;
- 多供应商环境;
- 混合基础设施。

14.5.2 网络功能虚拟化弹性目标

如问题描述中所述,关键目标是确保服务的连续性,而不是关注平台的可用性。应用程序设计本身及虚拟化基础设施都受到这个目标的影响:

(1) 虚拟网络功能(VNF)需要确保端到端服务的部分可用性,就像非虚拟化NF一样。

(2) VNF设计者需要能够在网络服务描述符(NSD)中定义网络功能虚拟化基础设施(NF-VI)的要求,如地理冗余要求、弹性要求等。VNF描述符(VNFD)传递给NFV管理和编配(NFV-MANO)功能。

(3) NSD和VNFD需要提供定义弹性要求的能力。

(4) NFV MANO功能应提供必要的机制,以便在发生故障(如虚拟机故障)后自动重新创建VNF。

(5) NFV MANO功能应在运行时支持故障通知机制。VNF可以选择请求某些类型的故障通知,NFV MANO需要支持这种通知机制。

(6) NFVI中的故障应在NFVI层或NFV-MANO中处理(检测和修复)(如硬件故障、连通性丧失等)。

(7) NFVI应提供必要的功能,以在VNF级别实现高可用性,如故障通知和修复。

1. 服务连续性

关键设计目标是电信业务的端到端可用性。

(1) NFV框架应确保并非所有的服务都需要最高标准的可用性,但是可以根据给定的弹性类别来定义和应用服务水平协议(SLA)。

(2) 状态信息的存储和传输需要由NFVI提供,VNF定义要存储的信息,NFVI提供相应的对象存储。

除服务的相对可用性外,故障是影响服务提供商服务连续性的第二个重要因素。由VNF来定义限制,如允许的并行用户数量、并行事务处理等,以限制潜在的故障影响。

(1) NFV MANO功能需要支持每个实例的容量限制,作为VNF部署指令的一部分。

虚拟网络功能管理器(VNFM)应确保以下限制,例如,如果达到了定义的限制,则启动新实例。此外,NFVI应确保应用程序运行时有严格分离的空间:VNF故障(如试图超过处理或存储分配)不得影响其他应用程序,硬件故障只应影响分配给该特定硬件的 VM,连接故障只应影响连接的 NF 等。

(2) 除正常的服务执行方式外,服务连续性应该保证两种情况,即会话/服务建立和服务重定位期间两种情况。

会话/服务建立是仅建立服务的一部分功能并且只有部分状态信息可用的阶段。如果发生故障,终端用户设备通常需要在这个阶段重新启动服务,NF 需要支持。

例如,在硬件故障的情况下,或者当改变业务需求需要 VNF 缩放时,可能发生 NFVI-PoP 内或 NFVI-PoP 之间的服务的重新定位,这可能涉及将现有的会话或服务转换到各自的状态,这个阶段的故障也不会导致服务中断。

2. 从故障中自动恢复

为数百万用户提供电信服务的可扩展 NFVI 应支持数以千计的虚拟机,这需要高度的流程自动化。这种自动化也应适用于故障情况。

(1) 在 NFVI 级别上,如在计算、内存、存储或连接失败的情况下应该进行自动故障切换。

(2) 在 NSF 和 VNFD 中由 VNF 定义的部署限制(如延迟要求、处理容量或存储要求等)内,NFVO/VNFM 应重新分配 NFV 资源以确保服务连续性。这个重新分配对服务使用者来说应该是无缝的,但可能涉及通知或与 VNF 交互。需要注意的是,硬件可用性在 NFVI 中并不重要:硬件通常被视为资源池,如果某些组件不可访问,VNF 会自动重新分配到同一个池中的不同硬件。因此,硬件维修变成了计划维修活动,而不是紧急行动。

14.6　NFV 的安全性

本节仅关注 NFV 特有的威胁(与已知的通用虚拟化威胁或已知的通用网络威胁相比)。适当地保护基础设施,NFV 实际上可以通过改善网络功能固有的安全属性来展现安全性优势。

由于 VNF 只是在虚拟机上运行的网络功能,所以对于包含 VNF 网络的所有安全威胁的集合在一开始就是以下的联合:

(1) 所有通用虚拟化威胁(如内存泄漏、中断隔离);

(2) 虚拟化之前特定于物理网络功能系统的威胁(如泛洪攻击、路由安全);

(3) 虚拟化技术与网络相结合带来的新威胁。这些新威胁显示为图 14.9 所示两个集合的交集,也是我们关注的焦点。

考虑虚拟化的一个主要安全优势,这一观点可以得到纠正:管理程序可以通过使用管理程序内省和其他技术来消除一些非虚拟化网络功能固有的其他威胁。换句话说,虚拟化提供了真实的可能性:与原有物理网络相比,虚拟化提高了给定网络的安全性,如图 14.9 所示集合中的交叉点所表示的那样。

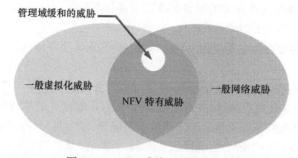

图 14.9　NFV 威胁面可视化图示

因此,提高 VNF 网络安全性的方法将是双管齐下的:

(1) 通过增强 NFV 基础设施的安全性,尽可能地减小交集;

(2) 通过应用恰当的基于监管的安全技术,在交集中"雕刻"出一个尽可能大的洞。

14.7　NFV 与 SDN 的关系

如图 14.10 所示,网络功能虚拟化与软件定义网络是高度互补的,但并不完全相互依赖。网络功能虚拟化可以无须 SDN 独立实施,不过,这两个概念可以配合使用,并能获得潜在的叠加增值效应。

网络功能虚拟化的目标可以仅依赖于当前数据中心的技术来实现,而无须应用 SDN 技术。但是通过 SDN 模式实现的设备控制面与数据面的分离,能够提高网络虚拟化的性能,易于兼容现已存在的系统,并有利于操作和维护工作。

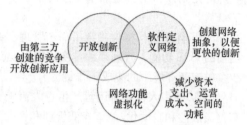

图 14.10　NFV 和 SDN 之间的关系

网络功能虚拟化可以通过提供容许 SDN 软件运行的基础设施来支持 SDN,而且,网络功能虚拟化与 SDN 一样有着共同的实现方式:使用通用的商用服务器和交换机。

SDN 的两个关键要素是控制平面与数据平面的分离,形成一个网络的全域视图,以及对网络资源进行抽象和编程控制的能力。这两种功能都非常适合 NFV 范例,因此 SDN 可以在 NFV 基础架构资源(物理和虚拟)的协调中发挥重要作用。例如,网络连接、带宽的供应和配置、操作自动化、安全性和政策控制。

NFV 创造了一个非常动态的网络环境,受到需要按需服务的客户和需要管理服务利用率与性能的运营商的驱动,租户、VNF 及其连接将会频繁变动,以平衡整个基础设施的负载。在一个不断变化的时代,以编程方式控制网络资源(通过集中式或分布式控制器)的能力非常重要,可以轻松构建复杂的网络连接拓扑,以支持服务链的自动化配置,从而实现 NFV ISG 转发图,同时确保安全性和其他策略的一致实施。SDN 控制器映射到 NFV 体系结构框架中确定的网络控制器的整体概念,作为 NFVI 网络域的组成部分。因此,SDN 控制器可以与编排系统高效协作,控制物理和虚拟交换,并提供必要的全面网络监控。

SDN 也可以受益于 NFV 引入的概念,如虚拟化基础架构管理器和编排器,因为 SDN 控制器可以在 VM 上运行。这种 SDN 控制器可以与其他 VNF 一起作为服务链的一部分,从而使自身成为虚拟网络功能。而 SDN 控制器本身可以实现为 VNF,可以从 NFV 带来的可靠性和弹性特性中受益。

最终,NFV 和 SDN 将会被纳入统一的基于软件的网络模式。

14.8　NFV 对 OSS /BSS 的影响

经典的 OSS/BSS(运营支撑系统/业务支撑系统)解决方案基于一组相互关联的应用程序,每个应用程序都专注于特定功能(如库存、监督、性能和流量监控、故障单、服务配置和激活、测试和诊断等)。通常在运营商域内存在多个 OSS 和 BSS 子域,例如,用于 IT 基础设施的 OSS、用于运营商网络的一个或多个 OSS、用于移动用户服务管理的 OSS、用于固定接入服务的 OSS 等。这些 OSS 中的一些可能已经是完全实时和自动的,但大多数不是。目前的网络运营模式和 OSS

解决方案并没有为 NFV 或 SDN 等新兴技术做好准备。VNF 的扩展和实例化为高度动态的网络变化打开了大门,网络架构、拓扑和服务交付链可能会频繁更改。结合多供应商环境中的服务交付,这可能会在服务或应用程序监控方面带来挑战。

OSS 系统将需要进行转换以适应 NFV。运营商需要确定哪些部分的 OSS 需要重新设计,以考虑 NFV 及相关的高度动态变化的网络拓扑结构和连接性。此外,运营商领域内的多个 OSS 实例需要反映在 NFV ISG 体系结构的演进中。

还应该考虑 NFV 基础设施将使用与数据中心类似的方式运行的标准 IT 硬件来实施,尽管数据中心的运营可能会发展到适应 NFV 的要求。数据中心运营将使用针对运营效率以 IT 为中心的优化流程和工具进行管理,独立于 NFV 应用程序并支持任何类型的应用程序(不仅是 VNF)。

NFV 体系结构框架确定了一个管理和编排域,其中包括三个管理组件,每个组件都补充了当前的 OSS 功能。管理和编排实体中,当前 OSS 和三个管理组件之间的接口需要标准化,以减少多供应商环境中的集成工作量。

NFV 的引入也会对运营产生重大影响。这意味着通过转换 OSS/BSS 的流程,可以实现更高的灵活性和自动化,显著降低管理和运营的复杂性及相关 OPEX。引入新的运营场景(固定和移动网络及相关的融合 OSS)、自治和自我管理功能,通过 SDN 以最佳方式提供灵活性和网络可编程性,需要同时考虑与当前网络和服务及迁移路径和场景的共存。

目标是简化新业务的部署,改善客户体验,创造收入,降低 CAPEX/OPEX,同时保持对自主与自治过程、可编程性、虚拟化和相关机制的控制,确保其顺利采用。

OSS 功能也应该被虚拟化,以使网络的管理更容易、更灵活和更高效。OSS 接口的协调和/或标准化至关重要,必须考虑开源等新的实施策略。

典型的特定于供应商的管理策略不能支持由 NFV 创建的高度动态的网络状态更改。为了实现 NFV 的承诺,OSS 体系结构必须沿着以下几个方向发展。

(1)采取全面的操作视角,而不是目前的零散方法。

(2)从标准中继承术语和定义,而不是创建单独的语言。

(3)灵活的体系结构,而不是静态接口定义。

(4)构建由现有软件定义的块,而不是特定体系结构的软件。

(5)容量管理,优化和重新配置周期的全面自动化,应该通过开放和多供应商组件的协调与云管理技术来完成,而不是供应商特定的管理解决方案。

(6)OSS 侧重于项目组合管理和端到端服务管理。

我们相信,未来的"电信云"将主要基于行业标准的 IT 云技术,而这些技术本身将演变为支持电信网络的需求。

可以预见,未来的"电信云"结构将需要多层次的"云端云"。这意味着"电信云"可以由其他云环境灵活组成。这些可能是私人的或公共的、国家的或国际的。这种堆叠架构可以包括不同的协调器、不同的云操作。

14.9　NFV 应用实例

通过为虚拟网络功能(VNF)创建标准化的执行环境和管理界面,虚拟化消除了网络功能(NF)与其硬件之间的依赖关系,多个虚拟机(VM)形式的 VNF 共享物理硬件。进一步汇集硬件有助于 VNF 大规模和灵活地共享 NFV 基础设施(NFVI)资源,这是云计算基础设施中已经出现的一种现象。这创造了类似于基础设施即服务(IaaS)、平台即服务(PaaS)和软件即服务(SaaS)的云计算服务模型的新商业机会,例如,VNF 所有者不一定拥有 VNF 正常运行所需的 NFV 基础设施。

为了完整起见,本节的应用实例说明了 VNF 与非虚拟化 NF 之间所需的共存,以及虚拟化这些 NF 时要解决的具体问题,同时也说明了一些预期的好处。

例如,在移动网络中,即演进分组核心(EPC)和 IP 多媒体系统(IMS)NF,虚拟化的潜在候选者可以是移动性管理实体(MME)、服务和分组数据网络网关(S/P-GW)、呼叫会话控制功能(CSCF)及使用不同无线标准的基站。EPC 和 IMS NF 可以合并在同一个硬件资源池中。通过利用 NFVI 共享及基于负载的资源分配、故障避免和自动化恢复,可以实现总体占有成本(TCO)降低。基站(BS)功能,如处理不同无线标准(如 2G、3G、LTE、WiMax 等)的 PHY/MAC/网络堆栈可共享集中式环境中的硬件资源,并实现动态资源分配及降低功耗的功能。

内容分发网络(CDN)也是一个潜在的目标。CDN 服务提供商通常在网络边缘部署内容缓存,以提高客户的体验质量。今天,高速缓存使用各个 CDN 提供商的专用硬件。由于硬件资源是针对峰值负载进行标注的,而峰值负载是暂时现象,因此这些资源在其大部分生命周期中仍处于未充分利用的状态。通过利用和部署虚拟高速缓存,底层硬件资源可以在多个提供商的 CDN 高速缓存和潜在的其他 VNF 之间,以更加动态的方式进行整合和共享,从而提高资源利用率。

一旦将不同的非虚拟化 NF 虚拟化为 VNF,就必须将 VNF 组织成有序图来实现网络服务。在 NFV 中,这样的图被称为 VNF 转发图。"转发图"的概念优先于"服务链"使用,以说明虚拟覆盖服务网络内的端到端转发不是唯一的一维链。相反,它们可能经常会有分支结构,因此更多的维度是隐含的。与前面提到的 VNF 的例子一样,任何 VNF[如网络地址转换(NAT)、负载均衡器、防火墙等的中间件]都可以是 VNF 转发图的元素。VNF 转发图为运营商提供了动态和简化服务组合所需的抽象级别,并通过虚拟化这些网络功能得到了进一步的加强。

图 14.11 所示为一些 NFV 应用案例概览图。

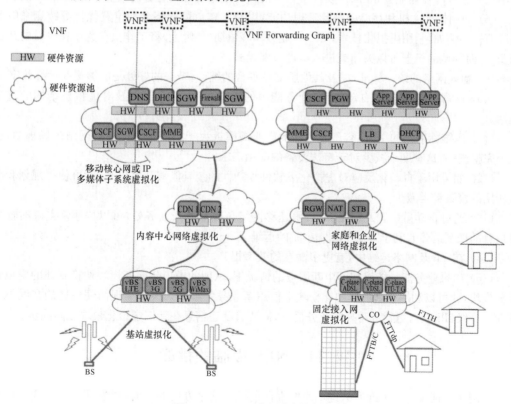

图 14.11 NFV 应用案例概览图

14.10　NFV 带来的收益

我们相信网络功能虚拟化的应用会为网络运营商带来诸多效益,也会为电信行业带来巨大的变革。可以预见的好处如下(非特定排序)。

(1)通过整合设备及利用 IT 行业的规模经济效应,来降低设备成本和能源消耗。

(2)缩短传统运营商的创新周期,加快业务推向市场的速度。基于软件的开发部署模式使得功能演进模式变成可能,网络功能虚拟化能够使得网络运营商显著地缩短业务的成熟运行周期,加速业务上线速度,提高创新能力。

(3)在统一的基础架构上运行业务、测试业务,将有力地保障有效的测试和集成工作,降低开发成本,加快业务上线速度。

(4)基于地理位置或客户群的针对性服务成为可能,能够根据具体需求快速地扩展或降低服务能力。另外,基于软件的远程服务无须增加新的硬件设备,这也有助于服务及时性的提升。

(5)形成一个广泛、多样的产业链,并鼓励开放。它可以开放虚拟一体设备市场给单纯的软件商、自由开发者或研究人员,鼓励这些开发者带来更多的创新,在很低的风险下带来新的服务及新的收入。

(6)基于实际的数据流量、移动用户及服务需求,实时优化网络。例如,对网络功能自动和在线实时地调整优化响应位置及资源配置,可以提前避免出现系统故障,因此,无须准备设备及人员的 1+1 的冗余备用。

(7)多租户的支持能容许网络运营商为不同的用户、应用及内部系统和其他运营商提供可定制化的服务与互通业务,在同一硬件平台上的共存业务将都具有合适的安全分离的管理域。

(8)利用标准主机和存储的电源管理功能,以及工作负荷的整合和位置优化等特点来降低能源消耗。例如,利用虚拟化技术,可以在业务非峰值期(如晚上)将工作负荷集中在少量的几台机器上,而其他的机器可以关闭或进入电源节能模式。

(9)物理网络的统一标准,以及其他所支持平台的统一,带来的好处是能够提高运维效率。

(10)IT 架构能够实现自动安装、业务能力的横向和纵向扩展,以及对虚拟机结构的重复利用。

(11)运维标准化的 IT 高容量服务器的产业规模远大于当前的电信专有网络市场规模,也更为完整统一,这有助于减少对于特殊设备的应用需求。

(12)如果用于自动化及应对虚拟化下软件复杂性的工具能够开发出来,就可使得规划和配置所用的设备种类减少。

(13)通过自动重配置及利用 IT 技术迁移网络负载至冗余业务处,可以快速恢复临时性故障或自动恢复故障有利于降低 7×24 小时的运维成本。

(14)在 IT 及网络运维中,有更多潜在的效率提升。

(15)如果业务流量能够在不中断服务的情况下,从旧的虚拟化服务模块切换到新的虚拟化服务模块,就可以利用在新的虚拟化模块上使用新业务版本的方法来实现简便快速的在线不中断业务升级(ISSU)。当然,对某些业务而言,需要有状态信息在新旧虚拟化模块之间同步。

14.11　NFV 面临的挑战

对网络功能虚拟化方向有兴趣的组织在向前推进这个方向的同时,也发现了一些需要应对的挑战。NFV 面临的挑战记录如下(无特定排序)。

（1）可移植性/互通性。

在不同的标准数据中心中调用和执行虚拟化设备的能力，是由不同的供应商交付给运营商的。其难处在于定义一个标准统一的接口，用以清晰区分软件实例和底层硬件，就像虚拟机和虚拟层之间所体现的那样。可移植性及互通性非常重要，它能使不同的虚拟设备供应商及数据中心的供应商维持不同的业务系统，同时每个业务系统又能够明显地相互关联和依赖。可移植性还容许运营商在优化虚拟设备的位置及所需资源方面不受限制。

（2）性能平衡。

因为网络功能虚拟化是基于业界标注服务器来实现的（放弃了许多专用硬件，如硬件加速引擎），这可能会给客户带来性能下降。那么挑战就在于如何使用适当的虚拟层及现有软件技术来尽可能地保证性能指标不致下降太多，使得在延迟、吞吐量和进程处理上的影响最小化。底层平台可提供的性能必须清晰地标识，这样虚拟化设备就知道能从底层得到多少运算能力。有专家预言，合理的技术选择不但能够使网络控制功能虚拟化，而且可以使数据和用户层面的功能虚拟化。

（3）从传统设备迁移及共存、与现有系统的兼容。

网络功能虚拟化的实施必须考虑与网络运营商的原有网络设备的共存，并且要能够与现有的网元管理系统、网络管理系统、OSS/BSS 及某些现有 IT 设备兼容（这些设备可能整合了部分网络功能）。网络功能虚拟化的架构必须支持从现有的专有物理网络设备升级至未来更为开放、标准化的虚拟网络设备的方案。换句话说，网络功能虚拟化必须能够工作在一种传统物理网络设备和虚拟化网络设备结合的混合模式下。因此，虚拟设备必须能支持北向接口（管控用途的），并提供同样功能的物理设备接口。

（4）管理和业务流程。管理和业务流程的一致性需要保证。

在开放和标准的架构下，网络功能虚拟化通过提供软件网络一体设备的方式，快速地将北向接口的管理和业务与定义好的标准和需求统一起来。这将极大减少整合新虚拟设备进网络运营商操作环境所需要的成本和时间。软件定义网络（SDN）可以进一步简化系统中数据包和光交换之间的整合技术，例如，虚拟设备或网络功能虚拟化架构利用 SDN 来控制物理交换机之间的转发行为。

（5）自动化。

只有所有的功能能够自动完成，网络功能虚拟化才能做到可扩展。流程的自动化是成功的首要因素。

（6）安全性。

当网络虚拟功能被引入时，需要确保运营商的网络安全性、可用性不受影响。我们最初的期望是，网络功能虚拟化能够通过容许网络功能失败后的按需重建来提高网络的安全性及可用性。如果底层基础架构（尤其是虚拟层及其相关配置）是安全可靠的，虚拟设备的安全性应该和物理设备一样，网络运营商将会利用一些工具来控制和检查虚拟层的配置，也会对虚拟设备做安全认证。

（7）网络稳定性。

在管理和应用大量来自不同硬件供应商及虚拟层的虚拟设备的前提下，网络的稳定性应确保不受影响，这点在很多场景下非常重要，例如，虚拟功能迁移，或者重做配置的事务处理（如硬件或软件的失效后的恢复），或者网络攻击。这种业务所面临的挑战并非网络功能虚拟化所特有的，也有可能发生在当前的网络环境中，具体取决于一些不可预期的控制与优化机制的场景，如在底层传输网络上或更高层面的组件上（如流控、阻塞控制、动态路由或分配等）。需要留意的是，网络不稳定的情况会有严重的影响，例如，影响性能参数，或者有损于资源使用的优化，确保网络稳定性的机制将进一步为网络功能虚拟化带来好处。

（8）运维简单。

应确保虚拟化后的网络平台比现有的环境更易于操作管理。对于网络运营商而言，一个首先要考虑并且非常有意义的关注点就是运维管理的简化，其中包括各类复杂的网络平台及在网络技术领域经过数十年发展的支持系统，同时还要持续支持重要的业务支撑服务，以确保主营业务收入。很重要的一点是，要避免为了解决一个运维上的麻烦而忽略另一个同样重要的问题。

（9）整合。

将各类虚拟设备无缝地整合进现有的行业标准服务器虚拟层中，是网络功能虚拟化的难点所在。网络运营商需要有能力从各类不同的供应商中选择服务器、虚拟层、虚拟设备，并将其整合，且不会带来过多的整合成本，也不至于与单一供应商绑定。

这个生态系统应该能够提供集成服务，它必须有能力去解决涉及多方的集成问题。

小结

NFV 的诞生为了解决传统专用硬件成本高、部署不灵活的问题，通过 NFV 虚拟化后的硬件资源会形成虚拟资源池，方便资源调配，降低运维成本，同时提高资源利用率。NFV 可以分为三个主要部分：NFVI，VNF，MANO。NFVI 是底层虚拟资源池，VNF 则是存在于虚拟机中的具体网络功能，MANO 是 NFV 的管理和编排模块。本章同时讲解了 NFV 的弹性机制，突出了 NFV 的高可用性，探讨了 NFV 的安全性问题。另外，NFV 与 SDN 具有高度互补、相互促进的密切关系，但亦可分开部署。

本章还分析了关于 NFV 的现实应用问题，包括它对现有 OSS/BSS 的影响、一些应用实例、会带来怎样的收益，以及正在面临哪些技术挑战。

习题

14.1 NFV 主要由哪几个模块组成？彼此之间的关系是什么？

14.2 NFVI 的组成和功能是什么？

14.3 VNF 和传统物理网元的关系和区别是什么？

14.4 描述 NFV 的管理和编排机制。

14.5 NFV 的弹性性能如何？

14.6 NFV 需要注意哪些方面的安全威胁？

14.7 NFV 与 SDN 的关系是什么？本质区别是什么？

附录 英文缩略语

3GPP(3G Partnership Project) 第三代移动通信伙伴组织

AAL CP(AAL Common Part) AAL 公共部分

AAL(ATM Adaptation Layer) ATM 适配层

ADM(Add-Drop Multiplexing) 分插复用

AFI(Authority Format Identifier) 授权格式标志符

AF(Address Filter) 地址过滤器

AG(Access Gateway) 接入网关

AN(Access Network) 接入网

API(Application Programming Interface) 应用编程接口

ARPA(Advanced Research Projects Agency) 高级研究计划署

ARP(Address Resolution Protocol) 地址解析协议

ARPU(Average Revenue Per User) 每用户平均收入

ASP(Application Server Process) 应用服务器进程

AS(Application Server) 应用服务器

ASON(Automatically Switched Optical Network) 自动交换光网络

ATD(Asynchronous Time Division) 异步时分复用

ATM(Asynchronous Transfer Mode) 异步转移模式

ATOM(ATM Output Buffer Module) ATM 输出缓存模块

B(Battery feeding) 馈电

B3G(Beyond 3G) 超 3G

BCF(Bearer Control Function) 承载控制功能

BECN(Backward Explicit Congestion Notification) 反向显示拥塞通知

BGP(Border Gateway Protocol) 边界网关协议

BHCA(Busy Hour Call Attempts) 忙时试呼次数

BICC(Bearer Independent Call Control protocol) 与承载无关的呼叫控制协议

B-ISDN PRM(B-ISDN Protocol Reference Mode) B-ISDN 协议参考模型

B-ISDN(Broadband Integrated Service Digital Network) 宽带综合业务数字网

BMF(Bearer Media Function) 承载媒体功能

BRI/PRI (Basic Rata Interface/Primary Rata Interface) 基本速率接口/一次群速率接口

CAC(Connection Admission Control) 接续容许控制

CA(Call Agent) 呼叫代理

CBC(Call & Bear Control) 呼叫与承载控制

CCITT(Consultative Committee，International Telegraph and Telephone) 国际电报电话咨询委员会

CCS(Call Control Server) 呼叫控制服务器

CHILL(CCITT High Level Language) CCITT 高级语言

CLP(Cell Loss Priority) 信元丢失优先权

CMIP(Common Management Information Protocol) 公共管理信息协议

CMN(Call Media Node) 呼叫媒介结点

CMTS(Cable Modem Terminal System) 电缆调制解调终端系统

COPS(Common Open Policy Service) 公共开放策略服务

CORBA(Common Object Request Broker Architecture) 公共对象请求代理结构

CPN(Consumer Premises Network) 用户驻地网

CPR(Call Processor) 呼叫处理机

CPU(Central Processing Unit) 中央处理器

CRC(Cyclic Redundancy Check) 循环冗余校验

CSCF(Call State Control Function) 呼叫状态控制功能

CSDN(Circuit Switched Data Network) 电路交换数据网

CSF(Call Service Function) 呼叫服务功能

CSF(Cell Switching Framework) 信元交换机构

CSMA/CD(Carrier Sense Multiple Access with Collision Detection) 载频监听多路访问/冲突检测

CS(Call Server) 呼叫服务器

DBCS(Data Base Control System) 数据库控制系统

DBR(Distributed Bragg Reflector) 分布布喇格反射

DCC(Data Country Code) 数据国家码

DCTE(Data Circuit Terminating Equipment) 数据电路终接设备

DCN(Data Communication Network) 数据通信网

DE(Discard Eligibility) 丢弃指示

DFB(Distributed Feedback) 分布反馈

DFI(Domain Format Identifier) 域格式标志符

DID(Direct Inward Dialing) 直接拨入

DLCI(Data Link Connection Identifier) 数据链路连接标志符

DNS(Domain Name Service) 域名服务

DOCSIS网(Data Over Cable Service Interface Specification) 电缆数据服务接口规范

DQoS(Dynamic Quality of Service) 动态服务质量

DSLAM(Digital Subscriber Line Access Multiplexer) 数字用户线接入复用器

DSL(Digital Subscriber Line) 数字用户线

DSP(Domain Specific Part) 域指定部分

DTE(Data Terminal Equipment) 数据终端设备

DTMF(Dual Tone Multifrequency) 双音多频

ESI(End System Identifier) 终端系统标志符

ETSI(European Telecommunications Standards Institute) 欧洲电信标准化协会

FCAPS(Fault,Configuration,Accounting,Performance and Security) 错误、配置、计账、性能和安全

FCS(Fast Circuit Switching) 快速电路交换

FCS(Frame Check Sequence) 帧检查序列

FDDI(Fiber Distributed Data Interface) 光纤分布数据接口

FDM(Frequency Division Multiplexing) 频分复用

FECN(Forward Explicit Congestion Notification) 正向显示拥塞通知

FIFO(First-in, First-out) 先入先出

FPS(Fast Packet Switching) 快速分组交换

FR(Frame Relay) 帧中继

FTP(File Transfer Protocol) 文件传送协议

GCRA(Generic Cell Rate Algorithm) 通用信元速率算法

GFC(Generic Flow Control) 一般流量控制

GII(Global Information Infrastructure) 全球信息基础设施

GMSC(Gateway Mobile Services Switching Center) 网关移动交换中心

GMS(General Message Server) 通用消息服务器

GSMP(Generic Switching Management Protocol) 通用交换管理协议

GSM(Global System for Mobility)　移动通信全球系统

GSN(Gateway Service Node)　网关服务结点

HDLC(High Data Link Control)　高级数据链路控制

HDTV(High-Definition TV)　高清晰度电视

HEC(Header Error Control)　信头差错控制

HFC(Hybrid Fiber Coax)　混合光纤同轴电缆

HO-DSP(High Order-Domain Specific Part)　高层域指定部分

HTTP(Hyper Text Transport Protocol)　超文本传输协议

IAD(Integrated Access Device)　综合接入设备

ICD(International Code Designator)　国际码指示

ICMP(Internet Control Message Protocol)　互联网控制消息协议

IDI(Initial Domain Identifier)　起始域标志符

IEEE(Institute of Electrical and Electronic Engineers)　电子和电气工程师协会

IETF(Internet Engineering Task Force)　国际互联网工程任务组

IFMP(Ipsilon Flow Management Protocol)　Ipsilon 流管理协议

IMS(IP Multimedia Subsystem)　IP 多媒体子系统

IM(Input Module)　输入模块

IM-CAC(IM -Connection Admission Control)　输入模块接续容许控制

IM-SM(IM -System Management)　输入模块系统管理

IMS(IP Multimedia Subsystem)　IP 多媒体子系统

INAP(Intelligent Network Application Protocol)　智能网应用协议

IN(Intelligent Network)　智能网

IP(Internet Protocol)　互联网协议

IP QoS(IP Quality of Service)　IP 服务质量

IPCC(International Packet Communications Consortium)　国际分组通信联盟

IPDC(IP Device Control)　IP 设备控制协议

IPOA(Classical IP over ATM)　传统 ATM 叠加 IP 规范

IPv4(Internet Protocol version 4)　互联网协议版本 4

IPv6(Internet Protocol version 6)　互联网协议版本 6

IPX(Internetwork Packet Exchange)　Novell 网的网络层协议,互联网包交换

ISC(International Softswitch Consortium)　国际软交换联盟

ISDN(Integrated Service Digital Network)　综合业务数字网

ISN(Interface Service Node)　接口服务结点

ISO(International Standards Organization)　国际标准化组织

ISP(Internet Service Provider)　互联网业务提供者

ISTP(Internet Signaling Transport Protocol)　网间信令传送协议

ITS(Inner Time Slot)　内部时隙

ITU-T(International Telecommunication Union-Telecommunication Standardization)　国际电联电信标准部

IUA(ISDN－Q. 921 User Adaptation Layer)　ISDN－Q. 921 用户适配层

IVR(Interactive Voice Response)　交互式语音应答

JAIN(Java API for Integrated Network)　面向综合网络的 Java API

Java　一种计算机语言

JCAT(JAIN Coordination And Transactions)　JAIN 协调和事务管理

JCC(JAIN Call Control)　JAIN 呼叫控制

JSCE(JAIN Service Creation Environment)　JAIN 业务创建环境

JSLEE(JAIN Service Logic Execution Environment)　JAIN 业务逻辑执行环境

KPI(Key Performance Indicator)　关键绩效指标

LAN(Local Area Network)　局域网

LAPB(Link Access Procedure Balanced)　平衡链路接入规程

LC(Line Circuit)　用户电路

LDAP(Lightweight Directory Access Protocol)　轻量级目录访问协议

LLC(Logic Link Control)　逻辑链路控制

LMI(Local Management Interface)　本地管理接口

M2PA(MTP2-User Peer-to-Peer Adaptation Layer)　MTP2 对等用户适配层

M2UA(MTP2-User Adaptation Layer)　MTP2 用户适配层

M3UA(MTP3-User Adaptation Layer)　MTP3 用户适配层

MAC(Media Access Control)　介质访问控制

MCF(Media Control Function)　媒体控制功能

MDCP(Media Device Control Protocol)　媒体设备控制协议

MFC(Multifrequency and Compelled)　多频互控

MG(Media Gateway)　媒体网关

MGC(Media Gateway Controller)　媒体网关控制器

MGCF(Media Gateway Controller Function)　媒体网关控制功能

MGCP(Media Gateway Control Protocol)　媒体网关控制协议

MIB(Management Information Base)　管理信息库

MME(Mobility Management Entity)　移动管理多媒体

MML(Man-Machine Language)　人机语言

MODE(Modulation and Demodulation)　调制解调

MONET(Multidimensional Optical Network)　多维光网络

MPLS(Multi Protocol Label Switching)　多协议标记交换

MQW(Multiquantum Well)　多量子阱

MSB(Most Significant Bit)　最高有效位

MSC(Mobile Switching Center)　移动交换中心

MS(Media Server)　媒体服务器

MTA(Mail Transfer Agents)　邮件传送代理

MTA(Multimedia Terminal Adapters)　媒体终端适配器

NA(Next Address)　下一地址

NAT(Network Address Translation)　网络地址转换

NCS(Network-based Call Signalling)　基于网络的呼叫信令

NFVI(Network Functions Virtualization Infrastructure)　网络功能虚拟化基础设施

NFV MANO(VFV Management and Orchestration)　NFV 管理和编排

NFVO(NFV Orchestrator)　NFV 编排器

NGI(Next Generation Internet)　下一代互联网

NGN(Next Generation Network)　下一代网络

NFV(Network Function Virtualization)　网络功能虚拟化

NIF(Node Interworking Function)　结点互通功能

NII(National Information Infrastructure)　国家信息基础设施

NMC(Network Management Center)　网络管理中心

NNI(Network-Node Interface)　网络结点接口

NPC(Network Parameter Control)　网络参数控制

NPT(non-Packet Terminal)　非分组终端

NRTX(Next Route Index)　下一路由索引

NS(Network Sevice)　网络服务

NSAP(Network Service Access Point)　网络业务接入点

NSD(Network Service Descriptor)　网络服务描述符

NSP(Name Service Protocol)　命名服务协议

NTSC(National Television System Committee)　美国国家电视系统委员会

OAM(Operations，Administration and Maintenance)　运营、维护和管理

ODP(Open Directory Project)　开放式目录管理系统或开放式目录工程

OM(Output Module)　输出模块

OSI(Open System Interconnection)　开放系统互连

OSI-RM(OSI-Reference Mode)　开放系统互连参考模型

OSPF(Open Shortest Path First)　开放最短路径优先

OSS/BSS(Operation Support System/Business Support System)　运营支撑系统/业务支撑系统

PABX(Private Automatic Branch Exchange)　专用自动小交换机

PAD(Packet Assemble and Disassemble)　分组装拆

PBX(Private Branch Exchange)　专用小交换机

PCB(Process Control Block)　进程控制块

PCM(Pulse Code Modulation)　脉冲编码调制

PDCP(Packet Data Convergence Protocol)　分组数据汇聚协议

PDH(Plesiochronous Digital Hierarchy)　准同步数字系列

PDU(Protocol Data Unit)　协议数据单元

PHY-SAP(Physical-Service Access Point)　物理层业务接入点

PLMN(Public Land Mobile Network)　公众陆地移动电话网

PLS(Protocol Label Switching)　协议标签交换

PL(Physical Layer)　物理层

PM(Physical Media)　物理媒体子层

PNF(Physical Network Function)　物理网络功能

POTS(Plain Old Telephone Service)　普通旧式电话服务

PTC(Primary Time Control memory)　初级时分控制存储器

PTI(Payload Type Identifier)　净荷类型标志符

PTSW(Primary Time Switch)　初级时分接线器

PT(Packet Terminal)　分组终端

PVC(Permanent Virtual Channel)　永久虚电路

PVC(Permanent Virtual Connection)　永久虚连接

QoS(Quality of Service)　服务质量

RADIUS(Remote Authentication Dial-In User Service)　远程认证拨号用户服务

RANAP(Radio Access Network Application Part)　无线接入网络应用协议

RAN(Radio Access Network)　无线接入网

RARP(Reverse Address Resolution Protocol)　反向地址解析协议

RAR(Read Address Register)　读地址寄存器

RFC(Request for Comments)　请求注释(是关于 ARPANET 和 Internet 所有标准、协议、文献、资料
　　　　　　　　　　　　　等的头标)

RG(Residential Gateway)　住户网关

RLC(Radio Link Control)　无线链路控制

RRC(Radio Resource Control)　无线资源控制

RSVP(Resource Reservation Protocol)　资源预留协议

RTCP(Real-time Transport Control Protocol)　实时传输控制协议

RTP(Real-time Transport Protocol)　实时传输协议

RTX(Route Index)　路由索引

SAAL(Signaling AAL)　信令 ATM 适配层

SAR(Segmentation And Reassembly)　拆装子层

SCN(Switched Circuit Network)　电路交换网

SCTP(Stream Control Transmission Protocol)　流控制传送协议

SDH(Synchronous Digital Hierarchy)　同步数字体系

SDLC(Synchronous Data Link Control)　同步数据链路控制

SDL(Specification Description Language)　规范描述语言

SDM(Space Division Multiplexing)　空分复用

SDN(Software Defined Networking)　软件定义网络

SDP(Session Description Protocol)　会话描述协议

SDU(Service Digital Unit)　业务数据单元

SGCP(Simple Gateway Control Protocol)　简单网关控制协议

SG(Signaling Gateway)　信令网关

Sigtran(Signaling Transport)　信令传输

SIM(Subscriber Information Manage)　用户信息管理

SIP-I(SIP with Encapsulated ISUP)　带有 ISUP 消息封装的 SIP

SIP-T(SIP For Telephony)　电话应用的 SIP

SIP(Session Initiation Protocol)　会话启动协议

SLA(Service Level Agreement)　服务水平协议

SMDS(Switched Multimegabit Data Service)　交换多兆比特数据业务

SMTP(Simple Mail Transfer Protocol)　简单邮件传送协议

SM(System Management)　系统管理

SMS(Short Message Service)　短消息服务

SNAP(Sub-Network Access Protocol)　子网接入协议

SNA(System Network Architecture)　系统网络体系结构

SNMP(Simple Network Management Protocol)　简单网络管理协议

SONET(Synchronous Optical Network)　同步光纤网

SPC(Stored Program Control)　存储程序控制

SRD(Signal Receiving Distributor)　信号接收分配器

SS7(Signaling System No. 7)　7 号信令系统

SSCF(Service-Specific Coordination Function)　业务指定协调功能

SSCOP(Service-Specific Connection-Oriented Protocol)　业务指定面向连接协议

STC(Secondary Time Control memory)　次级时分控制存储器

STDM(Statistical Time Division Multiplexing)　统计时分复用

STM(Synchronous Transfer Mode)　同步转移模式

STSW(Secondary Time Switch)　次级时分接线器

SUA(SCCP User Adaptation)　SCCP 用户适配层

SVC(Switched Virtual Call)　交换虚呼叫

SVC(Switched Virtual Circuit)　交换虚电路

SWC(Space Switch Control memory)　空分接线器控制存储器

TALI(Transport Adaptor Layer Interface)　传输适配层接口协议

TCB(Timing Control Block)　时限控制模块

TCP(Transmission Control Protocol)　传输控制协议

TC(Transmission Convergence)　传输会聚子层

TDM(Time Division Multiplexing)　时分复用

TDP(Tag Distributed Protocol)　标记分配协议

TFIB(Tag Forward Information Base)　标记传递信息库

TG(Trunk Gateway)　中继网关

TGN(Trunk Group Number)　中继群号

TIB(Tag Information Base)　标记信息库

TMN(Telecommunication Management Network)　电信管理网

TSN(Trunking Service Node)　中继服务结点

TTL(Time To Live)　生存时间

UAC(User Agent Client)　用户代理客户

UAS(User Agent Server)　用户代理服务器

UDP(User Datagram Protocol)　用户数据报

UIS(User Interaction Server)　用户交互服务器

UMTS(Universal Mobile Telecommunications System)　通用移动通信系统

UNI(User-Network Interface)　用户网络接口

UPC(Usage Parameter Control)　占用参数控制

VAP(Videotex Access Equipment)　可视图文接入设备

VCC(Virtual Channel Connection)　虚信道连接

VCI(Virtual Channel Identifier)　虚信道标志符

VIM　控制和管理 NFVI

VMS(Voice Mail Service)　语音邮箱业务

VNF(Virtualized Network Function)　虚拟网络功能

VNFC(VNF Component)　VNF 组件

VNFD(VNF Descriptor)　VNF 描述符

VNF Manager：VNF 生命周期管理

VNFFG(VNF Forwarding Graph)　VNF 流量流转图

VNFM(VNF Manager)　VNF 管理器

VoIP(Voice over IP)　基于 IP 的语音传送

VPC(Virtual Path Connection)　虚通路连接

VPI(Virtual Path Identifier)　虚通路标志符

VP(Virtual Path)　虚通路

WAG(Wireless Access Gateway)　无线接入网关

WAR(Write Address Register)　写地址寄存器

WDM(Wave Division Multiplexing)　波分复用

Web　环球网

XNS(Exchange Network Service)　交换网业务

参 考 文 献

[1] 雷振明. 现代电信交换基础. 北京:人民邮电出版社,1995.

[2] 王鼎兴,陈国良. 互联网络结构分析. 北京:科学出版社,1990.

[3] 纪红. 7 号信令系统(修订本). 北京:人民邮电出版社,1999.

[4] 叶敏,等. 程控数字交换与交换网. 北京:北京邮电大学出版社,1993.

[5] 朱世华. 程控数字交换原理与应用. 西安:西安交通大学出版社,1993.

[6] 史君文. 数字程控交换原理. 上海:上海交通大学出版社,1990.

[7] 杜治龙. 分组交换工程. 北京:人民邮电出版社,1993.

[8] 谢希仁,等. 计算机网络. 北京:电子工业出版社,1996.

[9] 赵慧玲,等. ATM、帧中继、IP 技术与应用. 北京:电子工业出版社,1998.

[10] Christian Huitema,陶文星,译. 肖悦,审校. 互联网路由技术. 北京:清华大学出版社,1998.

[11] 邢秦中. ATM 通信网. 北京:人民邮电出版社,1998.

[12] 赵慧玲,张国宏,高兰. 宽带网络技术及测试. 北京:人民邮电出版社,1999.

[13] 孙海荣. ATM 技术. 成都:电子科技大学出版社,1998.

[14] 雷振明. 异步转送方式. 北京:人民邮电出版社,1999.

[15] 原荣. 光纤通信网络. 北京:电子工业出版社,1999.

[16] 赵慧玲,叶华,等. 以软交换为核心的下一代网络技术. 北京:人民邮电出版社,2002.

[17] 陈建亚,余浩. 软交换与下一代网络. 北京:北京邮电大学出版社,2002.

[18] NGN Architecture: Generic Principles, Functional Architecture, and Implementation, IEEE Communications Magazine, Oct. 2005.

[19] 杨放春,孙其博. 软交换与 IMS 技术. 北京:北京邮电大学出版社,2007.

[20] 卞佳丽,等. 现代交换原理与通信网技术. 北京:北京邮电大学出版社,2005

[21] 余浩,张欢,宋锐. 下一代网络原理与技术. 北京:电子工业出版社,2007.

[22] 3GPP TS 23.002, Network Architecture.

[23] 3GPP TS 24.301, Non-Access-Stratum (NAS) protocol for Evolved Packet System (EPS); Stage 3.

[24] 3GPP TS 29.281, General Packet Radio System (GPRS) Tunnelling Protocol User Plane (GTPv1-U)

[25] 3GPP TS 36.423, Evolved Universal Terrestrial Radio Access Network (E-UTRAN); X2 Application Protocol (X2AP).

[26] 3GPP TS 29.274, 3GPP Evolved Packet System (EPS); Evolved General Packet Radio Service (GPRS) Tunnelling Protocol for Control plane (GTPv2-C); Stage 3.

[27] 3GPP TS 29.272, Evolved Packet System (EPS); Mobility Management Entity (MME) and Serving GPRS Support Node (SGSN) related interfaces based on Diameter protocol.

[28] 3GPP TS 29.215, Policy and Charging Control (PCC) over S9 reference point; Stage 3.

[29] 3GPP TS 29.212, Policy and Charging Control (PCC); Reference points.

[30] 3GPP TS 29.214, Policy and charging control over Rx reference point.

[31] IETF RFC 3550, RTP: A Transport Protocol for Real-Time Applications.

[32] IETF RFC 768, User Datagram Protocol.

[33] IETF RFC 4961, Symmetric RTP / RTP Control Protocol (RTCP).

[34] Network Functions Virtualisation-Introductory White Paper. 2012. http://portal.etsi.org/NFV/NFV_White_Paper.pdf.

[35] Network Functions Virtualisation-Update White Paper. 2013. http://portal.etsi.org/NFV/NFV_

White_Paper2. pdf.

［36］ Network Functions Virtualisation-White Paper ♯3. 2014. http://portal. etsi. org/NFV/NFV_White_ Paper3. pdf.

［37］ ETSI GS NFV-INF 001 V1. 1. 1 (2015-01).

［38］ ETSI GS NFV-SWA 001 V1. 1. 1 (2014-12).

［39］ ETSI GS NFV-MAN 001 V1. 1. 1 (2014-12).

［40］ ETSI GS NFV-REL 001 V1. 1. 1 (2015-01).

［41］ ETSI GS NFV-SEC 001 V1. 1. 1 (2014-10).

［42］ ON Foundation. OpenFlow Switch Specification Version 1. 0. 0［J］. 2009.

［43］ Mckeown N, Anderson T, Balakrishnan H, et al. OpenFlow:enabling innovation in campus networks ［J］. Acm Sigcomm Computer Communication Review, 2008, 38(2):69-74.

［44］ ONOS:A new carrier-grade SDN network operating system designed for high availability, performance, scale-out. https://onosproject. org/

［45］ OpenDaylight. https://www. opendaylight. org/

［46］ Thomas N D, Gray K. SDN:Software Defined Networks［M］. 北京:人民邮电出版社,2014.

［47］ 黄韬,刘江,魏亮,张娇,刘韵洁. 软件定义网络核心原理与应用实践［M］. 北京:人民邮电出版 社,2014.

［48］ OpenFlow Networking Foundation . https://www. opennetworking. org/

［49］ Foundation O N. Software-Defined Networking:The New Norm for Networks［J］. 2012.

反侵权盗版声明

电子工业出版社依法对本作品享有专有出版权。任何未经权利人书面许可,复制、销售或通过信息网络传播本作品的行为;歪曲、篡改、剽窃本作品的行为,均违反《中华人民共和国著作权法》,其行为人应承担相应的民事责任和行政责任,构成犯罪的,将被依法追究刑事责任。

为了维护市场秩序,保护权利人的合法权益,我社将依法查处和打击侵权盗版的单位和个人。欢迎社会各界人士积极举报侵权盗版行为,本社将奖励举报有功人员,并保证举报人的信息不被泄露。

举报电话:(010)88254396;(010)88258888

传　　真:(010)88254397

E-mail:dbqq@phei.com.cn

通信地址:北京市万寿路 173 信箱

　　　　电子工业出版社总编办公室

邮　　编:100036